Lösungsbuch zur Einführung in die Festigkeitslehre

Aus dem Programm Werkstofftechnik

Festigkeitslehre für Wirtschaftsingenieure
von K.-D. Arndt, H. Brüggemann und J. Ihme

Numerische Beanspruchungsanalyse von Rissen
von M. Kuna

Einführung in die Festigkeitslehre
von V. Läpple

Mechanisches Verhalten der Werkstoffe
von J. Rösler, H. Harders und M. Bäker

Technologie der Werkstoffe
von J. Ruge und H. Wohlfahrt

Ermüdungsrisse
von H. A. Richard und M. Sander

Verschleiß metallischer Werkstoffe
von K. Sommer, R. Heinz und J. Schöfer

Werkstoffkunde
von W. Weißbach

Aufgabensammlung Werkstoffkunde und Werkstoffprüfung
von W. Weißbach und M. Dahms

Volker Läpple

Lösungsbuch zur Einführung in die Festigkeitslehre

Aufgaben, Ausführliche Lösungswege, Formelsammlung

3., verbesserte Auflage

Mit 339 Abbildungen

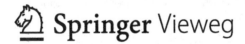 Springer Vieweg

Prof. Dr.-Ing. Volker Läpple
Hochschule Reutlingen
Deutschland

Der Verfasser hat alle Texte, Formeln und Abbildungen mit größter Sorgfalt erarbeitet. Dennoch können Fehler nicht ausgeschlossen werden. Deshalb übernehmen weder Verfasser noch Verlag irgendwelche Garantien für die in diesem Buch abgedruckten Informationen. In keinem Fall haften Verfasser und Verlag für irgendwelche direkten oder indirekten Schäden, die aus der Anwendung dieser Informationen folgen.

ISBN 978-3-8348-1788-4   ISBN 978-3-8348-2218-5 (eBook)
DOI 10.1007/978-3-8348-2218-5

Die Deutsche Nationalbibliothek verzeichnet diese Publikation in der Deutschen Nationalbibliografie; detaillierte bibliografische Daten sind im Internet über http://dnb.d-nb.de abrufbar.

Springer Vieweg
© Vieweg+Teubner Verlag | Springer Fachmedien Wiesbaden 2007, 2008, 2012

Lektorat: Thomas Zipsner | Imke Zander
Einbandentwurf: KünkelLopka GmbH, Heidelberg

Gedruckt auf säurefreiem und chlorfrei gebleichtem Papier

Springer Vieweg ist eine Marke von Springer DE. Springer DE ist Teil der Fachverlagsgruppe Springer Science+Business Media.
www.springer-vieweg.de

Vorwort zur 3. Auflage

Die sichere Auslegung von Bauteilen und Anlagen gehört zu den Grundfertigkeiten eines Ingenieurs. Fehlerhaft dimensionierte Bauteile können zu schweren Schäden und hohen Kosten führen. Man denke beispielsweise an das Bersten eines Druckbehälters, den Einsturz einer Stahlkonstruktion oder den Bruch einer Radaufhängung.

Obwohl für das Erbringen eines Festigkeitsnachweises heute leistungsfähige Rechenprogramme zur Verfügung stehen, so stellen sie dennoch nur Hilfsmittel dar. Die Interpretation der Rechenergebnisse und letztlich auch die Prüfung ihrer Plausibilität liegt nach wie vor in der Verantwortung des Konstrukteurs. Das grundlegende Verständnis für die Problemstellung sowie das Erfassen der wesentlichen Zusammenhänge darf nicht durch das Erlernen der Bedieneroberfläche einer Software ersetzt werden. Auch ist es kaum wirtschaftlich, Rechenprogramme bereits für die Auslegung erster Konstruktionsentwürfe einzusetzen. Gerade in diesem Stadium ist es jedoch wichtig zu wissen, ob ein Entwurf hinsichtlich Beanspruchung und Dimensionierung überhaupt Ziel führend ist und sich die Weiterentwicklung lohnt.

Der Konstrukteur muss ein "Gespür" für die Zusammenhänge zwischen Beanspruchung, Verformung und Bauteilverhalten, insbesondere unter Berücksichtigung des eingesetzten Werkstoffs, sowie einen sicheren Blick für die kritischen d. h. höchst beanspruchten Stellen entwickeln. Diese Grundfertigkeit lässt sich nur durch das selbständige Lösen verschiedener Fragestellungen erlernen. Die vielfältigen Übungsaufgaben mit unterschiedlichem Schwierigkeitsgrad sollen helfen, dieses "Gespür" für das Bauteil zu entwickeln.

Der vorliegende Band enthält zu allen Aufgaben des Lehr- und Übungsbuches ausführliche Lösungen und, dort wo sinnvoll, auch alternative Lösungsvorschläge. Damit wird es dem Studierenden ermöglicht, sein erlerntes Wissen zu überprüfen, anhand praxisorientierter Aufgaben anzuwenden und zu vertiefen. Er wird in der Lage sein, die Fragestellung zu analysieren, die wesentlichen Zusammenhänge zu erfassen, ein mathematisch-physikalisches Modell zu formulieren und eine geeignete Lösungsstrategie zu entwickeln. Darüber hinaus eignet sich der vorliegende Aufgaben- und Lösungsband für eine eigenständige Klausurvorbereitung. Auch Ingenieure in der Praxis finden wertvolle Hinweise für die Entwicklung von Lösungsstrategien zur Durchführung von Festigkeitsnachweisen.

Gegenüber der 2. Auflage wurden lediglich einige wenige Fehler korrigiert und Bilder, dort wo erforderlich, optimiert.

Mein besonderer Dank gilt dem Vieweg Springer Verlag, insbesondere Herrn Dipl.-Ing. Thomas Zipsner, für die sorgfältige Drucklegung und die angenehme Zusammenarbeit. Gedankt sei an dieser Stelle auch allen Kollegen für die wertvollen Hinweise, die zur Verbesserung der vorliegenden 3. Auflage geführt haben.

Anregungen für Ergänzungen sowie Verbesserungsvorschläge werden weiterhin stets gerne entgegen genommen.

Schorndorf, im Mai 2012   *Volker Läpple*

Anmerkungen zur Bewertung der Schwierigkeit der Aufgaben

Der vorliegende Aufgaben- und Lösungsband enthält mehr als **140 Aufgaben** mit unterschiedlichen Schwierigkeitsgraden zu allen Themengebieten.

Die meist praxisorientierten Aufgaben ermöglichen es Ihnen, das erlernte Wissen zu überprüfen, anzuwenden und zu vertiefen. Weiterhin können die Aufgaben zur selbstständigen und gezielten Klausurvorbereitung eingesetzt werden.

Es wird empfohlen, die Aufgaben parallel zu den einzelnen Kapiteln des Lehrbuchs durchzuarbeiten.

Die Bewertung der Schwierigkeit der Aufgaben erfolgt gemäß der Symbolik:

○○○○●   Einfache Aufgabe. Die Lösung erfordert nur geringe einschlägige Vorkenntnisse und dient der Einführung in das Themengebiet. Häufig stehen einfache Formeln zur Lösung der Aufgabe zur Verfügung.

○○○●●   Aufgabe mit mäßigem Schwierigkeitsgrad. Zur Lösung der Aufgabe sind Grundkenntnisse aus der Mechanik und Festigkeitslehre erforderlich. Weiterhin müssen bereits einfache Zusammenhänge und grundlegende Mechanismen verstanden werden.

○○●●●   Aufgaben mit mittlerem Schwierigkeitsgrad. Die Lösung erfordert ein fundiertes Basiswissen insbesondere auf den Gebieten der Mechanik und der Festigkeitslehre sowie die Fähigkeit, themenübergreifende Zusammenhänge und komplexere Mechanismen zu verstehen. Mathematische Grundkenntnisse sind zur Lösung der Aufgabe in der Regel erforderlich.

○●●●●   Schwierige Aufgabe. Die Aufgabe erfordert die Analyse der Problemstellung, die Entwicklung einer geeigneten Lösungsstrategie sowie das Aufzeigen und die Formulierung einer möglichen Lösung. Alternative Lösungen sind möglich. Vertiefte mathematische Kenntnisse sind zur Lösung der Aufgabe in der Regel erforderlich.

●●●●●   Sehr schwierige Aufgabe meist mit hohem Praxisbezug. Die Lösung erfordert vom Bearbeiter die Entwicklung einer eigenständigen Lösungsstrategie und sehr fundierte Kenntnisse, insbesondere aus der Festigkeitslehre. Vertiefte mathematische Kenntnisse sowie Grundkenntnisse aus der Werkstoffkunde sind Voraussetzung zur erfolgreichen Lösung der Aufgabe.

Inhaltsverzeichnis

1 Einleitung

Die Beanspruchbarkeit technischer Bauteile und Konstruktionen ist begrenzt. Es ist die Aufgabe der Festigkeitslehre, Konzepte bereitzustellen, die eine sichere und wirtschaftliche Bauteilauslegung unter Berücksichtigung von Art und Höhe der **Belastung** sowie von **Geometrie** und **Werkstoffart** erlauben. Bild 1.1 zeigt das Prinzip eines Festigkeitsnachweises.

Ist die Art der Belastung sowie die Geometrie des Bauteils bekannt, dann lassen sich die Spannungen an jeder Stelle berechnen. Für einen Festigkeitsnachweis sind die Spannungen an den höchst beanspruchten Stellen von Bedeutung. Liegt ein mehrachsiger Spannungszustand vor, dann ist es erforderlich, aus den gegebenen Lastspannungen, die Vergleichsspannung zu berechnen.

Die maximale Spannung bzw. die maximale Vergleichsspannung (maximale **Beanspruchung** des Bauteils) wird mit der **Beanspruchbarkeit**, also dem für das Werkstoffversagen relevanten Kennwert (z. B. Dehngrenze oder Zugfestigkeit) verglichen.

Zwischen Beanspruchung und Beanspruchbarkeit muss ein ausreichender Sicherheitsabstand vorliegen. Ist diese **Sicherheit** zu gering (z. B. kleiner als 1,20 gegenüber einer plastischen Verformung), dann ist ein sicherer Betrieb nicht gewährleistet. Es ist dann erforderlich, entweder die Belastung zu vermindern, die tragende Querschnittfläche zu vergrößern oder einen Werkstoff mit höherer Festigkeit zu verwenden und den Festigkeitsnachweis erneut durchzuführen.

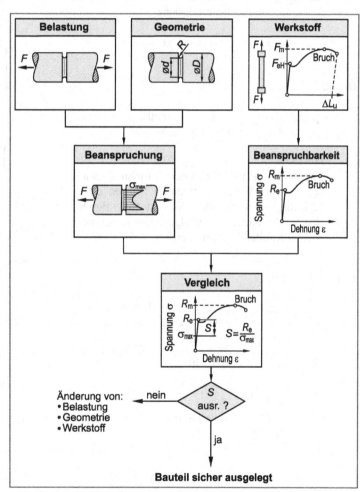

Prinzip eines Festigkeitsnachweises

2 Grundbelastungsarten

2.1 Formelsammlung zu den Grundbelastungsarten

Zug

$$\sigma = \frac{F}{A}$$

Spannungsermittlung bei reiner Zugbeanspruchung

$$\varepsilon = \frac{\Delta L}{L_0}$$

(technische) Dehnung

$$\sigma = E \cdot \varepsilon$$

Hookesches Gesetz bei einachsiger Beanspruchung

$$\varepsilon_q = -\mu \cdot \varepsilon_l$$

Poissonsches Gesetz

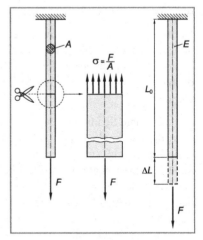

Druck

$$\sigma_d = \frac{F_d}{A}$$

Spannungsermittlung bei reiner Druckbeanspruchung

Hinweis:

Ein Versagen unter Druckbeanspruchung kann bei duktilen Werkstoffen durch Fließen oder Knickung, bei spröden Werkstoffen durch Bruch oder Knickung erfolgen. Die Knickung wird in Kapitel 8 besprochen.

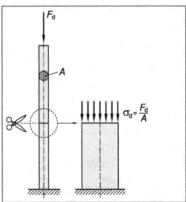

Gerade Biegung

$$\sigma(z) = \frac{M_b}{I} \cdot z$$

Spannungsverteilung bei gerader, reiner Biegung

$$\sigma_b = \frac{M_b}{W_b}$$

Spannungsermittlung bei gerader, reiner Biegung

$$z_S = \frac{\sum_i z_i \cdot A_i}{\sum_i A_i}$$

Teilschwerpunktsatz

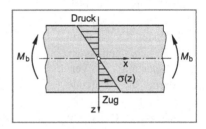

Schub (Abscherung)

$$\tau = \frac{F_a}{A}$$ Mittlere Abscherspannung

$$\gamma = \alpha - \frac{\pi}{2}$$ Definition der Schiebung (Winkelverzerrung)

$$\tau = G \cdot \gamma$$ Hookesches Gesetz für Schubbeanspruchung

$$G = \frac{E}{2 \cdot (1 + \mu)}$$ Schubmodul

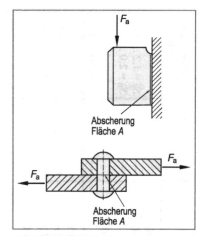

Abscherung
Fläche A

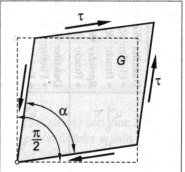

Abscherung
Fläche A

Hinweise:

1. Zugeordnete Schubspannungen wirken stets in zwei zueinander senkrechten Ebenen des betrachteten Volumenelements. Sie haben den gleichen Betrag und zeigen entweder auf die gemeinsame Kante hin oder von ihr weg.

2. Eine Schiebung γ ist positiv anzusetzen, falls sich der ursprünglich rechte Winkel des Winkelelements vergrößert. Verkleinert sich der Winkel, dann ist die Schiebung negativ anzusetzen.

Torsion kreisförmiger Querschnitte

$$\tau_t = \frac{M_t}{W_t}$$ Maximale Torsionsschubspannung [1]

mit $$W_t = \frac{\pi}{16} \cdot d^3$$ für Vollkreisquerschnitt

$$W_t = \frac{\pi}{16} \cdot \frac{D^4 - d^4}{D}$$ für Kreisringquerschnitt

$$\varphi = \frac{M_t \cdot l}{G \cdot I_p}$$ Verdrehwinkel [1]

$$\varphi \text{ (in Grad)} = \frac{180°}{\pi} \cdot \varphi \text{ (in rad)}$$ Umrechnung von Grad- in Bogenmaß

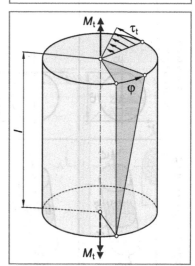

---

[1] Nur gültig für gerade prismatische Stäbe mit Vollkreis- oder Kreisringquerschnitt.

Aufgabe 2.10   ○○●●●

Die Abbildung zeigt eine einfache hydraulische Hebevorrichtung. Die maximale Belastung der Hebevorrichtung soll $m = 10000$ kg betragen ($g = 9{,}81$ m/s^2). Die Kolbenstange wurde aus Vergütungsstahl C60E gefertigt. Eine mögliche Knickung der Kolbenstange soll nicht betrachtet werden.

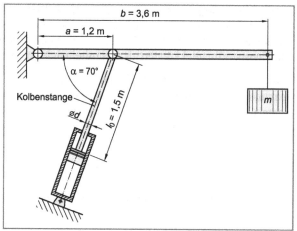

Werkstoffkennwerte C60E (vergütet):
$R_{p0,2} = 580$ N/mm^2
$R_m = 950$ N/mm^2
$E = 210000$ N/mm^2
$\mu = 0{,}30$

a) Berechnen Sie den erforderlichen Durchmesser d der Kolbenstange (Vollkreisquerschnitt), damit Fließen mit Sicherheit ($S_F = 1{,}20$) ausgeschlossen werden kann.

b) Ermitteln Sie die Verkürzung Δl der Kolbenstange bei einer Belastung von $m = 10000$ kg und dem in Teil a) berechneten Durchmesser d (Länge im unbelasteten Zustand $l_0 = 1{,}5$ m).

c) Bei einer anderen Ausführung der Kolbenstange wird ein Durchmesser von $d_1 = 80$ mm gewählt (Vollkreisquerschnitt). Berechnen Sie die maximale Belastbarkeit m^* der Hebevorrichtung, falls die Durchmesservergrößerung der Kolbenstange maximal 0,015 mm betragen darf.

Aufgabe 2.11   ○○●●●

Zwischen den ebenen, starren Druckplatten einer Hydraulikpresse werden drei eben aufeinander liegende Metallscheiben mit gleichem Durchmesser ($d = 50$ mm) jedoch aus verschiedenen Werkstoffen (Magnesium, Kupfer und Stahl) auf Druck beansprucht (siehe Abbildung). Bei der zunächst unbekannten Druckkraft F wird an einer Messuhr die gemeinsame Verkürzung $\Delta l = 0{,}25$ mm ermittelt.

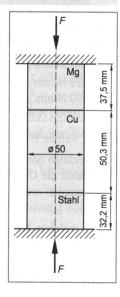

Scheibe 1: Magnesium: $E = 45000$ N/mm^2
Scheibe 2: Kupfer: $E = 120000$ N/mm^2
Scheibe 3: Stahl: $E = 210000$ N/mm^2

a) Berechnen Sie die Druckkraft F.

b) Ermitteln Sie die Spannungen in den einzelnen Metallscheiben.

c) Berechnen Sie die Verkürzungen der einzelnen Metallscheiben unter Wirkung der Druckkraft F.

Aufgabe 2.12 ○○○●●

Der dargestellte Kastenträger aus Werkstoff S275JR ist beidseitig gelenkig gelagert und wird durch die statisch wirkende Kraft $F = 25$ kN auf Biegung beansprucht. Das Eigengewicht des Trägers sowie Schubspannungen durch Querkräfte sollen vernachlässigt werden.

Berechnen Sie die mindestens erforderliche Wandstärke s, damit Fließen mit Sicherheit ($S_F = 1{,}5$) ausgeschlossen werden kann.

Werkstoffkennwerte S275JR:

$R_e = 275$ N/mm^2
$R_m = 540$ N/mm^2
$E = 208000$ N/mm^2
$\mu = 0{,}30$

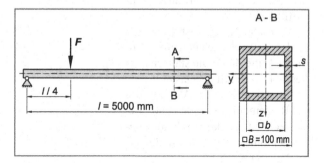

Aufgabe 2.13 ○○●●●

Ein einseitig eingespannter T-Träger aus dem unlegierten Baustahl S355J2 wird durch die statisch wirkende Kraft $F = 1$ kN auf Biegung beansprucht. Das Eigengewicht des Trägers, Schubspannungen durch Querkräfte sowie die Kerbwirkung an der Einspannstelle sollen bei allen Aufgabenteilen vernachlässigt werden.

Werkstoffkennwerte S355J2:

$R_e = 355$ N/mm^2
$R_m = 610$ N/mm^2
$E = 212000$ N/mm^2
$\mu = 0{,}30$

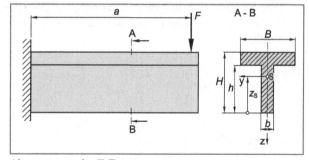

Abmessungen des T-Trägers:

$a = 1000$ mm
$H = 60$ mm
$h = 40$ mm
$B = 60$ mm
$b = 20$ mm

a) Bestimmen Sie die Lage z_s des Flächenschwerpunktes S und berechnen Sie das axiale Flächenmoment 2. Ordnung (I_y) sowie das axiale Widerstandsmoment (W_{by}) bezüglich der y-Achse.

b) Ermitteln Sie die Sicherheit S_F gegen Fließen für die höchst beanspruchte Stelle.

c) Für eine Konstruktionsvariante soll die Länge des T-Trägers auf $a^* = 1500$ mm erhöht werden. Die Belastung von $F = 1$ kN bleibt unverändert. Ermitteln Sie das mindestens erforderliche axiale Widerstandsmoment (W^*_{by}), falls eine Sicherheit von $S_F = 1{,}5$ gegen Fließen gefordert wird.

Aufgabe 2.14   ○○●●●

Ein Rohr mit Kreisringquerschnitt und einer Länge von $l = 2500$ mm (Außendurchmesser $d_a = 100$ mm, Wandstärke $s = 5$ mm) aus Werkstoff S275JR ($R_e = 275$ N/mm^2 und $E = 210000$ N/mm^2) ist an beiden Enden gelenkig gelagert und wird in der Mitte durch die statisch wirkende Einzelkraft F belastet.

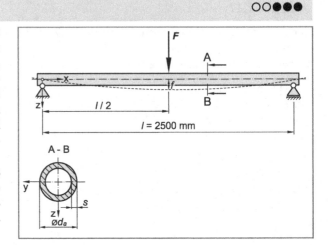

a) Skizzieren Sie den Verlauf des Biegemomentes M_b und berechnen Sie das maximale Biegemoment $M_{b\,max}$ in Abhängigkeit der Kraft F.

b) Ermitteln Sie die zulässige Durchbiegung f_{max} des Stahlrohres, damit Fließen mit Sicherheit ($S_F = 1{,}5$) ausgeschlossen werden kann.

c) Auf welchen zulässigen Betrag f^*_{max} muss die maximale Durchbiegung begrenzt werden, falls als Rohrwerkstoff die Gusseisensorte EN-GJL-350 ($R_m = 350$ N/mm^2; $\sigma_{bB} \approx 2{,}5 \cdot R_m$ und $E = 100000$ N/mm^2) gewählt und eine Sicherheit von $S_B = 5{,}0$ gegen Bruch gefordert wird?

Hinweis: $f = \dfrac{F \cdot l^3}{48 \cdot E \cdot I}$

Aufgabe 2.15   ○○●●●

Ein Stahlträger mit quadratischer Querschnittsfläche ($B = 200$ mm; $b = 180$ mm) aus Baustahl S355JR ($R_e = 355$ N/mm^2) wird beim Bau einer Stahlkonstruktion frei tragend vorgeschoben. Die Masse des Trägers beträgt $q = 80$ kg/m (Erdbeschleunigung $g = 9{,}81$ m/s^2).

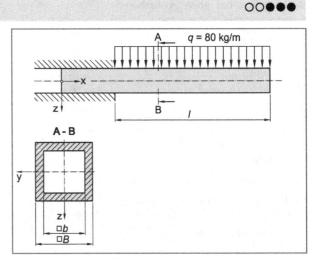

Berechnen Sie die maximal mögliche freie Länge l des Stahlträgers, damit plastische Verformungen infolge des Eigengewichts mit Sicherheit ($S_F = 1{,}5$) ausgeschlossen werden können.

Kerbwirkung an der Einspannstelle, das Eigengewicht des Trägers sowie Schubspannungen durch Querkräfte dürfen vernachlässigt werden.

Aufgabe 2.16 ○○○●●

Ein Bauteil mit einer Masse von $m = 1000$ kg soll mit Hilfe des dargestellten Freiträgers gehalten werden. Der Abstand l zwischen Seilrolle und Einspannung beträgt 1,5 m. Der Durchmesser der Seilrolle kann gegenüber der Stablänge vernachlässigt werden ($g = 9,81$ m/s^2). Kerbwirkung an der Einspannstelle sowie Schubspannungen durch Querkräfte sollen ebenfalls vernachlässigt werden.

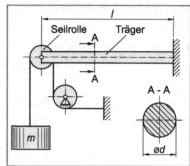

a) Berechnen Sie das erforderliche axiale Widerstandsmoment (W_b) des Freiträgers, damit die Masse m mit Sicherheit ($S_F = 1,5$) gehalten werden kann, falls der Träger aus C35E ($R_e = 295$ N/mm^2) gefertigt wurde.

b) Ermitteln Sie die Masse m^*, die von einem baugleichen Träger aus der Gusseisensorte EN-GJL-300 ($R_m = 300$ N/mm^2; $\sigma_{bB} = 460$ N/mm^2) mit Sicherheit ($S_B = 4,0$) gehalten werden kann, falls ein Vollkreisquerschnitt mit $d = 50$ mm gewählt wird.

Aufgabe 2.17 ○●●●●

Die Abbildung zeigt die Querschnittsfläche eines Profilstabes. Sie entspricht einem gleichschenkligen Dreieck mit der Höhe h und der Breite b.

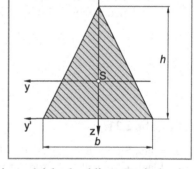

a) Berechnen Sie das axiale Flächenmoment 2. Ordnung (I_y) sowie das axiale Widerstandsmoment (W_{by}) bezüglich der y-Achse (Achse durch den Flächenschwerpunkt S).

b) Ermitteln Sie das axiale Flächenmoment 2. Ordnung (I_y) und das axiale Widerstandsmoment (W_{by}) für ein gleichseitiges Dreieck mit der Kantenlänge b.

c) Berechnen Sie die Werte für I_y und W_{by} für den Fall eines gleichschenkligen Dreiecks, jedoch bezüglich der y'-Achse (siehe Abbildung).

Aufgabe 2.18 ○●●●●

Ermitteln Sie für den dargestellten Rechteckquerschnitt rechnerisch das axiale Flächenmoment 2. Ordnung sowie das axiale Widerstandsmoment:

a) bezüglich der y-Achse (I_y und W_{by}).

b) bezüglich der z-Achse (I_z und W_{bz}).

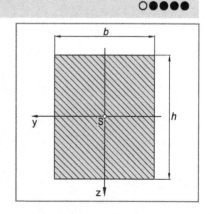

Aufgabe 2.19   ○○●●●

Der dargestellte Rechteckquerschnitt hat eine
Fläche von $A = 72$ cm^2.

Das axiale Flächenmoment 2. Ordnung bezüglich der y_a-Achse ($a = 5$ cm) ist bekannt und beträgt $I_{ya} = 2664$ cm^4.

Berechnen Sie das axiale Flächenmoment 2.Ord-
nung bezüglich der y_b-Achse ($b = 2$ cm).

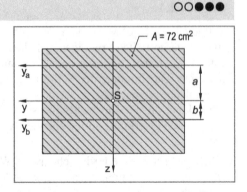

Aufgabe 2.20   ○○●●●

Das dargestellte U-Profil setzt sich aus drei
Rechtecken zusammen.

a) Ermitteln Sie den Abstand z_S des Flächenschwerpunktes S von der y'-Achse.

b) Berechnen Sie das axiale Flächenmoment
   2. Ordnung (I_y) bezüglich der y-Achse (Achse durch den Flächenschwerpunkt S).

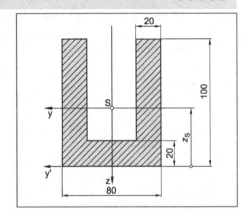

Aufgabe 2.21   ○○●●●

Berechnen Sie für das dargestellte Profil die axialen Flächenmomente 2. Ordnung und die axialen Widerstandsmomente:

a) bezüglich der y-Achse (I_y und W_{by}).

b) bezüglich der z-Achse (I_z und W_{bz}).

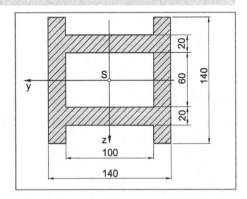

Aufgabe 2.22   ○●●●●

Ein gelenkig gelagerter U-Profilstab aus der unlegierten Baustahlsorte S275JR wird durch eine statisch wirkende Zugkraft F beansprucht.

Werkstoffkennwerte S275JR:

$R_{p0,2} = 280 \ \text{N/mm}^2$
$R_m = 550 \ \text{N/mm}^2$
$E = 209000 \ \text{N/mm}^2$
$\mu = 0,30$

Bei einem ersten zu untersuchenden Lastfall wirkt die Zugkraft F in horizontaler Richtung (x-Richtung). Der Kraftangriffspunkt befindet sich jedoch am unteren Ende der Querschnittsfläche (siehe Abbildung).

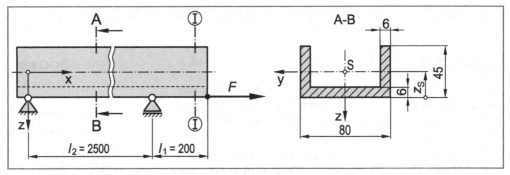

a) Berechnen Sie Lage des Flächenschwerpunktes (Maß z_s) sowie das axiale Flächenmoment 2. Ordnung des U-Profils bezüglich der y-Achse (I_y).

b) Berechnen Sie die zulässige Zugkraft F, falls an keiner Stelle der Querschnittsfläche I - I eine Spannung von $\sigma_{zul} = 150 \ \text{N/mm}^2$ überschritten werden darf.

Bei einem zweiten zu untersuchenden Lastfall greift die Kraft F im Flächenschwerpunkt S unter einem Winkel von $\alpha = 25°$ zur Horizontalen (x-Richtung) an.

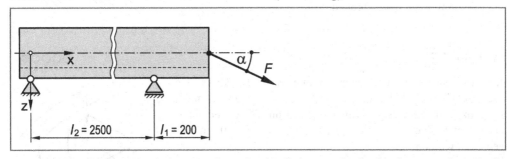

c) Ermitteln Sie die zulässige Zugkraft F, damit Fließen an der höchst beanspruchten Stelle mit einer Sicherheit von $S_F = 1,5$ ausgeschlossen werden kann. Schubspannungen durch Querkräfte können vernachlässigt werden.

Aufgabe 2.23   ○○○●●

Über eine einfache Laschenverbindung aus
unlegiertem Baustahl E295 (R_e = 295 N/mm²;
R_m = 490 N/mm²; τ_{aB} = 150 N/mm²) soll eine
Kraft von F = 35 kN übertragen werden.

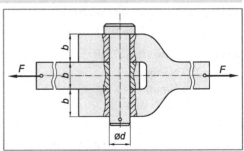

a) Ermitteln Sie den Durchmesser d des Bolzens, damit eine sichere Kraftübertragung
erfolgen kann (S_B = 2,0).

b) Bestimmen Sie für den Bolzen gemäß
Aufgabenteil a) die maximale Biegespan-
nung σ_b. Zwischen Bolzen und Laschen soll dabei ausreichend Spiel bestehen. Das Maß
b soll 20 mm betragen.

c) Berechnen Sie die maximale Flächenpressung p in der Laschenverbindung.

Aufgabe 2.24   ○○○●●

Zur Verlängerung einer druckbeanspruchten Rohrstütze werden Bolzen aus C45 (R_m = 580 N/mm²; R_e = 320 N/mm²) mit
einem Durchmesser von d = 25 mm verwendet (siehe Abbildung).

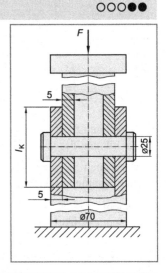

a) Ist die Sicherheit gegen Abscheren des Bolzens ausreichend, falls die maximal zulässige Druckkraft auf die Stützen F = 150 kN beträgt?

Anstelle des Bolzens sollen die beiden Rohre durch Kleben
miteinander verbunden werden.

b) Ermitteln Sie die erforderliche Klebelänge l_K, damit die
Druckkraft F = 150 kN aufgenommen werden kann. Die
zulässige Schubspannung in der Klebeverbindung $\tau_{K\,zul}$ darf
15 N/mm² nicht überschreiten.

Aufgabe 2.25   ○○○○●

An der Innenoberfläche eines zylindrischen Behälters aus
Werkstoff G34CrMo4 ($R_{p0,2}$ = 600 N/mm²; R_m = 750 N/mm²)
sind zur Auflage eines Zwischenbodens 4 um 90° gegeneinan-
der versetzte Zapfen mit einer Breite b von jeweils 80 mm an-
gegossen worden.

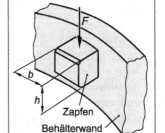

Berechnen Sie die mindestens erforderliche Höhe h, damit bei
einer Auflagekraft von F_A = 2000 kN ein Bruch mit Sicherheit
(S_B = 2,5) ausgeschlossen werden kann.

Normalspannungen aufgrund von Biegung sowie Kerbwirkung
sollen vernachlässigt werden.

Aufgabe 2.26   ○○○○●

Aus einer Blechtafel aus der Aluminium-Legierung EN AW-Al Mg3-H14 (τ_{aB} = 290 N/mm^2) mit einer Dicke von t = 3 mm soll das dargestellte Teil ausgestanzt werden.

Ermitteln Sie die mindestens erforderliche Stanzkraft F_S.

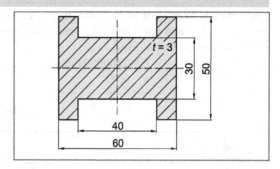

Aufgabe 2.27   ○○○●●

Der dargestellte Zugstab wird durch zwei Stahlnieten mit dem Anschlussblech verbunden (jeweils zweischnittige Nietverbindung).

Ermitteln Sie den erforderlichen Durchmesser d der Nieten, damit eine statisch wirkende Zugkraft von F_Z = 100 kN mit Sicherheit (S_B = 3,5) aufgenommen werden kann. Als Werkstoff für die Nieten soll C22 verwendet werden (Scherfestigkeit τ_{aB} = 290 N/mm^2).

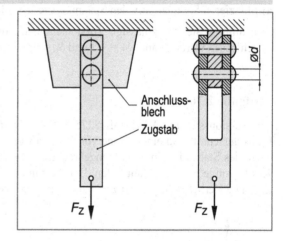

Aufgabe 2.28   ○○○○●

Die Abbildung zeigt die einschnittige Nietverbindung zweier Stahlbleche.

Als Nietwerkstoff wurde die Aluminium-Legierung EN AW-Al Zn5Mg3Cu-T6 gewählt. Die Scherfestigkeit der Legierung beträgt τ_{aB} = 380 N/mm^2.

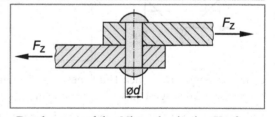

Berechnen Sie den mindestens erforderlichen Durchmesser d des Niets, damit eine Kraft von F_Z = 50 kN mit Sicherheit (S_B = 3,0) übertragen werden kann. Kerbwirkung und Biegeanteile sollen vernachlässigt werden.

Aufgabe 2.29   ○○○●●

Ein Rohr aus Werkstoff S275JR mit einem Außendurchmesser $d_a = 50$ mm und einer Wandstärke von $s = 6$ mm wird durch ein Torsionsmoment M_t statisch beansprucht.

Werkstoffkennwerte S275JR:

$R_e = 295$ N/mm^2 $E = 210000$ N/mm^2

$R_m = 490$ N/mm^2 $\mu = 0{,}30$

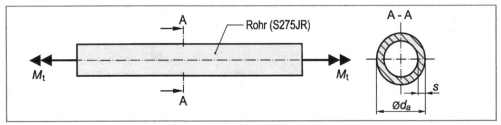

a) Skizzieren Sie qualitativ den Spannungsverlauf über der Querschnittsfläche.

b) Ermitteln Sie das zulässige Torsionsmoment, damit ein Versagen mit Sicherheit ausgeschlossen werden kann ($S_F = 1{,}2$ und $S_B = 2{,}0$).

Aufgabe 2.30   ○○○●●

Ein Torsionsstab aus Werkstoff S275JR (Werkstoffkennwerte siehe Aufgabe 2.29) mit Vollkreisquerschnitt und einer Länge von $l = 2$ m ist an einem Ende fest eingespannt. Am anderen
Ende des Stabes ist eine Platte angebracht, an der vier tangential gerichtete, statisch wirkende
Kräfte von je $F = 900$ N angreifen. Der Abstand der Wirkungslinien der Kräfte beträgt $c = 700$
mm. Die Kerbwirkung an der Einspannstelle kann vernachlässigt werden.

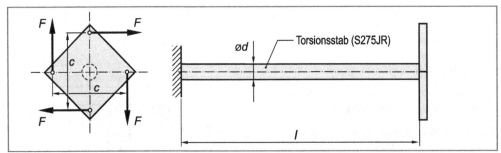

a) Dimensionieren Sie den Durchmesser d des Stabes so, damit Fließen mit einer Sicherheit
von $S_F = 2{,}0$ ausgeschlossen werden kann.

b) Bestimmen Sie den mindestens erforderlichen Durchmesser d^*, falls der Stab aus der Gusseisensorte EN-GJL-300 ($R_m = 300$ N/mm^2; $E = 110000$ N/mm^2; $\mu = 0{,}25$) gefertigt wurde
und eine Sicherheit von $S_B = 5{,}0$ gegen Bruch verlangt wird.

c) Ermitteln Sie den Verdrehwinkel φ für die Fälle aus Aufgabenteil a) und b).

Aufgabe 2.31 ○○●●●

Ein Stab mit kreiszylindrischer Querschnittsfläche aus dem Vergütungsstahl 42CrMo4 mit den in der Abbildung gegebenen Abmessungen, ist an einem Ende fest eingespannt und wird an seinem anderen Ende durch das statisch wirkende, tangential angreifende Kräftepaar F auf Torsion beansprucht. Die Kerbwirkung an der Einspannstelle sowie im Bereich der Durchmesserveränderung kann vernachlässigt werden.

Werkstoffkennwerte 42CrMo4:

$R_{p0,2}$ = 1140 N/mm²
R_m = 1320 N/mm²
E = 205000 N/mm²
μ = 0,30

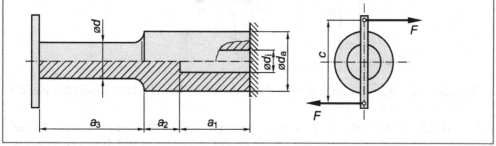

a_1 = 50 mm $\quad$ d_a = 40 mm
a_2 = 25 mm $\quad$ d_i = 15 mm
a_3 = 65mm $\quad$ d = 25 mm
c = 80 mm

a) Berechnen Sie die Kräfte F, die erforderlich sind, um den Stab um 2,5° zu verdrehen.

b) Ermitteln Sie für die in Aufgabenteil a) berechnete Kraft F die Sicherheiten gegen Fließen (S_F) in den einzelnen Abschnitten des Stabes.

Aufgabe 2.32 ○●●●●

Berechnen Sie das polare Flächenmoment 2. Ordnung (I_p) sowie das Widerstandsmoment gegen Torsion (W_t):

a) für einen Vollkreisquerschnitt mit Durchmesser d,

b) für einen Kreisringquerschnitt mit Außendurchmesser d_a und Innendurchmesser d_i.

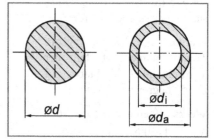

Aufgabe 2.33   ○●●●●●

Die Abbildung zeigt ein einfaches Getriebe für eine Seilwinde (schematisch). Unter der Wirkung der zu übertragenden Torsionsmomente werden die beiden Wellen elastisch verdreht.

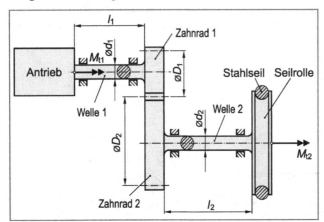

l_1 = 100 mm
l_2 = 200 mm
d_1 = 25 mm
d_2 = 35 mm
D_1 = 50 mm
D_2 = 100 mm

a) Ermitteln Sie allgemein den Zusammenhang zwischen dem Antriebsmoment M_{t1} und dem Abtriebsmoment M_{t2}.

b) Berechnen Sie das zulässige Abtriebsmoment M_{t2}, falls der Verdrehwinkel der Seilrolle $\varphi_S = 3°$ gegenüber dem unbelasteten Zustand nicht überschreiten darf. Die Zahnräder sowie die Seilrolle sind als starre Scheiben zu betrachten. Als Werkstoff für die Stahlwellen wurde der Vergütungsstahl 36CrNiMo4 gewählt.

Werkstoffkennwerte 36CrNiMo4 (vergütet):

$R_{p0,2}$ =   900 N/mm^2
R_m = 1120 N/mm^2
E = 205000 N/mm^2
μ = 0,30

Aufgabe 2.34   ●●●●●

Ein kegelstumpfförmiges Bauteil (l = 2000 mm; D = 50 mm; d = 40 mm) aus der Federstahlsorte 54SiCr6 soll als Drehstabfeder eingesetzt werden.

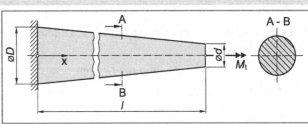

Ermitteln Sie das übertragbare Torsionsmoment M_t, falls der Verdrehwinkel des Stabes auf $\varphi = 5°$ begrenzt werden soll.

Werkstoffkennwerte 54SiCr6:

$R_{p0,2}$ = 1150 N/mm^2
R_m = 1520 N/mm^2
E = 205000 N/mm^2
μ = 0,30

Aufgabe 2.35   ○○●●●

Zu Versuchszwecken wurde der abgebildete, abgesetzte Torsionsstab mit Vollkreisquerschnitt entwickelt. Die einzelnen Abschnitte setzen sich aus unterschiedlichen Werkstoffen zusammen.

Werkstoff	R_e bzw. $R_{p0.2}$ N/mm^2	R_m N/mm^2	E N/mm^2	μ
S235JR	240	450	210000	0,30
CuAl10Fe3Mn2	330	590	108000	0,34
EN AW-Al Cu4Mg1-T6	350	560	68000	0,33

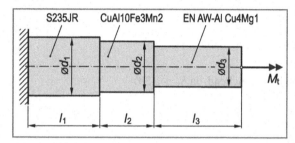

$d_1 = 30$ mm
$d_2 = 28$ mm
$d_3 = 26$ mm

$l_1 = 40$ mm
$l_2 = 30$ mm
$l_3 = 50$ mm

Ermitteln Sie das zulässige Torsionsmoment $M_{t\,zul}$ sowie den zulässigen Verdrehwinkel φ_{zul} des Torsionsstabes, so dass Fließen mit einer Sicherheit von $S_F = 1,5$ ausgeschlossen werden kann. Kerbwirkung an der Einspannstelle sowie an den Stellen der Querschnittsveränderung ist zu vernachlässigen.

2.3 Lösungen

Lösung zu Aufgabe 2.1

a) **Berechnung der Normalspannung**

$$\sigma = \frac{F}{A} = \frac{F}{\frac{\pi}{4} \cdot \left(d_\mathrm{a}^2 - d_\mathrm{i}^2\right)} = \frac{60\,000\ \mathrm{N}}{\frac{\pi}{4} \cdot \left(25^2 - 20^2\right)\mathrm{mm}^2} = \mathbf{339{,}53\ N/mm}^2$$

b) **Festigkeitsbedingung (Fließen)**

$$\sigma \le \sigma_\mathrm{zul}$$

$$\sigma = \frac{R_\mathrm{p0,2}}{S_\mathrm{F}}$$

$$S_\mathrm{F} = \frac{R_\mathrm{p0,2}}{\sigma} = \frac{680\ \mathrm{N/mm}^2}{339{,}53\ \mathrm{N/mm}^2} = \mathbf{2{,}00} \quad (\text{ausreichend, da } S_\mathrm{F} > 1{,}20)$$

Festigkeitsbedingung (Bruch)

$$\sigma \le \sigma_\mathrm{zul}$$

$$\sigma = \frac{R_\mathrm{m}}{S_\mathrm{B}}$$

$$S_\mathrm{B} = \frac{R_\mathrm{m}}{\sigma} = \frac{1050\ \mathrm{N/mm}^2}{339{,}53\ \mathrm{N/mm}^2} = \mathbf{3{,}09} \quad (\text{ausreichend, da } S_\mathrm{B} > 2{,}0)$$

c) **Berechnung der Dehnung bzw. Verlängerung mit Hilfe des Hookeschen Gesetzes**

$$\sigma = E \cdot \varepsilon = E \cdot \frac{\Delta l}{l_0}$$

$$\Delta l = \frac{\sigma \cdot l_0}{E} = \frac{339{,}53\ \mathrm{N/mm}^2 \cdot 1200\ \mathrm{mm}}{208\,000\ \mathrm{N/mm}^2} = \mathbf{1{,}96\ mm}$$

d) **Berechnung der Querkontraktion mit Hilfe des Poissonschen Gesetzes**

$$\varepsilon_\mathrm{q} = -\mu \cdot \varepsilon_\mathrm{l}$$

mit $\varepsilon_\mathrm{l} = \dfrac{\sigma}{E}$ und $\varepsilon_\mathrm{q} = \dfrac{\Delta d_\mathrm{a}}{d_\mathrm{a}}$ folgt:

$$\frac{\Delta d_\mathrm{a}}{d_\mathrm{a}} = -\mu \cdot \frac{\sigma}{E}$$

$$\sigma = -\frac{\Delta d_\mathrm{a}}{d_\mathrm{a}} \cdot \frac{E}{\mu}$$

mit $\sigma = \dfrac{F}{A}$ folgt schließlich:

$$F = -\frac{\Delta d_a}{d_a} \cdot \frac{E}{\mu} \cdot \frac{\pi}{4}\left(d_a^2 - d_i^2\right) = -\frac{-0,01\,\text{mm} \cdot 208\,000\,\text{N/mm}^2}{25\,\text{mm} \cdot 0,30} \cdot \frac{\pi}{4}\left(25^2 - 20^2\right)\text{mm}^2$$

$$= 49\,008\,\text{N} \approx \textbf{49 kN}$$

e) **Festigkeitsbedingung (Fließen)**

$$\sigma \leq \sigma_{\text{zul}}$$

$$\frac{F^*}{\frac{\pi}{4}\left(d_a^2 - d_i^2\right)} = \frac{R_{p0,2}}{S_F}$$

$$d_i = \sqrt{d_a^2 - \frac{4 \cdot F^* \cdot S_F}{\pi \cdot R_{p0,2}}} = \sqrt{(25\,\text{mm})^2 - \frac{4 \cdot 150\,000\,\text{N} \cdot 1,4}{\pi \cdot 680\,\text{N/mm}^2}} = 15,22\,\text{mm}$$

$$s = \frac{d_a - d_i}{2} = \frac{25\,\text{mm} - 15,22\,\text{mm}}{2} = \textbf{4,89 mm}$$

Lösung zu Aufgabe 2.2

a) Versagensmöglichkeiten: Fließen und Bruch.

Ermittlung der zulässigen Spannungen

Fließen: $\sigma_{zul} = \dfrac{R_e}{S_F} = \dfrac{430 \text{ N/mm}^2}{1,5} = 286,7 \text{ N/mm}^2$

Bruch: $\sigma_{zul} = \dfrac{R_m}{S_B} = \dfrac{630 \text{ N/mm}^2}{2,0} = 315 \text{ N/mm}^2$

Berechnung gegen Fließen, da kleinere zulässige Spannung.

Festigkeitsbedingung

$\sigma \le \sigma_{zul}$

$\dfrac{F}{A} = \dfrac{R_e}{S_F}$

$\dfrac{F}{\dfrac{\pi}{4} \cdot d^2} = \dfrac{R_e}{S_F}$

$d = \sqrt{\dfrac{4 \cdot F \cdot S_F}{\pi \cdot R_e}} = \sqrt{\dfrac{4 \cdot 15500 \text{ N} \cdot 1,5}{\pi \cdot 430 \text{ N/mm}^2}} = \mathbf{8,29\ mm}$

b) **Berechnung der Dehnung bzw. Verlängerung mit Hilfe des Hookeschen Gesetzes**

$\sigma = E \cdot \varepsilon$

$\varepsilon = \dfrac{\sigma}{E} = \dfrac{F}{A \cdot E} = \dfrac{15500 \text{ N}}{\dfrac{\pi}{4} \cdot (8,29 \text{ mm})^2 \cdot 210000 \text{ N/mm}^2} = 0,00137 = \mathbf{1,37\ \text{‰}}$

Mit $\varepsilon = \Delta l / l_0$ folgt dann für die Verlängerung des Zugstabes:

$\Delta l = \varepsilon \cdot l_0 = 0,00137 \cdot 1500 \text{ mm} = \mathbf{2,05\ mm}$

c) Bedingung für Bruch:

$\sigma = R_m$

$\dfrac{F_B}{A} = R_m$

$F_B = \dfrac{\pi}{4} \cdot d^2 \cdot R_m = \dfrac{\pi}{4} \cdot (8,29 \text{ mm})^2 \cdot 630 \text{ N/mm}^2 = \mathbf{34\,064\ N}$

Lösung zu Aufgabe 2.3

a) **Berechnung der Kraft pro Stahlband**

Leerer Wassertank: $F_\mathrm{L} = \dfrac{m_\mathrm{L} \cdot g}{4} = \dfrac{2\,000\ \mathrm{kg} \cdot 9{,}81\ \mathrm{m/s}^2}{4} = 4\,905\ \mathrm{N}$

Voller Wassertank: $F_\mathrm{V} = \dfrac{m_\mathrm{V} \cdot g}{4} = \dfrac{3\,600\ \mathrm{kg} \cdot 9{,}81\ \mathrm{m/s}^2}{4} = 8\,829\ \mathrm{N}$

Berechnung der Spannungen im Stahlband

Leerer Wassertank:

$$\sigma_\mathrm{L} = \frac{F_\mathrm{L}}{A} = \frac{4\,905\ \mathrm{N}}{25\ \mathrm{mm} \cdot 4\ \mathrm{mm}} = \mathbf{49{,}05\ N/mm^2}$$

Voller Wassertank:

$$\sigma_\mathrm{V} = \frac{F_\mathrm{V}}{A} = \frac{8\,829\ \mathrm{N}}{25\ \mathrm{mm} \cdot 4\ \mathrm{mm}} = \mathbf{88{,}29\ N/mm^2}$$

b) **Festigkeitsbedingung für Fließen (voller Tank)**

$$\sigma_\mathrm{V} \leq \sigma_\mathrm{zul} = \frac{R_\mathrm{e}}{S_\mathrm{F}}$$

$$S_\mathrm{F} = \frac{R_\mathrm{e}}{\sigma_\mathrm{v}} = \frac{265\ \mathrm{N/mm}^2}{88{,}29\ \mathrm{N/mm}^2} = \mathbf{3{,}00} \quad \text{(ausreichend, da } S_\mathrm{F} > 1{,}20)$$

Festigkeitsbedingung für Bruch (voller Tank)

$$\sigma_\mathrm{V} \leq \sigma_\mathrm{zul} = \frac{R_\mathrm{m}}{S_\mathrm{B}}$$

$$S_\mathrm{B} = \frac{R_\mathrm{m}}{\sigma_\mathrm{v}} = \frac{470\ \mathrm{N/mm}^2}{88{,}29\ \mathrm{N/mm}^2} = \mathbf{5{,}32} \quad \text{(ausreichend, da } S_\mathrm{B} > 2{,}0)$$

c) **Berechnung der Verlängerung der Stahlbänder infolge Befüllung** (Hookesches Gesetz, einachsiger Spannungszustand)

$$\Delta\varepsilon = \frac{\sigma_\mathrm{V} - \sigma_\mathrm{L}}{E} = \frac{88{,}29\ \mathrm{N/mm}^2 - 49{,}05\ \mathrm{N/mm}^2}{210\,000\ \mathrm{N/mm}^2} = 0{,}000187$$

Mit $\varepsilon = \Delta l / l_0$ folgt schließlich:

$$\Delta l = \Delta\varepsilon \cdot l_0 = 0{,}000187 \cdot 1500\ \mathrm{mm} = \mathbf{0{,}28\ mm}$$

Lösung zu Aufgabe 2.4

a) Versagensmöglichkeiten: Fließen und Bruch

   Ermittlung der zulässigen Spannungen

   Fließen: $\sigma_{zul} = \dfrac{R_e}{S_F} = \dfrac{260 \text{ N/mm}^2}{1,5} = 173,3 \text{ N/mm}^2$

   Bruch: $\sigma_{zul} = \dfrac{R_m}{S_B} = \dfrac{480 \text{ N/mm}^2}{2,0} = 240 \text{ N/mm}^2$

   Berechnung gegen Fließen, da kleinere zulässige Spannung.

   Festigkeitsbedingung

   $\sigma \leq \sigma_{zul}$

   $\dfrac{F}{A} = \dfrac{R_e}{S_F}$

   $\dfrac{m \cdot g}{\dfrac{\pi}{4} \cdot d^2} = \dfrac{R_e}{S_F}$

   $d = \sqrt{\dfrac{4 \cdot m \cdot g \cdot S_F}{\pi \cdot R_e}} = \sqrt{\dfrac{4 \cdot 2\,500 \text{ kg} \cdot 9,81 \text{ m/s}^2 \cdot 1,5}{\pi \cdot 260 \text{ N/mm}^2}} = \mathbf{13,42 \text{ mm}}$

b) Versagensmöglichkeit Bruch, da spröder Werkstoff

   Festigkeitsbedingung

   $\sigma \leq \sigma_{zul}$

   $\dfrac{F}{A} = \dfrac{R_m}{S_B}$

   $\dfrac{m \cdot g}{\dfrac{\pi}{4} \cdot d^2} = \dfrac{R_m}{S_B}$

   $S_B = \dfrac{\pi}{4} \cdot d^2 \cdot \dfrac{R_m}{m \cdot g}$

   $= \dfrac{\pi}{4} \cdot (20 \text{ mm})^2 \cdot \dfrac{300 \text{ N/mm}^2}{2\,500 \text{ kg} \cdot 9,81 \text{ m/s}^2} = \mathbf{3,84}$ (nicht ausreichend, da $S_B < 4,0$)

c) Versagensmöglichkeit Bruch, da spröder Werkstoff

   Festigkeitsbedingung

   $\sigma \leq \sigma_{zul}$

   $\dfrac{m \cdot g}{\dfrac{\pi}{4} \cdot d^2} = \dfrac{R_m}{S_B}$

   $m = \dfrac{\pi}{4} \cdot d^2 \cdot \dfrac{R_m}{g \cdot S_B} = \dfrac{\pi}{4} \cdot (20 \text{ mm})^2 \cdot \dfrac{300 \text{ N/mm}^2}{9,81 \text{ m/s}^2 \cdot 4} = \mathbf{2\,402 \text{ kg}}$

Lösung zu Aufgabe 2.5

a) Freischneiden des Stabwerks (ohne Lagerstellen)

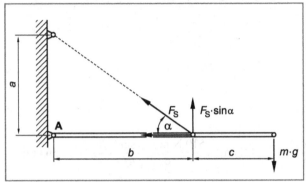

Ermittlung des Winkels α (siehe Abbildung):

$$\alpha = \arctan\left(\frac{a}{b}\right) = \arctan\left(\frac{1,8 \text{ m}}{2,0 \text{ m}}\right) = 41,99°$$

Ansetzen des Momentengleichgewichts um die Lagerstelle A liefert die Stabkraft F_S:

$$\Sigma M_A = 0:$$

$$F_S \cdot \sin\alpha \cdot b = m \cdot g \cdot (b + c)$$

$$F_S = \frac{m \cdot g}{\sin\alpha} \cdot \frac{b+c}{b} = \frac{1500 \text{ kg} \cdot 9,81 \text{ m/s}^2}{\sin 41,99°} \cdot \frac{(2 \text{ m} + 1,2 \text{ m})}{2 \text{ m}} = 35\ 195 \text{ N}$$

b) Ermittlung der Zugspannung im Stab

$$\sigma_S = \frac{F_S}{A} = \frac{F_S}{\frac{\pi}{4}\left(d_a^2 - d_i^2\right)} = \frac{35\,195 \text{ N}}{\frac{\pi}{4}\left(50^2 - 40^2\right) \text{mm}^2} = 49,8 \text{ N/mm}^2$$

c) Berechnung der Dehnung bzw. der Verlängerung des Stabes mit Hilfe des Hookeschen Gesetzes (einachsiger Spannungszustand)

Für **Stahl** ($E = 210\ 000$ N/mm^2):

$$\sigma_S = E \cdot \varepsilon = E \cdot \frac{\Delta l}{l_0} \text{ mit } l_0 = \sqrt{a^2 + b^2}$$

$$\Delta l = \frac{\sigma_S \cdot \sqrt{a^2 + b^2}}{E} = \frac{49,8 \text{ N/mm}^2 \cdot \sqrt{2000^2 + 1800^2} \text{ mm}^2}{210\,000 \text{ N/mm}^2} = 0,64 \text{ mm}$$

Für die **Al-Legierung** ($E = 70\ 000$ N/mm^2):

$$\Delta l = \frac{\sigma_S \cdot \sqrt{a^2 + b^2}}{E} = \frac{49,8 \text{ N/mm}^2 \cdot \sqrt{2000^2 + 1800^2} \text{ mm}^2}{70\,000 \text{ N/mm}^2} = 1,91 \text{ mm}$$

d) Bedingung für Bruch:

$$\sigma_S = R_m$$

$$\frac{F_S}{A} = R_m$$

$$\frac{m_1 \cdot g}{\sin \alpha} \cdot \frac{b+c}{b} \cdot \frac{1}{A} = R_m$$

Für **Stahl** ergibt sich damit:

$$m_1 = \frac{b}{b+c} \cdot \frac{\pi}{4}\left(d_a^2 - d_i^2\right) \cdot \frac{R_m \cdot \sin\alpha}{g}$$

$$= \frac{2\,000 \text{ mm}}{(2\,000 + 1200) \text{ mm}} \cdot \frac{\pi}{4}\left(50^2 - 40^2\right)\text{mm}^2 \cdot \frac{510 \text{ N/mm}^2 \cdot \sin 41{,}99°}{9{,}81 \text{ m/s}^2} = 15\,364 \text{ kg}$$

Für die **Aluminiumlegierung** folgt auf analoge Weise:

$$m_1 = \frac{2\,000 \text{ mm}}{(2\,000 + 1200) \text{ mm}} \cdot \frac{\pi}{4}\left(50^2 - 40^2\right)\text{mm}^2 \cdot \frac{350 \text{ N/mm}^2 \cdot \sin 41{,}99°}{9{,}81 \text{ m/s}^2} = 10\,544 \text{ kg}$$

e) **Versagensmöglichkeiten:** Fließen und Bruch

   Ermittlung der zulässigen Spannungen

   Für die **Stahlkonstruktion** folgt:

Fließen: $\sigma_{zul} = \dfrac{R_e}{S_F} = \dfrac{275 \text{ N/mm}^2}{1{,}5} = 183{,}3 \text{ N/mm}^2$

Bruch: $\sigma_{zul} = \dfrac{R_m}{S_B} = \dfrac{510 \text{ N/mm}^2}{2{,}0} = 255 \text{ N/mm}^2$

Berechnung gegenüber Fließen, da kleinere zulässige Spannung.

Festigkeitsbedingung

$$\sigma_S \leq \sigma_{zul}$$

$$\frac{F_S}{A} = \frac{R_e}{S_F}$$

$$\frac{\dfrac{m_2 \cdot g}{\sin\alpha} \cdot \dfrac{b+c}{b}}{\dfrac{\pi}{4} \cdot (d_a^2 - d_i^2)} = \frac{R_e}{S_F}$$

$$\frac{\pi}{4} \cdot \left(d_a^2 - d_i^2\right) = \frac{m_2 \cdot g}{\sin\alpha} \cdot \frac{b+c}{b} \cdot \frac{S_F}{R_e}$$

$$d_a = \sqrt{\frac{4}{\pi} \cdot \frac{m_2 \cdot g}{\sin\alpha} \cdot \frac{b+c}{b} \cdot \frac{S_F}{R_e} + d_i^2}$$

$$= \sqrt{\frac{4}{\pi} \cdot \frac{3250\,\text{kg} \cdot 9{,}81\,\text{m/s}^2}{\sin 41{,}99°} \cdot \frac{(2+1{,}2)\,\text{m}}{2\,\text{m}} \cdot \frac{1{,}5}{275\,\text{N/mm}^2} + (40\,\text{mm})^2} = 46{,}15\,\text{mm}$$

Damit errechnet sich die Mindestwanddicke s für die Stahlkonstruktion zu:

$$s = \frac{d_a - d_i}{2} = \frac{46{,}15\,\text{mm} - 40\,\text{mm}}{2{,}0} = \mathbf{3{,}07\,mm}$$

Für die **Al-Konstruktion** folgt:

Fließen: $\sigma_{zul} = \dfrac{R_{p0{,}2}}{S_F} = \dfrac{270\,\text{N/mm}^2}{1{,}5} = 180\,\text{N/mm}^2$

Bruch: $\sigma_{zul} = \dfrac{R_m}{S_B} = \dfrac{350\,\text{N/mm}^2}{2{,}0} = 175\,\text{N/mm}^2$

Berechnung gegenüber Bruch (!), da kleinere zulässige Spannung.

Für den Außendurchmesser folgt in Analogie zur Stahlkonstruktion:

$$d_a = \sqrt{\frac{4}{\pi} \cdot \frac{3250\,\text{kg} \cdot 9{,}81\,\text{m/s}^2}{\sin 41{,}99°} \cdot \frac{(2+1{,}2)\,\text{m}}{2\,\text{m}} \cdot \frac{2{,}0}{350\,\text{N/mm}^2} + (40\,\text{mm})^2} = 46{,}42\,\text{mm}$$

Damit errechnet sich die Mindestwanddicke s für die Al-Konstruktion zu:

$$s = \frac{d_a - d_i}{2} = \frac{46{,}42\,\text{mm} - 40\,\text{mm}}{2} = \mathbf{3{,}21\,mm}$$

Lösung zu Aufgabe 2.6

Freischneiden des Stabwerks (ohne Lagerstellen)

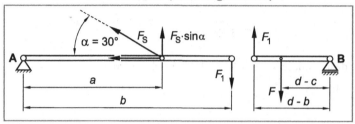

Berechnung der Dehnung ε des Stahlseils

$$\varepsilon = \frac{\Delta l}{l_0} = \frac{\Delta l}{a / \cos\alpha} = \frac{0,5 \text{ mm}}{1500 \text{ mm} / \cos 30°} = 0,000289$$

Berechnung der Zugspannung σ_S im Stahlseil mit Hilfe des Hookeschen Gesetzes (einachsiger Spannungszustand)

$$\sigma_S = E \cdot \varepsilon = 210\,000 \text{ N/mm}^2 \cdot 0,000289 = 60,62 \text{ N/mm}^2$$

Berechnung der Seilkraft F_S

$$F_S = \sigma_S \cdot A = 60,62 \text{ N/mm}^2 \cdot 100 \text{ mm}^2 = 6\,062 \text{ N}$$

Ansetzen des Momentengleichgewichts um A ergibt die Schnittkraft F_1

$$\Sigma M_A = 0:$$
$$F_S \cdot \sin\alpha \cdot a = F_1 \cdot b$$
$$F_1 = F_S \cdot \sin\alpha \cdot \frac{a}{b} = 6\,062 \text{ N} \cdot \sin 30° \cdot \frac{1,5 \text{ m}}{2,9 \text{ m}} = 1\,567,8 \text{ N}$$

Ansetzen des Momentengleichgewichts um B liefert die Kraft F

$$\Sigma M_B = 0:$$
$$F_1 \cdot (d-b) = F \cdot (d-c)$$
$$F = F_1 \cdot \frac{(d-b)}{(d-c)} = 1\,567,8 \text{ N} \cdot \frac{(4,5-2,9) \text{ m}}{(4,5-3,3) \text{ m}} = \mathbf{2\,090,4 \text{ N}}$$

Lösung zu Aufgabe 2.7

a) Fließen tritt ein, sobald die Lastspannung die Dehngrenze $R_{p0,2}$ des austenitischen Werkstoffs X6CrNiMoTi17-12-2 erreicht.

Festigkeitsbedingung

$$\sigma \le \sigma_{zul}$$

$$\frac{F_1}{A_{ges}} = \frac{R_{p0,2}}{S_F}$$

$$F_1 = \frac{R_{p0,2}}{S_F} \cdot A_{ges} = \frac{240\ \text{N/mm}^2}{1,4} \cdot (50\ \text{mm})^2 = 428\,571\ \text{N} = \mathbf{428,6\ kN}$$

b) **Bedingung für Fließen des Verbundstabes**

$$\frac{F_2}{A_{ges}} = R_{p0,2}$$

$$F_2 = R_{p0,2} \cdot A_{ges} = 240\ \text{N/mm}^2 \cdot (50\ \text{mm})^2 = 600\,000\ \text{N} = \mathbf{600\ kN}$$

c) **Berechnung der (fiktiven) Spannung σ_f im Verbundstab**

$$\sigma_f = \frac{F_3}{A_{ges}} = \frac{800\,000\ \text{N}}{(50\ \text{mm})^2} = 320\ \text{N/mm}^2$$

Da $\sigma_f > R_{p0,2}$ wird die Plattierung bereits plastisch verformt, während der Vierkantprofilstab noch elastisch beansprucht ist ($\sigma_f < R_e$). Da die Spannung in der plastifizierten Plattierung die Dehngrenze $R_{p0,2}$ nicht überschreiten kann (linear-elastisch ideal-plastisches Werkstoffverhalten), beträgt die Spannung in der Plattierung $\sigma_{PL} = R_{p0,2} = \mathbf{240\ N/mm^2}$.

Berechnung des von der Plattierung aufzunehmenden Anteils des Zugkraft F_3

$$F_{3PL} = R_{p0,2} \cdot A_{PL} = R_{p0,2} \cdot \left((a+2s)^2 - a^2\right) = 240\ \text{N/mm}^2 \cdot \left(50^2 - 36^2\right)\text{mm}^2 = 288\,960\ \text{N}$$

Berechnung des vom Vierkantprofilstab aufzunehmenden Anteils des Zugkraft F_3

$$F_{3VK} = F_3 - F_{3PL} = 800\,000\ \text{N} - 288\,960\ \text{N} = 511\,040\ \text{N}$$

Berechnung der Spannung im Vierkantprofilstab

$$\sigma_{VK} = \frac{F_{3VK}}{A_{VK}} = \frac{511\,040\ \text{N}}{(36\ \text{mm})^2} = \mathbf{394,32\ N/mm^2}$$

d) Aufgrund der formschlüssigen Verbindung muss die Dehnung der Plattierung der Dehnung des Vierkantprofilstabes entsprechen.

Berechnung der Spannung in der Plattierung bei einer Dehnung von ε_{DMS}

$$\sigma_{PL} = \varepsilon_{DMS} \cdot E = 0,0018 \cdot 212\,000\ \text{N/mm}^2 = \mathbf{381,6\ N/mm^2}\ (> R_{p0,2})$$

Damit ist die Plattierung bereits plastifiziert. Die zur Plastifizierung der Plattierung erforderliche Kraft errechnet sich zu $F = 288960$ N (siehe Aufgabenteil c).

Berechnung der Spannung im Vierkantprofilstab bei einer Dehnung von ε_{DMS}

$$\sigma_{4\,VK} = \varepsilon_{DMS} \cdot E = 0,0018 \cdot 212\,000 \text{ N/mm}^2 = 381,6 \text{ N/mm}^2 \; (< R_e)$$

Damit ergibt sich die Kraft F_{4VK} zu:

$$F_{4\,VK} = \sigma_{4\,VK} \cdot (36 \text{ mm})^2 = 494\,553,6 \text{ N}$$

Berechnung der erforderlichen Gesamtkraft F_4

$$F_4 = F_{4\,VK} + F_{PL} = 494\,553,6 \text{ N} + 288\,960 \text{ N} = 783\,513,6 \text{ N} = \mathbf{783,5 \text{ kN}}$$

Lösung zu Aufgabe 2.8

Berechnung der Längenänderung des Seiles

Die Zugkraft F wird anteilig vom Stahlkern (F_K) und vom Kunststoffmantel (F_M) aufgenommen. Es gilt also:

$$F = F_K + F_M = E_K \cdot \varepsilon_K \cdot A_K + E_M \cdot \varepsilon_M \cdot A_M$$

Da Kern und Mantel fest miteinander verbunden sind, gilt $\varepsilon_K = \varepsilon_M = \varepsilon$ und damit für die Zugkraft F:

$$F = E_K \cdot \varepsilon \cdot A_K + E_M \cdot \varepsilon \cdot A_M = \left(E_K \cdot A_K + E_M \cdot A_M\right) \cdot \frac{\Delta l}{l_0}$$

Damit folgt für die Längenänderung des Seiles:

$$\Delta l = \frac{F \cdot l_0}{E_K \cdot \dfrac{\pi}{4} \cdot d_K^2 + E_M \cdot \dfrac{\pi}{4} \cdot \left(d^2 - d_K^2\right)}$$

$$= \frac{1250000 \text{ N} \cdot 75000 \text{ mm}}{212000 \text{ N/mm}^2 \cdot \dfrac{\pi}{4} \cdot \left(50 \text{ mm}\right)^2 + 12500 \text{ N/mm}^2 \cdot \dfrac{\pi}{4} \cdot \left(\left(56 \text{ mm}\right)^2 - \left(50 \text{ mm}\right)^2\right)} = \mathbf{221{,}9 \text{ mm}}$$

Berechnung der Zugspannung im Stahlkern

$$\sigma_K = E_K \cdot \varepsilon_K = E_K \cdot \frac{\Delta l}{l_0} = 212\,000 \text{ N/mm}^2 \cdot \frac{221{,}9 \text{ mm}}{75\,000 \text{ mm}} = \mathbf{627{,}2 \text{ N/mm}^2}$$

Berechnung der Zugspannung im Kunststoffmantel

$$\sigma_M = E_M \cdot \varepsilon_M = E_M \cdot \frac{\Delta l}{l_0} = 12\,500 \text{ N/mm}^2 \cdot \frac{221{,}9 \text{ mm}}{75\,000 \text{ mm}} = \mathbf{37{,}0 \text{ N/mm}^2}$$

Lösung zu Aufgabe 2.9

a) Zäher Werkstoff: Versagen durch **Fließen** oder **Knickung**

b) **Festigkeitsbedingung** (Berechnung nur gegen Fließen gemäß Aufgabenstellung)

$$\sigma_d \leq \sigma_{zul}$$

$$\frac{F}{A} = \frac{\sigma_{dF}}{S_F} \approx \frac{R_e}{S_F}$$

$$\frac{F}{\frac{\pi}{4} \cdot \left(d_a^2 - d_i^2\right)} = \frac{R_e}{S_F}$$

$$d_i = \sqrt{d_a^2 - \frac{4 \cdot F \cdot S_F}{\pi \cdot R_e}} = \sqrt{\left(100\,\text{mm}\right)^2 - \frac{4 \cdot 120000\,\text{N} \cdot 1,5}{\pi \cdot 235\,\text{N/mm}^2}} = 94,99\,\text{mm} \approx 95\,\text{mm}$$

$$s = \frac{d_a - d_i}{2} = \frac{100\,\text{mm} - 95\,\text{mm}}{2} = \mathbf{2,5\,mm}$$

c) **Berechnung der Verkürzung mit Hilfe des Hookeschen Gesetzes (einachsiger Spannungszustand)**

$$\sigma_d = E \cdot \varepsilon$$

$$\varepsilon = \frac{\sigma_d}{E}$$

$$\frac{\Delta l}{l_0} = \frac{F}{A \cdot E}$$

$$\Delta l = \frac{F \cdot l_0}{\frac{\pi}{4} \cdot \left(d_a^2 - d_i^2\right) \cdot E} = \frac{120000\,\text{N} \cdot 1600\,\text{mm}}{\frac{\pi}{4} \cdot \left(100^2 - 95^2\right)\text{mm}^2 \cdot 210000\,\text{N/mm}^2} = \mathbf{1,19\,mm}$$

Lösung zu Aufgabe 2.10

a) **Freischneiden der Hebevorrichtung und Ansetzen der Festigkeitsbedingung**

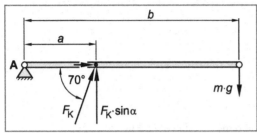

Ansetzen des Momentengleichgewichts um A liefert zunächst die gesuchte Beanspruchung der Kolbenstange (F_K):

$$\Sigma M_A = 0:$$

$$F_K \cdot \sin\alpha \cdot a = m \cdot g \cdot b$$

$$F_K = \frac{m \cdot g}{\sin\alpha} \cdot \frac{b}{a} = \frac{10000 \text{ kg} \cdot 9{,}81 \text{ m/s}^2}{\sin 70°} \cdot \frac{3{,}6 \text{ m}}{1{,}2 \text{ m}} = 313187{,}5 \text{ N} = 313{,}2 \text{ kN}$$

Festigkeitsbedingung (Fließen):

$$\frac{F_K}{A} = \frac{\sigma_{dp0,2}}{S_F} \approx \frac{R_{p0,2}}{S_F}$$

$$\frac{4 \cdot F_K}{\pi \cdot d^2} = \frac{R_{p0,2}}{S_F}$$

$$d = \sqrt{\frac{4 \cdot F_K \cdot S_F}{\pi \cdot R_{p0,2}}} = \sqrt{\frac{4 \cdot 313187{,}5 \text{ N} \cdot 1{,}20}{\pi \cdot 580 \text{ N/mm}^2}} = 28{,}7 \text{ mm}$$

b) **Berechnung der Verkürzung Δl mit Hilfe des Hookeschen Gesetzes (einachsig)**

$$\sigma_d = E \cdot \varepsilon$$

$$\frac{F_K}{A} = E \cdot \frac{\Delta l}{l_0} \quad \text{mit } \frac{F_K}{A} = \frac{R_{p0,2}}{S_F}$$

$$\Delta l = \frac{R_{p0,2}}{S_F} \cdot \frac{l_0}{E} = \frac{580 \text{ N/mm}^2}{1{,}20} \cdot \frac{1500 \text{ mm}}{210000 \text{ N/mm}^2} = 3{,}45 \text{ mm}$$

c) **Berechnung der Querkontraktion mit Hilfe des Poissonschen Gesetzes**

$$\varepsilon_q = -\mu \cdot \varepsilon_l$$

$$\frac{\Delta d}{d_1} = -\mu \cdot \frac{\sigma_d}{E}$$

$$\frac{\Delta d}{d_1} = -\mu \cdot \frac{-F_K}{A \cdot E}$$

$$\frac{\Delta d}{d_1} = \frac{\mu}{E} \cdot \frac{1}{\frac{\pi}{4} \cdot d_1^2} \cdot \frac{m^* \cdot g \cdot b}{\sin\alpha \cdot a}$$

Damit folgt für die Masse m^*:

$$m^* = \frac{\Delta d}{d_1} \cdot \frac{E}{\mu} \cdot \frac{\pi \cdot d_1^2}{4} \cdot \frac{\sin\alpha \cdot a}{g \cdot b}$$

$$= \frac{0{,}015 \text{ mm}}{80 \text{ mm}} \cdot \frac{210\,000 \text{ N/mm}^2}{0{,}30} \cdot \frac{\pi \cdot (80 \text{ mm})^2}{4} \cdot \frac{\sin 70° \cdot 1{,}2 \text{ m}}{9{,}81 \text{ m/s}^2 \cdot 3{,}6 \text{ m}} = \mathbf{21065 \text{ kg}}$$

Lösung zu Aufgabe 2.11

a) **Ansetzen des Hookeschen Gesetzes (einachsiger Spannungszustand)**

Scheibe 1 (Mg): $\sigma_{d1} = E_1 \cdot \varepsilon_1 = E_1 \cdot \dfrac{\Delta l_1}{l_1} \rightarrow \Delta l_1 = \dfrac{\sigma_{d1} \cdot l_1}{E_1}$

Scheibe 2 (Cu): $\sigma_{d2} = E_2 \cdot \varepsilon_2 = E_2 \cdot \dfrac{\Delta l_2}{l_2} \rightarrow \Delta l_2 = \dfrac{\sigma_{d2} \cdot l_2}{E_2}$

Scheibe 3 (Stahl): $\sigma_{d3} = E_3 \cdot \varepsilon_3 = E_3 \cdot \dfrac{\Delta l_3}{l_3} \rightarrow \Delta l_3 = \dfrac{\sigma_{d3} \cdot l_3}{E_3}$

Es gilt:

$$\Delta l = \Delta l_1 + \Delta l_2 + \Delta l_3 \quad \text{und} \quad \sigma_{d1} = \sigma_{d2} = \sigma_{d3} = \sigma_d = \dfrac{F}{\dfrac{\pi \cdot d^2}{4}}$$

damit folgt:

$$\Delta l = \dfrac{\sigma_{d1} \cdot l_1}{E_1} + \dfrac{\sigma_{d2} \cdot l_2}{E_2} + \dfrac{\sigma_{d3} \cdot l_3}{E_3} = \dfrac{4 \cdot F}{\pi \cdot d^2} \cdot \left(\dfrac{l_1}{E_1} + \dfrac{l_2}{E_2} + \dfrac{l_3}{E_3} \right)$$

$$F = \dfrac{\pi \cdot d^2 \cdot \Delta l}{4 \cdot \left(\dfrac{l_1}{E_1} + \dfrac{l_2}{E_2} + \dfrac{l_3}{E_3} \right)} = \dfrac{\pi \cdot (50\,\text{mm})^2 \cdot 0{,}25}{4 \cdot \left(\dfrac{37{,}5}{45\,000} + \dfrac{50{,}3}{120\,000} + \dfrac{32{,}2}{210\,000} \right) \dfrac{\text{mm}}{\text{N/mm}^2}}$$

$$= 349\,169{,}3\ \text{N} \approx \mathbf{349{,}2\ kN}$$

b) **Spannungen in den Metallscheiben**

$$\sigma_{d1} = \sigma_{d2} = \sigma_{d3} = \sigma_d = \dfrac{4 \cdot F}{\pi \cdot d^2} = \dfrac{4 \cdot 349\,169{,}3\ \text{N}}{\pi \cdot (50\,\text{mm})^2} = \mathbf{177{,}8\ N/mm^2}$$

c) **Berechnung der Verkürzungen**

Scheibe 1 (Mg): $\Delta l_1 = \dfrac{\sigma_d \cdot l_1}{E_1} = \dfrac{177{,}8\ \text{N/mm}^2 \cdot 37{,}5\ \text{mm}^2}{45\,000\ \text{N/mm}^2} = \mathbf{0{,}148\ mm}$

Scheibe 2 (Cu): $\Delta l_2 = \dfrac{\sigma_d \cdot l_2}{E_2} = \dfrac{177{,}8\ \text{N/mm}^2 \cdot 50{,}3\ \text{mm}^2}{120\,000\ \text{N/mm}^2} = \mathbf{0{,}075\ mm}$

Scheibe 3 (Stahl): $\Delta l_3 = \dfrac{\sigma_d \cdot l_3}{E_3} = \dfrac{177{,}8\ \text{N/mm}^2 \cdot 32{,}2\ \text{mm}^2}{210\,000\ \text{N/mm}^2} = \mathbf{0{,}027\ mm}$

Probe: $\Delta l = \Delta l_1 + \Delta l_2 + \Delta l_3 = 0{,}148\ \text{mm} + 0{,}075\ \text{mm} + 0{,}027\ \text{mm} = 0{,}25\ \text{mm}$

Lösung zu Aufgabe 2.12

Berechnung des maximalen Biegemomentes $M_{b\,max}$

$$\Sigma\,M_B = 0$$

$$F_A \cdot l = F \cdot \frac{3}{4} \cdot l$$

$$F_A = \frac{3}{4} \cdot F$$

$$M_{b\,max} = \frac{3}{4} \cdot F \cdot \frac{l}{4} = \frac{3}{16} \cdot F \cdot l$$

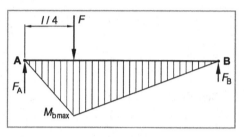

Berechnung der Widerstandsmomentes W_{by} bezüglich der y-Achse

$$W_{by} = \frac{\dfrac{B^4}{12} - \dfrac{b^4}{12}}{\dfrac{B}{2}} = \frac{B^4 - b^4}{6 \cdot B}$$

Festigkeitsbedingung (Fließen)

$$\sigma_b \leq \sigma_{zul}$$

$$\frac{M_b}{W_{by}} = \frac{\sigma_{bF}}{S_F} \approx \frac{R_e}{S_F}$$

$$\frac{\dfrac{3}{16} \cdot F \cdot l}{\dfrac{B^4 - b^4}{6 \cdot B}} = \frac{R_e}{S_F}$$

$$b = \sqrt[4]{B^4 - \frac{9 \cdot F \cdot l \cdot B \cdot S_F}{8 \cdot R_e}} = \sqrt[4]{(100\,\text{mm})^4 - \frac{9 \cdot 25000\,\text{N} \cdot 5000\,\text{mm} \cdot 100\,\text{mm} \cdot 1{,}5}{8 \cdot 275\,\text{N/mm}^2}}$$

$$= 69{,}47\,\text{mm}$$

$$s = \frac{B - b}{2} = \frac{100\,\text{mm} - 69{,}47\,\text{mm}}{2} = \mathbf{15{,}3\,mm}$$

Lösung zu Aufgabe 2.13

a) **Berechnung der Lage z des Flächenschwerpunktes S der Gesamtfläche mit Hilfe des Teilschwerpunktsatzes**

$$z_S = \frac{\Sigma z_i \cdot A_i}{\Sigma A_i} = \frac{20\ \text{mm} \cdot 800\ \text{mm}^2 + 50\ \text{mm} \cdot 1200\ \text{mm}^2}{2000\ \text{mm}^2} = \mathbf{38\ mm}$$

Berechnung der axialen Flächenmomente der Teilflächen bezüglich der y_1- bzw. y_2-Achse

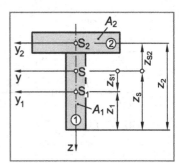

$$I_{y1} = \frac{b \cdot h^3}{12} = \frac{20\ \text{mm} \cdot (40\ \text{mm})^3}{12} = 106\,667\ \text{mm}^4$$

$$I_{y2} = \frac{B \cdot (H - h)^3}{12} = \frac{60\ \text{mm} \cdot (20\ \text{mm})^3}{12} = 40\,000\ \text{mm}^4$$

Berechnung der axialen Flächenmomente der Teilflächen sowie der Gesamtfläche bezüglich der y-Achse durch den Gesamtflächenschwerpunkt S

$$I_{yS1} = I_{y1} + z_{S1}^2 \cdot A_1 \quad = 106\,667\ \text{mm}^4 + (18\ \text{mm})^2 \cdot 800\ \text{mm}^2 = 365\,867\,\text{mm}^4$$

$$I_{yS2} = I_{y2} + z_{S2}^2 \cdot A_2 = 40\,000\ \text{mm}^4 + (-12\ \text{mm})^2 \cdot 1200\ \text{mm}^2 = 212\,800\,\text{mm}^4$$

$$I_{yS} \quad = I_{yS1} + I_{yS2} \quad = 365\,867\ \text{mm}^4 + 212\,800\ \text{mm}^4 = \mathbf{578\,667\ mm^4}$$

Berechnung des axialen Widerstandsmomentes bezüglich der y-Achse

$$W_{by} = \frac{I_{yS}}{z_{max}} = \frac{578\,667\ \text{mm}^4}{38\ \text{mm}} = \mathbf{15\,228\ mm^3}$$

b) **Festigkeitsbedingung**

$$\sigma_b \leq \sigma_{zul}$$

$$\frac{M_b}{W_{by}} = \frac{\sigma_{bF}}{S_F} \approx \frac{R_e}{S_F} \quad \text{mit } M_b = M_{b\,max} = F \cdot a$$

$$\frac{F \cdot a}{W_{by}} = \frac{R_e}{S_F}$$

$$S_F = \frac{R_e \cdot W_{by}}{F \cdot a} = \frac{355\ \text{N/mm}^2 \cdot 15\,228\ \text{mm}^3}{1000\ \text{N} \cdot 1000\ \text{mm}} = \mathbf{5{,}41} \quad \text{(ausreichend, da } S_F > 1{,}20)$$

c) Aus Aufgabenteil b) folgt:

$$W_{by}^* = \frac{F \cdot a^* \cdot S_F}{R_e} = \frac{1000\ \text{N} \cdot 1500\ \text{mm} \cdot 1{,}5}{355\ \text{N/mm}^2} = \mathbf{6338{,}0\ mm^3}$$

Lösung zu Aufgabe 2.14

a) **Berechnung des maximalen Biegemomentes $M_{b\,max}$**

$$M_{b\,max} = \frac{F}{2} \cdot \frac{l}{2} = \frac{F \cdot l}{4}$$

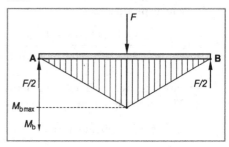

b) **Festigkeitsbedingung**

$$\sigma_b \le \sigma_{zul}$$

$$\frac{M_{b\,max}}{W_b} = \frac{\sigma_{bF}}{S_F} \approx \frac{R_e}{S_F}$$

$$\frac{F \cdot l}{4 \cdot W_b} = \frac{R_e}{S_F} \quad \text{mit } F = \frac{48 \cdot E \cdot I \cdot f}{l^3} \text{ folgt:}$$

$$\frac{48 \cdot E \cdot I \cdot f \cdot l}{4 \cdot W_b \cdot l^3} = \frac{R_e}{S_F}$$

mit $\dfrac{I}{W_b} = \dfrac{d_a}{2}$ folgt weiterhin:

$$f = f_{max} = \frac{R_e \cdot l^2}{6 \cdot E \cdot d_a \cdot S_F} = \frac{275 \text{ N/mm}^2 \cdot (2500 \text{ mm})^2}{6 \cdot 210000 \text{ N/mm}^2 \cdot 100 \text{ mm} \cdot 1,5} = \textbf{9,09 mm}$$

c) **Festigkeitsbedingung**

$$\frac{M_b}{W_b} = \frac{\sigma_{bB}}{S_B} \approx \frac{2,5 \cdot R_m}{S_B}$$

Mit den Umformungen aus Aufgabenteil b) folgt schließlich:

$$f = f_{max}^* = \frac{2,5 \cdot R_m \cdot l^2}{6 \cdot E \cdot d_a \cdot S_B} = \frac{2,5 \cdot 350 \text{ N/mm}^2 \cdot (2500 \text{ mm})^2}{6 \cdot 100\,000 \text{ N/mm}^2 \cdot 100 \text{ mm} \cdot 5,0} = \textbf{18,23 mm}$$

Lösung zu Aufgabe 2.15

Berechnung des maximalen Biegemomentes M_b an der Einspannstelle

$$M_b = q \cdot g \cdot l \cdot \frac{l}{2} = \frac{q \cdot g \cdot l^2}{2} \text{ mit } q = 80 \text{ kg/m} = 0,08 \text{ kg/mm}$$

Festigkeitsbedingung

$$\sigma_b \leq \sigma_{zul}$$

$$\frac{M_b}{W_b} = \frac{\sigma_{bF}}{S_F} \approx \frac{R_e}{S_F}$$

$$\frac{\dfrac{q \cdot g \cdot l^2}{2}}{\dfrac{B^4 - b^4}{6 \cdot B}} = \frac{R_e}{S_F}$$

$$l = \sqrt{\frac{R_e \cdot (B^4 - b^4)}{S_F \cdot 3 \cdot q \cdot g \cdot B}} = \sqrt{\frac{355 \text{ N/mm}^2 \cdot (200^4 - 180^4) \text{ mm}^4}{1,5 \cdot 3 \cdot 0,08 \text{ kg/mm} \cdot 9,81 \text{ m/s}^2 \cdot 200 \text{ mm}}} = \mathbf{16\,630\,mm}$$

Lösung zu Aufgabe 2.16

a) **Festigkeitsbedingung**

$$\sigma_b \leq \sigma_{zul}$$

$$\frac{M_b}{W_b} = \frac{\sigma_{bF}}{S_F} \approx \frac{R_e}{S_F} \quad \text{mit } M_b = 2 \cdot m \cdot g \cdot l$$

$$\frac{2 \cdot m \cdot g \cdot l}{W_b} = \frac{R_e}{S_F}$$

$$W_b = \frac{2 \cdot m \cdot g \cdot l \cdot S_F}{R_e} = \frac{2 \cdot 1000 \text{ kg} \cdot 9{,}81 \text{ m/s}^2 \cdot 1500 \text{ mm} \cdot 1{,}5}{295 \text{ N/mm}^2} = \mathbf{14{,}96 \cdot 10^4 \text{ mm}^3}$$

b) **Festigkeitsbedingung**

$$\sigma_b \leq \sigma_{zul}$$

$$\frac{M_b}{W_b} = \frac{\sigma_{bB}}{S_B}$$

$$\frac{2 \cdot m^* \cdot g \cdot l}{\frac{\pi}{32} \cdot d^3} = \frac{\sigma_{bB}}{S_B}$$

$$m^* = \frac{\sigma_{bB} \cdot \pi \cdot d^3}{S_B \cdot 64 \cdot g \cdot l} = \frac{460 \text{ N/mm}^2 \cdot \pi \cdot (50 \text{ mm})^3}{4 \cdot 64 \cdot 9{,}81 \text{ m/s}^2 \cdot 1500 \text{ mm}} = \mathbf{47{,}95 \text{ kg}}$$

Lösung zu Aufgabe 2.17

a) **Berechnung der Breite $b(z)$ der Teilfläche $dA(z)$**

$$b(z) = 2 \cdot \left(\frac{b}{2 \cdot h} \cdot z + \frac{b}{3} \right) = \frac{b}{h} \cdot z + \frac{2 \cdot b}{3}$$

Berechnung des Flächeninhaltes der Teilfläche $dA(z)$

$$dA(z) = b(z) \cdot dz = \left(\frac{b}{h} \cdot z + \frac{2 \cdot b}{3} \right) \cdot dz$$

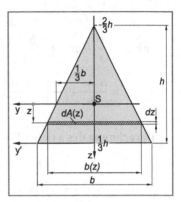

Berechnung des axialen Flächenmomentes bezüglich der y-Achse durch Integration zwischen $z = -1/3\,h$ und $z = 2/3\,h$

$$I_y = \int_A z^2 \cdot dA = \int_{-\frac{2}{3}h}^{\frac{1}{3}h} z^2 \cdot \left(\frac{b}{h} \cdot z + \frac{2 \cdot b}{3} \right) \cdot dz$$

$$= b \cdot \int_{-\frac{2}{3}h}^{\frac{1}{3}h} \left(\frac{z^3}{h} + \frac{2}{3} \cdot z^2 \right) dz$$

$$= b \cdot \left[\frac{1}{4 \cdot h} \cdot z^4 + \frac{2}{9} z^3 \right]_{-\frac{2}{3}h}^{\frac{1}{3}h} = b \cdot h^3 \cdot \left[\left(\frac{1}{4} \cdot \frac{1}{81} + \frac{2}{9} \cdot \frac{1}{27} \right) - \left(\frac{1}{4} \cdot \frac{16}{81} - \frac{2}{9} \cdot \frac{8}{27} \right) \right]$$

$$= b \cdot h^3 \cdot \left[\frac{11}{4 \cdot 243} - \left(-\frac{4}{243} \right) \right] = \frac{b \cdot h^3}{36}$$

Berechnung des axialen Widerstandsmomentes W_{by} bezüglich der y-Achse

$$W_{by} = \frac{I_y}{z_{max}} = \frac{\dfrac{b \cdot h^3}{36}}{\dfrac{2}{3} \cdot h} = \frac{b \cdot h^2}{24}$$

b) Bei einem gleichseitigen Dreieck gilt: $h = \dfrac{\sqrt{3}}{2} \cdot b$

Damit folgt für das axiale Flächenmoment I_y und für das axiale Widerstandsmoment W_{by}:

$$I_y = \frac{b \cdot h^3}{36} = \frac{b \cdot \left(\sqrt{3}/2 \cdot b \right)^3}{36} = \frac{b^4}{32\sqrt{3}}$$

$$W_{by} = \frac{b \cdot h^2}{24} = \frac{b \cdot \left(\sqrt{3}/2 \cdot b \right)^2}{24} = \frac{b^3}{32}$$

c) **Berechnung des axialen Flächenmomentes bezüglich der y'-Achse**

$$I_{y'} = I_y + z_S^2 \cdot A$$

mit $z_S = \dfrac{1}{3} \cdot h$ und $A = \dfrac{b \cdot h}{2}$ folgt:

$$I_{y'} = \frac{b \cdot h^3}{36} + \left(\frac{h}{3}\right)^2 \cdot \frac{b \cdot h}{2} = \frac{b \cdot h^3}{36} + \frac{b \cdot h^3}{18} = \boldsymbol{\frac{b \cdot h^3}{12}}$$

Berechnung des axialen Widerstandsmomentes bezüglich der y'-Achse

$$W_{by'} = \frac{I_{y'}}{z_{max}} = \frac{\dfrac{b \cdot h^3}{12}}{h} = \boldsymbol{\frac{b \cdot h^2}{12}}$$

Lösung zu Aufgabe 2.18

a) **Berechnung der Breite $b(z)$ der Teilfläche $dA(z)$**

$b(z) = b = $ konst.

Berechnung des Flächeninhaltes der Teilfläche $dA(z)$

$dA(z) = b \cdot dz$

Berechnung des axialen Flächenmomentes bezüglich der y-Achse durch Integration zwischen $z = -0{,}5 \cdot h$ und $z = 0{,}5 \cdot h$

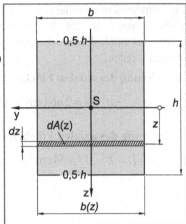

$$I_y = \int_A z^2 \cdot dA = \int_{-0{,}5 \cdot h}^{0{,}5 \cdot h} z^2 \cdot b \cdot dz = b \cdot \int_{-0{,}5 \cdot h}^{0{,}5 \cdot h} z^2 \cdot dz$$

$$= \frac{b}{3}\left[z^3\right]_{-0{,}5 \cdot h}^{0{,}5 \cdot h} = \frac{b \cdot h^3}{3} \cdot \left(\frac{1}{8} + \frac{1}{8}\right) = \frac{b \cdot h^3}{12}$$

Berechnung des axialen Widerstandsmomentes W_{by} bezüglich der y-Achse

$$W_{by} = \frac{I_y}{z_{max}} = \frac{\dfrac{b \cdot h^3}{12}}{\dfrac{h}{2}} = \frac{b \cdot h^2}{6}$$

b) **Die Berechnung des axialen Flächenmomentes bezüglich der z-Achse**

Die Berechnung erfolgt analog zu Aufgabenteil a. Man erhält:

$$I_z = \frac{h \cdot b^3}{12} \quad \text{und} \quad W_{bz} = \frac{h \cdot b^2}{6}$$

Lösung zu Aufgabe 2.19

Eine direkte Transformation des axialen Flächenmomentes I_{ya} bezüglich der y_a-Achse auf die y_b-Achse mit Hilfe des Steinerschen Satzes ist nicht zulässig. Vielmehr muss als Zwischenschritt das axiale Flächenmoment bezüglich der Achse durch den Schwerpunkt (y-Achse) berechnet werden.

Berechnung des axialen Flächenmomentes bezüglich der y-Achse (I_y)

$$I_y = I_{ya} - a^2 \cdot A = 2\,664\,\text{cm}^4 - (5\,\text{cm})^2 \cdot 72\,\text{cm}^2 = 864\,\text{cm}^4$$

Berechnung des axialen Flächenmomentes bezüglich der y_b-Achse (I_{yb})

$$I_{yb} = I_y + b^2 \cdot A = 864\,\text{cm}^4 + (2\,\text{cm})^2 \cdot 72\,\text{cm}^2 = \mathbf{1152\,cm^4}$$

Lösung zu Aufgabe 2.20

a) **Berechnung der z-Koordinate des Flächenschwerpunktes mit Hilfe des Teilschwerpunktsatzes**

$$z_S = \frac{\Sigma z_i \cdot A_i}{\Sigma A_i} = \frac{50\,\text{mm} \cdot 2\,000\,\text{mm}^2 + 10\,\text{mm} \cdot 800\,\text{mm}^2 + 50\,\text{mm} \cdot 2\,000\,\text{mm}^2}{2\,000\,\text{mm}^2 + 800\,\text{mm}^2 + 2\,000\,\text{mm}^2}$$

$$= 43,33\,\text{mm}$$

b) **Berechnung der axialen Flächenmomente 2. Ordnung der Teilflächen bezüglich der Einzelschwerpunktachsen**

$$I_{y1} = \frac{20\,\text{mm} \cdot (100\,\text{mm})^3}{12} = 1\,666\,667\ \text{mm}^4$$

$$I_{y2} = \frac{40\,\text{mm} \cdot (20\,\text{mm})^3}{12} = 26\,667\ \text{mm}^4$$

$$I_{y3} = \frac{20\,\text{mm} \cdot (100\,\text{mm})^3}{12} = 1\,666\,667\,\text{mm}^4$$

Berechnung der axialen Flächenmomente 2. Ordnung der Teilflächen bezüglich der y-Achse durch den Gesamtflächenschwerpunkt S

$$I_{yS1} = 1\,666\,667\ \text{mm}^4 + (-6{,}67\,\text{mm})^2 \cdot 2\,000\,\text{mm}^2 = 1\,755\,556\,\text{mm}^4$$

$$I_{yS2} = 26\,667\ \text{mm}^4 + (33{,}33\,\text{mm})^2 \cdot 800\,\text{mm}^2 = 915\,556\,\text{mm}^4$$

$$I_{yS3} = I_{yS1} = 1\,755\,556\,\text{mm}^4$$

Das axiale Flächenmoment 2. Ordnung der Querschnittfläche bezüglich der y-Achse ergibt sich dann zu:

$$I_{yS} = I_{yS1} + I_{yS2} + I_{yS3} = 1\,755\,556\,\text{mm}^4 + 915\,556\,\text{mm}^4 + 1\,755\,556\,\text{mm}^4$$

$$= 4\,426\,667\,\text{mm}^4$$

Lösung zu Aufgabe 2.21

Festlegung der Teilflächen

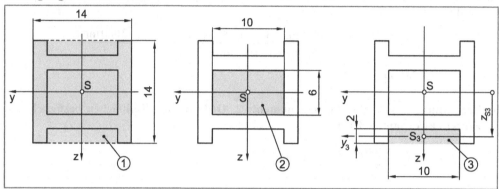

a) **Berechnung des axialen Flächenmomentes 2. Ordnung bezüglich der y-Achse**

Axiales Flächenmoment 2. Ordnung von Teilfläche 1 bezüglich der y-Achse:

$$I_{yS1} = \frac{14\,\text{cm} \cdot (14\,\text{cm})^3}{12} = 3\,201,3\ \text{cm}^4$$

Axiales Flächenmoment 2. Ordnung von Teilfläche 2 bezüglich der y-Achse:

$$I_{yS2} = \frac{10\,\text{cm} \cdot (6\,\text{cm})^3}{12} = 180\ \text{cm}^4$$

Axiales Flächenmoment 2. Ordnung von Teilfläche 3 bezüglich der y_3-Achse:

$$I_{y3} = \frac{10\,\text{cm} \cdot (2\,\text{cm})^3}{12} = 6,6\ \text{cm}^4$$

Axiales Flächenmoment 2. Ordnung von Teilfläche 3 bezüglich der y-Achse:

$$I_{yS3} = I_{y3} + z_{S3}^2 \cdot A_3 = 6,6\ \text{cm}^4 + (6\,\text{cm})^2 \cdot 20\,\text{cm}^2 = 726,6\,\text{cm}^4$$

Axiales Flächenmoment der Gesamtfläche bezüglich der y-Achse:

$$I_{yS} = I_{yS1} - I_{yS2} - 2 \cdot I_{yS3} = 3201,3\,\text{cm}^4 - 180\,\text{cm}^4 - 2 \cdot 726,6\,\text{cm}^4 = \mathbf{1\,568\,cm^4}$$

Berechnung des axialen Widerstandsmomentes bezüglich der y-Achse

$$W_{byS} = \frac{I_{yS}}{z_{max}} = \frac{1568\,\text{cm}^4}{7\ \text{cm}} = \mathbf{224\,cm^3}$$

b) **Berechnung des axialen Flächenmomentes 2. Ordnung bezüglich der z-Achse**

Axiales Flächenmoment 2. Ordnung von Teilfläche 1 bezüglich der z-Achse:

$$I_{zS1} = \frac{14\,\text{cm} \cdot (14\,\text{cm})^3}{12} = 3\,201,3\ \text{cm}^4$$

Axiales Flächenmoment 2. Ordnung von Teilfläche 2 bezüglich der z-Achse:

$$I_{zS2} = \frac{6\,\text{cm} \cdot (10\,\text{cm})^3}{12} = 500\ \text{cm}^4$$

Axiales Flächenmoment 2. Ordnung von Teilfläche 3 bezüglich der z-Achse:

$$I_{zS3} = \frac{2\,\text{cm} \cdot (10\,\text{cm})^3}{12} = 166{,}6\ \text{cm}^4$$

Axiales Flächenmoment der Gesamtfläche bezüglich der z-Achse:

$$I_{zS} = I_{zS1} - I_{zS2} - 2 \cdot I_{zS3} = 3201{,}3\,\text{cm}^4 - 500\,\text{cm}^4 - 2 \cdot 166{,}6\,\text{cm}^4 = \mathbf{2\,368\,cm^4}$$

Berechnung des axialen Widerstandsmomentes bezüglich der z-Achse

$$W_{bzS} = \frac{I_{zS}}{y_{max}} = \frac{2\,368\,\text{cm}^4}{7\,\text{cm}} = \mathbf{338{,}3\,cm^3}$$

Lösung zu Aufgabe 2.22

a) Berechnung des Flächenschwerpunktes (Teilschwerpunktsatz)

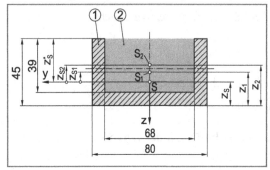

$$z_S = \frac{z_1 \cdot A_1 - z_2 \cdot A_2}{A_1 - A_2} = \frac{22{,}5\ \text{mm} \cdot 3600\ \text{mm}^2 - 25{,}5\ \text{mm} \cdot 2652\ \text{mm}^2}{3600\ \text{mm}^2 - 2652\ \text{mm}^2} = 14{,}11\ \text{mm}$$

Berechnung des axialen Flächenmomentes 2. Ordnung bezüglich der y-Achse

$$I_y = \frac{80\ \text{mm} \cdot (45\ \text{mm})^3}{12} + (-8{,}39\ \text{mm})^2 \cdot 3600\ \text{mm}^2$$

$$- \left(\frac{68\ \text{mm} \cdot (39\ \text{mm})^3}{12} + (-11{,}39\ \text{mm})^2 \cdot 2652\ \text{mm}^2 \right) = 180\ 721\ \text{mm}^4$$

b) Spannungsverlauf über die Querschnittfläche

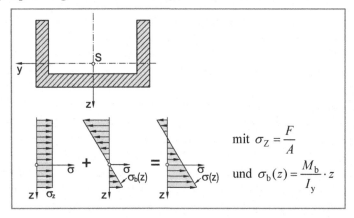

mit $\sigma_Z = \dfrac{F}{A}$

und $\sigma_b(z) = \dfrac{M_b}{I_y} \cdot z$

Die außerhalb des Flächenschwerpunktes S angreifende Zugkraft F kann ersetzt werden durch eine im Flächenschwerpunkt angreifende Kraft F mit demselben Betrag und ein Biegemoment $M_b = F \cdot z_S$. Die höchsten Spannungen treten entweder am unteren Ende (Abstand z_S von der y-Achse) oder am oberen Ende (Abstand z^*_S von der y-Achse) auf. Beide Stellen sollen überprüft werden, wenngleich die obige Skizze die Vermutung nahe legt, dass sich die kritische Stelle am unteren Ende (Abstand z_S von der Biegeachse) befindet.

Berechnung der Spannung am unteren Ende der Querschnittfläche (Abstand z_S von der y-Achse)

$$\sigma_U = \sigma_z + \sigma_b = \frac{F}{A} + \frac{M_b}{I_y} \cdot z_S = \frac{F}{A} + \frac{F \cdot z_S}{I_y} \cdot z_S = F \cdot \left(\frac{1}{A} + \frac{z_S^2}{I_y} \right)$$

Festigkeitsbedingung:

$$\sigma_U = \sigma_{zul}$$

Damit folgt für die zulässige Zugkraft F am unteren Ende der Querschnittfläche (Fließen soll nicht eintreten):

$$F = \frac{\sigma_{zul}}{\dfrac{1}{A} + \dfrac{z_S^2}{I_y}} = \frac{150 \ \text{N/mm}^2}{\dfrac{1}{948 \ \text{mm}^2} + \dfrac{(14,11 \ \text{mm})^2}{180\,721 \ \text{mm}^4}} = 69\,568 \ \text{N} = \mathbf{69,6 \ kN}$$

Berechnung der Spannung am oberen Ende der Querschnittfläche (Abstand z_S von der y-Achse)

$$\sigma_O = \sigma_z - \sigma_b = \frac{F}{A} - \frac{M_b}{I_y} \cdot z_S^* = \frac{F}{A} - \frac{F \cdot z_S}{I_y} \cdot z_S^* = F \cdot \left(\frac{1}{A} - \frac{z_S}{I_y} \cdot z_S^* \right)$$

Festigkeitsbedingung:

$$\sigma_O = -\sigma_{zul}$$

Damit folgt für die zulässige Zugkraft F am oberen Ende der Querschnittfläche (Fließen soll nicht eintreten):

$$F = \frac{-\sigma_{zul}}{\dfrac{1}{A} - \dfrac{z_S \cdot z_S^*}{I_y}} = \frac{-150 \ \text{N/mm}^2}{\dfrac{1}{948 \ \text{mm}^2} - \dfrac{14,11 \ \text{mm} \cdot 30,89 \ \text{mm}}{180\,721 \ \text{mm}^4}} = 110\,562,7 \ \text{N} = \mathbf{110,6 \ kN}$$

Die Beanspruchung ist damit auf $F = \mathbf{69,6 \ kN}$ zu beschränken. Eine Erhöhung der Zugkraft führt zuerst am unteren Ende der Querschnittfläche zu einer Überschreitung der zulässigen Beanspruchung.

c) **Verlauf des Biegemomentes**

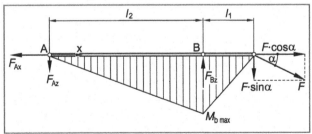

Die höchst beanspruchte Stelle befindet sich an der Lagerstelle B und dort am oberen Ende der Querschnittfläche (Abstand z_S^* von der y-Achse).

Berechnung der maximalen Spannung an der Stelle B

$$\sigma_B = \sigma_z + \sigma_b = \frac{F \cdot \cos\alpha}{A} + \frac{M_{b\,max}}{I_y} \cdot z_S^* = \frac{F \cdot \cos\alpha}{A} + \frac{F \cdot \sin\alpha \cdot l_1}{I_y} \cdot z_S^*$$

$$= F \cdot \left(\frac{\cos\alpha}{A} + \frac{\sin\alpha \cdot l_1}{I_y} \cdot z_S^* \right)$$

Festigkeitsbedingung

$$\sigma_B \le \sigma_{zul} = \frac{R_{p0,2}}{S_F}$$

$$F = \frac{R_{p0,2}}{S_F \cdot \left(\dfrac{\cos\alpha}{A} + \dfrac{\sin\alpha \cdot l_1}{I_y} \cdot z_S^* \right)} = \frac{280 \text{ N/mm}^2}{1,5 \cdot \left(\dfrac{\cos 25°}{948 \text{ mm}^2} + \dfrac{\sin 25° \cdot 200 \text{ mm} \cdot 30,89 \text{ mm}}{180\,721 \text{ mm}^4} \right)}$$

$$= 12\,117,7 \text{ N} = \mathbf{12,1 \text{ kN}}$$

Lösung zu Aufgabe 2.23

a) **Berechnung der Schubspannung τ_a (zweischnittige Scherfläche)**

$$\tau_a = \frac{F}{2 \cdot A} = \frac{F}{2 \cdot \frac{\pi}{4} \cdot d^2} = \frac{2 \cdot F}{\pi \cdot d^2}$$

Festigkeitsbedingung

$$\tau_a \leq \tau_{zul}$$

$$\frac{2 \cdot F}{\pi \cdot d^2} = \frac{\tau_{aB}}{S_B}$$

Damit folgt für den Durchmesser d des Bolzens:

$$d = \sqrt{\frac{2 \cdot F \cdot S_B}{\pi \cdot \tau_{aB}}} = \sqrt{\frac{2 \cdot 35\,000\,\text{N} \cdot 2,0}{\pi \cdot 150\,\text{N/mm}^2}} = 17,24\,\text{mm}$$

b) Auf den Bolzen wirkt eine Streckenlast, die durch jeweils mittig angreifende Einzelkräfte ersetzt werden kann (siehe Abbildung).

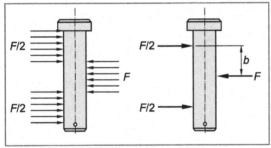

Damit ergibt sich für das Biegemoment M_b sowie die maximale Biegespannung σ_b:

$$M_b = \frac{F}{2} \cdot b$$

$$\sigma_b = \frac{M_b}{W_b} = \frac{\frac{b}{2} \cdot F}{\frac{\pi}{32} \cdot d^3} = \frac{16 \cdot F \cdot b}{\pi \cdot d^3} = \frac{16 \cdot 35\,000\,\text{N} \cdot 20\,\text{mm}}{\pi \cdot (17,24\,\text{mm})^3} = 696,2\,\text{N/mm}^2 > R_e$$

Man erkennt, dass unter den gegebenen Annahmen, die Biegespannung in einer Laschen-verbindung weitaus höhere Werte annehmen kann, im Vergleich zur Abscherspannung.

c) Die maximale Flächenpressung p herrscht in der mittleren Lasche:

$$p = \frac{F}{b \cdot d} = \frac{35\,000\,\text{N}}{20\,\text{mm} \cdot 17,24\,\text{mm}} = 101,5\,\text{N/mm}^2$$

Lösung zu Aufgabe 2.24

a) **Berechnung der Schubspannung τ_a (zweischnittige Scherfläche)**

$$\tau_a = \frac{F}{2 \cdot A} = \frac{F}{2 \cdot \frac{\pi}{4} \cdot d^2} = \frac{2 \cdot F}{\pi \cdot d^2}$$

Festigkeitsbedingung

$$\tau_a \leq \tau_{zul}$$

$$\tau_{aB} = 0,8 \cdot R_m = 0,8 \cdot 580 \, \text{N/mm}^2 = 464 \, \text{N/mm}^2 \quad \text{(gewählt)}$$

Damit folgt für die Sicherheit gegen Bruch:

$$\frac{2 \cdot F}{\pi \cdot d^2} = \frac{\tau_{aB}}{S_B}$$

$$S_B = \tau_{aB} \cdot \frac{\pi \cdot d^2}{2 \cdot F} = 464 \, \text{N/mm}^2 \cdot \frac{\pi \cdot (25 \, \text{mm})^2}{2 \cdot 150\,000 \, \text{N}} = 3,04 \quad \text{(ausreichend, da } S_B \geq 2,0)$$

b) **Berechnung der Klebefläche A_K**

$$A_K = d_K \cdot \pi \cdot l_K \quad \text{mit } d_K = 60 \, \text{mm}$$

Berechnung der Klebelänge l_K

$$\tau_{zul} \cdot A = F$$

Festigkeitsbedingung

$$\tau < \tau_{K\,zul}$$

$$\frac{F}{A_K} = \tau_{K\,zul}$$

$$\frac{F}{d_K \cdot \pi \cdot l_K} = \tau_{K\,zul}$$

$$l_K = \frac{F}{\tau_{zul} \cdot d_K \cdot \pi} = \frac{150\,000 \, \text{N}}{15 \, \text{N/mm}^2 \cdot 60 \, \text{mm} \cdot \pi} = \mathbf{53,1 \, mm}$$

Lösung zu Aufgabe 2.25

Berechnung der Schubspannung τ_a im Zapfen (einschnittige Scherfläche)

$$\tau_a = \frac{F_A / 4}{b \cdot h}$$

Festigkeitsbedingung

$$\tau_a \leq \tau_{zul}$$

$$\frac{F_A / 4}{b \cdot h} = \frac{\tau_{aB}}{S_B} \qquad \tau_{aB} = 0,8 \cdot R_m = 0,8 \cdot 750 \,\text{N/mm}^2 = 600 \,\text{N/mm}^2 \;\text{(gewählt)}$$

Damit folgt für die Höhe h des Zapfens:

$$h = \frac{F_A \cdot S_B}{4 \cdot b \cdot \tau_{aB}} = \frac{2\,000\,000 \,\text{N} \cdot 2,5}{4 \cdot 80 \,\text{mm} \cdot 600 \,\text{N/mm}^2} = \mathbf{26,0 \,mm}$$

Lösung zu Aufgabe 2.26

Berechnung der abzuscherenden Fläche

$$A_S = 3\,\text{mm} \cdot 4 \cdot (20\,\text{mm} + 10\,\text{mm} + 10\,\text{mm} + 25\,\text{mm}) = 780\,\text{mm}^2$$

Berechnung der Stanzkraft F_S

$$\tau_a \geq \tau_{aB}$$

$$\frac{F_S}{A_S} = \tau_{aB}$$

$$F_S = \tau_{aB} \cdot A_S = 290\,\text{N/mm}^2 \cdot 780\,\text{mm}^2 = 226\,200\,\text{N} = \mathbf{226{,}2\,kN}$$

Lösung zu Aufgabe 2.27

Es kann angenommen werden, dass beide Nieten gleichmäßig mit $F_Z/2$ belastet werden.

Festigkeitsbedingung (zweischnittige Scherfläche)

$$\tau \leq \tau_{zul}$$

$$\frac{F_Z/2}{2 \cdot A} = \frac{\tau_{aB}}{S_B}$$

$$\frac{F_Z}{4 \cdot \frac{\pi}{4} \cdot d^2} = \frac{\tau_{aB}}{S_B}$$

$$d = \sqrt{\frac{F_Z \cdot S_B}{\pi \cdot \tau_{aB}}} = \sqrt{\frac{100\,000\,\text{N} \cdot 3,5}{\pi \cdot 290\,\text{N/mm}^2}} = \mathbf{19,60\,mm}$$

Lösung zu Aufgabe 2.28

Berechnung der Schubspannung τ_a im Niet (einschnittige Scherfläche)

$$\tau_a = \frac{F_Z}{A} = \frac{F_Z}{\dfrac{\pi}{4} \cdot d^2} = \frac{4 \cdot F_Z}{\pi \cdot d^2}$$

Festigkeitsbedingung

$$\tau_a \leq \tau_{zul}$$

$$\frac{4 \cdot F_Z}{\pi \cdot d^2} = \frac{\tau_{aB}}{S_B}$$

$$\frac{4 \cdot F_Z}{\pi \cdot d^2} = \frac{\tau_{aB}}{S_B}$$

$$d = \sqrt{\frac{4 \cdot F_Z \cdot S_B}{\pi \cdot \tau_{aB}}} = \sqrt{\frac{4 \cdot 50\,000\,\text{N} \cdot 3,0}{\pi \cdot 380\,\text{N/mm}^2}} = \mathbf{22,42\,mm}$$

Lösung zu Aufgabe 2.29

a)

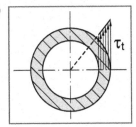

b) **Versagensmöglichkeiten:** Fließen und Bruch

Ermittlung der zulässigen Spannungen

Fließen: $\tau_{t\,zul} = \dfrac{\tau_{tF}}{S_F} = \dfrac{R_e}{2 \cdot S_F} = \dfrac{295\ \text{N/mm}^2}{2 \cdot 1{,}20} = 122{,}9\ \text{N/mm}^2$

Bruch: $\tau_{t\,zul} = \dfrac{\tau_{tB}}{S_B} = \dfrac{0{,}5 \cdot R_m + 140\ \text{N/mm}^2}{S_B} = \dfrac{0{,}5 \cdot 490\ \text{N/mm}^2 + 140\ \text{N/mm}^2}{2{,}0}$

$\qquad = 192{,}5\ \text{N/mm}^2$

Berechnung gegenüber Fließen, da kleinere zulässige Spannung.

Festigkeitsbedingung (Fließen)

$\tau_t \leq \tau_{t\,zul}$

$\dfrac{M_t}{W_t} = \tau_{t\,zul}$ mit $\tau_{t\,zul} = 122{,}9\ \text{N/mm}^2$

$M_t = W_t \cdot \tau_{t\,zul} = \dfrac{\pi}{16} \cdot \dfrac{d_a^4 - d_i^4}{d_a} \cdot \dfrac{R_e}{2 \cdot S_F} = \dfrac{\pi}{16} \cdot \dfrac{(50^4 - 38^4)\,\text{mm}^4}{50\ \text{mm}} \cdot 122{,}9\ \text{N/mm}^2$

$\qquad = 2\,010\,349\ \text{Nmm} = \mathbf{2010\,Nm}$

Lösung zu Aufgabe 2.30

a) **Berechnung des Torsionsmomentes M_t**

$$M_t = 4 \cdot F \cdot \frac{c}{2} = 4 \cdot 900\,\text{N} \cdot 350\,\text{mm} = 1260\,000\,\text{Nmm}$$

Festigkeitsbedingung (Fließen)

$$\tau_t \leq \tau_{t\,\text{zul}}$$

$$\frac{M_t}{W_t} = \frac{\tau_{tF}}{S_F} = \frac{R_e}{2 \cdot S_F}$$

$$\frac{M_t}{\frac{\pi}{16} \cdot d^3} = \frac{R_e}{2 \cdot S_F}$$

$$d = \sqrt[3]{\frac{16}{\pi} \cdot \frac{2 \cdot M_t \cdot S_F}{R_e}} = \sqrt[3]{\frac{16}{\pi} \cdot \frac{2 \cdot 1260\,000\,\text{Nmm} \cdot 2,0}{295\,\text{N/mm}^2}} = \mathbf{44,31\,mm}$$

b) **Festigkeitsbedingung (Bruch)**

$$\tau_t \leq \tau_{t\,\text{zul}}$$

$$\frac{M_t}{W_t} = \frac{\tau_{tB}}{S_B} = \frac{R_m}{S_B}$$

$$d^* = \sqrt[3]{\frac{16}{\pi} \cdot \frac{M_t \cdot S_B}{R_m}} = \sqrt[3]{\frac{16}{\pi} \cdot \frac{1260\,000\,\text{Nmm} \cdot 5,0}{300\,\text{N/mm}^2}} = \mathbf{47,47\,mm}$$

c) **Berechnung der Verdrehwinkel φ**

S275JR:

$$\varphi = \frac{M_t \cdot l}{G \cdot I_p} = \frac{M_t \cdot l}{\dfrac{E}{2 \cdot (1+\mu)} \cdot \dfrac{\pi}{32} d^4} = \frac{1260\,000\,\text{Nmm} \cdot 2000\,\text{mm}}{\dfrac{210\,000\,\text{N/mm}^2}{2 \cdot (1+0,30)} \cdot \dfrac{\pi}{32}(44,31\,\text{mm})^4} = 0,0824$$

$$\varphi = \mathbf{4,72°}$$

EN-GJL-300:

$$\varphi = \frac{M_t \cdot l}{G \cdot I_p} = \frac{M_t \cdot l}{\dfrac{E}{2 \cdot (1+\mu)} \cdot \dfrac{\pi}{32} d^4} = \frac{1260\,000\,\text{Nmm} \cdot 2000\,\text{mm}}{\dfrac{110\,000\,\text{N/mm}^2}{2 \cdot (1+0,25)} \cdot \dfrac{\pi}{32}(47,47\,\text{mm})^4} = 0,1149$$

$$\varphi = \mathbf{6,58°}$$

Lösung zu Aufgabe 2.31

a) **Berechnung der Verdrehwinkel φ_1, φ_2 und φ_3 für die einzelnen Abschnitte des Stabes**

1. Abschnitt: $\varphi_1 = \dfrac{M_t \cdot a_1}{G \cdot I_{p1}}$ mit $I_{p1} = \dfrac{\pi}{32}\left(d_a^4 - d_i^4\right)$

2. Abschnitt: $\varphi_2 = \dfrac{M_t \cdot a_2}{G \cdot I_{p2}}$ mit $I_{p2} = \dfrac{\pi}{32} \cdot d_a^4$

3. Abschnitt: $\varphi_3 = \dfrac{M_t \cdot a_3}{G \cdot I_{p3}}$ mit $I_{p3} = \dfrac{\pi}{32} \cdot d^4$

Für den gesamten Verdrehwinkel φ_{ges} gilt dann:

$$\varphi_{ges} = \varphi_1 + \varphi_2 + \varphi_3 = \frac{M_t}{G} \cdot \left(\frac{a_1}{I_{p1}} + \frac{a_2}{I_{p2}} + \frac{a_3}{I_{p3}} \right) = \frac{M_t}{E/2 \cdot (1+\mu)} \cdot \frac{32}{\pi} \cdot \left(\frac{a_1}{d_a^4 - d_i^4} + \frac{a_2}{d_a^4} + \frac{a_3}{d^4} \right)$$

$$\varphi_{ges} = \frac{64 \cdot (1+\mu)}{E \cdot \pi} \cdot F \cdot c \cdot \left(\frac{a_1}{d_a^4 - d_i^4} + \frac{a_2}{d_a^4} + \frac{a_3}{d^4} \right)$$

$$F = \frac{\varphi_{ges} \cdot E \cdot \pi}{64 \cdot (1+\mu) \cdot c} \cdot \frac{1}{\left(\dfrac{a_1}{d_a^4 - d_i^4} + \dfrac{a_2}{d_a^4} + \dfrac{a_3}{d^4} \right)}$$

$$F = \frac{2,5° \cdot \pi}{180°} \cdot \frac{205\,000 \text{ N/mm}^2 \cdot \pi}{64 \cdot (1+0,30) \cdot 80 \text{ mm}} \cdot \frac{1}{\dfrac{50 \text{ mm}}{(40^4 - 15^4) \text{ mm}^4} + \dfrac{25 \text{ mm}}{(40 \text{ mm})^4} + \dfrac{65 \text{ mm}}{(25 \text{ mm})^4}}$$

$$= \mathbf{21\,530 \text{ N}}$$

b) **Ermittlung der Torsionsfließgrenze**

$$\tau_{tF} = \frac{R_{p0,2}}{2} = \frac{1140}{2} \text{ N/mm}^2 = 570 \text{ N/mm}^2$$

Berechnung der Sicherheiten gegen Fließen in den einzelnen Abschnitten

1. Abschnitt: $\tau_{t1} = \dfrac{M_t}{W_{t1}} = \dfrac{F \cdot c}{\dfrac{\pi}{16} \cdot \dfrac{d_a^4 - d_i^4}{d_a}} = \dfrac{21\,530 \text{ N} \cdot 80 \text{ mm}}{\dfrac{\pi}{16} \cdot \dfrac{(40^4 - 15^4) \text{ mm}^4}{40 \text{ mm}}} = 139,8 \text{ N/mm}^2$

$$S_{F1} = \frac{\tau_{tF}}{\tau_{t1}} = \frac{570 \text{ N/mm}^2}{139,8 \text{ N/mm}^2} = \mathbf{4,08} \quad \text{(ausreichend, da } S_{F1} \geq 1,20)$$

2. Abschnitt: $\tau_{t2} = \dfrac{M_t}{W_{t2}} = \dfrac{F \cdot c}{\dfrac{\pi}{16} \cdot d_a^3} = \dfrac{21\,530 \text{ N} \cdot 80 \text{ mm}}{\dfrac{\pi}{16} \cdot 40^3 \text{ mm}^3} = 137,1 \text{ N/mm}^2$

$$S_{F2} = \frac{\tau_{tF}}{\tau_{t2}} = \frac{570 \text{ N/mm}^2}{137,1 \text{ N/mm}^2} = \mathbf{4,16} \quad \text{(ausreichend, da } S_{F2} \geq 1,20)$$

3. Abschnitt: $\tau_{t3} = \dfrac{M_t}{W_{t3}} = \dfrac{F \cdot c}{\dfrac{\pi}{16} \cdot d^3} = \dfrac{21530\,\text{N} \cdot 80\,\text{mm}}{\dfrac{\pi}{16} \cdot 25^3} = 561{,}4\,\text{N/mm}^2$

$$S_{F3} = \frac{\tau_{tF}}{\tau_{t3}} = \frac{570\,\text{N/mm}^2}{561{,}4\,\text{N/mm}^2} = \mathbf{1{,}02} \quad (\text{nicht ausreichend, da } S_F < 1{,}20)$$

Lösung zu Aufgabe 2.32

a) **Berechnung des polaren Flächenmomentes I_p für einen Vollkreisquerschnitt**

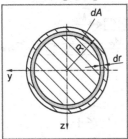

$$I_p = \int_A r^2 \, dA \quad \text{mit } dA = 2 \cdot \pi \cdot r \cdot dr$$

$$I_p = 2 \cdot \pi \int_0^R r^3 \, dr = 2\pi \cdot \left[\frac{r^4}{4}\right]_0^R = \frac{\pi}{2} \cdot R^4 = \frac{\pi}{2} \cdot \left(\frac{d}{2}\right)^4 = \frac{\pi}{32} \cdot d^4$$

Berechnung des Widerstandsmomentes gegen Torsion W_t für einen Vollkreisquerschnitt

$$W_t = \frac{I_p}{R} = \frac{I_p}{d/2} = \frac{\pi}{16} \cdot d^3$$

b) **Berechnung des polaren Flächenmomentes I_p für einen Kreisringquerschnitt**

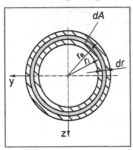

$$I_p = 2 \cdot \pi \int_{r_i}^{r_a} r^3 \, dr = 2\pi \cdot \left[\frac{r^4}{4}\right]_{r_i}^{r_a} = \frac{\pi}{2} \cdot \left(r_a^4 - r_i^4\right) = \frac{\pi}{32} \cdot \left(d_a^4 - d_i^4\right)$$

Berechnung des Widerstandsmomentes gegen Torsion W_p für einen Kreisringquerschnitt

$$W_t = \frac{I_p}{d_a/2} = \frac{\pi}{16} \cdot \frac{d_a^4 - d_i^4}{d_a}$$

Lösung zu Aufgabe 2.33

a) **Ermittlung des Zusammenhangs zwischen den Torsionsmomenten M_{t1} und M_{t2}**

Schneidet man die beiden Zahnräder frei, dann muss infolge des Kräftegleichgewichts an beiden Zahnrädern die Schnittkraft F_Z wirken. Es gilt daher:

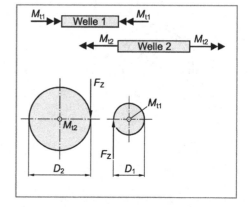

$$M_{t2} = F_Z \cdot \frac{D_2}{2}$$

$$F_Z = \frac{2 \cdot M_{t2}}{D_2}$$

und

$$M_{t1} = F_Z \cdot \frac{D_1}{2} = \frac{2 \cdot M_{t2}}{D_2} \cdot \frac{D_1}{2} = M_{t2} \cdot \frac{D_1}{D_2}$$

b) **Berechnung des Verdrehwinkels φ_1 aufgrund von M_{t1} für die Welle 1** (Minuszeichen, da Drehrichtung im mathematisch negativen Sinn)

$$\varphi_1 = \frac{-M_{t1} \cdot l_1}{G \cdot I_{p1}}$$

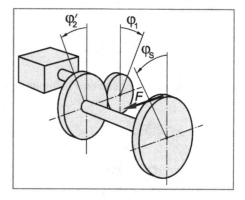

mit $G = \dfrac{E}{2 \cdot (1 + \mu)}$ und $I_{p1} = \dfrac{\pi}{32} \cdot d_1^4$ folgt:

$$\varphi_1 = -\frac{M_{t1} \cdot l_1}{\dfrac{E}{2 \cdot (1 + \mu)} \cdot \dfrac{\pi}{32} \cdot d_1^4}$$

Berechnung des Verdrehwinkels φ'_2 von Welle 2 durch Abwälzen der beiden Zahnräder

Verdreht sich die Welle 1 um den Winkel φ_1, dann wird auf Zahnrad 1 die Bogenlänge s_1 abgewälzt:

$$s_1 = D_1 \cdot \pi \cdot \frac{\varphi_1}{360°}$$

Da auf beiden Zahnrädern die abgewälzten Bogenlängen gleich sein müssen, wird die Bogenlänge s_1 auch auf Zahnrad 2 abgewälzt. Es gilt daher:

$$s_2 = D_2 \cdot \pi \cdot \frac{\varphi'_2}{360°} = -s_1$$

Es ist zu berücksichtigen, dass die Verdrehwinkel φ_1 und φ'_2 gegensinnig sind (daher das Minuszeichen). Damit folgt für den Verdrehwinkel φ'_2:

$$D_2 \cdot \frac{\pi}{180°} \cdot \varphi'_2 = -\left(D_1 \cdot \frac{\pi}{180°} \cdot \varphi_1 \right)$$

$$\varphi'_2 = -\varphi_1 \cdot \frac{D_1}{D_2}$$

Berechnung des Verdrehwinkels φ_2 aufgrund von M_{t2} für die Welle 2 (Drehrichtung im mathematisch positiven Sinn)

$$\varphi_2 = \frac{M_{t2} \cdot l_2}{G \cdot I_{p2}}$$

mit $G = \dfrac{E}{2 \cdot (1+\mu)}$ und $I_{p2} = \dfrac{\pi}{32} \cdot d_2^4$ folgt:

$$\varphi_2 = \frac{M_{t2} \cdot l_2}{\dfrac{E}{2 \cdot (1+\mu)} \cdot \dfrac{\pi}{32} \cdot d_2^4}$$

Berechnung des gesamten Verdrehwinkels φ_S von Welle 2

Dem Winkel φ'_2 überlagert sich (gleichsinnig) der Winkel φ_2 infolge elastischer Verdrehung von Welle 2 durch das Torsionsmoment M_{t2}. Für den gesamten Verdrehwinkel φ_S der Seilrolle folgt damit:

$$\varphi_S = \varphi'_2 + \varphi_2$$

$$= -\varphi_1 \cdot \frac{D_1}{D_2} + \varphi_2$$

$$= \frac{M_{t1} \cdot l_1}{\dfrac{E}{2 \cdot (1+\mu)} \cdot \dfrac{\pi}{32} \cdot d_1^4} \cdot \frac{D_1}{D_2} + \frac{M_{t2} \cdot l_2}{\dfrac{E}{2 \cdot (1+\mu)} \cdot \dfrac{\pi}{32} \cdot d_2^4}$$

$$= \frac{64 \cdot (1+\mu)}{E \cdot \pi} \cdot \left(\frac{M_{t1} \cdot l_1}{d_1^4} \cdot \frac{D_1}{D_2} + \frac{M_{t2} \cdot l_2}{d_2^4} \right)$$

mit $M_{t1} = M_{t2} \cdot \dfrac{D_1}{D_2}$ folgt:

$$\varphi_S = \frac{64 \cdot (1+\mu)}{E \cdot \pi} \cdot M_{t2} \cdot \left(\frac{l_1}{d_1^4} \cdot \frac{D_1^2}{D_2^2} + \frac{l_2}{d_2^4} \right)$$

$$M_{t2} = \frac{E \cdot \pi}{64 \cdot (1+\mu) \cdot \left(\dfrac{l_1}{d_1^4} \cdot \dfrac{D_1^2}{D_2^2} + \dfrac{l_2}{d_2^4} \right)} \cdot \varphi_S$$

$$= \frac{205\,000 \text{ N/mm}^2 \cdot \pi}{64 \cdot (1+0{,}30) \cdot \left(\dfrac{100 \text{ mm}}{(25 \text{ mm})^4} \cdot \left(\dfrac{50 \text{ mm}}{100 \text{ mm}} \right)^2 + \dfrac{200 \text{ mm}}{(35 \text{ mm})^4} \right)} \cdot \frac{\pi}{180°} \cdot 3°$$

$$= 2\,054\,475 \text{ Nmm} = \mathbf{2\,054 \text{ Nm}}$$

Lösung zu Aufgabe 2.34

Berechnung des Durchmessers der Drehstabfeder in Abhängigkeit der Koordinate x

$$d(x) = 2 \cdot \left(-\frac{D-d}{2 \cdot l} \cdot x + \frac{D}{2} \right) = \frac{d-D}{l} \cdot x + D$$

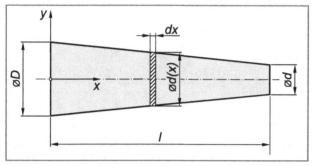

Berechnung des polaren Flächenmomentes $I_p(x)$ in Abhängigkeit der Koordinate x

$$I_p(x) = \frac{\pi}{32} \cdot d^4(x) = \frac{\pi}{32} \cdot \left(\frac{d-D}{l} \cdot x + D \right)^4$$

Die Drehstabfeder kann man sich aus Scheiben der Länge (Dicke) dx zusammengesetzt denken. Jedes Scheibenelement erfährt dabei den **Verdrehwinkel** $d\varphi$:

$$d\varphi = \frac{M_t \cdot dx}{G \cdot I_p(x)}$$

Der **gesamte Verdrehwinkel** ergibt sich durch Integration über die gesamte Stablänge l:

$$\int_0^\varphi d\varphi = \frac{M_t}{G} \int_0^l \frac{1}{I_p(x)} \cdot dx$$

$$\int_0^\varphi d\varphi = \frac{M_t}{G} \int_0^l \frac{dx}{\frac{\pi}{32} \cdot \left(\frac{d-D}{l} \cdot x + D \right)^4}$$

$$\varphi = \frac{32 \cdot M_t}{G \cdot \pi} \int_0^l \left(\frac{d-D}{l} \cdot x + D \right)^{-4} \cdot dx$$

$$= \frac{32 \cdot M_t}{G \cdot \pi} \cdot \left(-\frac{1}{3 \cdot (d-D)/l} \right) \cdot \left[\left(\frac{d-D}{l} \cdot x + D \right)^{-3} \right]_0^l$$

$$\varphi = \frac{32 \cdot M_t \cdot l}{3 \cdot G \cdot \pi \cdot (D-d)} \cdot \left[1/\left(\frac{d-D}{l} \cdot x + D \right)^3 \right]_0^l$$

$$= \frac{32 \cdot M_t \cdot l}{3 \cdot G \cdot \pi \cdot (D-d)} \cdot \left(\frac{1}{d^3} - \frac{1}{D^3} \right)$$

Damit folgt für das Torsionsmoment M_t:

$$M_t = \frac{3 \cdot G \cdot \pi \cdot (D-d)}{32 \cdot l \cdot \left(\dfrac{1}{d^3} - \dfrac{1}{D^3}\right)} \cdot \varphi = \frac{3 \cdot \pi \cdot E \cdot (D-d)}{64 \cdot (1+\mu) \cdot l \cdot \left(\dfrac{1}{d^3} - \dfrac{1}{D^3}\right)} \cdot \varphi$$

$$= \frac{3 \cdot \pi \cdot 205\,000\,\text{N/mm}^2 \cdot (50-40)\,\text{mm}}{64 \cdot (1+0{,}30) \cdot 2\,000\,\text{mm} \cdot \left(\dfrac{1}{(40\,\text{mm})^3} - \dfrac{1}{(50\,\text{mm})^3}\right)} \cdot \frac{\pi}{180°} \cdot 5°$$

$$= 1328860\;\text{Nmm} = \textbf{1328,9 Nm}$$

Lösung zu Aufgabe 2.35

Berechnung der zulässigen Torsionsmomente in den einzelnen Abschnitten

Festigkeitsbedingung für Abschnitt 1 (Stahl):

$$\tau_t \leq \tau_{t\,zul}$$

$$\frac{M_{t1}}{W_{t1}} = \frac{\tau_{tF}}{S_F}$$

$$M_{t1} = \frac{R_{e1}}{2 \cdot S_F} \cdot \frac{\pi}{16} \cdot d_1^3 = \frac{240\,\text{N/mm}^2}{2 \cdot 1,5} \cdot \frac{\pi}{16} \cdot (30\,\text{mm})^3 = 424115\,\text{Nmm} = 424,1\,\text{Nm}$$

Festigkeitsbedingung für Abschnitt 2 (Kupferlegierung):

$$M_{t2} = \frac{R_{e2}}{2 \cdot S_F} \cdot \frac{\pi}{16} \cdot d_2^3 = \frac{330\,\text{N/mm}^2}{2 \cdot 1,5} \cdot \frac{\pi}{16} \cdot (28\,\text{mm})^3 = 474129\,\text{Nmm} = 474,1\,\text{Nm}$$

Festigkeitsbedingung für Abschnitt 3 (Aluminiumlegierung):

$$M_{t3} = \frac{R_{e3}}{2 \cdot S_F} \cdot \frac{\pi}{16} \cdot d_3^3 = \frac{350\,\text{N/mm}^2}{2 \cdot 1,5} \cdot \frac{\pi}{16} \cdot (26\,\text{mm})^3 = 402621\,\text{Nmm} = 402,6\,\text{Nm}$$

Das zulässige Torsionsmoment $M_{t\,zul}$ beträgt damit:

$$M_{t\,zul} = M_{t3} = \textbf{402,6 Nm}$$

Berechnung des Verdrehwinkels φ der Welle unter der Wirkung von $M_{t\,zul}$

Verdrehwinkel φ_1 für Abschnitt 1:

$$\varphi_1 = \frac{M_{t\,zul} \cdot l_1}{G_1 \cdot I_{p1}} = \frac{M_{t\,zul} \cdot l_1}{\dfrac{E_1}{2 \cdot (1 + \mu_1)} \cdot \dfrac{\pi}{32} \cdot d_1^4} = \frac{402\,621\,\text{Nmm} \cdot 40\,\text{mm}}{\dfrac{210\,000\,\text{N/mm}^2}{2 \cdot (1 + 0,30)} \cdot \dfrac{\pi}{32} \cdot (30\,\text{mm})^4}$$

$$= 0,00251 = 0,144°$$

Verdrehwinkel φ_2 für Abschnitt 2:

$$\varphi_2 = \frac{M_{t\,zul} \cdot l_2}{\dfrac{E_2}{2 \cdot (1 + \mu_2)} \cdot \dfrac{\pi}{32} \cdot d_2^4} = \frac{402\,621\,\text{Nmm} \cdot 30\,\text{mm}}{\dfrac{108\,000\,\text{N/mm}^2}{2 \cdot (1 + 0,34)} \cdot \dfrac{\pi}{32} \cdot (28\,\text{mm})^4} = 0,00497 = 0,285°$$

Verdrehwinkel φ_3 für Abschnitt 3:

$$\varphi_3 = \frac{M_{t\,zul} \cdot l_3}{\dfrac{E_3}{2 \cdot (1 + \mu_3)} \cdot \dfrac{\pi}{32} \cdot d_3^4} = \frac{402\,621\,\text{Nmm} \cdot 50\,\text{mm}}{\dfrac{68\,000\,\text{N/mm}^2}{2 \cdot (1 + 0,33)} \cdot \dfrac{\pi}{32} \cdot (26\,\text{mm})^4} = 0,0176 = 1,006°$$

Der gesamte zulässige Verdrehwinkel ergibt sich dann zu:

$$\varphi_{zul} = \varphi_1 + \varphi_2 + \varphi_3 = 0,144° + 0,285° + 1,006° = \textbf{1,435°}$$

3 Spannungszustand

3.1 Formelsammlung zum Spannungszustand

Einachsiger Spannungszustand

$$\sigma_{x'} = \frac{\sigma}{2} \cdot (1 + \cos 2\varphi)$$

Normalspannung senkrecht zur Schnittebene E

$$\tau_{x'y'} = \frac{\sigma}{2} \cdot \sin 2\varphi$$

Schubspannung in der Schnittebene E

$$\left(\sigma_{x'} - \frac{\sigma}{2}\right)^2 + \tau_{x'y'}^2 = \left(\frac{\sigma}{2}\right)^2$$

Gleichung Mohrscher Spannungskreis

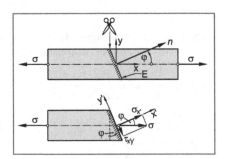

Zweiachsiger Spannungszustand

Normalspannung senkrecht zur Schnittebene $E_{x'}$

$$\sigma_{x'} = \frac{\sigma_x + \sigma_y}{2} + \frac{\sigma_x - \sigma_y}{2} \cdot \cos 2\varphi - \tau_{xy} \cdot \sin 2\varphi$$

Schubspannung in der Schnittebene $E_{x'}$

$$\tau_{x'y'} = \frac{\sigma_x - \sigma_y}{2} \cdot \sin 2\varphi + \tau_{xy} \cdot \cos 2\varphi$$

Gleichung des Mohrschen Spannungskreises

$$\left(\sigma_{x'} - \frac{\sigma_x + \sigma_y}{2}\right)^2 + \tau_{x'y'}^2 = \left(\frac{\sigma_x - \sigma_y}{2}\right)^2 + \tau_{xy}^2$$

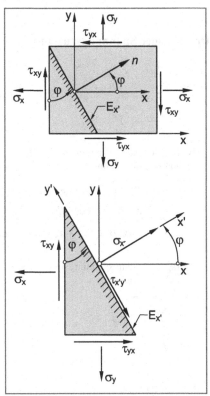

Hinweis:

Die Schubspannung τ_{xy} ist positiv (negativ) anzusetzen, falls bei Blick in Richtung der Schubspannung die zugehörige Schnittebene rechts (links) von der Schubspannung liegt.

$$\sigma_{H1} = \frac{\sigma_x + \sigma_y}{2} + \sqrt{\left(\frac{\sigma_x - \sigma_y}{2}\right)^2 + \tau_{xy}^2}$$

Berechnung der Hauptnormalspannung

$$\sigma_{H2} = \frac{\sigma_x + \sigma_y}{2} - \sqrt{\left(\frac{\sigma_x - \sigma_y}{2}\right)^2 + \tau_{xy}^2}$$

Berechnung der Hauptnormalspannung

Berechnung der maximalen Schubspannung

$$\tau_{max} = \pm\sqrt{\left(\frac{\sigma_x - \sigma_y}{2}\right)^2 + \tau_{xy}^2} = \pm\frac{\sigma_{H1} - \sigma_{H2}}{2}$$

Richtungswinkel zwischen der x-Achse und der ersten oder der zweiten Hauptspannungsrichtung

$$\varphi_{1;2} = \frac{1}{2}\cdot\arctan\left(\frac{-2\cdot\tau_{xy}}{\sigma_x - \sigma_y}\right)$$

$$\varphi_{2;1} = \varphi_{1;2} + \frac{\pi}{2}$$

Dreiachsiger Spannungszustand

$$\overline{S} = \begin{pmatrix} \sigma_x & \tau_{xy} & \tau_{xz} \\ \tau_{xy} & \sigma_y & \tau_{yz} \\ \tau_{xz} & \tau_{yz} & \sigma_z \end{pmatrix} \quad \text{Spannungstensor}$$

Betrag der Normalspannung in beliebiger (räumlicher) Schnittrichtung

$$\sigma = \sigma_x\cdot\cos^2\alpha + \sigma_y\cdot\cos^2\beta + \sigma_z\cdot\cos^2\gamma$$
$$+ 2\cdot\left(\tau_{xy}\cdot\cos\alpha\cdot\cos\beta\right.$$
$$\left. + \tau_{yz}\cdot\cos\beta\cdot\cos\gamma + \tau_{xz}\cdot\cos\gamma\cdot\cos\alpha\right)$$

Betrag der Schubspannung in beliebiger (räumlicher) Schnittrichtung

$$\tau = \sqrt{s^2 - \sigma^2}$$

mit $\quad \vec{s} = \overline{S}\cdot\vec{n}$

und $\quad \vec{n} = \begin{pmatrix} \cos\alpha \\ \cos\beta \\ \cos\gamma \end{pmatrix}$

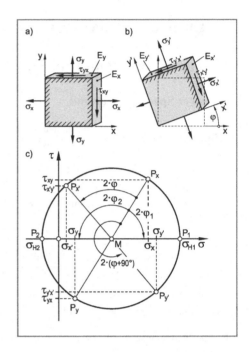

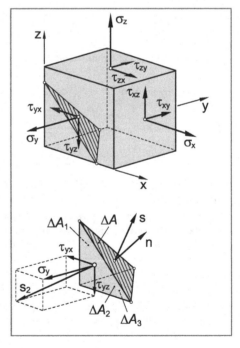

3.2 Aufgaben

Aufgabe 3.1   ○○○●●

Die Abbildung zeigt ein durch die Spannungen σ_x = 200 N/mm²; σ_y=100 N/mm² und τ_{xy}= 75 N/mm² zweiachsig beanspruchtes Scheibenelement aus Werkstoff S235JR.

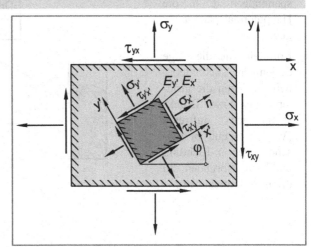

a) Zeichnen Sie maßstäblich den Mohrschen Spannungskreis in der x-y-Ebene.

b) Berechnen Sie die Hauptnormalspannungen σ_{H1} und σ_{H2} sowie die Richtungswinkel φ_1 und φ_2 zwischen der x-Richtung und den Hauptspannungsrichtungen.

c) Ermitteln Sie die Spannungen $\sigma_{x'}$ und $\tau_{x'y'}$ in der Schnittebene $E_{x'}$ sowie $\sigma_{y'}$ und $\tau_{y'x'}$ in der Schnittebene $E_{y'}$ eines um den Winkel φ = 30° zur x-Richtung gedrehten Flächenelementes (siehe Abbildung).

Aufgabe 3.2   ○○●●●

Ein Stahlrohr mit einem Außendurchmesser d_a = 100 mm und einer Wandstärke s = 10 mm wird gleichzeitig durch die Zugkraft F = 425 kN und das Torsionsmoment M_t = 9250 Nm statisch beansprucht.

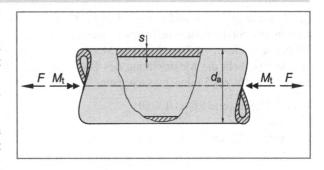

a) Skizzieren Sie den Mohrschen Spannungskreis für die höchst beanspruchte Stelle.

b) Ermitteln Sie die Hauptnormalspannungen, die Hauptschubspannungen und die jeweiligen Richtungswinkel zur x-Achse.

Aufgabe 3.3   ○○○●●

Ein Blechstreifen wird zwischen zwei Druckplatten hindurch gezogen. Dabei entstehen an der höchst beanspruchten Stelle des Bleches die folgenden Spannungen:

aus Zug: σ_x = 200 N/mm²
aus Druck: σ_y = -100 N/mm²
aus Reibung: τ_{xy} =   40 N/mm²

a) Berechnen Sie die im Blech auftretenden größten Zug- bzw. Druckspannungen d. h. die Hauptnormalspannungen.

b) Ermitteln Sie die Lage derjenigen Schnittebenen, in denen die größten Zug- bzw. Druckspannungen auftreten (Winkel φ_1 und φ_2 zwischen der x-Richtung und den Normalen zu diesen Schnittebenen).

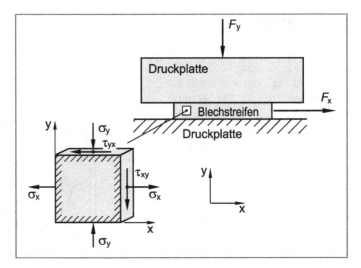

Aufgabe 3.4   ○○●●●●

Die Abbildung zeigt das Maschinengestell für eine Einpressvorrichtung aus dem Gusseisenwerkstoff EN-GJL-350 (alle Maßangaben in mm). Das Maschinengestell wird durch die statisch wirkenden Arbeitskräfte F belastet.

Zur Ermittlung der unbekannten Arbeitskräfte F wird in der Säulenmitte ein Dehnungsmessstreifen (DMS) appliziert. Aufgrund einer Montageungenauigkeit schließt die Messrichtung des DMS einen Winkel von 10° zur Säulenlängsachse ein.

Werkstoffkennwerte EN-GJL-350:
R_m = 350 N/mm^2
E = 108000 N/mm^2
μ = 0,25

a) Auf welche Weise wird der Querschnitt A-B durch die Arbeitskräfte F beansprucht?

b) Ermitteln Sie den Betrag der Arbeitskräfte F für eine Dehnungsanzeige von ε_{DMS} = 0,1485 ‰

c) Ermitteln Sie für die höchst beanspruchte Stelle (im Querschnitt A-B) die Sicherheit gegen Bruch. Ist die Sicherheit ausreichend?

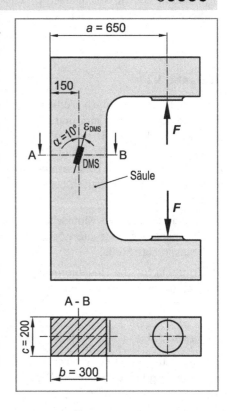

Aufgabe 3.5   ●●●●●

Der Spannungszustand im Punkt P einer Hochdruckleitung wird durch die folgenden Spannungskomponenten beschrieben:

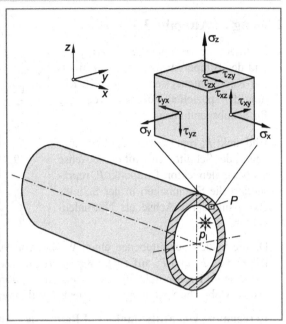

$\sigma_x = 500 \text{ N/mm}^2 \quad \tau_{xy} = 250 \text{ N/mm}^2$
$\sigma_y = 200 \text{ N/mm}^2 \quad \tau_{yz} = 100 \text{ N/mm}^2$
$\sigma_z = 300 \text{ N/mm}^2 \quad \tau_{xz} = 400 \text{ N/mm}^2$

a) Berechnen Sie die Normal- und Schubspannung in einer Schnittebene E_1, deren Normalenvektor mit dem x-y-z-Koordinatensystem die Winkel $\alpha = 60°$, $\beta = 60°$ und $\gamma = 45°$ einschließt.

b) Berechnen Sie die Normalspannung und die Schubspannung in einer Schnittebene E_2, deren Normalenvektor mit dem x-y-z-Koordinatensystem die Winkel $\alpha = 40{,}833°$, $\beta = 69{,}773°$ und $\gamma = 56{,}291°$ einschließt.

c) Berechnen Sie die Hauptnormalspannungen σ_{H1}, σ_{H2} und σ_{H3}.

d) Ermitteln Sie die Hauptspannungsrichtungen im x-y-z-Koordinatensystem.

e) Bestimmen Sie rechnerisch und graphisch die Spannungen σ_{E3} und τ_{E3} in einer Schnittebene E_3, deren Normalenvektor zu den *Hauptspannungsrichtungen* (zum *Hauptachsensystem*) die Winkel $\alpha = 50°$, $\beta = 50°$ und $\gamma = 65{,}4°$ einschließt.

3.3 Lösungen

Lösung zu Aufgabe 3.1

a) Eintragen des Bildpunktes P_x ($\sigma_x \mid \tau_{xy}$) und des Bildpunktes P_y ($\sigma_y \mid \tau_{yx}$) in das σ-τ-Koordinatensystem unter Beachtung der speziellen Vorzeichenregelung für Schubspannungen.

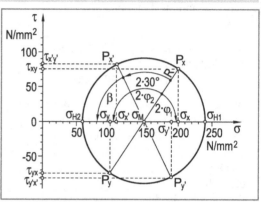

Bildpunkt P_x repräsentiert die Spannungen in der Schnittebene mit der x-Achse als Normalenvektor. Bildpunkt P_y repräsentiert die Spannungen in der Schnittebene mit der y-Achse als Normalenvektor.

Da die beiden Schnittebenen einen Winkel von 90° zueinander einschließen, müssen die Bildpunkte P_x und P_y auf einem Kreisdurchmesser liegen. Die Strecke P_xP_y schneidet die σ-Achse im Kreismittelpunkt σ_M. Kreis um σ_M durch die Bildpunkte P_x oder P_y ist der gesuchte Mohrsche Spannungskreis (siehe Abbildung).

Berechnung von Mittelpunkt und Radius des Mohrschen Spannungskreises

$$\sigma_M = \frac{\sigma_x + \sigma_y}{2} = \frac{200\,\text{N/mm}^2 + 100\,\text{N/mm}^2}{2} = 150\,\text{N/mm}^2$$

$$R = \sqrt{\left(\frac{\sigma_x - \sigma_y}{2}\right)^2 + \tau_{xy}^2} = \sqrt{\left(\frac{200-100}{2}\right)^2 + 75^2}\,\text{N/mm}^2 = 90,1\,\text{N/mm}^2$$

b) **Berechnung der Hauptnormalspannungen σ_{H1} und σ_{H2}**

$$\sigma_{H1} = \sigma_M + R = 150\,\text{N/mm}^2 + 90,1\,\text{N/mm}^2 = \mathbf{240,1\,\text{N/mm}^2}$$

$$\sigma_{H2} = \sigma_M - R = 150\,\text{N/mm}^2 - 90,1\,\text{N/mm}^2 = \mathbf{59,9\,\text{N/mm}^2}$$

Berechnung der Richtungswinkel φ_1 und φ_2 zwischen der x-Achse und den Hauptrichtungen

$$\varphi_{1;2} = \frac{1}{2} \cdot \arctan\left(\frac{-2 \cdot \tau_{xy}}{\sigma_x - \sigma_y}\right) = \frac{1}{2} \cdot \arctan\left(\frac{-2 \cdot 75\,\text{N/mm}^2}{200\,\text{N/mm}^2 - 100\,\text{N/mm}^2}\right) = -28,2°$$

Der errechnete Winkel φ kann der Richtungswinkel zwischen der ersten *oder* der zweiten Hauptrichtung sein. Eine Entscheidung ist mit Hilfe von Tabelle 3.1 (siehe Lehrbuch) möglich. Da es sich um Fall 1 ($\sigma_x > \sigma_y$ und $\tau_{xy} > 0$) handelt, ist φ der Richtungswinkel zwischen der x-Richtung und der ersten Hauptspannungsrichtung (dies geht entsprechend auch aus dem Mohrschen Spannungskreis hervor). Es gilt also:

$$\varphi_1 = \mathbf{-28,15°}$$

Für den Richtungswinkel φ_2 folgt dann:

$$\varphi_2 = \varphi_1 + 90° = -28{,}2° + 90° = \mathbf{61{,}85°}$$

c) **Berechnung der Spannungen $\sigma_{x'}$ und $\tau_{x'y'}$ in der Schnittebene $E_{x'}$ sowie der Spannungen $\sigma_{y'}$ und $\tau_{y'x'}$ in der Schnittebene $E_{y'}$**

Die gesuchten Spannungen in der Schnittebene $E_{x'}$ erhält man aus dem Mohrschen Spannungskreis, indem man ausgehend vom Bildpunkt P_x den doppelten Richtungswinkel $(2 \cdot 30°)$ mit dem Lageplan entsprechendem Drehsinn anträgt (Bildpunkt $P_{x'}$). Die Koordinaten des Bildpunktes $P_{x'}$ sind die gesuchten Spannungen $\sigma_{x'}$ und $\tau_{x'y'}$ in der Schnittebene $E_{x'}$.

Berechnung des Winkels β:

$$\beta = 180° - 2 \cdot |\varphi_1| - 2 \cdot 30° = 180° - 2 \cdot 28{,}15° - 2 \cdot 30° = 63{,}7°$$

Berechnung der Spannungen $\sigma_{x'}$ und $\tau_{x'y'}$:

$$\sigma_{x'} = \sigma_M - R \cdot \cos\beta = 150 \text{ N/mm}^2 - 90{,}1 \text{ N/mm}^2 \cdot \cos 63{,}7° = \mathbf{110{,}0 \text{ N/mm}^2}$$

$$\tau_{x'y'} = R \cdot \sin\beta = 90{,}1 \text{ N/mm}^2 \cdot \sin 63{,}7° = \mathbf{80{,}8 \text{ N/mm}^2}$$

Die Spannungen in der Schnittebene $E_{y'}$ erhält man aus dem Mohrschen Spannungskreis, indem man ausgehend vom Bildpunkt P_x den doppelten Richtungswinkel, also $2 \cdot (30° + 90°)$, mit dem Lageplan entsprechendem Drehsinn anträgt (Bildpunkt $P_{y'}$). Die Koordinaten des Bildpunktes $P_{y'}$ sind die gesuchten Spannungen $\sigma_{y'}$ und $\tau_{y'x'}$ in der Schnittebene $E_{y'}$.

Berechnung der Spannungen $\sigma_{y'}$ und $\tau_{y'x'}$:

$$\sigma_{y'} = \sigma_M + R \cdot \cos\beta = 150 \text{ N/mm}^2 + 90{,}1 \text{ N/mm}^2 \cdot \cos 63{,}7° = \mathbf{189{,}9 \text{ N/mm}^2}$$

$$\tau_{y'x'} = -R \cdot \sin\beta = -90{,}1 \text{ N/mm}^2 \cdot \sin 63{,}7° = \mathbf{-80{,}8 \text{ N/mm}^2}$$

Lösung zu Aufgabe 3.2

a) **Berechnung der Lastspannungen an der höchst beanspruchten Stelle (Außenrand)**

$$\sigma_z = \frac{F}{A} = \frac{F}{\frac{\pi}{4} \cdot \left(d_a^2 - d_i^2\right)} = \frac{425\,000\,\text{N}}{\frac{\pi}{4} \cdot \left(100^2 - 80^2\right) \text{mm}^2} = 150,3\,\text{N/mm}^2$$

$$\tau_t = \frac{M_t}{W_t} = \frac{M_t}{\frac{\pi}{16} \cdot \left(\dfrac{d_a^4 - d_i^4}{d_a}\right)} = \frac{9\,250\,000\,\text{Nmm}}{\frac{\pi}{16} \cdot \left(\dfrac{100^4 - 80^4}{100}\right) \text{mm}^3} = 79,8\,\text{N/mm}^2$$

Konstruktion des Mohrschen Spannungskreises

Eintragen der Bild-
punkte $P_x\,(\sigma_z \mid -\tau_t)$ und
$P_y\,(0 \mid \tau_t)$ in das σ-τ-Koordinatensystem unter
Beachtung der speziel-
len Vorzeichenregelung
für Schubspannungen.

Bildpunkt P_x repräsen-
tiert die Spannungen in
der Schnittebene mit der
x-Achse als Normalen-
vektor. Der Bildpunkt P_y
repräsentiert die Span-

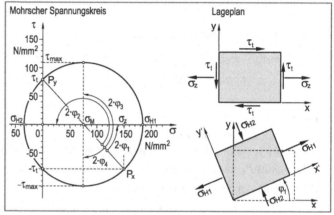

ungen in der Schnittebene mit der y-Achse als Normalenvektor.

Da die beiden Schnittebenen einen Winkel von 90° zueinander einschließen, müssen die
Bildpunkte P_x und P_y auf einem Kreisdurchmesser liegen. Die Strecke P_xP_y schneidet die
σ-Achse im Kreismittelpunkt σ_M. Kreis um σ_M durch die Bildpunkte P_x oder P_y ist der gesuchte Mohrsche Spannungskreis (siehe Abbildung).

b) **Berechnung der Hauptnormalspannungen σ_{H1} und σ_{H2}**

$$\sigma_{H1;H2} = \frac{\sigma_z}{2} \pm \sqrt{\left(\frac{\sigma_z}{2}\right)^2 + \tau_t^2} = \frac{150,3}{2}\,\text{N/mm}^2 \pm \sqrt{\left(\frac{150,3}{2}\right)^2 + 79,8^2}\,\text{N/mm}^2$$

$$\sigma_{H1} = \mathbf{184,8\ N/mm^2}$$

$$\sigma_{H2} = \mathbf{-34,5\ N/mm^2}$$

Berechnung der Hauptschubspannung τ_{max}

$$\tau_{max} = \pm\sqrt{\left(\frac{\sigma_z}{2}\right)^2 + \tau_t^2} = \pm\sqrt{\left(\frac{150,3}{2}\right)^2 + 79,8^2}\,\text{N/mm}^2 = \mathbf{\pm\,109,6\ N/mm^2}$$

Berechnung der Richtungswinkel φ_1 und φ_2 zwischen der x-Achse und den Hauptrichtungen

$$\varphi_{1;2} = \frac{1}{2} \cdot \arctan\left(\frac{-2 \cdot \tau_{xy}}{\sigma_x - \sigma_y}\right) = \frac{1}{2} \cdot \arctan\left(\frac{-2 \cdot \tau_t}{\sigma_z}\right)$$

$$= \frac{1}{2} \cdot \arctan\left(\frac{-2 \cdot (-79,8)\,\text{N/mm}^2}{150,3\,\text{N/mm}^2}\right) = 23,4°$$

Der errechnete Winkel φ kann der Richtungswinkel zwischen der ersten *oder* der zweiten Hauptrichtung sein. Eine Entscheidung ist mit Hilfe von Tabelle 3.1 (siehe Lehrbuch) möglich. Da es sich um Fall 4 ($\sigma_x - \sigma_y \equiv \sigma_z - 0 = \sigma_z > 0$ und $\tau_{xy} \equiv \tau_t < 0$) handelt, ist φ der Richtungswinkel zwischen der x-Richtung und der ersten Hauptspannungsrichtung (dies geht auch aus dem Mohrschen Spannungskreis hervor). Es gilt also:

$\varphi_1 = \mathbf{23,4°}$

Für den Richtungswinkel φ_2 folgt dann:

$\varphi_2 = \varphi_1 + 90° = 23,4° + 90° = \mathbf{113,4°}$

Berechnung der Richtungswinkel φ_3 und φ_4 zwischen der x-Achse und den Hauptschubspannungsrichtungen

$\varphi_3 = \varphi_1 + 45° = 23,4° + 45° = \mathbf{68,4°}$

$\varphi_4 = \varphi_1 - 45° = 23,4° - 45° = \mathbf{-21,6°}$

Lösung zu Aufgabe 3.3

a) Der Spannungszustand (σ_x, σ_y, und τ_{xy}) im Blechstreifen ist bekannt. Man kann daher den Mohrschen Spannungskreis konstruieren.

Eintragen des Bildpunktes $P_x(\sigma_x \mid \tau_{xy})$ und des Bildpunktes $P_y(\sigma_y \mid \tau_{yx})$ in das σ-τ-Koordinatensystem unter Beachtung der speziellen Vorzeichenregelung für Schubspannungen. Bildpunkt P_x repräsentiert die Spannungen in der Schnittebene mit der x-Achse als Normalenvektor. Bildpunkt P_y repräsentiert die Spannungen in der Schnittebene mit der y-Achse als Normalenvektor.

Da die beiden Schnittebenen einen Winkel von 90° zueinander einschließen, müssen die Bildpunkte P_x und P_y auf einem Kreisdurchmesser liegen. Die Strecke P_xP_y schneidet die σ-Achse im Kreismittelpunkt σ_M.

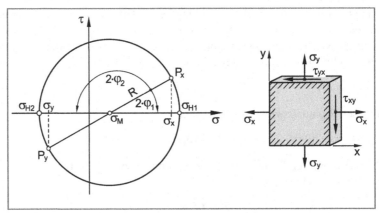

Kreis um σ_M durch die Bildpunkte P_x oder P_y ist der gesuchte Mohrsche Spannungskreis (siehe Abbildung).

Berechnung der Hauptnormalspannungen σ_{H1} und σ_{H2}

$$\sigma_{H1;H2} = \frac{\sigma_x + \sigma_y}{2} \pm \sqrt{\left(\frac{\sigma_x - \sigma_y}{2}\right)^2 + \tau_{xy}^2}$$

$$= \frac{200 + (-100)}{2} \text{ N/mm}^2 \pm \sqrt{\left(\frac{200 - (-100)}{2}\right)^2 + 40^2} \text{ N/mm}^2$$

$\sigma_{H1} = $ **205,24 N/mm^2**

$\sigma_{H2} = $ **−105,20 N/mm^2**

b) **Berechnung der Richtungswinkel φ_1 und φ_2 zwischen der x-Achse und den Hauptrichtungen**

$$\varphi_{1;2} = \frac{1}{2} \cdot \arctan\left(\frac{-2 \cdot \tau_{xy}}{\sigma_x - \sigma_y}\right) = \frac{1}{2} \cdot \arctan\left(\frac{-2 \cdot 40 \text{ N/mm}^2}{200 \text{ N/mm}^2 - (-100) \text{ N/mm}^2}\right) = -7,47°$$

Der errechnete Winkel φ kann der Richtungswinkel zwischen der ersten *oder* der zweiten Hauptrichtung sein. Eine Entscheidung ist mit Hilfe von Tabelle 3.1 (siehe Lehrbuch) möglich.

Da es sich um Fall 1 ($\sigma_x > \sigma_y$ und $\tau_{xy} > 0$) handelt, ist φ der Richtungswinkel zwischen der x-Richtung und der ersten Hauptspannungsrichtung (dies geht auch aus dem Mohrschen Spannungskreis hervor). Es gilt also:

$$\varphi_1 = -\textbf{7,47°}$$

Für den Richtungswinkel φ_2 folgt dann:

$$\varphi_2 = \varphi_1 + 90° = -7,47° + 90° = \textbf{82,53°}$$

Lösung zu Aufgabe 3.4

a) Beanspruchung: **Zug** und **Biegung**

b) **Konstruktion des Mohrschen Spannungskreises**

Zur Konstruktion des Mohrschen Spannungskreises benötigt man die Spannungen in zwei zueinander senkrechten Schnittflächen. Bekannt sind die Spannungen in den Schnittflächen mit der x- und der y-Richtung als Normale.

Eintragen der Bildpunkte P_x (0 | 0) und P_y (σ_l | 0) in das σ-τ-Koordinatensystem. P_x und P_y repräsentieren die Spannungen in den Schnittflächen mit der x- und der y-Richtung als Normale. Da die beiden Schnittebenen einen Winkel von 90° zueinander einschließen, liegen die Bildpunkte P_x und P_y auf einem Kreisdurchmesser, damit ist der Mohrsche Spannungskreis festgelegt (siehe Abbildung).

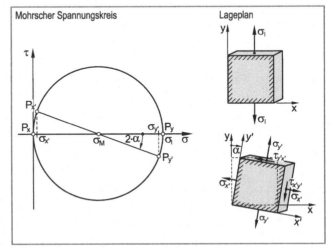

Die Bildpunkte $P_{x'}$ und $P_{y'}$, welche die Spannungen in den Schnittflächen mit der x'- bzw. y'-Richtung als Normale repräsentieren, erhält man durch Abtragen der Richtungswinkel $2 \cdot \alpha$ bzw. $2 \cdot \alpha + 180°$, ausgehend vom Bildpunkt P_y (gleicher Drehsinn zum Lageplan).

Aus dem Mohrschen Spannungskreis folgt für die Normalspannungen $\sigma_{x'}$ und $\sigma_{y'}$:

$$\sigma_{y'} = \frac{\sigma_l}{2} + \frac{\sigma_l}{2} \cdot \cos 2\alpha = \frac{\sigma_l}{2} \cdot \left(1 + \cos 2\alpha\right)$$

$$\sigma_{x'} = \frac{\sigma_l}{2} - \frac{\sigma_l}{2} \cdot \cos 2\alpha = \frac{\sigma_l}{2} \cdot \left(1 - \cos 2\alpha\right)$$

Berechnung der Dehnung in y'-Richtung (Messrichtung des DMS) durch Anwendung des Hookeschen Gesetzes für den zweiachsigen Spannungszustand

$$\varepsilon_{y'} \equiv \varepsilon_{DMS} = \frac{1}{E} \cdot \left(\sigma_{y'} - \mu \cdot \sigma_{x'}\right) = \frac{\sigma_l}{2 \cdot E} \cdot \left(\left(1 + \cos 2\alpha\right) - \mu \cdot \left(1 - \cos 2\alpha\right)\right) \qquad (1)$$

Zusammenhang zwischen äußerer Beanspruchung F und Längsspannung σ_l
(kein Biegeanteil, da DMS in neutraler Faser liegt)

$$\sigma_l = \frac{F}{A} = \frac{F}{b \cdot c} \qquad (2)$$

(2) in (1) eingesetzt und nach F umgeformt:

$$F = \frac{2 \cdot E \cdot \varepsilon_{y'} \cdot b \cdot c}{\left(1 + \cos 2\alpha\right) - \mu \cdot \left(1 - \cos 2\alpha\right)}$$

$$F = \frac{2 \cdot 108\,000 \text{ N/mm}^2 \cdot 0{,}0001485 \cdot 300 \text{ mm} \cdot 200 \text{ mm}}{\left(1 + \cos 20°\right) - 0{,}25 \cdot \left(1 - \cos 20°\right)} = 999\,971 \text{ N} \approx \mathbf{1000 \text{ kN}}$$

Alternative Lösung mit Hilfe des Mohrschen Verformungskreises

Dehnungen in Längs- und Querrichtung

$$\varepsilon_l \equiv \varepsilon_y$$

$$\varepsilon_q \equiv -\mu \cdot \varepsilon_l = -\mu \cdot \varepsilon_y$$

Konstruktion des Mohrschen Verformungskreises

Zur Konstruktion des Mohrschen Verformungskreises benötigt man die Verformungen in zwei zueinander senkrechten Schnittrichtungen. Bekannt sind die Verformungen mit der x- bzw. der y-Richtung als Bezugsrichtung.

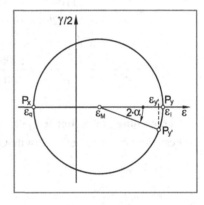

Einzeichnen der Bildpunkte P_x ($\varepsilon_q \mid 0$) und P_y ($\varepsilon_l \mid 0$) in das ε-$\gamma/2$-Koordinatensystem ergibt den Mohrschen Verformungskreis ($\varepsilon_q = -\mu \cdot \varepsilon_l$). Da die beiden Schnittebenen einen Winkel von 90° zueinander einschließen, liegen die Bildpunkte P_x und P_y auf einem Kreisdurchmesser. Damit ist der Mohrsche Verformungskreis festgelegt (siehe Abbildung).

Bildpunkt $P_{y'}$, welcher die Verformungen in y'-Richtung (Messrichtung des DMS) als Bezugsrichtung repräsentiert, erhält man durch Abtragen des Richtungswinkels $2 \cdot \alpha$, ausgehend vom Bildpunkt P_y (gleicher Drehsinn zum Lageplan).

Für den Mittelpunkt und den Radius des Mohrschen Verformungskreises erhält man:

$$\varepsilon_M = \frac{\varepsilon_l + \varepsilon_q}{2} = \frac{\varepsilon_l}{2} \cdot \left(1 - \mu\right)$$

$$R = \frac{\varepsilon_l - \varepsilon_q}{2} = \frac{\varepsilon_l}{2} \cdot \left(1 + \mu\right)$$

Damit folgt für die Dehnung in y'-Richtung (Messrichtung des DMS)

$$\varepsilon_y \equiv \varepsilon_{DMS} = \varepsilon_R + R \cdot \cos 2\alpha = \frac{\varepsilon_l}{2} \cdot \left(\left(1 - \mu\right) + \left(1 + \mu\right) \cdot \cos 2\alpha\right)$$

$$\varepsilon_l = \frac{2 \cdot \varepsilon_{DMS}}{\left(1 - \mu\right) + \left(1 + \mu\right) \cdot \cos 2\alpha} = \frac{2 \cdot 0{,}0001485}{\left(1 - 0{,}25\right) + \left(1 + 0{,}25\right) \cdot \cos 20°}$$

Berechnung der Spannung in Längsrichtung

$$\sigma_1 = E \cdot \varepsilon_1 = 108\,000 \text{ N/mm}^2 \cdot 0{,}0001543 = 16{,}66 \text{ N/mm}^2$$

Berechnung der Zugkraft F

$$F = \sigma_1 \cdot A = \sigma_1 \cdot b \cdot c = 16{,}66 \text{ N/mm}^2 \cdot 300 \text{ mm} \cdot 200 \text{ mm} = 999\,971 \text{ N} \approx \mathbf{1000 \text{ kN}}$$

c) Höchst beanspruchte Stelle: Innenseite der Säule, da Überlagerung von Zug- und Biegebe-anspruchung

Berechnung der Lastspannungen

$$\sigma_z = \frac{F}{A} = \frac{1\,000\,000 \text{ N}}{300 \text{ mm} \cdot 200 \text{ mm}} = 16{,}67 \text{ N/mm}^2$$

$$\sigma_b = \frac{M_b}{W_b} = \frac{F \cdot \left(a - \dfrac{b}{2}\right)}{\dfrac{c \cdot b^2}{6}} = \frac{1\,000\,000 \text{ N} \cdot 500 \text{ mm}}{\dfrac{200 \text{ mm} \cdot (300 \text{ mm})^2}{6}} = 166{,}67 \text{ N/mm}^2$$

Berechnung der Sicherheit gegen Fließen

Festigkeitsbedingung (Innenseite Querschnittfläche A-B)

$$\sigma \le \sigma_{zul}$$

$$\sigma_z + \sigma_b = \frac{R_m}{S_B}$$

$$S_B = \frac{R_m}{\sigma_z + \sigma_b} = \frac{350 \text{ N/mm}^2}{16{,}67 \text{ N/mm}^2 + 166{,}67 \text{ N/mm}^2} = \mathbf{1{,}91} \text{ (nicht ausreichend, da } S_B < 4{,}0)$$

Lösung zu Aufgabe 3.5

a) **Aufstellen des Spannungstensors** (die Einheit N/mm^2 wird der Übersichtlichkeit halber nachfolgend weggelassen):

$$\overline{S} = \begin{pmatrix} 500 & 250 & 400 \\ 250 & 200 & 100 \\ 400 & 100 & 300 \end{pmatrix}$$

Normalenvektor der Ebene E_1

$$\vec{n}_{E1} = \begin{pmatrix} n_x \\ n_y \\ n_z \end{pmatrix} = \begin{pmatrix} \cos\alpha \\ \cos\beta \\ \cos\gamma \end{pmatrix} = \begin{pmatrix} 0,5 \\ 0,5 \\ 1/\sqrt{2} \end{pmatrix}$$

Ermittlung des Spannungsvektors $\vec{s}$ zur Schnittebene E_1

$$\vec{s} = \overline{S} \cdot \vec{n}_{E1} = \begin{pmatrix} \sigma_x & \tau_{xy} & \tau_{xz} \\ \tau_{xy} & \sigma_y & \tau_{yz} \\ \tau_{xz} & \tau_{yz} & \sigma_z \end{pmatrix} \begin{pmatrix} \cos\alpha \\ \cos\beta \\ \cos\gamma \end{pmatrix} = \begin{pmatrix} 500 & 250 & 400 \\ 250 & 200 & 100 \\ 400 & 100 & 300 \end{pmatrix} \cdot \begin{pmatrix} 0,5 \\ 0,5 \\ 1/\sqrt{2} \end{pmatrix} = \begin{pmatrix} 657,84 \\ 295,71 \\ 462,13 \end{pmatrix}$$

Berechnung des Betrags der Normalspannung σ des Spannungsvektors $\vec{s}$ zur Schnittebene E_1

$$\sigma = \vec{s} \cdot \vec{n}_{E1} = \begin{pmatrix} 657,84 \\ 295,71 \\ 462,13 \end{pmatrix} \cdot \begin{pmatrix} 0,5 \\ 0,5 \\ 1/\sqrt{2} \end{pmatrix} = \mathbf{803,55 \ N/mm^2}$$

Berechnung des Betrags der Schubspannung τ des Spannungsvektors $\vec{s}$ zur Schnittebene E_1

$$\tau = \sqrt{s^2 - \sigma^2} = \sqrt{\begin{pmatrix} 657,84 \\ 295,71 \\ 462,13 \end{pmatrix} \cdot \begin{pmatrix} 657,84 \\ 295,71 \\ 462,13 \end{pmatrix} - 803,55^2} = \mathbf{296,77 \ N/mm^2}$$

b) **Normalenvektor der Ebene E_2** (die Einheit N/mm^2 wird der Übersichtlichkeit halber nachfolgend weggelassen)

$$\vec{n}_{E2} = \begin{pmatrix} n_x \\ n_y \\ n_z \end{pmatrix} = \begin{pmatrix} \cos\alpha \\ \cos\beta \\ \cos\gamma \end{pmatrix} = \begin{pmatrix} 0,7566 \\ 0,3457 \\ 0,5549 \end{pmatrix}$$

Ermittlung des Spannungsvektors $\vec{s}$ zur Schnittebene E_2

$$\vec{s} = \bar{S} \cdot \vec{n}_{E2} = \begin{pmatrix} \sigma_x & \tau_{xy} & \tau_{xz} \\ \tau_{xy} & \sigma_y & \tau_{yz} \\ \tau_{xz} & \tau_{yz} & \sigma_z \end{pmatrix} \cdot \begin{pmatrix} \cos\alpha \\ \cos\beta \\ \cos\gamma \end{pmatrix} = \begin{pmatrix} 500 & 250 & 400 \\ 250 & 200 & 100 \\ 400 & 100 & 300 \end{pmatrix} \cdot \begin{pmatrix} 0{,}7566 \\ 0{,}3457 \\ 0{,}5549 \end{pmatrix} = \begin{pmatrix} 686{,}73 \\ 313{,}80 \\ 503{,}71 \end{pmatrix}$$

Berechnung des Betrags der Normalspannung σ des Spannungsvektors $\vec{s}$ zur Schnittebene E_2

$$\sigma = \vec{s} \cdot \vec{n}_{E2} = \begin{pmatrix} 686{,}64 \\ 313{,}75 \\ 503{,}70 \end{pmatrix} \cdot \begin{pmatrix} 0{,}7566 \\ 0{,}3457 \\ 0{,}5549 \end{pmatrix} = 907{,}63 \text{ N/mm}^2$$

Berechnung des Betrags der Schubspannung τ des Spannungsvektors $\vec{s}$ zur Schnittebene E_2

$$\tau = \sqrt{s^2 - \sigma^2} = \sqrt{\begin{pmatrix} 686{,}64 \\ 313{,}75 \\ 503{,}70 \end{pmatrix} \cdot \begin{pmatrix} 686{,}64 \\ 313{,}75 \\ 503{,}70 \end{pmatrix} - 907{,}52^2} \approx 0$$

Da die Schubspannung τ in der Schnittebene E_2 zu Null wird, ist die Ebene E_2 Hauptspannungsebene und die Normalspannung $\bar{\sigma}$ Hauptnormalspannung.

Hinweis: Bedingt durch Rundungsungenauigkeiten kann der Betrag der Schubspannung τ geringfügig von Null abweichen.

c) **Aufstellen der Eigenwertgleichung**

$$\sigma_{Hi}^3 - I_1 \cdot \sigma_{Hi}^2 + I_2 \cdot \sigma_{Hi} - I_3 = 0$$

mit den Invarianten (Einheiten werden weggelassen):

$$I_1 = \sigma_x + \sigma_y + \sigma_z$$
$$= 500 + 200 + 300$$
$$= 1000$$

$$I_2 = \sigma_x \cdot \sigma_y + \sigma_y \cdot \sigma_z + \sigma_z \cdot \sigma_x - \tau_{xy}^2 - \tau_{yz}^2 - \tau_{xz}^2$$
$$= 500 \cdot 200 + 200 \cdot 300 + 300 \cdot 500 - 250^2 - 100^2 - 400^2 = 77500$$

$$I_3 = \sigma_x \cdot \sigma_y \cdot \sigma_z + 2 \cdot \tau_{xy} \cdot \tau_{yz} \cdot \tau_{xz} - \sigma_x \cdot \tau_{yz}^2 - \sigma_y \cdot \tau_{xz}^2 - \sigma_z \cdot \tau_{xy}^2$$
$$= 500 \cdot 200 \cdot 300 + 2 \cdot 250 \cdot 100 \cdot 400 - 500 \cdot 100^2 - 200 \cdot 400^2 - 300 \cdot 250^2$$
$$= -5\,750\,000$$

Damit lautet die Eigenwertgleichung:

$$\sigma_{Hi}^3 - 1000 \cdot \sigma_{Hi}^2 + 77500 \cdot \sigma_{Hi} - 5\,750\,000 = 0$$

Allgemeine Form der kubischen Gleichung

$$\sigma_{Hi}^3 + A \cdot \sigma_{Hi}^2 + B \cdot \sigma_{Hi} + C = 0$$

Koeffizientenvergleich ergibt für A, B und C:

$$A = -I_1 = -1000$$
$$B = I_2 = 77500$$
$$C = -I_3 = 5750000$$

Reduzierte Form der kubischen Gleichung

$$u^3 + a \cdot u + b = 0$$

$$\text{mit}\quad a = B - \frac{A^2}{3} = 77500 - \frac{(-1000)^2}{3} = -255833,3$$

$$\text{und}\quad b = \frac{2}{27} \cdot A^3 - \frac{1}{3} \cdot A \cdot B + C$$

$$= \frac{2}{27} \cdot (-1000)^3 - \frac{1}{3} \cdot (-1000) \cdot 77500 + 5750000$$

$$= -42490741$$

Berechnung der Diskriminante D

$$D = \left(\frac{b}{2}\right)^2 + \left(\frac{a}{3}\right)^3 = \left(-\frac{42490741}{2}\right)^2 + \left(\frac{-255833,3}{3}\right)^3 = -1,69 \cdot 10^{14} < 0$$

Da $D < 0$ hat die kubische Gleichung drei reelle Lösungen (u_1, u_2 und u_3):

$$u_1 = 2 \cdot \sqrt{-\frac{a}{3}} \cdot \cos\varphi \quad \text{mit}\quad \varphi = \frac{1}{3}\arccos\left(-\frac{b}{2 \cdot \sqrt{-(a/3)^3}}\right)$$

$$= \frac{1}{3}\arccos\left(-\frac{-42490741}{2 \cdot \sqrt{-(-255833,3/3)^3}}\right)$$

$$= \frac{1}{3}\arccos 0,853$$

$$= 10,482°$$

$$u_1 = 574,29 \text{ N/mm}^2$$

$$u_2 = 2 \cdot \sqrt{-\frac{a}{3}} \cdot \cos(\varphi + 120°)$$

$$= 2 \cdot \sqrt{-\frac{255833,3}{3}} \cdot \cos(10,482° + 120°) = -379,17 \text{ N/mm}^2$$

$$u_3 = 2 \cdot \sqrt{-\frac{a}{3}} \cdot (\varphi + 240°)$$

$$u_3 = 2 \cdot \sqrt{-\frac{-255\,833,3}{3}} \cdot \cos(10,482° + 240°) = -195,13 \text{ N/mm}^2$$

Zwischen den Hauptnormalspannungen σ_i und der Koordinate u_i besteht die Beziehung:

$$\sigma_{Hi} = u_i - \frac{A}{3}$$

Damit folgt für die Hauptnormalspannungen σ_i:

$$\sigma_{H1} = u_1 - \frac{A}{3} = 574,29 \text{ N/mm}^2 - \frac{-1000 \text{ N/mm}^2}{3} = 907,63 \text{ N/mm}^2$$

$$\sigma_{H2} = u_2 - \frac{A}{3} = -379,17 \text{ N/mm}^2 - \frac{-1000 \text{ N/mm}^2}{3} = -45,84 \text{ N/mm}^2$$

$$\sigma_{H3} = u_3 - \frac{A}{3} = -195,13 \text{ N/mm}^2 - \frac{-1000 \text{ N/mm}^2}{3} = 138,21 \text{ N/mm}^2$$

Kontrolle:

$$\sigma_{H1} + \sigma_{H2} + \sigma_{H3} = I_1$$

$$907,63 - 45,84 + 138,21 = 1000$$

Ordnen der **Hauptnormalspannungen** entsprechend ihrer algebraischen Größe liefert schließlich:

$$\sigma_1 = \mathbf{907,63 \text{ N/mm}^2}$$

$$\sigma_2 = \mathbf{138,21 \text{ N/mm}^2}$$

$$\sigma_3 = \mathbf{-45,84 \text{ N/mm}^2}$$

d) Die **Hauptspannungsrichtungen** (α_i, β_i und γ_i mit $i = 1,2,3$) erhält man durch Lösen des Gleichungssystems:

$$(\sigma_x - \sigma_i) \cdot \cos \alpha_i + \tau_{xy} \cdot \cos \beta_i + \tau_{xz} \cdot \cos \gamma_i = 0$$

$$\tau_{xy} \cdot \cos \alpha_i + (\sigma_y - \sigma_i) \cdot \cos \beta_i + \tau_{yz} \cdot \cos \gamma_i = 0$$

$$\tau_{xz} \cdot \cos \alpha_i + \tau_{yz} \cdot \cos \beta_i + (\sigma_z - \sigma_i) \cdot \cos \gamma_i = 0$$

Für die erste Hauptspannungsrichtung ($i = 1$; $\sigma_1 = 907,6 \text{ N/mm}^2$) erhält man das homogene, lineare Gleichungssystem (die Einheit N/mm^2 wird der Übersichtlichkeit halber weggelassen):

$$(500 - 907,63) \cdot \cos \alpha_1 + 250 \cdot \cos \beta_1 + 400 \cdot \cos \gamma_1 = 0$$

$$250 \cdot \cos \alpha_1 + (200 - 907,63) \cdot \cos \beta_1 + 100 \cdot \cos \gamma_1 = 0$$

$$400 \cdot \cos \alpha_1 + 100 \cdot \cos \beta_1 + (300 - 907,63) \cdot \cos \gamma_1 = 0$$

und umgeformt:

$$-407{,}63 \cdot \cos\alpha_1 + 250 \cdot \cos\beta_1 + 400 \cdot \cos\gamma_1 = 0 \tag{1}$$

$$250 \cdot \cos\alpha_1 - 707{,}63 \cdot \cos\beta_1 + 100 \cdot \cos\gamma_1 = 0 \tag{2}$$

$$400 \cdot \cos\alpha_1 + 100 \cdot \cos\beta_1 - 607{,}63 \cdot \cos\gamma_1 = 0 \tag{3}$$

Die Gleichungen 1 bis 3 sind nicht unabhängig voneinander, so dass zur Bestimmung der Richtungswinkel α_1, β_1 und γ_1 eine weitere, unabhängige Gleichung herangezogen werden muss. Die dritte Gleichung kann dann zur Kontrolle verwendet werden.

Für die Richtungswinkel des (normierten) Normalenvektors $(|\vec{n}| = 1)$ gilt:

$$\cos^2\alpha_1 + \cos^2\beta_1 + \cos^2\gamma_1 = 1 \tag{4}$$

Aus Gleichung 2 folgt:

$$\cos\beta_1 = 0{,}3533 \cdot \cos\alpha_1 + 0{,}1413 \cdot \cos\gamma_1 \tag{5}$$

Gleichung 5 in Gleichung 1 eingesetzt ergibt:

$$-407{,}63 \cdot \cos\alpha_1 + 250 \cdot \left(0{,}3533 \cdot \cos\alpha_1 + 0{,}1413 \cdot \cos\gamma_1\right) + 400 \cdot \cos\gamma_1 = 0$$

$$-319{,}31 \cdot \cos\alpha_1 + 435{,}33 \cdot \cos\gamma_1 = 0$$

$$\cos\gamma_1 = 0{,}7335 \cdot \cos\alpha_1 \tag{6}$$

Gleichung 6 in Gleichung 5 eingesetzt ergibt:

$$\cos\beta_1 = 0{,}3533 \cdot \cos\alpha_1 + 0{,}1413 \cdot 0{,}7335 \cdot \cos\alpha_1$$

$$\cos\beta_1 = 0{,}3533 \cdot \cos\alpha_1 + 0{,}1037 \cdot \cos\alpha_1$$

$$\cos\beta_1 = 0{,}4567 \cdot \cos\alpha_1 \tag{7}$$

Gleichung 6 und 7 in Gleichung 4 eingesetzt:

$$\cos^2\alpha_1 + \left(0{,}4567 \cdot \cos\alpha_1\right)^2 + \left(0{,}7335 \cdot \cos\alpha_1\right)^2 = 1$$

$$1{,}7465 \cdot \cos^2\alpha_1 = 1$$

$$\cos\alpha_1 = 0{,}7567$$

$$\alpha_1 = \mathbf{40{,}83°}$$

Damit folgt aus Gleichung 7:

$$\cos\beta_1 = 0{,}4567 \cdot \cos\alpha_1 = 0{,}3455$$

$$\beta_1 = \mathbf{69{,}79°}$$

Aus Gleichung 6 folgt:

$$\cos\gamma_1 = 0{,}7335 \cdot \cos\alpha_1 = 0{,}5550$$

$$\gamma_1 = \mathbf{56{,}29°}$$

Kontrolle der Ergebnisse mit Hilfe von Gleichung 3:

$$400 \cdot \cos\alpha_1 + 100 \cdot \cos\beta_1 - 607{,}63 \cdot \cos\gamma_1 = 0$$

$$400 \cdot 0{,}7567 + 100 \cdot 0{,}3455 - 607{,}63 \cdot 0{,}5550 = 0$$

$$0 = 0$$

Die Richtungswinkel der Hauptnormalspannungen $\sigma_2 = 138{,}21$ N/mm^2 (α_2, β_2 und γ_2) und $\sigma_3 = -45{,}84$ N/mm^2 (α_3, β_3 und γ_3) erhält man auf analoge Weise:

$\alpha_2 = \mathbf{89{,}78°}$

$\beta_2 = \mathbf{32{,}17°}$

$\gamma_2 = \mathbf{122{,}16°}$

und

$\alpha_3 = \mathbf{49{,}17°}$

$\beta_3 = \mathbf{113{,}89°}$

$\gamma_3 = \mathbf{50{,}27°}$

e) **Rechnerische Lösung**

Normalenvektor der Ebene E_3 (die Einheit N/mm^2 wird der Übersichtlichkeit halber nachfolgend weggelassen):

$$\vec{n}_{E3} = \begin{pmatrix} \cos\alpha \\ \cos\beta \\ \cos\gamma \end{pmatrix} = \begin{pmatrix} 0{,}6428 \\ 0{,}6428 \\ 0{,}4163 \end{pmatrix}$$

Ermittlung des Spannungsvektors $\vec{s}$ zur Schnittebene E_3

$$\vec{s} = \overline{S}_H \cdot \vec{n}_{E2} = \begin{pmatrix} \sigma_1 & 0 & 0 \\ 0 & \sigma_2 & 0 \\ 0 & 0 & \sigma_3 \end{pmatrix} \cdot \begin{pmatrix} \cos\alpha \\ \cos\beta \\ \cos\gamma \end{pmatrix}$$

$$= \begin{pmatrix} 907{,}63 & 0 & 0 \\ 0 & 138{,}21 & 0 \\ 0 & 0 & -45{,}84 \end{pmatrix} \cdot \begin{pmatrix} 0{,}6428 \\ 0{,}6428 \\ 0{,}4163 \end{pmatrix} = \begin{pmatrix} 583{,}42 \\ 88{,}84 \\ -19{,}08 \end{pmatrix}$$

Berechnung des Betrags der Normalspannung σ_{E3} des Spannungsvektors $\vec{s}$ zur Schnittebene E_3

$$\sigma_{E3} = \vec{s} \cdot \vec{n}_{E3} = \begin{pmatrix} 583{,}42 \\ 88{,}84 \\ -19{,}08 \end{pmatrix} \cdot \begin{pmatrix} 0{,}6428 \\ 0{,}6428 \\ 0{,}4163 \end{pmatrix} = \mathbf{424{,}17 \ N/mm^2}$$

Berechnung des Betrags der Schubspannung τ des Spannungsvektors $\vec{s}$ zur Schnittebene E_3

$$\tau_{E3} = \sqrt{s^2 - \sigma_{E3}^2} = \sqrt{\begin{pmatrix} 583,42 \\ 88,84 \\ -19,08 \end{pmatrix} \cdot \begin{pmatrix} 583,42 \\ 88,84 \\ -19,08 \end{pmatrix} - 424,17^2} = \mathbf{410,74 \ N/mm^2}$$

Graphische Lösung

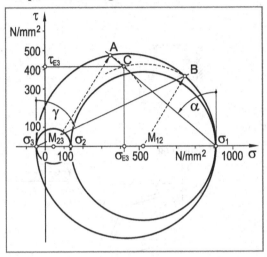

abgelesen: $\sigma_{E3} = \mathbf{425 \ N/mm^2}$
 $\tau_{E3} = \mathbf{410 \ N/mm^2}$

4 Verformungszustand

4.1 Formelsammlung zum Verformungszustand

Definition von Dehnung und Schiebung

$$\varepsilon = \frac{\Delta l}{l_0} = \frac{l_1 - l_0}{l_0}$$

Definition der (technischen) Dehnung

$$\gamma = \alpha - \frac{\pi}{2}$$

Definition der Schiebung

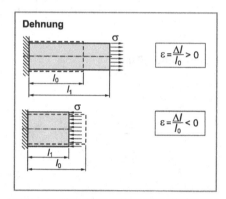

Dehnung

$$\varepsilon = \frac{\Delta l}{l_0} > 0$$

$$\varepsilon = \frac{\Delta l}{l_0} < 0$$

Vorzeichenregelung für Schiebungen

Eine Schiebung ist positiv (negativ) anzusetzen, falls sich der ursprünglich rechte Winkel des betrachteten Winkelelementes vergrößert (verkleinert).

Zweiachsiger Verformungszustand

Dehnung in x'-Richtung

$$\varepsilon_{x'} = \frac{\varepsilon_x + \varepsilon_y}{2} + \frac{\varepsilon_x - \varepsilon_y}{2} \cdot \cos 2\varphi - \frac{\gamma_{xy}}{2} \cdot \sin 2\varphi$$

Schiebung mit der x'-Richtung als Bezug

$$\frac{\gamma_{x'y'}}{2} = \frac{\varepsilon_x - \varepsilon_y}{2} \cdot \sin 2\varphi + \frac{\gamma_{xy}}{2} \cdot \cos 2\varphi$$

Gleichung des Mohrschen Verformungskreises

$$\left(\varepsilon_{x'} - \frac{\varepsilon_x + \varepsilon_y}{2}\right)^2 + \left(\frac{\gamma_{x'y'}}{2}\right)^2 = \left(\frac{\varepsilon_x - \varepsilon_y}{2}\right)^2 + \left(\frac{\gamma_{xy}}{2}\right)^2$$

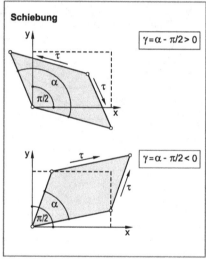

Schiebung

$$\gamma = \alpha - \pi/2 > 0$$

$$\gamma = \alpha - \pi/2 < 0$$

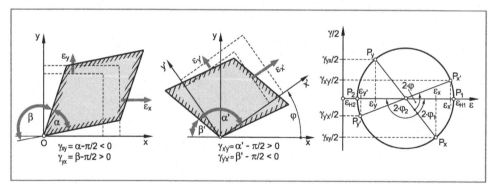

$$\varepsilon_{H1} = \frac{\varepsilon_x + \varepsilon_y}{2} + \sqrt{\left(\frac{\varepsilon_x - \varepsilon_y}{2}\right)^2 + \left(\frac{\gamma_{xy}}{2}\right)^2}$$

Berechnung der Hauptdehnung

$$\varepsilon_{H2} = \frac{\varepsilon_x + \varepsilon_y}{2} - \sqrt{\left(\frac{\varepsilon_x - \varepsilon_y}{2}\right)^2 + \left(\frac{\gamma_{xy}}{2}\right)^2}$$

Berechnung der Hauptdehnung

Richtungswinkel zwischen der x-Achse und der ersten oder der zweiten Hauptdehnungsrichtung

$$\varphi_{1;2} = \frac{1}{2} \cdot \arctan\left(\frac{-\gamma_{xy}}{\varepsilon_x - \varepsilon_y}\right)$$

(Vorzeichen von γ_{xy} entsprechend Vorzeichenregelung auf vorhergehender Seite)

$$\varphi_{2;1} = \varphi_{1;2} + \frac{\pi}{2}$$

Auswertung dreier beliebig orientierter Dehnungsmessstreifen

$$\varepsilon_A = \frac{\varepsilon_x + \varepsilon_y}{2} + \frac{\varepsilon_x - \varepsilon_y}{2} \cdot \cos 2\alpha - \frac{\gamma_{xy}}{2} \cdot \sin 2\alpha$$

$$\varepsilon_B = \frac{\varepsilon_x + \varepsilon_y}{2} + \frac{\varepsilon_x - \varepsilon_y}{2} \cdot \cos 2\beta - \frac{\gamma_{xy}}{2} \cdot \sin 2\beta$$

$$\varepsilon_C = \frac{\varepsilon_x + \varepsilon_y}{2} + \frac{\varepsilon_x - \varepsilon_y}{2} \cdot \cos 2\gamma - \frac{\gamma_{xy}}{2} \cdot \sin 2\gamma$$

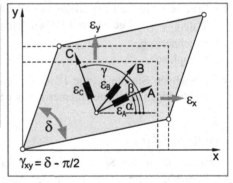

$\gamma_{xy} = \delta - \pi/2$

4.2 Aufgaben

Aufgabe 4.1 ○○●●●

Eine Rechteckscheibe (a = 10 mm; b = 8 mm) aus dem Vergütungsstahl 42CrMo4 wird in der dargestellten Weise elastisch verformt (a' = 10,02 mm; b' = 8,01 mm; α = 89,75°).

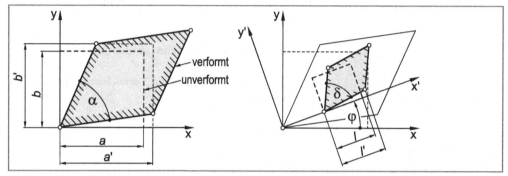

a) Berechnen Sie die Dehnungen ε_x und ε_y in x- und y-Richtung sowie die Schiebung γ_{xy}.

b) Ermitteln Sie die Dehnungen $\varepsilon_{x'}$ und $\varepsilon_{y'}$ sowie die Schiebungen $\gamma_{x'y'}$ und $\gamma_{y'x'}$ für ein um den Winkel φ = 30° gedrehtes Flächenelement

• rechnerisch,

• graphisch.

c) Berechnen Sie die Länge l' sowie den Winkel δ des elastisch verformten, ursprünglich rechteckigen Flächenelementes mit der Seitenlänge l = 5 mm.

Aufgabe 4.2 ○○●●●

Zur experimentellen Spannungsanalyse an Gashochdruckleitungen sollen die in der Abbildung dargestellten Messelemente eingesetzt werden.

Am Messelement wurde eine 0°-45°-90° DMS-Rosette appliziert. Infolge einer Fertigungsungenauigkeit bei der Applikation schließt die A-Richtung der DMS-Rosette mit der Rohrachse (x-Richtung) einen Winkel von 8° ein.

Nach Aufbringung des Innendrucks werden die folgenden Dehnungen gemessen:

ε_A = 0,862 ‰

ε_B = 0,224 ‰

ε_C = 0,472 ‰

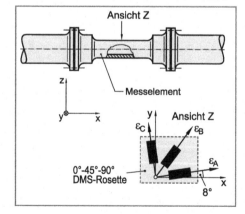

a) Skizzieren Sie den Mohrschen Verformungskreis und ermitteln Sie die Dehnungen in x- und y-Richtung (ε_x und ε_y) sowie die Schiebung γ_{xy} mit der x-Richtung als Bezug.

b) Ermitteln Sie die Hauptdehnungen ε_{H1} und ε_{H2} in der x-y-Ebene sowie die Winkel φ_1 und φ_2 zwischen der x-Richtung und den Hauptdehnungsrichtungen.

Aufgabe 4.3   ○●●●●

Im Rahmen einer experimentellen Spannungsanalyse wird an einer Stahlplatte eine 0°-120°-
240° DMS-Rosette in der dargestellten Weise
(siehe Abbildung) appliziert. Unter Betriebsbeanspruchung werden die folgenden Dehnungen
gemessen:

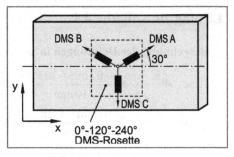

ε_A = 0,0146 ‰
ε_B = 1,6230 ‰
ε_C = 0,2619 ‰

a) Zeichnen Sie maßstäblich den Mohrschen Verformungskreis und ermitteln Sie *graphisch* die Dehnungen in *x*- und *y*-Richtung (ε_x und ε_y) sowie die Schiebung γ_{xy}.

b) Bestimmen Sie *graphisch* die Hauptdehnungen ε_{H1} und ε_{H2} in der x-y-Ebene. Unter wel-chen Winkeln φ_1 und φ_2 zur x-Richtung wirken sie?

c) Ermitteln Sie *rechnerisch*:
   • die Dehnungen ε_x und ε_y in x- und y-Richtung sowie die Schiebung γ_{xy}.
   • die Hauptdehnungen ε_{H1} und ε_{H2} in der x-y-Ebene sowie die Winkel φ_1 und φ_2 zwischen der x-Richtung und den Hauptdehnungsrichtungen.

Aufgabe 4.4   ○●●●●

Zur Ermittlung des Verformungszustandes (ε_x, ε_y
und γ_{xy}) eines durch Innendruck beanspruchten
Behälters, werden an dessen Außenoberfläche
drei Dehnungsmessstreifen in der dargestellten
Weise appliziert. Unter Belastung werden die
folgenden Dehnungen gemessen:

ε_A = 3,665 ‰
ε_B = 1,500 ‰
ε_C = -0,415 ‰

a) Zeichnen Sie maßstäblich den Mohrschen
   Verformungskreis und ermitteln Sie *graphisch* die Dehnungen in *x*- und *y*-Richtung
   (ε_x und ε_y) sowie die Schiebung γ_{xy}.

b) Bestimmen Sie *graphisch* die Hauptdehnungen in der x-y-Ebene. Unter welchen Winkeln φ_1 und φ_2 zur x-Richtung wirken die Hauptdehnungen?

c) Ermitteln Sie *rechnerisch*:
   • die Dehnungen ε_x und ε_y in x- und y-Richtung sowie die Schiebung γ_{xy}.
   • die Hauptdehnungen ε_{H1} und ε_{H2} in der x-y-Ebene sowie die Winkel φ_1 und φ_2 zwischen der x-Richtung und den Hauptdehnungsrichtungen.

4.3 Lösungen

Lösung zu Aufgabe 4.1

a) **Berechnung der Dehnungen in x- und y-Richtung (ε_x und ε_y) sowie der Schiebung γ_{xy}**

$$\varepsilon_x = \frac{a'-a}{a} = \frac{10{,}02\,\text{mm} - 10\,\text{mm}}{10\,\text{mm}} = 0{,}002 = \mathbf{2\,‰}$$

$$\varepsilon_y = \frac{b'-b}{b} = \frac{8{,}01\,\text{mm} - 8\,\text{mm}}{8\,\text{mm}} = 0{,}00125 = \mathbf{1{,}25\,‰}$$

$$\gamma_{xy} = \alpha \cdot \frac{\pi}{180°} - \frac{\pi}{2} = 89{,}75° \cdot \frac{\pi}{180°} - \frac{\pi}{2} = -0{,}00436 = \mathbf{-4{,}36\,‰}$$

b) **Berechnung der Dehnung $\varepsilon_{x'}$ sowie die Schiebung $\gamma_{x'y'}$**
   Rechnerische Lösung:

$$\varepsilon_{x'} = \frac{\varepsilon_x + \varepsilon_y}{2} + \frac{\varepsilon_x - \varepsilon_y}{2} \cdot \cos 2\varphi - \frac{\gamma_{xy}}{2} \cdot \sin 2\varphi$$

$$= \frac{0{,}002 + 0{,}00125}{2} + \frac{0{,}002 - 0{,}00125}{2} \cdot \cos 60° - \frac{-0{,}00436}{2} \cdot \sin 60°$$

$$= 0{,}0037 = \mathbf{3{,}7\,‰}$$

$$\varepsilon_{y'} = \frac{\varepsilon_x + \varepsilon_y}{2} + \frac{\varepsilon_x - \varepsilon_y}{2} \cdot \cos 2(\varphi + 90°) - \frac{\gamma_{xy}}{2} \cdot \sin 2(\varphi + 90°)$$

$$= \frac{0{,}002 + 0{,}00125}{2} + \frac{0{,}002 - 0{,}00125}{2} \cdot \cos 240° - \frac{-0{,}00436}{2} \cdot \sin 240°$$

$$= -0{,}00045 = \mathbf{-0{,}45\,‰}$$

$$\gamma_{x'y'} = (\varepsilon_x - \varepsilon_y) \cdot \sin 2\varphi + \gamma_{xy} \cdot \cos 2\varphi$$

$$= (0{,}002 - 0{,}00125) \cdot \sin 60° - 0{,}00436 \cdot \cos 60°$$

$$= -0{,}00153 = \mathbf{-1{,}53\,‰}$$

Da $\gamma_{x'y'} < 0$, handelt es sich gemäß der Vorzeichenregelung für Schiebungen um eine Winkelverkleinerung.

$$\gamma_{y'x'} = (\varepsilon_x - \varepsilon_y) \cdot \sin 2(\varphi + 90°) + \gamma_{xy} \cdot \cos 2(\varphi + 90°)$$

$$= (0{,}002 - 0{,}00125) \cdot \sin 240° - 0{,}00436 \cdot \cos 240°$$

$$= 0{,}00153 = \mathbf{1{,}53\,‰}$$

Da $\gamma_{y'x'} > 0$, handelt es sich gemäß der Vorzeichenregelung für Schiebungen um eine Winkelvergrößerung.

Graphische Lösung:

Konstruktion des Mohrschen Verformungskreises

Zur Konstruktion des Mohrschen Verformungskreises benötigt man die Verformungen in zwei zueinander senkrechten Richtungen. Bekannt sind die Verformungen mit der
x- bzw. y-Richtung als Bezugsrichtung.

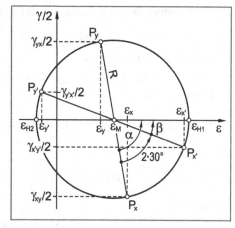

Einzeichnen der entsprechenden Bildpunkte
P_x (ε_x | $\gamma_{xy}/2$) und P_y (ε_y | $\gamma_{yx}/2$) in das ε-$\gamma/2$-
Koordinatensystem unter Berücksichtigung
der Vorzeichenregelung für Schiebungen.

Da die x- und die y-Richtung einen Winkel
von 90° zueinander einschließen, müssen die
Bildpunkte P_x und P_y auf einem Kreisdurchmesser liegen. Die Strecke P_xP_y schneidet die
ε-Achse im Kreismittelpunkt M. Kreis um M durch die Bildpunkte P_x und P_y ist der gesuchte Mohrsche Verformungskreis (siehe Abbildung).

Berechnung von Mittelpunkt und Radius des Mohrschen Verformungskreises

$$\varepsilon_M = \frac{\varepsilon_x + \varepsilon_y}{2} = \frac{0,002 + 0,00125}{2} = 0,001625$$

$$R = \sqrt{\left(\frac{\varepsilon_x - \varepsilon_y}{2}\right)^2 + \left(\frac{\gamma_{xy}}{2}\right)^2} = \sqrt{\left(\frac{0,002 - 0,00125}{2}\right)^2 + \left(\frac{0,00436}{2}\right)^2}$$

$$= 0,002212$$

Berechnung des Winkels α zwischen x-Richtung und Hauptdehnungsrichtung ε_{H1}

$$\alpha = \arctan\frac{\gamma_{xy}/2}{(\varepsilon_x - \varepsilon_y)/2} = \arctan\frac{0,00436/2}{(0,002 - 0,00125)/2} = 80,24°$$

Damit folgt für den Winkel β:

$$\beta = \alpha - 2 \cdot \varphi = 80,24° - 2 \cdot 30° = 20,24°$$

Berechnung der Dehnung in x'-Richtung ($\varepsilon_{x'}$)

$$\varepsilon_{x'} = \varepsilon_M + R \cdot \cos\beta = 0,001625 + 0,002212 \cdot \cos 20,24° = 0,0037 = \mathbf{3,7\ ‰}$$

Berechnung der Dehnung in y'-Richtung ($\varepsilon_{y'}$)

$$\varepsilon_{y'} = \varepsilon_M - R \cdot \cos\beta = 0,001625 - 0,002212 \cdot \cos 20,24° = -0,00045 = \mathbf{-0,45\ ‰}$$

Berechnung der Schiebung mit der x'-Richtung als Bezugsrichtung ($\gamma_{x'y'}$)

$$\gamma_{x'y'}/2 = -R \cdot \sin\beta = -0,002212 \cdot \sin 20,24° = -0,0007652$$

$$\gamma_{x'y'} = -0,00153 = \mathbf{-1,53\ ‰}$$

Da $\gamma_{x'y'} < 0$, handelt es sich gemäß der Vorzeichenregelung für Schiebungen um eine Winkelverkleinerung.

Berechnung der Schiebung mit der y'-Richtung als Bezugsrichtung ($\gamma_{y'x'}$)

$$\gamma_{y'x'}/2 = R \cdot \sin \beta = 0,002212 \cdot \sin 20,24° = 0,0007652$$

$$\gamma_{y'x'} = 0,00153 = \mathbf{1,53 ‰}$$

Da $\gamma_{y'x'} > 0$, handelt es sich gemäß der Vorzeichenregelung für Schiebungen um eine Winkelvergrößerung.

c) **Berechnung der Länge l' des gedrehten, verformten Flächenelementes**

$$\varepsilon_{x'} = \frac{\Delta l}{l}$$

$$\Delta l = \varepsilon_{x'} \cdot l = 0,0037 \cdot 5 \text{ mm} = 0,0185 \text{ mm}$$

damit folgt für l':

$$l' = l + \Delta l = 5 \text{ mm} + 0,0185 \text{ mm} = \mathbf{5,0185\,mm}$$

Berechnung des Winkels δ des gedrehten, verformten Flächenelementes

$$\gamma_{x'y'} = \delta - \frac{\pi}{2}$$

$$\delta = \gamma_{x'y'} + \frac{\pi}{2} = -0,00153 + \frac{\pi}{2} = 1,5693$$

$$\delta = \mathbf{89,91°}$$

Lösung zu Aufgabe 4.2

a) Es liegt eine 0°-45°-90° DMS-Rosette vor. Daher kann der Mohrsche Verformungskreis entsprechend Kapitel 4.4.2 (siehe Lehrbuch) auf einfache Weise konstruiert werden.

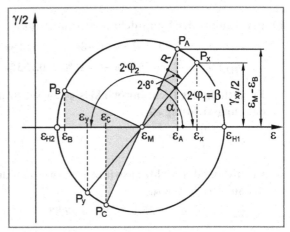

Berechnung von Mittelpunkt und Radius des Mohrschen Verformungskreises

$$\varepsilon_M = \frac{\varepsilon_A + \varepsilon_C}{2} = \frac{0{,}862\,‰ + 0{,}472\,‰}{2} = 0{,}667\,‰$$

$$R = \sqrt{(\varepsilon_A - \varepsilon_M)^2 + (\varepsilon_M - \varepsilon_B)^2}$$
$$= \sqrt{(0{,}862\,‰ - 0{,}667\,‰)^2 + (0{,}667\,‰ - 0{,}224\,‰)^2} = 0{,}484\,‰$$

Berechnung des Winkels α zwischen der Messrichtung von DMS A und der Hauptdehnungsrichtung ε_{H1}

$$\tan \alpha = \frac{\varepsilon_M - \varepsilon_B}{\varepsilon_A - \varepsilon_M} = \frac{0{,}667\,‰ - 0{,}224\,‰}{0{,}862\,‰ - 0{,}667\,‰} = 2{,}272$$
$$\alpha = 66{,}24°$$

Damit folgt für den Betrag des Richtungswinkels β:
$$\beta = \alpha - 2 \cdot 8° = 66{,}24° - 16° = 50{,}24°$$

Berechnung der Dehnungen in x- und y-Richtung

$$\varepsilon_x = \varepsilon_M + R \cdot \cos \beta = 0{,}667\,‰ + 0{,}484\,‰ \cdot \cos 50{,}24° = \mathbf{0{,}977\,‰}$$
$$\varepsilon_y = \varepsilon_M - R \cdot \cos \beta = 0{,}667\,‰ - 0{,}484\,‰ \cdot \cos 50{,}24° = \mathbf{0{,}357\,‰}$$

Berechnung der Schiebung γ_{xy}

$$\frac{\gamma_{xy}}{2} = R \cdot \sin \beta = 0{,}484\,‰ \cdot \sin 50{,}24° = 0{,}372\,‰$$
$$\gamma_{xy} = \mathbf{0{,}744\,‰}$$

Da die Schiebung $\gamma_{xy} > 0$ ist, handelt es sich gemäß der Vorzeichenregelung für Schiebungen um eine Winkelvergrößerung.

b) **Berechnung der Hauptdehnungen ε_{H1} und ε_{H2}**

$$\varepsilon_{H1} = \varepsilon_M + R = 0{,}667\,‰ + 0{,}484\,‰ = \mathbf{1{,}151\,‰}$$

$$\varepsilon_{H2} = \varepsilon_M - R = 0{,}667\,‰ - 0{,}484\,‰ = \mathbf{0{,}183\,‰}$$

Ermittlung des Richtungswinkels φ_1 zwischen der x-Richtung und der ersten Hauptdehnungsrichtung ε_{H1}

$$\varphi_1 = -\frac{\beta}{2} = \mathbf{-25{,}12°}$$

Ermittlung des Richtungswinkels φ_2 zwischen der x-Richtung und der zweiten Hauptdehnungsrichtung ε_{H2}

$$\varphi_2 = \varphi_1 + 90° = -25{,}12° + 90° = \mathbf{64{,}88°}$$

Lösung zu Aufgabe 4.3

a) + b)

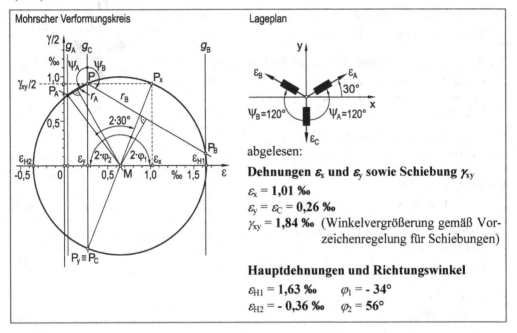

Mohrscher Verformungskreis

Lageplan

abgelesen:

Dehnungen ε_x und ε_y sowie Schiebung γ_{xy}

$\varepsilon_x = 1,01$ ‰

$\varepsilon_y = \varepsilon_C = 0,26$ ‰

$\gamma_{xy} = 1,84$ ‰ (Winkelvergrößerung gemäß Vorzeichenregelung für Schiebungen)

Hauptdehnungen und Richtungswinkel

$\varepsilon_{H1} = 1,63$ ‰ $\qquad \varphi_1 = -34°$

$\varepsilon_{H2} = -0,36$ ‰ $\qquad \varphi_2 = 56°$

c) **Berechnung der Dehnungen ε_x und ε_y sowie der Schiebung γ_{xy}**

Für die Dehnungen in Messrichtung der Dehnungsmessstreifen gilt:

$$\varepsilon_A = \frac{\varepsilon_x + \varepsilon_y}{2} + \frac{\varepsilon_x - \varepsilon_y}{2} \cdot \cos 2\alpha - \frac{\gamma_{xy}}{2} \cdot \sin 2\alpha \qquad (1)$$

$$\varepsilon_B = \frac{\varepsilon_x + \varepsilon_y}{2} + \frac{\varepsilon_x - \varepsilon_y}{2} \cdot \cos 2\beta - \frac{\gamma_{xy}}{2} \cdot \sin 2\beta \qquad (2)$$

$$\varepsilon_C = \frac{\varepsilon_x + \varepsilon_y}{2} + \frac{\varepsilon_x - \varepsilon_y}{2} \cdot \cos 2\gamma - \frac{\gamma_{xy}}{2} \cdot \sin 2\gamma \qquad (3)$$

Zur Vereinfachung setzt man:

$$v = \frac{\varepsilon_x - \varepsilon_y}{2} \qquad (4)$$

$$w = \frac{\gamma_{xy}}{2} \qquad (5)$$

$$u = \frac{\varepsilon_x + \varepsilon_y}{2} \qquad (6)$$

mit $\alpha = 30°$, $\beta = 150°$ und $\gamma = 270°$ sowie $\varepsilon_A = 0{,}0146$ ‰, $\varepsilon_B = 1{,}6230$ ‰ und $\varepsilon_C = 0{,}2619$ ‰ folgt aus den Gleichungen 1 bis 3:

$$0{,}0146\,‰ = u + v \cdot \cos 60° - w \cdot \sin 60° \tag{7}$$

$$1{,}6230\,‰ = u + v \cdot \cos 300° - w \cdot \sin 300° \tag{8}$$

$$0{,}2619\,‰ = u + v \cdot \cos 540° - w \cdot \sin 540° \tag{9}$$

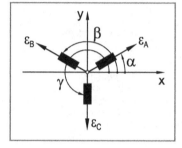

Damit ergibt sich das zu lösende lineare Gleichungssystem:

$$0{,}0146\,‰ = u + 0{,}5 \cdot v - \sqrt{3}/2 \cdot w \tag{10}$$

$$1{,}6230\,‰ = u + 0{,}5 \cdot v + \sqrt{3}/2 \cdot w \tag{11}$$

$$0{,}2619\,‰ = u - v \tag{12}$$

Gleichung 10 und Gleichung 11 addiert:

$$1{,}6376\,‰ = 2 \cdot u + v \tag{13}$$

Gleichung 12 nach v aufgelöst:

$$v = u - 0{,}2619\,‰ \tag{14}$$

Gleichung 14 in Gleichung 13 eingesetzt:

$$1{,}8995\,‰ = 3 \cdot u$$
$$u = 0{,}63325\,‰ \tag{15}$$

Gleichung 15 in Gleichung 14 eingesetzt:

$$v = 0{,}37127\,‰ \tag{16}$$

Aus Gleichung 4 und Gleichung 5 folgt:

$$\varepsilon_x + \varepsilon_y = 2 \cdot u \quad \text{und} \tag{17}$$

$$\varepsilon_x - \varepsilon_y = 2 \cdot v \tag{18}$$

Gleichung 17 und 18 addiert, liefert:

$$\varepsilon_x = u + v = \mathbf{1{,}004\ ‰} \tag{19}$$

Gleichung 17 und 18 subtrahiert, liefert:

$$\varepsilon_y = u - v = \mathbf{0{,}2619\,‰} \tag{20}$$

Aus Gleichung 10 folgt:

$$w = \frac{u + 0{,}5 \cdot v - 0{,}0146\,‰}{\sqrt{3}/2} = \frac{0{,}63317\,‰ + 0{,}5 \cdot 0{,}37127\,‰ - 0{,}0146\,‰}{\sqrt{3}/2} = 0{,}9286\ ‰$$

Damit ergibt sich für die Schiebung γ_{xy} aus Gleichung 5:

$$\gamma_{xy} = 2 \cdot w = \mathbf{1{,}8572\,‰}$$

Da die Schiebung positiv ist, handelt es sich entsprechend der Vorzeichenregelung für Schiebungen um eine Winkelvergrößerung.

Berechnung der Hauptdehnungen ε_{H1} und ε_{H2}

$$\varepsilon_{H1;H2} = \frac{\varepsilon_x + \varepsilon_y}{2} \pm \sqrt{\left(\frac{\varepsilon_x - \varepsilon_y}{2}\right)^2 + \left(\frac{\gamma_{xy}}{2}\right)^2}$$

$$= \frac{1,004 + 0,2619}{2}\ \text{‰} \pm \sqrt{\left(\frac{1,004 - 0,2619}{2}\right)^2 + \left(\frac{1,8572}{2}\right)^2}\ \text{‰}$$

$$\varepsilon_{H1} = \mathbf{1{,}6332\ ‰}$$

$$\varepsilon_{H2} = \mathbf{-0{,}3669\ ‰}$$

Berechnung der Richtungswinkel φ_1 und φ_2 zwischen der x-Richtung und den Hauptdehnungsrichtungen

$$\varphi_{1;2} = \frac{1}{2} \cdot \arctan\left(\frac{-\gamma_{xy}}{\varepsilon_x - \varepsilon_y}\right) = \frac{1}{2} \cdot \arctan\left(\frac{-1,8572\ \text{‰}}{1,004\ \text{‰} - 0,2619\ \text{‰}}\right) = -34,10\ \text{‰}$$

Um zu entscheiden, ob es sich um den Richtungswinkel zwischen der x-Richtung und der ersten oder der zweiten Hauptdehnungsrichtung handelt, wird Tabelle 4.1 (siehe Lehrbuch) angewandt. Da es sich um Fall 1 ($\varepsilon_x > \varepsilon_y$ und $\gamma_{xy} > 0$) handelt, ist φ der Richtungswinkel zwischen der x-Richtung und der ersten Hauptdehnungsrichtung, also:

$$\varphi_1 = \mathbf{-34{,}10°}$$

Für den Richtungswinkel φ_2 zwischen der x-Richtung und der zweiten Hauptdehnungsrichtung folgt dann:

$$\varphi_2 = \varphi_1 + 90° = -34,09° + 90° = \mathbf{55{,}90°}$$

Lösung zu Aufgabe 4.4

a) + b)

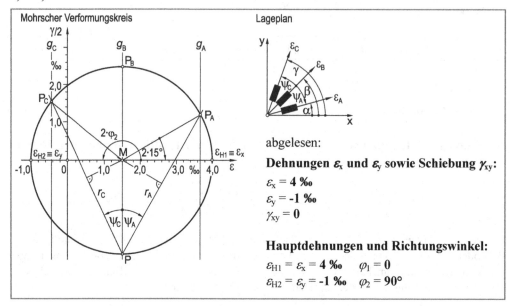

abgelesen:

Dehnungen ε_x und ε_y sowie Schiebung γ_{xy}:

$\varepsilon_x = 4$ ‰
$\varepsilon_y = -1$ ‰
$\gamma_{xy} = 0$

Hauptdehnungen und Richtungswinkel:

$\varepsilon_{H1} = \varepsilon_x = 4$ ‰ $\varphi_1 = 0$
$\varepsilon_{H2} = \varepsilon_y = -1$ ‰ $\varphi_2 = 90°$

c) **Berechnung der Dehnungen ε_x und ε_y sowie der Schiebung γ_{xy}**

Analog zu Aufgabe 4.3 folgt für das zu lösende Gleichungssystem mit $\alpha = 15°$, $\beta = 45°$ und $\gamma = 70°$ sowie $\varepsilon_A = 3,665$ ‰, $\varepsilon_B = 1,500$ ‰ und $\varepsilon_C = -0,415$ ‰:

$$3,665‰ = u + v \cdot \cos 30° - w \cdot \sin 30° \tag{1}$$

$$1,500‰ = u + v \cdot \cos 90° - w \cdot \sin 90° \tag{2}$$

$$-0,415‰ = u + v \cdot \cos 140° - w \cdot \sin 140° \tag{3}$$

Damit ergibt sich das zu lösende lineare Gleichungssystem:

$$3,665‰ = u + \sqrt{3}/2 \cdot v - 0,5 \cdot w \tag{4}$$

$$1,500‰ = u \qquad\qquad - w \tag{5}$$

$$-0,415‰ = u - 0,766 \cdot v - 0,643 \cdot w \tag{6}$$

(4) - 0,5·(5):

$$2,915‰ = 0,5 \cdot u + \sqrt{3}/2 \cdot v \tag{7}$$

0,643·(5) - (6):

$$1,3795‰ = -0,357 \cdot u + 0,766 \cdot v \tag{8}$$

0,357·(7) + 0,5·(8):

$$1,7304‰ = 0,6922 \cdot v$$
$$v = 2,5 ‰ \tag{9}$$

Gleichung 9 in Gleichung 7 eingesetzt ergibt:

$$u = \frac{2,915\,\permil - \sqrt{3}/2 \cdot 2,5\,\permil}{0,5} = 1,5\,\permil$$

Damit folgt für die Dehnungen ε_x und ε_x:

$$\varepsilon_x = u + v = \mathbf{4\,\permil}$$

$$\varepsilon_y = u - v = \mathbf{-1\,\permil}$$

Aus Gleichung 5 folgt:

$$w = u - 1,500\,\permil = 0\,\permil$$

und damit:

$$\gamma_{xy} = 2 \cdot w = \mathbf{0\,\permil}$$

Berechnung der Hauptdehnungen ε_{H1} und ε_{H2}

Da $\gamma_{xy} = 0$ ist, fallen die x- und y-Richtung mit den Hauptdehnungsrichtungen zusammen, es folgt daher sofort:

$$\varepsilon_{H1} = \varepsilon_x = \mathbf{4\,\permil}$$

$$\varepsilon_{H2} = \varepsilon_y = \mathbf{-1\,\permil}$$

Berechnung der Richtungswinkel φ_1 und φ_2 zwischen der x-Richtung und den Hauptdehnungsrichtungen

$$\varphi_{1;2} = \frac{1}{2} \cdot \arctan\left(\frac{-\gamma_{xy}}{\varepsilon_x - \varepsilon_y}\right) = 0 \quad (\text{da } \gamma_{xy} = 0)$$

Um zu entscheiden, ob es sich um den Richtungswinkel zwischen der x-Richtung und der ersten oder der zweiten Hauptdehnungsrichtung handelt, wird Tabelle 4.1 (siehe Lehrbuch) angewandt. Da es sich um Fall 1 bzw. Fall 4 handelt, ist φ der Richtungswinkel zwischen der x-Richtung und der ersten Hauptdehnungsrichtung, also:

$$\varphi_1 = \mathbf{0°}$$

Für den Richtungswinkel φ_2 zwischen der x-Richtung und der zweiten Hauptdehnungsrichtung folgt dann:

$$\varphi_2 = \varphi_1 + 90° = 0° + 90° = \mathbf{90°}$$

5 Elastizitätsgesetze

5.1 Formelsammlung zu den Elastizitätsgesetzen

Formänderungen durch einachsige Normalspannung

Hookesches Gesetz für Normalspannungen

$$\sigma = E \cdot \varepsilon = E \cdot \frac{l_1 - l_0}{l_0} = E \cdot \frac{\Delta l}{l_0}$$

Poissonsches Gesetz

$$\varepsilon_q = -\mu \cdot \varepsilon_l \quad \text{und} \quad \varepsilon_q = \frac{d_1 - d_0}{d_0} = \frac{\Delta d}{d_0}$$

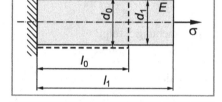

Formänderungen durch Schubspannungen

$$\tau = G \cdot \gamma$$

Hookesches Gesetz für Schubbeanspruchung

$$G = \frac{E}{2 \cdot (1 + \mu)}$$

Zusammenhang zwischen den elastischen Werkstoffkonstanten E, G und μ

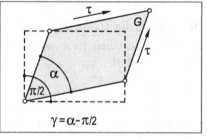

Formänderungen beim ebenen (zweiachsigen) Spannungszustand

$$\varepsilon_x = \frac{1}{E} \cdot (\sigma_x - \mu \cdot \sigma_y)$$

$$\varepsilon_y = \frac{1}{E} \cdot (\sigma_y - \mu \cdot \sigma_x)$$

$$\varepsilon_z = -\frac{\mu}{E} \cdot (\sigma_x + \sigma_y)$$

Hookesches Gesetz für Normalspannungen (nach den Dehnungen aufgelöst)

$$\sigma_x = \frac{E}{1 - \mu^2} \cdot (\varepsilon_x + \mu \cdot \varepsilon_y)$$

$$\sigma_y = \frac{E}{1 - \mu^2} \cdot (\varepsilon_y + \mu \cdot \varepsilon_x)$$

$$\sigma_z = 0$$

Hookesches Gesetz für Normalspannungen (nach den Spannungen aufgelöst)

$$\tau_{xy} = G \cdot \gamma_{xy} \quad \text{bzw.} \quad \gamma_{xy} = \frac{\tau_{xy}}{G}$$

Hookesches Gesetz für Schubbeanspruchung

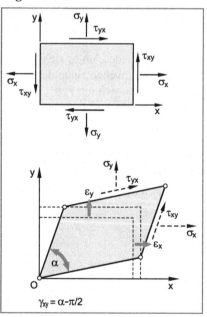

Formänderungen beim allgemeinen (dreiachsigen) Spannungszustand

Hookesches Gesetz für Normalspannungen (nach den Dehnungen aufgelöst)

$$\varepsilon_x = \frac{1}{E} \cdot \left[\sigma_x - \mu \cdot (\sigma_y + \sigma_z) \right]$$

$$\varepsilon_y = \frac{1}{E} \cdot \left[\sigma_y - \mu \cdot (\sigma_z + \sigma_x) \right]$$

$$\varepsilon_z = \frac{1}{E} \cdot \left[\sigma_z - \mu \cdot (\sigma_x + \sigma_y) \right]$$

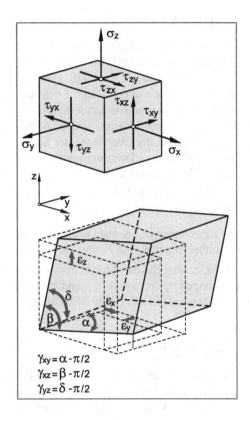

Hookesches Gesetz für Normalspannungen (nach den Spannungen aufgelöst)

$$\sigma_x = \frac{E}{1+\mu} \cdot \left[\varepsilon_x + \frac{\mu}{1-2\mu} \cdot (\varepsilon_x + \varepsilon_y + \varepsilon_z) \right]$$

$$\sigma_y = \frac{E}{1+\mu} \cdot \left[\varepsilon_y + \frac{\mu}{1-2\mu} \cdot (\varepsilon_x + \varepsilon_y + \varepsilon_z) \right]$$

$$\sigma_z = \frac{E}{1+\mu} \cdot \left[\varepsilon_z + \frac{\mu}{1-2\mu} \cdot (\varepsilon_x + \varepsilon_y + \varepsilon_z) \right]$$

Hookesches Gesetz für Schubbeanspruchung

$$\tau_{xy} = G \cdot \gamma_{xy} \quad \text{bzw.} \quad \gamma_{xy} = \frac{\tau_{xy}}{G}$$

$$\tau_{xz} = G \cdot \gamma_{xz} \quad \text{bzw.} \quad \gamma_{xz} = \frac{\tau_{xz}}{G}$$

$$\tau_{yz} = G \cdot \gamma_{yz} \quad \text{bzw.} \quad \gamma_{yz} = \frac{\tau_{yz}}{G}$$

5.2 Aufgaben

Aufgabe 5.1   ○○●●●

Eine rechteckige Scheibe aus unlegiertem
Baustahl ($E = 210\,000$ N/mm^2; $\mu = 0{,}30$)
mit den Seitenlängen $a = 210$ mm und
$b = 125$ mm sowie der Dicke $t = 6$ mm
wird durch die unbekannten Kräfte F_x
und F_y statisch belastet (siehe Abbildung). Zwei an der Oberfläche der Scheibe applizierte Dehnungsmessstreifen
liefern die folgenden Werte:

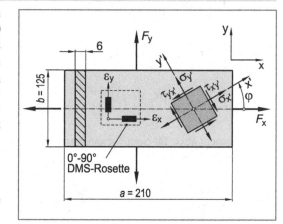

DMS A: $\varepsilon_x = 0{,}743$ ‰
DMS B: $\varepsilon_y = 0{,}124$ ‰

a) Berechnen Sie aus den Dehnungen die
   unbekannten Kräfte F_x und F_y.

b) Skizzieren Sie den Mohrschen Spannungskreis für die x-y-Ebene. Ermitteln Sie die Span-
   nungen $\sigma_{x'}$, $\sigma_{y'}$ sowie $\tau_{x'y'}$ und $\tau_{y'x'}$ eines um den Winkel $\varphi = 30°$ zur x-Richtung gedrehten
   Flächenelementes (siehe Abbildung).

Aufgabe 5.2   ○○●●●

Eine Scheibe aus Werkstoff 15MnNi6-3
mit einer Dicke von 20 mm wird durch die
unbekannten Kräfte F_x und F_y statisch beansprucht.

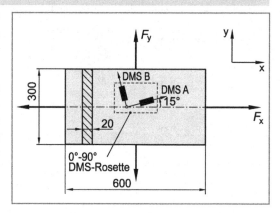

Zur Spannungsermittlung wurde eine
0°-90° DMS-Rosette appliziert. Die Messrichtung von DMS A schließt dabei mit der
x-Achse einen Winkel von $\alpha = 15°$ ein
(siehe Abbildung). Unter Belastung werden die folgenden Dehnungen gemessen:

DMS A: $\varepsilon_A = 0{,}275$ ‰
DMS B: $\varepsilon_B = -0{,}530$ ‰

Werkstoffkennwerte 15MnNi6-3:
$R_e = 400$ N/mm^2
$R_m = 580$ N/mm^2
$E = 210000$ N/mm^2
$\mu = 0{,}30$

a) Skizzieren Sie den Mohrschen Verformungskreis und berechnen Sie seinen Mittelpunkt
   (ε_M) und Radius (R).

b) Berechnen Sie die unbekannten Kräfte F_x und F_y.

Aufgabe 5.3 ○●●●●

Ein scheibenförmiges Bauteil aus der legierten Einsatzstahlsorte 15MnNi6-3 wird im Betrieb einer statischen Beanspruchung unterworfen. Es herrscht ein ebener Spannungszustand.

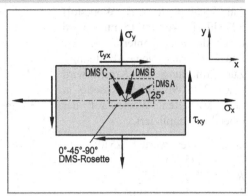

Werkstoffkennwerte 15MnNi6-3:

R_e = 430 N/mm^2

R_m = 660 N/mm^2

E = 210000 N/mm^2

μ = 0,30

Mit Hilfe einer 0°-45°-90° DMS-Rosette werden bei einer unbekannten Belastung die folgenden Dehnungen gemessen:

DMS A: ε_A = 0,702 ‰

DMS B: ε_B = - 0,012 ‰

DMS C: ε_C = - 0,364 ‰

Berechnen Sie die an der Scheibe angreifenden Spannungen σ_x, σ_y sowie τ_{xy}.

Aufgabe 5.4 ○●●●●

An der Oberfläche einer Stahlplatte aus der Baustahlsorte S275JR (E = 210000 N/mm^2; μ = 0,30) wurde eine 0°-45°-90° DMS-Rosette appliziert, die mit der x-Richtung einen Winkel von 22° einschließt (siehe Abbildung). Unter Belastung wurden die folgenden Dehnungen gemessen:

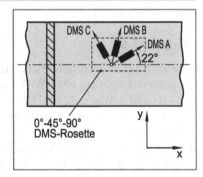

DMS A: ε_A = -0,251 ‰

DMS B: ε_B = -0,410 ‰

DMS C: ε_C = 0,368 ‰

a) Ermitteln Sie die Dehnungen ε_x und ε_y in x- und y-Richtung sowie die Schiebung γ_{xy}.

b) Berechnen Sie die Hauptdehnungen ε_{H1} und ε_{H2}. Unter welchen Winkeln φ_1 und φ_2 (zur x-Richtung gemessen) wirken die Hauptdehnungen?

c) Berechnen Sie die Hauptnormalspannungen σ_{H1} und σ_{H2} in der x-y-Ebene.

Aufgabe 5.5   ○●●●●

Eine Stahlplatte aus Werkstoff S275J0 (Dicke t = 15 mm) wird durch die unbekannten Kräfte F_x und F_y belastet (siehe Abbildung). Zur Ermittlung der Kräfte wird eine 0°-45°-90° DMS-Rosette in der skizzierten Weise auf der Oberfläche appliziert.

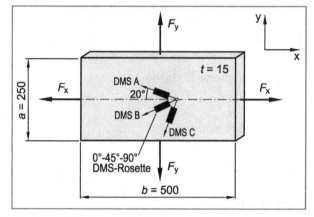

Werkstoffkennwerte S275J0:
R_m = 275 N/mm^2
$R_{p0,2}$ = 520 N/mm^2
E = 205000 N/mm^2
μ = 0,30

a) Berechnen Sie die unbekannten Kräfte F_x und F_y für eine Dehnungsanzeige von:
   DMS A: ε_A = 0,7551 ‰
   DMS B: ε_B = 0,7160 ‰
   DMS C: ε_C = 0,2693 ‰

b) Berechnen Sie die Dehnungen ε_A, ε_B und ε_C für $F_x = F_y$ = 500 kN.

c) Ermitteln Sie die Dickenänderung Δt der Stahlplatte aufgrund der Beanspruchung gemäß Aufgabenteil b ($F_x = F_y$ = 500 kN).

Aufgabe 5.6   ○○○●●

Eine einseitig eingespannte Platte aus der Aluminium-Legierung EN AW-AlCuMg1 ($R_{p0,2}$ = 250 N/mm^2; R_m = 380 N/mm^2; E = 72000 N/mm^2; μ = 0,33) mit der Länge l = 650 mm, der Breite b = 150 mm und der Dicke s = 5 mm wird in Längsrichtung durch die Kraft F = 112,5 kN belastet (siehe Abbildung).

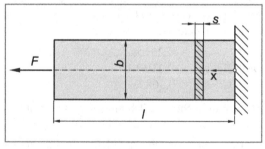

a) Berechnen Sie die Längenänderung Δl der Platte in x-Richtung.

b) Ermitteln Sie die Verlängerung Δl^* der Platte in x-Richtung für den Fall, dass die Längskanten so geführt werden, dass die Breite b konstant bleibt.

Aufgabe 5.7 ○○○●●

Ein Blechstreifen aus unlegiertem Baustahl ($E = 210000$ N/mm^2; $\mu = 0,30$) besitzt eine Dicke von $s = 25$ mm und eine Breite von $b = 80$ mm (siehe Abbildung). Der Blechstreifen kann sich in x- und z-Richtung reibungsfrei verformen, wird aber zwischen zwei starren Platten so geführt, dass eine Verformung in y-Richtung nicht möglich ist.

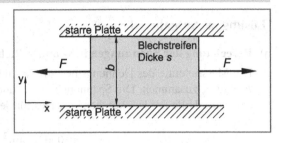

Berechnen Sie die Spannungen in x- und y-Richtung (σ_x und σ_y) sowie die Dehnungen in x- und z-Richtung (ε_x und ε_z), falls der Blechstreifen mit einer Zugkraft von $F = 420$ kN in x-Richtung belastet wird.

Aufgabe 5.8 ○○○●●

Auf einem polierten Rundstab aus einer Kupfer-Zinn-Legierung mit dem Durchmesser $d = 50,00$ mm gleitet ein Ring mit dem Innendurchmesser $d_i = 50,015$ mm. Der Stab ist durch die axiale Druckkraft F belastet.

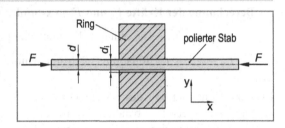

Werkstoffkennwerte der Kupfer-Zinn-Legierung:

$R_e = 250$ N/mm^2

$R_m = 450$ N/mm^2

$E = 116000$ N/mm^2

$\mu = 0,35$

Berechnen Sie die Druckkraft F die gerade zu einer Blockierung der Gleitbewegung des Ringes führt.

5.3 Lösungen

Lösung zu Aufgabe 5.1

a) **Berechnung der Spannungen in x- und y-Richtung (σ_x und σ_y)**

Die Messrichtung der Dehnungsmessstreifen fällt mit den Wirkungsrichtungen der Kräfte F_x und F_y zusammen. Die Spannungen in x- und y-Richtung (σ_x und σ_y) lassen sich daher sofort mit Hilfe des Hookeschen Gesetzes für den zweiachsigen Spannungszustand berechnen.

$$\sigma_x = \frac{E}{1-\mu^2} \cdot \left(\varepsilon_x + \mu \cdot \varepsilon_y\right) = \frac{210\,000\,\text{N/mm}^2}{1-0{,}30^2} \cdot \left(0{,}743 + 0{,}30 \cdot 0{,}124\right) \cdot 10^{-3}$$

$$= 180\,\text{N/mm}^2$$

$$\sigma_y = \frac{E}{1-\mu^2} \cdot \left(\varepsilon_y + \mu \cdot \varepsilon_x\right) = \frac{210\,000\,\text{N/mm}^2}{1-0{,}30^2} \cdot \left(0{,}124 + 0{,}30 \cdot 0{,}743\right) \cdot 10^{-3}$$

$$= 80\,\text{N/mm}^2$$

Berechnung der Kräfte F_x und F_y in x- und y- Richtung

$$F_x = \sigma_x \cdot b \cdot t = 180\,\text{N/mm}^2 \cdot 125\,\text{mm} \cdot 6\,\text{mm} = 135\,000\,\text{N} = \mathbf{135{,}0\,kN}$$

$$F_y = \sigma_y \cdot a \cdot t = 80\,\text{N/mm}^2 \cdot 210\,\text{mm} \cdot 6\,\text{mm} = 100\,900\,\text{N} = \mathbf{100{,}9\,kN}$$

b) Zur Konstruktion des Mohrschen Spannungskreises benötigt man zweckmäßigerweise die Spannungen in zwei zueinander senkrechten Schnittflächen. Bekannt sind die Spannungen in den Schnittflächen mit der x-Richtung und der y-Richtung als Normale. Einzeichnen der entsprechenden Bildpunkte $P_x\ (\sigma_x \mid 0)$ und $P_y\ (\sigma_y \mid 0)$ in das σ-τ-Koordinatensystem ergibt den Mohrschen Spannungskreis (siehe Abbildung).

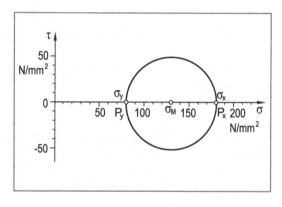

Berechnung von Mittelpunkt und Radius des Mohrschen Spannungskreises

$$\sigma_M = \frac{\sigma_x + \sigma_y}{2} = \frac{180\,\text{N/mm}^2 + 80\,\text{N/mm}^2}{2} = 130\,\text{N/mm}^2$$

$$R = \frac{\sigma_x - \sigma_y}{2} = \frac{180\,\text{N/mm}^2 - 80\,\text{N/mm}^2}{2} = 50\,\text{N/mm}^2$$

Berechnung der Spannungen $\sigma_{x'}$ und $\sigma_{y'}$ sowie $\tau_{x'y'}$ und $\tau_{y'x'}$ des gedrehten Flächenelementes

Die Spannungen $\sigma_{x'}$ und $\tau_{x'y'}$ erhält man aus dem Mohrschen Spannungskreis, indem man ausgehend vom Bildpunkt P_x den doppelten Richtungswinkel $2 \cdot \varphi$ (= $2 \cdot 30°$) mit dem Lageplan entsprechendem Drehsinn anträgt (Bildpunkt $P_{x'}$). Die Koordinaten des Bildpunktes $P_{x'}$ sind die gesuchten Spannungen $\sigma_{x'}$ und $\tau_{x'y'}$.

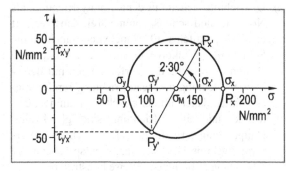

Berechnung der Spannungen $\sigma_{x'}$ und $\tau_{x'y'}$:

$$\sigma_{x'} = \sigma_M + R \cdot \cos(2 \cdot \varphi) = 130 \text{ N/mm}^2 + 50 \text{ N/mm}^2 \cdot \cos 60° = \mathbf{155{,}0 \text{ N/mm}^2}$$

$$\tau_{x'y'} = R \cdot \sin(2 \cdot \varphi) = 50 \text{ N/mm}^2 \cdot \sin 60° = \mathbf{43{,}3 \text{ N/mm}^2}$$

Die Spannungen $\sigma_{y'}$ und $\tau_{y'x'}$ erhält man aus dem Mohrschen Spannungskreis, indem man ausgehend vom Bildpunkt P_x den doppelten Richtungswinkel $2 \cdot (\varphi + 90°)$ also $2 \cdot (30° + 90°)$, mit dem Lageplan entsprechendem Drehsinn anträgt (Bildpunkt $P_{y'}$). Die Koordinaten des Bildpunktes $P_{y'}$ sind die gesuchten Spannungen $\sigma_{y'}$ und $\tau_{y'x'}$.

Berechnung der Spannungen $\sigma_{y'}$ und $\tau_{y'x'}$:

$$\sigma_{y'} = \sigma_M - R \cdot \cos 60° = 130 \text{ N/mm}^2 - 50 \text{ N/mm}^2 \cdot \cos 60° = \mathbf{105{,}0 \text{ N/mm}^2}$$

$$\tau_{y'x'} = -R \cdot \sin 60° = -50 \text{ N/mm}^2 \cdot \sin 60° = \mathbf{-43{,}3 \text{ N/mm}^2}$$

Lösung zu Aufgabe 5.2

a) Die Schnittflächen mit der x- und y-Richtung als Normale sind schubspannungsfrei, daher erfährt ein achsparalleles Flächenelement auch keine Schiebung (Winkelverzerrung). Die Bildpunkte P_x und P_y, welche die Verformungen mit der x- bzw. y-Richtung als Bezugsrichtung repräsentieren, fallen daher mit der ε-Achse zusammen, d.h. die x- und die y-Richtung sind gleichzeitig Hauptdehnungsrichtungen. Der Mohrsche Verformungskreis lässt sich damit entsprechend der Abbildung auf einfache Weise konstruieren.

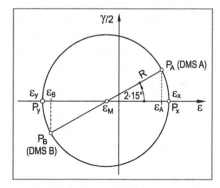

Die Bildpunkte P_A und P_B, welche die Verformungen mit der A- bzw. B-Richtung als Bezugsrichtung repräsentieren, erhält man durch Abtragen der Richtungswinkels ($2 \cdot 15°$ bzw. $2 \cdot 15° + 180°$) ausgehend von der nunmehr bekannten x-Richtung (gleicher Drehsinn zum Lageplan).

Berechnung von Mittelpunkt und Radius des Mohrschen Verformungskreises

$$\varepsilon_M = \frac{\varepsilon_A + \varepsilon_B}{2} = \frac{0,275\,‰ + (-0,530\,‰)}{2} = \mathbf{-0,1275\,‰}$$

$$R = \frac{\varepsilon_A - \varepsilon_M}{\cos 2\alpha} = \frac{0,275\,‰ - (-0,1275\,‰)}{\cos(2 \cdot 15°)} = \mathbf{0,4648\,‰}$$

b) **Berechnung der Dehnungen in x- und y-Richtung (ε_x und ε_y)**

$$\varepsilon_x = \varepsilon_M + R = -0,1275\,‰ + 0,4648\,‰ = \ \ 0,3373\,‰$$

$$\varepsilon_y = \varepsilon_M - R = -0,1275\,‰ - 0,4648\,‰ = -0,5923\,‰$$

Berechnung der Spannungen in x- und y-Richtung durch Anwendung des Hooke-schen Gesetzes (zweiachsiger Spannungszustand)

$$\sigma_x = \frac{E}{1 - \mu^2} \cdot \left(\varepsilon_x + \mu \cdot \varepsilon_y\right) = \frac{210\,000\,\text{N/mm}^2}{1 - 0,30^2} \cdot \left(0,3373 + 0,30 \cdot (-0,5923)\right) \cdot 10^{-3}$$

$$= 36,8\,\text{N/mm}^2$$

$$\sigma_y = \frac{E}{1 - \mu^2} \cdot \left(\varepsilon_y + \mu \cdot \varepsilon_x\right) = \frac{210\,000\,\text{N/mm}^2}{1 - 0,30^2} \cdot \left(-0,5923 + 0,30 \cdot 0,3373\right) \cdot 10^{-3}$$

$$= -113,3\,\text{N/mm}^2$$

Berechnung der Kräfte F_x und F_y in x- und y- Richtung

$$F_x = \sigma_x \cdot A_x = 36,8\,\text{N/mm}^2 \cdot 300\,\text{mm} \cdot 20\,\text{mm} = 220\,800\,\text{N} = \mathbf{220,8\,kN}$$

$$F_y = \sigma_y \cdot A_y = -113,3\,\text{N/mm}^2 \cdot 600\,\text{mm} \cdot 20\,\text{mm} = -1\,359\,600\,\text{N} = \mathbf{-1\,359,6\,kN}$$

Lösung zu Aufgabe 5.3

Es liegt eine 0°-45°-90° DMS-Rosette vor. Daher kann der Mohrsche Verformungskreis entsprechend Kapitel 4.4.2 (siehe Lehrbuch) auf einfache Weise konstruiert werden.

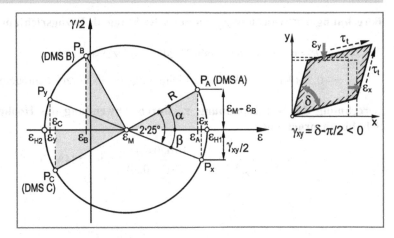

Berechnung von Mittelpunkt und Radius des Mohrschen Verformungskreises

$$\varepsilon_M = \frac{\varepsilon_A + \varepsilon_C}{2} = \frac{0,702\,‰ + (-0,364\,‰)}{2} = 0,169\,‰$$

$$R = \sqrt{(\varepsilon_A - \varepsilon_M)^2 + (\varepsilon_M - \varepsilon_B)^2}$$
$$= \sqrt{(0,702\,‰ - 0,169\,‰)^2 + (0,169\,‰ + 0,012\,‰)^2} = 0,5629\,‰$$

Berechnung des Winkels α zwischen der Messrichtung von DMS A und der Hauptdehnungsrichtung ε_{H1}

$$\alpha = \arctan\left(\frac{\varepsilon_M - \varepsilon_B}{\varepsilon_A - \varepsilon_M}\right) = \arctan\left(\frac{0,169\,‰ + 0,012\,‰}{0,702\,‰ - 0,169\,‰}\right) = 0,3396$$

$$\alpha = 18,76°$$

Damit folgt für den Richtungswinkel β:

$$\beta = 50° - \alpha = 50° - 18,76° = 31,24°$$

Berechnung der Dehnungen in x- und y-Richtung

$$\varepsilon_x = \varepsilon_M + R \cdot \cos\beta = 0,169\,‰ + 0,563\,‰ \cdot \cos 31,24° = 0,650\,‰$$
$$\varepsilon_y = \varepsilon_M - R \cdot \cos\beta = 0,169\,‰ - 0,563\,‰ \cdot \cos 31,24° = -0,312\,‰$$

Berechnung der Normalspannungen σ_x und σ_y in x- und y-Richtung durch Anwendung des Hookeschen Gesetzes (zweiachsiger Spannungszustand)

$$\sigma_x = \frac{E}{1-\mu^2} \cdot (\varepsilon_x + \mu \cdot \varepsilon_y) = \frac{210\,000\,\text{N/mm}^2}{1 - 0,30^2} \cdot (0,650\,‰ - 0,3 \cdot 0,312\,‰) \cdot 10^{-3}$$

$$= \mathbf{128,4\,N/mm^2}$$

$$\sigma_y = \frac{E}{1-\mu^2} \cdot (\varepsilon_y + \mu \cdot \varepsilon_x) = \frac{210\,000\,\text{N/mm}^2}{1 - 0,30^2} \cdot (-0,312\,‰ + 0,3 \cdot 0,650\,‰) \cdot 10^{-3}$$

$$\sigma_y = -27{,}0 \, \text{N/mm}^2$$

Berechnung der Schiebung γ_{xy} mit der x-Richtung als Bezugsrichtung

$$\frac{\gamma_{xy}}{2} = -R \cdot \sin \beta = -0{,}563 \,‰ \cdot \sin 31{,}24° = -0{,}292 \,‰$$

$$\gamma_{xy} = -0{,}584 \,‰ \qquad \text{(Winkelverkleinerung gemäß Vorzeichenregelung für Schiebungen)}$$

Berechnung der Schubspannung τ_{xy} durch Anwendung des Hookeschen Gesetzes für Schubbeanspruchung

$$\tau_{xy} = G \cdot \gamma_{xy} = \frac{E}{2 \cdot (1+\mu)} \cdot \gamma_{xy} = \frac{210\,000 \, \text{N/mm}^2}{2 \cdot (1+0{,}30)} \cdot \left(-0{,}584 \,‰ \cdot 10^{-3}\right) = \mathbf{-47{,}2 \, \text{N/mm}^2}$$

Lösung zu Aufgabe 5.4

a) Es liegt eine 0°-45°-90° DMS-Rosette vor. Daher kann der Mohrsche Verformungskreis entsprechend Kapitel 4.4.2 (siehe Lehrbuch) auf einfache Weise konstruiert werden.

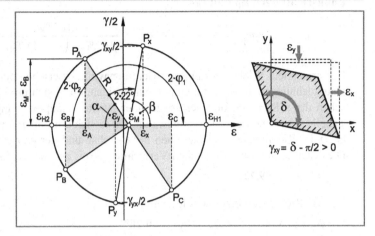

Berechnung von Mittelpunkt und Radius des Mohrschen Verformungskreises

$$\varepsilon_M = \frac{\varepsilon_A + \varepsilon_C}{2} = \frac{-0,251\,‰ + 0,368\,‰}{2} = 0,0585\,‰$$

$$R = \sqrt{(\varepsilon_M - \varepsilon_A)^2 + (\varepsilon_M - \varepsilon_B)^2}$$
$$= \sqrt{(0,0585\,‰ - (-0,251)\,‰)^2 + (0,0585\,‰ - (-0,410)\,‰)^2} = 0,562\,‰$$

Berechnung des Winkels α zwischen der Messrichtung von DMS A und der Hauptdehnungsrichtung ε_{H2}

$$\alpha = \arctan\left(\frac{\varepsilon_M - \varepsilon_B}{\varepsilon_M - \varepsilon_A}\right) = \arctan\left(\frac{0,0585\,‰ - (-0,410)\,‰}{0,0585\,‰ - (-0,251)\,‰}\right) = 56,55°$$

Berechnung des Winkels β (siehe Mohrscher Verformungskreis)

$$\beta = 180° - 2 \cdot 22° - \alpha = 180° - 44° - 56,55° = 79,45°$$

Berechnung der Dehnungen in x- und y-Richtung (ε_x und ε_y)

$$\varepsilon_x = \varepsilon_M + R \cdot \cos\beta = 0,0585\,‰ + 0,562\,‰ \cdot \cos 79,45° = \mathbf{0,161\,‰}$$

$$\varepsilon_y = \varepsilon_M - R \cdot \cos\beta = 0,0585\,‰ - 0,562\,‰ \cdot \cos 79,45° = \mathbf{-0,044\,‰}$$

Berechnung der Schiebung mit der x-Richtung als Bezugsrichtung (γ_{xy})

$$\gamma_{xy}/2 = R \cdot \sin\beta = 0,562\,‰ \cdot \sin 79,45° = 0,5520\,‰$$

$$\gamma_{xy} = \mathbf{1,104\,‰} \quad \text{(Winkelvergrößerung gemäß Vorzeichenregelung für Schiebungen)}$$

b) **Berechnung der Hauptdehnungen ε_{H1} und ε_{H2}**

$$\varepsilon_{H1} = \varepsilon_M + R = 0,0585\,‰ + 0,562\,‰ = \mathbf{0,620\,‰}$$

$$\varepsilon_{H2} = \varepsilon_M - R = 0,0585\,‰ - 0,562\,‰ = \mathbf{-0,503\,‰}$$

Berechnung der Richtungswinkel φ_1 und φ_2 zwischen der x-Achse und den Hauptdehnungsrichtungen ε_{H1} und ε_{H2}

$$\varphi_{1;2} = \frac{1}{2} \cdot \arctan\left(\frac{-\gamma_{xy}}{\varepsilon_x - \varepsilon_y}\right) = \frac{1}{2} \cdot \arctan\left(\frac{-1,105\ \text{‰}}{0,161\ \text{‰} - (-0,044\ \text{‰})}\right) = -39,72°$$

Der errechnete Winkel φ kann der Richtungswinkel zwischen der ersten *oder* der zweiten Hauptdehnungsrichtung sein. Um zu entscheiden, ob es sich um den Richtungswinkel zwischen der x-Richtung und der ersten oder zweiten Hauptdehnungsrichtung handelt, wird Tabelle 4.1 (siehe Lehrbuch) angewandt. Da es sich um Fall 1 handelt ($\varepsilon_x > \varepsilon_y$ und $\gamma_{xy} > 0$) ist φ der Richtungswinkel zwischen der x-Achse und der *ersten* Hauptdehnungsrichtung. Dies ist auch aus dem Mohrschen Verformungskreis ersichtlich. Es gilt also:

$$\varphi = \varphi_1 = \mathbf{-39,72°}$$

Für den Richtungswinkel φ_2 folgt dann:

$$\varphi_2 = \varphi_1 + 90° = -39,72° + 90° = \mathbf{50,28°}$$

c) **Berechnung der Hauptspannungen σ_{H1} und σ_{H2}**

Die Hauptspannungen errechnet man aus den Hauptdehnungen mit Hilfe des Hookeschen Gesetzes für den zweiachsigen Spannungszustand:

$$\sigma_{H1} = \frac{E}{1-\mu^2} \cdot (\varepsilon_{H1} + \mu \cdot \varepsilon_{H2})$$

$$= \frac{210\,000\ \text{N/mm}^2}{1-0,30^2} \cdot (0,620 + 0,30 \cdot (-0,503)) \cdot 10^{-3} = \mathbf{108,3\ \text{N/mm}^2}$$

$$\sigma_{H2} = \frac{E}{1-\mu^2} \cdot (\varepsilon_{H2} + \mu \cdot \varepsilon_{H1})$$

$$= \frac{210\,000\ \text{N/mm}^2}{1-0,30^2} \cdot (-0,503 + 0,30 \cdot 0,620) \cdot 10^{-3} = \mathbf{-73,2\ \text{N/mm}^2}$$

Lösung zu Aufgabe 5.5

a) Es liegt eine 0°-45°-90° DMS-Rosette vor. Daher kann der Mohrsche Verformungskreis entsprechend Kapitel 4.4.2 (siehe Lehrbuch) auf einfache Weise konstruiert werden.

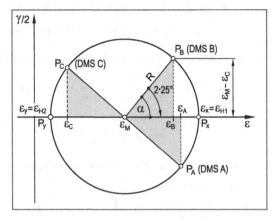

Berechnung von Mittelpunkt und Radius des Mohrschen Verformungskreises

$$\varepsilon_M = \frac{\varepsilon_A + \varepsilon_C}{2} = \frac{0,7551\ ‰ + 0,2693\ ‰}{2} = 0,5122\ ‰$$

$$R = \sqrt{(\varepsilon_B - \varepsilon_M)^2 + (\varepsilon_M - \varepsilon_C)^2}$$
$$= \sqrt{(0,7160\ ‰ - 0,5122\ ‰)^2 + (0,5122\ ‰ - 0,2693\ ‰)^2} = 0,3170\ ‰$$

Berechnung des Winkels α zwischen der Messrichtung von DMS B und der Hauptdehnungsrichtung ε_{H1}

$$\alpha = \arctan\left(\frac{\varepsilon_M - \varepsilon_C}{\varepsilon_B - \varepsilon_M}\right) = \arctan\left(\frac{0,5122\ ‰ - 0,2693\ ‰}{0,7160\ ‰ - 0,5122\ ‰}\right) = 50,0°$$

Da der Winkel zwischen der Messrichtung von DMS B und der x-Richtung dem Winkel α entspricht (50°), fallen die x- und y-Richtungen mit den Hauptdehnungsrichtungen zusammen. Dieses Ergebnis hätte man auch ohne Berechnung erhalten. Da an der Stahlplatte keine Schubspannungen wirken, müssen x- und y-Richtung gleichzeitig Hauptspannungsrichtung und damit auch Hauptdehnungsrichtung sein (isotroper Werkstoff vorausgesetzt).

Für die Dehnungen in x- und y- Richtung (ε_x und ε_y) folgt:

$$\varepsilon_x = \varepsilon_M + R = 0,5122\ ‰ + 0,3170\ ‰ = 0,8292\ ‰$$

$$\varepsilon_y = \varepsilon_M - R = 0,5122\ ‰ - 0,3170\ ‰ = 0,1952\ ‰$$

Berechnung der Normalspannungen σ_x und σ_y durch Anwendung des Hookeschen Gesetzes (zweiachsiger Spannungszustand)

$$\sigma_x = \frac{E}{1-\mu^2}\cdot(\varepsilon_x + \mu\cdot\varepsilon_y) = \frac{205\,000\ \text{N/mm}^2}{1-0,30^2}\cdot\frac{0,8292\ ‰ + 0,30\cdot 0,1952\ ‰}{1000} = 200\ \text{N/mm}^2$$

$$\sigma_y = \frac{E}{1-\mu^2}\cdot(\varepsilon_y + \mu\cdot\varepsilon_x) = \frac{205\,000\ \text{N/mm}^2}{1-0,30^2}\cdot\frac{0,1952\ ‰ + 0,30\cdot 0,8292\ ‰}{1000} = 100\ \text{N/mm}^2$$

Damit folgt für die Kräfte F_x und F_y:

$$F_x = \sigma_x \cdot a \cdot t = 200 \text{ N/mm}^2 \cdot 250 \text{ mm} \cdot 15 \text{ mm} = 750\,000\text{N} = \mathbf{750\ kN}$$

$$F_y = \sigma_x \cdot b \cdot t = 100 \text{ N/mm}^2 \cdot 500 \text{ mm} \cdot 15 \text{ mm} = 750\,000\text{N} = \mathbf{750\ kN}$$

b) **Berechnung der Spannungen in x- und y-Richtung**

$$\sigma_x = \frac{F_x}{b \cdot t} = \frac{500\,000 \text{ N}}{250 \text{ mm} \cdot 15 \text{ mm}} = 133{,}3 \text{ N/mm}^2$$

$$\sigma_y = \frac{F_y}{a \cdot t} = \frac{500\,000 \text{ N}}{500 \text{ mm} \cdot 15 \text{ mm}} = 66{,}6 \text{ N/mm}^2$$

Konstruktion des Mohrschen Spannungskreises

Die Schnittflächen mit der x- und y-Richtung als Normale sind schubspannungsfrei. Die Bildpunkte P_x und P_y, welche die Spannungen in diesen Schnittebenen repräsentieren, fallen daher mit der σ-Achse zusammen

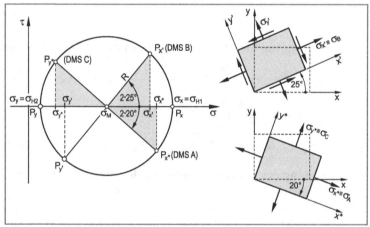

d. h. die x- und die y-Richtung sind gleichzeitig Hauptspannungsrichtungen. Der Mohrsche Spannungskreis lässt sich damit auf einfache Weise konstruieren (siehe Abbildung).

Aus dem Mohrschen Spannungskreis folgt:

$$\sigma_M = \frac{\sigma_x + \sigma_y}{2} = \frac{133{,}3 \text{ N/mm}^2 + 66{,}6 \text{ N/mm}^2}{2} = 100 \text{ N/mm}^2$$

$$R = \frac{\sigma_x - \sigma_y}{2} = \frac{133{,}3 \text{ N/mm}^2 - 66{,}6 \text{ N/mm}^2}{2} = 33{,}3 \text{ N/mm}^2$$

Ermittlung der Normalspannungen $\sigma_{x'}$ ($\equiv \sigma_B$) und $\sigma_{y'}$ eines um den Winkel $\varphi = 25°$ gedrehten Flächenelementes

$$\sigma_{x'} \equiv \sigma_B = \sigma_M + R \cdot \cos 50° = 100 \text{ N/mm}^2 + 33{,}3 \text{ N/mm}^2 \cdot \cos 50° = 121{,}43 \text{ N/mm}^2$$

$$\sigma_{y'} = \sigma_M - R \cdot \cos 50° = 100 \text{ N/mm}^2 - 33{,}3 \text{ N/mm}^2 \cdot \cos 50° = 78{,}57 \text{ N/mm}^2$$

Berechnung der Dehnung $\varepsilon_{x'}$ ($\equiv \varepsilon_B$) mit Hilfe des Hookeschen Gesetzes (zweiachsiger Spanungszustand)

$$\varepsilon_{x'} \equiv \varepsilon_B = \frac{1}{E}(\sigma_{x'} - \mu \cdot \sigma_{y'}) = \frac{121{,}43 \text{ N/mm}^2 - 0{,}30 \cdot 78{,}57 \text{ N/mm}^2}{205000 \text{ N/mm}^2} = 0{,}000477$$

$$= \mathbf{0{,}477\ ‰}$$

Ermittlung der Normalspannungen σ_{x*} ($\equiv \sigma_A$) und σ_{y*} ($\equiv \sigma_C$) eines um den Winkel $\varphi = -20°$ gedrehten Flächenelementes

$$\sigma_{x*} \equiv \sigma_A = \sigma_M + R \cdot \cos 40° = 100 \text{ N/mm}^2 + 33,3 \text{ N/mm}^2 \cdot \cos 40° = 125,53 \text{ N/mm}^2$$

$$\sigma_{y*} \equiv \sigma_C = \sigma_M - R \cdot \cos 40° = 100 \text{ N/mm}^2 - 33,3 \text{ N/mm}^2 \cdot \cos 40° = 74,47 \text{ N/mm}^2$$

Berechnung der Dehnungen ε_{x*} ($\equiv\varepsilon_A$) und ε_{y*} ($\equiv\varepsilon_C$) mit Hilfe des Hookeschen Gesetzes (zweiachsiger Spanungszustand)

$$\varepsilon_{x*} \equiv \varepsilon_A = \frac{1}{E}(\sigma_{x*} - \mu \cdot \sigma_{y*}) = \frac{125,53 \text{ N/mm}^2 - 0,30 \cdot 74,47 \text{ N/mm}^2}{205000 \text{ N/mm}^2}$$

$$= 0,000503 = \mathbf{0,503 \text{ ‰}}$$

$$\varepsilon_{y*} \equiv \varepsilon_C = \frac{1}{E}(\sigma_{y*} - \mu \cdot \sigma_{x*}) = \frac{74,47 \text{ N/mm}^2 - 0,30 \cdot 125,53 \text{ N/mm}^2}{205000 \text{ N/mm}^2}$$

$$= 0,000179 = \mathbf{0,179 \text{ ‰}}$$

Alternative Lösung:

Berechnung der Dehnung in x- und y-Richtung (ε_x und ε_y) mit Hilfe des Hookeschen Gesetzes (zweiachsiger Spannungszustand)

$$\varepsilon_x = \frac{1}{E} \cdot (\sigma_x - \mu \cdot \sigma_y) = \frac{133,3 \text{ N/mm}^2 - 0,30 \cdot 66,6 \text{ N/mm}^2}{205000 \text{ N/mm}^2} = 0,000553 = 0,553 \text{ ‰}$$

$$\varepsilon_y = \frac{1}{E} \cdot (\sigma_y - \mu \cdot \sigma_x) = \frac{66,6 \text{ N/mm}^2 - 0,30 \cdot 133,3 \text{ N/mm}^2}{205000 \text{ N/mm}^2} = 0,000130 = 0,130 \text{ ‰}$$

Die Schnittflächen mit der x- und y-Richtung als Normale sind schubspannungsfrei, daher erfährt ein achsparalleles Flächenelement auch keine Schiebung (Winkelverzerrung). Die Bildpunkte P_x und P_y, welche die Verformungen mit der x- bzw. y-Richtung als Bezugsrichtung repräsentieren, fallen mit der ε-Achse zusammen, d. h. die x- und die y-Richtung sind gleichzeitig Hauptdehnungsrichtungen. Der Mohrsche Verformungskreis lässt sich damit auf einfache Weise konstruieren (siehe Abbildung).

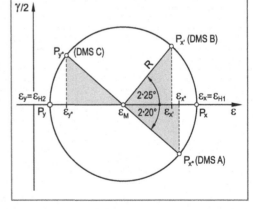

Aus dem Mohrschen Verformungskreis folgt:

$$\varepsilon_M = \frac{\varepsilon_{H1} + \varepsilon_{H2}}{2} = \frac{\varepsilon_x + \varepsilon_y}{2} = \frac{0,553 \text{ ‰} + 0,130 \text{ ‰}}{2} = 0,3415 \text{ ‰}$$

$$R = \frac{\varepsilon_{H1} - \varepsilon_{H2}}{2} = \frac{0,553 \text{ ‰} - 0,130 \text{ ‰}}{2} = 0,2115 \text{ ‰}$$

Damit folgt für die Dehnungen in A-, B- und C-Richtung:

$$\varepsilon_{x*} \equiv \varepsilon_A = \varepsilon_M + R \cdot \cos 40° = 0,3415\ ‰ + 0,2115\ ‰ \cdot \cos 40° = \mathbf{0,503\ ‰}$$

$$\varepsilon_{y*} \equiv \varepsilon_C = \varepsilon_M - R \cdot \cos 40° = 0,3415\ ‰ - 0,2115\ ‰ \cdot \cos 40° = \mathbf{0,179\ ‰}$$

$$\varepsilon_{x'} \equiv \varepsilon_B = \varepsilon_M + R \cdot \cos 50° = 0,3415\ ‰ + 0,2115\ ‰ \cdot \cos 50° = \mathbf{0,477\ ‰}$$

c) Die Verminderung der Plattendicke ergibt sich aus dem Hookeschen Gesetz für den zwei-achsigen Spannungszustand

Berechnung der Dehnung ε_z in z-Richtung

$$\varepsilon_z = -\frac{\mu}{E} \cdot (\sigma_x + \sigma_y) = -\frac{0,30}{205\,000\ \text{N/mm}^2} \cdot \left(133,3\ \text{N/mm}^2 + 66,6\ \text{N/mm}^2\right) = -0,000293$$

Damit folgt für die Verminderung der Plattendicke Δt:

$$\Delta t = \varepsilon_z \cdot t = 0,000293 \cdot 15\ \text{mm} = -0,0044\ \text{mm} = \mathbf{-4,4\ \mu m}$$

Lösung zu Aufgabe 5.6

a) Es wirkt nur die Zugkraft F und die Platte kann sich frei verformen. Es liegt daher ein einachsiger Spannungszustand vor.

Berechnung der Verlängerung Δl der Platte

Hookesches Gesetz (einachsiger Spannungszustand):

$$\sigma_x = E \cdot \varepsilon = E \cdot \frac{\Delta l}{l}$$

$$\frac{F}{b \cdot s} = E \cdot \frac{\Delta l}{l}$$

Damit folgt für die Verlängerung Δl der Platte:

$$\Delta l = \frac{F \cdot l}{E \cdot b \cdot s} = \frac{112\,500 \text{ N} \cdot 650 \text{ mm}}{72\,000 \text{ N/mm}^2 \cdot 150 \text{ mm} \cdot 5 \text{ mm}} = \mathbf{1{,}354\,mm}$$

b) Eine Verformung in y-Richtung ist voraussetzungsgemäß nicht möglich. Damit tritt zusätzlich eine Spannung in y-Richtung auf. Der Spannungszustand ist nunmehr zweiachsig.

Berechnung der Verlängerung Δl^* der Platte

Hookesches Gesetz (zweiachsiger Spannungszustand):

$$\varepsilon_x = \frac{1}{E} \cdot \left(\sigma_x - \mu \cdot \sigma_y \right) \tag{1}$$

$$\varepsilon_y = \frac{1}{E} \cdot \left(\sigma_y - \mu \cdot \sigma_x \right) \tag{2}$$

Mit der Randbedingung: $\varepsilon_y = 0$ folgt aus Gleichung 2:

$$\sigma_y = \mu \cdot \sigma_x \tag{3}$$

Gleichung 3 in Gleichung 1 eingesetzt liefert:

$$\varepsilon_x = \frac{1}{E} \cdot \left(\sigma_x - \mu^2 \cdot \sigma_x \right) = \frac{\sigma_x}{E} \cdot \left(1 - \mu^2 \right) \tag{4}$$

Mit $\varepsilon_x = \Delta l^* / l$ und $\sigma_x = F/A$ folgt aus Gleichung 4:

$$\frac{\Delta l^*}{l} = \frac{F}{E \cdot A} \cdot \left(1 - \mu^2 \right)$$

$$\Delta l^* = \frac{F \cdot l}{E \cdot b \cdot s} \cdot \left(1 - \mu^2 \right)$$

$$= \frac{112500 \text{ N} \cdot 650 \text{ mm}}{72000 \text{ N/mm}^2 \cdot 150 \text{ mm} \cdot 5 \text{ mm}} \cdot \left(1 - 0{,}33^2 \right) = 1{,}354 \text{ mm} \cdot \left(1 - 0{,}33^2 \right) = \mathbf{1{,}207\,mm}$$

Lösung zu Aufgabe 5.7

Berechnung der Spannung in x-Richtung

$$\sigma_x = \frac{F}{A} = \frac{F}{b \cdot s} = \frac{420\,000 \text{ N}}{80\text{mm} \cdot 25\text{mm}} = 210 \text{ N/mm}^2$$

Berechnung der Dehnung in x-Richtung

Da eine freie Verformung des Blechsteifens in y- Richtung nicht möglich ist, tritt zusätzlich eine Spannung in y-Richtung auf. Der Spannungszustand ist also zweiachsig.

Hookesches Gesetz (zweiachsiger Spannungszustand):

$$\varepsilon_x = \frac{1}{E} \cdot \left(\sigma_x - \mu \cdot \sigma_y \right) \tag{1}$$

$$\varepsilon_y = \frac{1}{E} \cdot \left(\sigma_y - \mu \cdot \sigma_x \right) \tag{2}$$

Mit der Randbedingung $\varepsilon_y = 0$ folgt aus Gleichung 2:

$$\sigma_y = \mu \cdot \sigma_x \tag{3}$$

Gleichung 3 in Gleichung 1 eingesetzt liefert:

$$\varepsilon_x = \frac{1}{E} \cdot \left(\sigma_x - \mu^2 \cdot \sigma_x \right)$$

$$\varepsilon_x = \frac{\sigma_x \cdot \left(1 - \mu^2 \right)}{E} = \frac{210 \text{ N/mm}^2 \cdot \left(1 - 0,30^2 \right)}{210\,000 \text{ N/mm}^2} = 0,00091 = \mathbf{0,91 \text{ ‰}}$$

Berechnung der Spannung in y-Richtung

Die Spannung in y-Richtung ergibt sich aus Gleichung 1:

$$\sigma_y = \frac{\sigma_x - E \cdot \varepsilon_x}{\mu} = \frac{210 \text{ N/mm}^2 - 210\,000 \text{ N/mm}^2 \cdot 0,00091}{0,30} = \mathbf{63 \text{ N/mm}^2}$$

Berechnung der Dehnung in z-Richtung

Die Dehnung in z-Richtung erhält man ebenfalls aus dem Hookeschen Gesetz für den zweiachsigen Spannungszustand:

$$\varepsilon_z = -\frac{\mu}{E} \cdot \left(\sigma_x + \sigma_y \right) = -\frac{0,30}{210\,000 \text{ N/mm}^2} \cdot \left(210 + 63 \right) \text{N/mm}^2 = -0,00039 = \mathbf{-0,39 \text{ ‰}}$$

Lösung zu Aufgabe 5.8

Das Hookesche Gesetz (einachsiger Spannungszustand) liefert den Zusammenhang zwischen der Druckkraft F und der Stauchung des Rundstabes in Längsrichtung (ε_l):

$$\sigma_l = E \cdot \varepsilon_l \tag{1}$$

Das Poissonsche Gesetz liefert den Zusammenhang zwischen der Stauchung in Längsrichtung (ε_l) und der Querdehnung (ε_q):

$$\varepsilon_q = -\mu \cdot \varepsilon_l \tag{2}$$

Gleichung 2 in Gleichung 1 eingesetzt:

$$\sigma_l = E \cdot \varepsilon_l = -\frac{E}{\mu} \cdot \varepsilon_q$$

mit $\sigma_l = F / A$ und $\varepsilon_q = \Delta d / d$ folgt:

$$\frac{F}{A} = -\frac{E}{\mu} \cdot \frac{\Delta d}{d}$$

$$F = -\frac{E \cdot A}{\mu} \cdot \frac{\Delta d}{d} = -\frac{E \cdot \frac{\pi}{4} \cdot d^2}{\mu} \cdot \frac{\Delta d}{d} = -\frac{\pi \cdot d \cdot E \cdot \Delta d}{4 \cdot \mu}$$

$$= -\frac{\pi \cdot 50 \text{ mm} \cdot 116\,000 \text{ N/mm}^2 \cdot 0{,}015 \text{ mm}}{4 \cdot 0{,}35} = -195\,228 \text{ N} = \mathbf{-195{,}2 \text{ kN}}$$

6 Festigkeitshypothesen

6.1 Formelsammlung zu den Festigkeitshypothesen

Normalspannungshypothese (NH)

Vergleichsspannung nach der NH (**in Hauptnormalspannungen**)

$$\sigma_{V\,NH} = \sigma_1$$

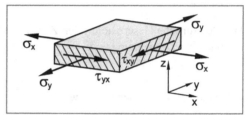

Vergleichsspannung nach der NH (**in Lastspannungen bei zweiachsigem Spannungszustand**)

$$\sigma_{VNH} = \frac{\sigma_x + \sigma_y}{2} + \sqrt{\left(\frac{\sigma_x - \sigma_y}{2}\right)^2 + \tau_{xy}^2}$$

Vergleichsspannung nach der NH (**in Lastspannungen bei Biegebeanspruchung mit überlagerter Torsion**) [1]

$$\sigma_{VNH} = \frac{\sigma_b}{2} + \sqrt{\left(\frac{\sigma_b}{2}\right)^2 + \tau_t^2}$$

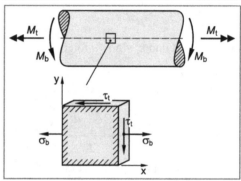

Schubspannungshypothese (SH)

$$\sigma_{V\,SH} = \sigma_1 - \sigma_3$$

Vergleichsspannung nach der SH (**in Hauptnormalspannungen**)

$$\sigma_{VSH} = \sqrt{\left(\sigma_x - \sigma_y\right)^2 + 4 \cdot \tau_{xy}^2}$$

Vergleichsspannung nach der SH (**in Lastspannungen bei zweiachsigem Spannungszustand**)

Gilt nur, falls $\sigma_x \cdot \sigma_y \le \tau_{xy}^2$

$$\sigma_{VSH} = \frac{\sigma_x + \sigma_y}{2} + \sqrt{\left(\frac{\sigma_x - \sigma_y}{2}\right)^2 + \tau_{xy}^2}$$

Vergleichsspannung nach der SH (**in Lastspannungen bei zweiachsigem Spannungszustand**)

Gilt nur, falls $\sigma_x \cdot \sigma_y > \tau_{xy}^2$

$$\sigma_{VSH} = \sqrt{\sigma_b^2 + 4 \cdot \tau_t^2}$$

Vergleichsspannung nach der NH (**in Lastspannungen bei Biegebeanspruchung mit überlagerter Torsion**) [1]

---

[1] An die Stelle der Biegebeanspruchung kann auch eine Zug- oder Druckbeanspruchung treten.
An die Stelle der Torsionsbeanspruchung kann auch eine Abscherbeanspruchung treten.

Gestaltänderungsenergiehypothese (GEH)

$$\sigma_{VGEH} = \frac{1}{\sqrt{2}} \cdot \sqrt{(\sigma_1 - \sigma_2)^2 + (\sigma_2 - \sigma_3)^2 + (\sigma_3 - \sigma_1)^2}$$

Vergleichsspannung nach der GEH **(in Hauptnormalspannungen)**

$$\sigma_{VGEH} = \sqrt{\sigma_x^2 + \sigma_y^2 - \sigma_x \cdot \sigma_y + 3 \cdot \tau_{xy}^2}$$

Vergleichsspannung nach der GEH **(in Lastspannungen bei zweiachsigem Spannungszustand)**

$$\sigma_{VGEH} = \sqrt{\sigma_b^2 + 3 \cdot \tau_t^2}$$

Vergleichsspannung nach der GEH **(in Lastspannungen bei Biegebeanspruchung mit überlagerter Torsion)** [1]

---

[1] An die Stelle der Biegebeanspruchung kann auch eine Zug- oder Druckbeanspruchung treten.
An die Stelle der Torsionsbeanspruchung kann auch eine Abscherbeanspruchung treten.

6.2 Aufgaben

Aufgabe 6.1   ○○●●●

Ein Rundstab aus der Gusseisensorte
EN-GJL-300 mit einem Durchmesser
von d = 30 mm (Vollkreisquerschnitt)
wird durch die statisch wirkende
Längskraft F_1 = 50 kN und das statische Torsionsmoment M_{t1} = 450 Nm
belastet. Die Zugfestigkeit des Werkstoffs beträgt R_m = 370 N/mm².

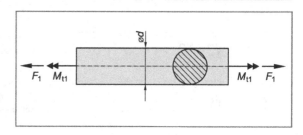

a) Ermitteln Sie die höchst beanspruchten Stellen im Stabquerschnitt.

b) Berechnen Sie die Zugspannung σ_x im Stabquerschnitt.

c) Ermitteln Sie die maximale Schubspannung τ_{xy} im Stabquerschnitt.

d) Charakterisieren Sie den Spannungszustand an der höchst beanspruchten Stelle, indem Sie
    den Mohrschen Spannungskreis skizzieren (qualitativ).

e) Berechnen Sie die Sicherheit gegen Versagen. Ist die Sicherheit ausreichend?

f) Berechnen Sie die statische Längskraft F_2, die bei gleichbleibendem, statisch wirkendem
    Torsionsmoment M_{t1} = 450 Nm zu einem Bruch des Rundstabes führt.

g) Ermitteln Sie das statische Torsionsmoment M_{t2}, welches bei gleichbleibender, statisch
    wirkender Längskraft F_1 = 50 kN zum Bruch führt.

h) Ermitteln Sie die Kurvengleichung aller σ-τ-Kombinationen, die zu einem Bruch des Sta-
    bes führen würden. Zeichnen Sie diese Kurve in das σ-τ-Koordinatensystem aus Abschnitt
    d) ein.

Aufgabe 6.2   ○○●●●

Eine vergütete Welle mit Vollkreisquerschnitt aus der Vergütungsstahlsorte C35E
(R_e = 410 N/mm²; R_m = 660 N/mm²) mit einem Durchmesser von d = 50 mm wird auf
unterschiedliche Weise beansprucht:

1. Durch das statisch wirkende Torsionsmoment M_t = 1500 Nm und die statische Zugkraft F_z = 100 kN,

2. durch das statisch wirkende Torsionsmoment M_t = 1500 Nm und die statische
   Druckkraft F_d = -100 kN,

3. durch das statisch wirkende Torsionsmoment M_t = 1500 Nm und das statische Biegemoment M_b = 1000 Nm.

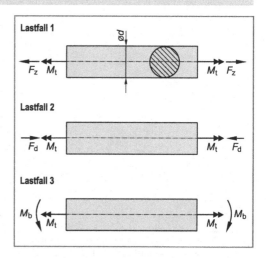

a) Berechnen Sie die durch die Einzelbelastungen (F_z, F_d, M_t und M_b) erzeugten Lastspannungen an der höchst beanspruchten Stelle.

b) Skizzieren Sie jeweils maßstäblich für die drei Belastungsfälle den Mohrschen Spannungskreis.

c) Ermitteln Sie für alle drei Belastungsfälle die Hauptnormalspannungen an der höchst beanspruchten Stelle.

Berechnen Sie jeweils getrennt für die drei Belastungsfälle:

d) Die Vergleichsspannung σ_V an der höchst beanspruchten Stelle nach der GEH und der SH.

e) Ermitteln Sie für die einzelnen Belastungsfälle, unter Zugrundelegung der GEH, die Sicherheit gegen Fließen.

Aufgabe 6.3   ○○●●●

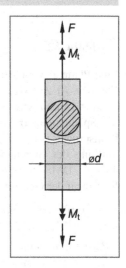

Auf eine vertikale Turbinenwelle mit dem Durchmesser $d = 90$ mm (Vollkreisquerschnitt) aus Vergütungsstahl C45E ($R_e = 490$ N/mm^2; $R_m = 710$ N/mm^2) wirkt im Betrieb zunächst ein statisches Torsionsmoment von $M_t = 14000$ Nm und eine statisch wirkende Zugkraft von $F = 890$ kN.

a) Berechnen Sie die Sicherheit gegen Fließen. Ist die Sicherheit ausreichend?

Um ein höheres Torsionsmoment aufnehmen zu können, wird eine vergütete Welle aus der legierten Vergütungsstahlsorte 30CrMoV9 ($R_{p0,2} = 900$ N/mm^2; $R_m = 1100$ N/mm^2) eingebaut.

b) Auf welchen Betrag M_t^* kann dadurch das Torsionsmoment bei gleicher Zugkraft ($F = 890$ kN) und gleicher Sicherheit gesteigert werden, falls Fließen ausgeschlossen werden soll?

Aufgabe 6.4   ○○●●●

Eine Stellspindel aus dem legierten Vergütungsstahl 34CrNiMo6 hat einen zylindrischen Schaft mit dem Durchmesser $d = 30$ mm und eine Länge von $l = 650$ mm. Die Kerbwirkung des Gewindes soll unberücksichtigt bleiben.

Werkstoffkennwerte 34CrNiMo6:

$R_{p0,2} = 1000$ N/mm^2
$R_m = 1200$ N/mm^2
$E = 210000$ N/mm^2

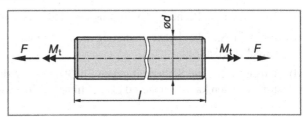

a) Im Normalbetrieb ist die Spindel durch die Zugkraft F = 280 kN statisch beansprucht. Berechnen Sie die Zugspannung in der Spindel. Um welchen Betrag verlängert sich die Spindel dabei?

b) Beim Verstellen der Spindel wirkt zusätzlich zu der Kraft F noch ein statisches Torsionsmoment, dessen Größe mit M_t = 2000 Nm angenommen wird. Berechnen Sie die durch das Torsionsmoment M_t erzeugte Schubspannung τ_t in der Spindel.

c) Zeichnen Sie für die Beanspruchung aus F und M_t maßstäblich den Mohrschen Spannungskreis und berechnen Sie die Hauptnormalspannungen.

Bei einem Verstellvorgang klemmte die Spindel und brach. Die Untersuchung der Bruchfläche ergab, dass der Werkstoff offenbar durch eine falsche Wärmebehandlung versprödet wurde (Anlassversprödung). Die Zugfestigkeit R_m der versprödeten Spindel betrug 1800 N/mm^2.

d) Berechnen Sie unter der Voraussetzung einer unveränderten Zugkraft von F = 280 kN das Torsionsmoment beim Bruch.

Aufgabe 6.5   ○●●●●

Eine Platte aus der Aluminium-Legierung EN AW-Al Zn5Mg3Cu mit einer Dicke von t = 15 mm wird durch die unbekannten Spannungen σ_x, σ_y und τ_{xy} elastisch beansprucht (siehe Abbildung). Zur Ermittlung der Spannungen wird eine 0°-45°-90° DMS-Rosette in der skizzierten Weise auf der Oberfläche appliziert.

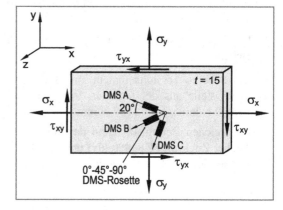

Werkstoffkennwerte für die Aluminiumlegierung EN AW-Al Zn5Mg3Cu:

$R_{p0,2}$ = 380 N/mm^2
R_m = 550 N/mm^2
E = 75000 N/mm^2
μ = 0,33

a) Berechnen Sie die unbekannten Spannungen σ_x, σ_y und τ_{xy} für eine Dehnungsanzeige von:
   DMS A: ε_A = 3,159 ‰
   DMS B: ε_B = 0,552 ‰
   DMS C: ε_C = -0,479 ‰

b) Bestimmen Sie Richtung und Betrag der Hauptnormalspannungen.

c) Ermitteln Sie die Dickenänderung der Stahlplatte aufgrund der Beanspruchung gemäß Aufgabenteil a).

d) Berechnen Sie die Sicherheit gegen Fließen (S_F). Ist die Sicherheit ausreichend? Das Werkstoffverhalten kann annähernd als duktil angesehen werden.

Aufgabe 6.6   ○○●●●●

Im Rahmen einer experimentellen Spannungsanalyse wurde am Übergang zwischen Zylinder und Stutzen eines Druckbehälters aus der Stahlsorte 36CrNiMo4
(R_m = 1150 N/mm^2; $R_{p0,2}$ = 850 N/mm^2;
E = 210000 N/mm^2; μ = 0,30) die folgenden Dehnungen gemessen:

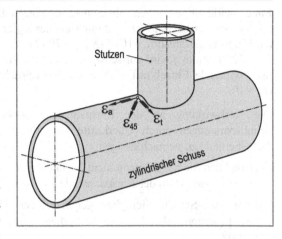

ε_t = 0,900 ‰
ε_a = -0,500 ‰
ε_{45} = 0,840 ‰

a) Berechnen Sie mit Hilfe der gemesse-
nen Dehnungen die Hauptdehnungen
ε_{H1} und ε_{H2} sowie die Hauptnormalspannungen σ_{H1} und σ_{H2}. Ermitteln Sie
außerdem die Winkel der Hauptdehnungen bzw. Hauptnormalspannungen zur Behälter-
längsachse (Axialrichtung).

b) Berechnen Sie an der Messstelle die Vergleichsspannung nach der Gestaltänderungsenergiehypothese (GEH).

c) Ermitteln Sie für die Stutzenabzweigung die Sicherheit gegen Fließen. Ist die Sicherheit
ausreichend?

Aufgabe 6.7   ○●●●●

Zur Überprüfung der Belastung eines Zugankers mit Vollkreisquerschnitt (∅ 30mm) aus der Vergütungsstahlsorte 30CrNiMo8 wird ein
Dehnungsmessstreifen appliziert. Versehentlich wird der Dehnungsmessstreifen schräg (α =15°) zur Längsachse angebracht (siehe Abbildung).

Werkstoffkennwerte 30CrNiMo8:

$R_{p0,2}$ = 1020 N/mm^2
R_m = 1390 N/mm^2
E = 204000 N/mm^2
μ = 0,30

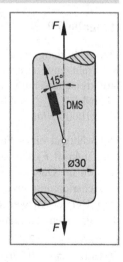

a) Berechnen Sie für eine Zugkraft von F_1 = 320 kN die Dehnungsanzeige (ε_{DMS}).

b) Bestimmen Sie die Zugkraft F_2 bei einer Dehnungsanzeige von
ε_{DMS} = 3,000 ‰.

c) Ermitteln Sie die Zugkraft F_3 bei Fließbeginn des Zugankers sowie die zugehörige Anzeige
des Dehnungsmessstreifens.

Aufgabe 6.8   ○○●●●

Ein einseitig eingespannter, abgewinkelter Rundstab mit Vollkreisquerschnitt ($d = 30$ mm) aus der legierten Vergütungsstahlsorte 41Cr4 ($R_{p0,2} = 780$ N/mm², $R_m = 1050$ N/mm²) wird zunächst nur durch die statisch wirkende Einzelkraft $F_1 = 5$ kN beansprucht ($F_2 = 0$).

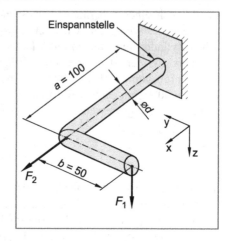

Die Kerbwirkung an der Einspannstelle sowie Schubspannungen durch Querkräfte sind für alle Aufgabenteile zu vernachlässigen.

a) Berechnen Sie das Biegemoment M_b und das Torsionsmoment M_t an der Einspannstelle.

b) Berechnen Sie die Sicherheit gegen Fließen an der Einspannstelle. Ist die Sicherheit ausreichend?

c) Berechnen Sie die zusätzliche, statisch wirkenden Kraft F_2, die zu einem Bruch des Stabes an der Einspannstelle führt.

Bei einer preisgünstigeren Ausführung wurde für den gebogenen Rundstab der Baustahl S235JR ($R_e = 245$ N/mm²; $R_m = 440$ N/mm²) verwendet.

d) Berechnen Sie den Durchmesser d so, dass bei ansonsten gleichen Abmessungen, die Kraft $F_1 = 5$ kN mit Sicherheit ($S_B = 2$) aufgenommen werden kann, d. h. kein Bruch eintritt. Die Kraft F_2 soll nicht mehr wirken ($F_2 = 0$).

Aufgabe 6.9   ●●●●●

Die Abbildung zeigt eine Anhängerkupplung für Kraftfahrzeuge (Seitenansicht und Draufsicht) mit Vollkreisquerschnitt aus der Vergütungsstahlsorte 34CrMo4 ($R_{p0,2} = 800$ N/mm²; $R_m = 1080$ N/mm²; $E = 210000$ N/mm²).

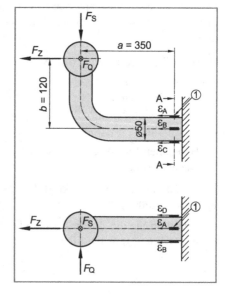

Um während eines Fahrversuchs die Stützkraft F_S, die Zugkraft F_Z und die Querkraft F_Q zu ermitteln, wurden im Querschnitt A-A Dehnungsmessstreifen in Achsrichtung in der dargestellten Weise appliziert. Bei der Auswertung des Versuchs ergaben sich die folgenden maximalen Dehnungswerte:

DMS A: $\varepsilon_A = 2{,}2312$ ‰
DMS B: $\varepsilon_B = 0{,}7761$ ‰
DMS C: $\varepsilon_C = -2{,}0372$ ‰
DMS D: $\varepsilon_D = -0{,}5821$ ‰

Die Kerbwirkung an der Einspannstelle sowie eine Schubbeanspruchung aus F_S und F_Q sind zu vernachlässigen.

a) Berechnen Sie die Zugkraft F_Z.

b) Berechnen Sie die Stützkraft F_S.

c) Berechnen Sie die Querkraft F_Q.

d) Für einen Sicherheitsnachweis an der Stelle 1 (bei DMS A, siehe Abbildung) im Querschnitt A-A werden die folgenden statisch wirkenden Kräfte angenommen:

$F_S = 2$ kN
$F_Z = 40$ kN
$F_Q = 5$ kN

Ermitteln Sie für die Stelle 1 die Sicherheiten gegen Fließen und Bruch.

Aufgabe 6.10 ○○●●●

Zwei identische Stäbe mit Vollkreisquerschnitt werden mit einem stetig zunehmenden Torsionsmoment M_t bis zum Bruch belastet. Der linke Stab wurde aus dem unlegierten Baustahl S275JR gefertigt, der rechte Stab hingegen aus der Gusseisensorte EN-GJL-250.

Zeichnen Sie den zu erwartenden Bruchverlauf in die Abbildung ein und erklären Sie mit Hilfe des Mohrschen Spannungskreises und der in Betracht kommenden Festigkeitshypothese die unterschiedlichen Bruchformen.

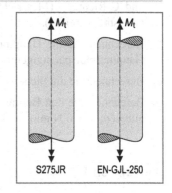

Aufgabe 6.11 ○○●●●

Der dargestellte Winkelhebel mit Vollkreisquerschnitt ($d = 50$ mm) aus dem Vergütungsstahl C45E wird durch die senkrecht wirkende Kraft $F = 10$ kN statisch beansprucht.

Werkstoffkennwerte C45E (vergütet):

$R_{p0,2} = 460$ N/mm^2
$R_m = 750$ N/mm^2
$E = 209000$ N/mm^2
$\mu = 0,30$

Berechnen Sie die Sicherheit gegen Fließen (S_F) an der Einspannstelle. Ist die Sicherheit ausreichend?

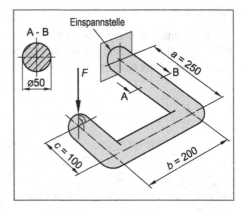

Die Kerbwirkung an der Einspannstelle sowie Schubspannungen durch Querkräfte können vernachlässigt werden. Alle Maßangaben in mm.

Aufgabe 6.12

An einem plattenförmigen Bauteil aus Werkstoff C60E wurde für eine experimentelle Spannungsanalyse eine 0°-120°-240° DMS-Rosette appliziert, deren A-Richtung mit der x-Richtung einen Winkel von 30° einschließt. Unter Belastung wirken am Bauteil die folgenden Spannungen (Vorzeichen für Schubspannung gemäß spezieller Vorzeichenregelung):

$\sigma_x = 250 \text{ N/mm}^2$
$\sigma_y = 130 \text{ N/mm}^2$
$\tau_{xy} = 150 \text{ N/mm}^2$

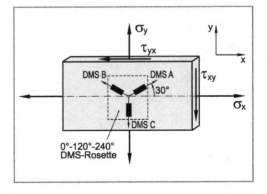

Werkstoffkennwerte C60E:
$R_{p0,2} = 570 \text{ N/mm}^2$
$R_m = 780 \text{ N/mm}^2$
$E = 210000 \text{ N/mm}^2$
$\mu = 0,30$

a) Ermitteln Sie die Dehnungen in A-, B- und C-Richtung (Messrichtung der Dehnungsmessstreifen).

b) Berechnen Sie die Hauptnormalspannungen σ_{H1} und σ_{H2}. Welchen Winkel schließen die Hauptnormalspannungen zur x-Richtung ein?

c) Berechnen Sie die Sicherheit der Stahlplatte gegen Fließen. Ist die Sicherheit ausreichend?

d) Berechnen Sie den Betrag der Schubspannung τ_{xy}, die bei gleich bleibender Normalspannung ($\sigma_x = 250 \text{ N/mm}^2$ und $\sigma_y = 130 \text{ N/mm}^2$) zu einem Fließen der Stahlplatte führt.

Aufgabe 6.13

Ein zweifach abgewinkelter Hebel aus dem Vergütungsstahl 30CrNiMo8 wird durch die Kräfte $F_1 = 25$ kN und $F_2 = 200$ kN statisch beansprucht. Die Kraft F_1 wirkt unter einem Winkel von $\alpha = 60°$ zur Horizontalen, während die Kraft F_2 in Achsrichtung (x-Richtung) wirkt (siehe Abbildung).

Schubspannungen durch Querkräfte sowie Kerbwirkung im Bereich des Einspannquerschnitts sollen für alle Aufgabenteile vernachlässigt werden. Der Winkelhebel hat im Bereich des Einspannquerschnitts einen Vollkreisquerschnitt ($\varnothing$ 50 mm).

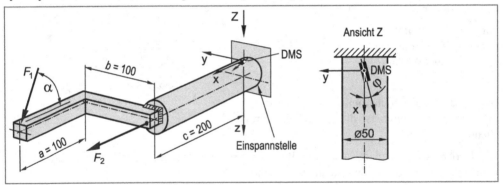

Werkstoffkennwerte 30CrNiMo8 (vergütet):

$R_{p0,2}$ = 1050 N/mm^2
R_m = 1420 N/mm^2
E = 209000 N/mm^2
μ = 0,30

a) Ermitteln Sie die Lastspannungen im Bereich des Einspannquerschnitts (x = 0).

b) Berechnen Sie die Sicherheit gegen Fließen (S_F) an der höchst beanspruchten Stelle des Einspannquerschnitts. Ist die Sicherheit ausreichend?

Zur Kontrolle der Beanspruchung wird auf der Oberseite des Hebels im Bereich des Einspannquerschnitts (x = 0) ein Dehnungsmessstreifen (DMS) appliziert. Infolge einer Fertigungsungenauigkeit schließt die Messrichtung des DMS mit der Längsachse des Hebels (x-Achse) einen Winkel von φ = 15° ein (siehe Abbildung).

c) Berechnen Sie die Anzeige des Dehnungsmessstreifens für die gleichzeitige statische Belastung aus F_1 = 25 kN und F_2 = 200 kN.

6.3 Lösungen

Lösung zu Aufgabe 6.1

a) Die höchst beanspruchten Stellen befinden sich an der **Außenoberfläche**, da die Torsions-schubspannung τ_t nach außen hin linear zunimmt.

b) **Berechnung der Zugspannung im Rundstab**

$$\sigma_x \equiv \sigma_z = \frac{F}{A} = \frac{50\,000\,\text{N}}{\frac{\pi}{4} \cdot (30\,\text{mm})^2} = 70{,}7\,\text{N/mm}^2$$

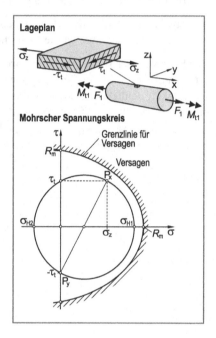

c) **Berechnung der Schubspannung im Rundstab**

$$\tau_{xy} \equiv \tau_t = \frac{M_{t1}}{W_t} = \frac{450\,000\,\text{Nmm}}{\frac{\pi}{16} \cdot (30\,\text{mm})^3} = 84{,}9\,\text{N/mm}^2$$

d) **Konstruktion des Mohrschen Spannungskreises**

Eintragen des Bildpunktes P_x ($\sigma_z \,|\, \tau_t$) und des Bildpunktes P_y ($0 \,|\, -\tau_t$) in das σ-τ-Koordinatensystem unter Beachtung der speziellen Vorzeichenregelung für Schubspannungen.

Bildpunkt P_x repräsentiert die Spannungen in der Schnittebene mit der x-Achse als Normalenvektor. Bildpunkt P_y repräsentiert die Spannungen in der Schnittebene mit der y-Achse als Normalenvektor.

Da die beiden Schnittebenen einen Winkel von 90° zueinander einschließen, müssen die Bildpunkte P_x und P_y auf einem Kreisdurchmesser liegen. Die Strecke P_xP_y schneidet die σ-Achse im Kreismittelpunkt M. Kreis um M durch die Bildpunkte P_x oder P_y ist der gesuchte Mohrsche Spannungskreis.

e) Spröder Werkstoff: Versagen durch **Bruch**

   Festigkeitsbedingung

   Ansetzen der Normalspannungshypothese (NH), da spröder Werkstoff:

$$\sigma_{V\,NH} = \sigma_1 \leq \frac{R_m}{S_B}$$

   Aus dem Mohrschen Spannungskreis (Aufgabenteil d) errechnet sich die Hauptnormalspannung σ_1 zu:

$$\sigma_1 = \frac{\sigma_z}{2} + \sqrt{\left(\frac{\sigma_z}{2}\right)^2 + \tau_t^2} = \frac{70{,}7\,\text{N/mm}^2}{2} + \sqrt{\left(\frac{70{,}7}{2}\right)^2 + 84{,}92^2}\,\text{N/mm}^2$$

$$= 127{,}3\,\text{N/mm}^2$$

Damit folgt für die Sicherheit S_B gegen Bruch:

$$S_B = \frac{R_m}{\sigma_{V\,NH}} = \frac{370\;\text{N/mm}^2}{127{,}3\;\text{N/mm}^2} = \mathbf{2{,}91} \quad \text{(nicht ausreichend, da } S_B < 4{,}0\text{)}$$

f) **Festigkeitsbedingung**

Ein Bruch tritt ein, sobald die Vergleichsspannung (berechnet nach der NH) die Zugfestigkeit erreicht:

$$\sigma_{V\,NH} = \sigma_1 = R_m$$

$$\frac{\sigma_z}{2} + \sqrt{\left(\frac{\sigma_z}{2}\right)^2 + \tau_t^2} = R_m$$

Auflösen nach der Zugspannung σ_z:

$$\sqrt{\left(\frac{\sigma_z}{2}\right)^2 + \tau_t^2} = R_m - \frac{\sigma_z}{2} \quad \Big| \text{quadrieren}$$

$$\left(\frac{\sigma_z}{2}\right)^2 + \tau_t^2 = \left(R_m - \frac{\sigma_z}{2}\right)^2$$

$$\left(\frac{\sigma_z}{2}\right)^2 + \tau_t^2 = R_m^2 - R_m \cdot \sigma_z + \left(\frac{\sigma_z}{2}\right)^2$$

$$\tau_t^2 = R_m^2 - R_m \cdot \sigma_z$$

$$\sigma_z = \frac{R_m^2 - \tau_t^2}{R_m}$$

Damit folgt schließlich für die Zugkraft F_2:

$$F_2 = \frac{\pi \cdot d^2}{4} \cdot \frac{R_m^2 - \tau_t^2}{R_m} = \frac{\pi \cdot (30\,\text{mm})^2}{4} \cdot \frac{\left(370\,\text{N/mm}^2\right)^2 - \left(84{,}9\,\text{N/mm}^2\right)^2}{370\,\text{N/mm}^2}$$

$$F_2 = 247773\;\text{N} = \mathbf{247{,}8\;kN}$$

g) Aus Aufgabenteil f) ergibt sich der Zusammenhang:

$$\tau_t^2 = R_m^2 - R_m \cdot \sigma_z$$

Damit folgt für die Schubspannung τ_t bzw. das Torsionsmoment M_{t2}:

$$\tau_t^2 = R_m^2 - R_m \cdot \sigma_z$$

$$\tau_t = \sqrt{R_m \cdot (R_m - \sigma_z)}$$

$$M_{t2} = \frac{\pi \cdot d^3}{16} \cdot \sqrt{R_m \cdot (R_m - \sigma_z)} = \frac{\pi \cdot (30\,\text{mm})^3}{16} \cdot \sqrt{370 \cdot (370 - 70{,}7)}\;\text{N/mm}^2$$

$$M_{t2} = \mathbf{1764{,}1\;Nm}$$

h) Aus Aufgabenteil f) ergibt sich der gesuchte Zusammenhang zwischen τ_t und σ_z:

$$\tau_t(\sigma_z) = \sqrt{R_m \cdot (R_m - \sigma_z)}$$

Lösung zu Aufgabe 6.2

a) Berechnung der Lastspannungen

durch F_z: $\sigma_x \equiv \sigma_z = \dfrac{F_z}{A} = \dfrac{100\,000 \text{ Nmm}}{\dfrac{\pi}{4}\cdot(50\text{ mm})^2} = \mathbf{50{,}9 \text{ N/mm}^2}$

durch F_d: $\sigma_x \equiv \sigma_d = \dfrac{-F_z}{A} = \dfrac{-100\,000 \text{ Nmm}}{\dfrac{\pi}{4}\cdot(50\text{ mm})^2} = \mathbf{-50{,}9 \text{ N/mm}^2}$

durch M_t: $\tau_{xy} \equiv \tau_t = \dfrac{M_t}{W_t} = \dfrac{1\,500\,000 \text{ Nmm}}{\dfrac{\pi}{16}\cdot(50\text{ mm})^3} = \mathbf{61{,}1 \text{ N/mm}^2}$

durch M_b: $\sigma_x \equiv \sigma_b = \dfrac{M_b}{W_b} = \dfrac{1\,000\,000 \text{ Nmm}}{\dfrac{\pi}{32}\cdot(50\text{ mm})^3} = \mathbf{81{,}5 \text{ N/mm}^2}$

b) Die Konstruktion der Mohrschen Spannungskreise erfolgt analog zu Aufgabe 6.1 (Konstruktionsbeschreibung siehe Lösung zu Aufgabe 6.1d).

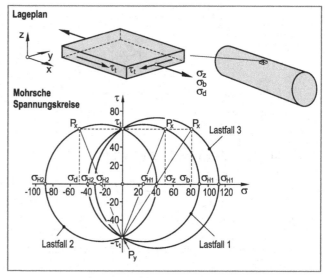

c) Lastfall 1

Berechnung der Hauptnormalspannungen:

$$\sigma_{H1;H2} = \frac{\sigma_z}{2} \pm \sqrt{\left(\frac{\sigma_z}{2}\right)^2 + \tau_t^2} = \frac{50{,}9 \text{ N/mm}^2}{2} \pm \sqrt{\left(\frac{50{,}9}{2}\right)^2 + (61{,}1)^2} \;\; \text{N/mm}^2$$

$\sigma_{H1} = \mathbf{91{,}7 \text{ N/mm}^2}$

$\sigma_{H2} = \mathbf{-40{,}7 \text{ N/mm}^2}$

$\sigma_{H3} = \mathbf{0}$

Lastfall 2

Berechnung der Hauptnormalspannungen:

$$\sigma_{H1;H2} = \frac{\sigma_d}{2} \pm \sqrt{\left(\frac{\sigma_d}{2}\right)^2 + \tau_t^2} = \frac{-50{,}9 \text{ N/mm}^2}{2} \pm \sqrt{\left(\frac{-50{,}9}{2}\right)^2 + (61{,}1)^2} \text{ N/mm}^2$$

$$\sigma_{H1} = \quad 40{,}7 \text{ N/mm}^2$$

$$\sigma_{H2} = -91{,}7 \text{ N/mm}^2$$

$$\sigma_{H3} = \quad 0$$

Lastfall 3

Berechnung der Hauptnormalspannungen:

$$\sigma_{H1;H2} = \frac{\sigma_b}{2} \pm \sqrt{\left(\frac{\sigma_b}{2}\right)^2 + \tau_t^2} = \frac{81{,}5 \text{ N/mm}^2}{2} \pm \sqrt{\left(\frac{81{,}5}{2}\right)^2 + (61{,}1)^2} \text{ N/mm}^2$$

$$\sigma_{H1} = 114{,}2 \text{ N/mm}^2$$

$$\sigma_{H2} = -32{,}7 \text{ N/mm}^2$$

$$\sigma_{H3} = \quad 0$$

d) und e)

Ordnen der Hauptnormalspannungen gemäß:

$$\sigma_1 := \max\{\sigma_{H1}, \sigma_{H2}, \sigma_{H3}\}$$

$$\sigma_3 := \min\{\sigma_{H1}, \sigma_{H2}, \sigma_{H3}\}$$

$$\sigma_3 < \sigma_2 < \sigma_1$$

und Ansetzen der Schubspannungs- bzw. Gestaltänderungsenergiehypothese:

$$\sigma_{V SH} = \sigma_1 - \sigma_3$$

$$\sigma_{VGEH} = \frac{1}{\sqrt{2}} \cdot \sqrt{(\sigma_1 - \sigma_2)^2 + (\sigma_2 - \sigma_3)^2 + (\sigma_3 - \sigma_1)^2}$$

	Lastfall 1	Lastfall 2	Lastfall 3
	$\sigma_1 = 91{,}7$ N/mm^2 $\sigma_2 = 0$ $\sigma_3 = -40{,}7$ N/mm^2	$\sigma_1 = 40{,}7$ N/mm^2 $\sigma_2 = 0$ $\sigma_3 = -91{,}7$ N/mm^2	$\sigma_1 = 114{,}2$ N/mm^2 $\sigma_2 = 0$ $\sigma_3 = -32{,}7$ N/mm^2
$\sigma_{V SH}$	132,4 N/mm^2	132,4 N/mm^2	146,9 N/mm^2
$\sigma_{V GEH}$	117,5 N/mm^2	117,5 N/mm^2	133,6 N/mm^2
$S_F = R_{p0,2} / \sigma_{V GEH}$	3,49	3,49	3,07

Lösung zu Aufgabe 6.3

a) Berechnung der Lastspannungen

$$\sigma_x \equiv \sigma_z = \frac{F_z}{A} = \frac{890\,000\,\text{N}}{\frac{\pi}{4} \cdot (90\,\text{mm})^2} = 139{,}9\,\text{N/mm}^2$$

$$\tau_{xy} \equiv \tau_t = \frac{M_t}{W_t} = \frac{14\,000\,000\,\text{Nmm}}{\frac{\pi}{16} \cdot (90\,\text{mm})^3} = 97{,}8\,\text{N/mm}^2$$

Konstruktion des Mohrschen Spannungskreises

Die Konstruktion des Mohrschen Spannungskreises erfolgt analog zu Aufgabe 6.1 (Konstruktionsbeschreibung siehe Lösung zu Aufgabe 6.1d).

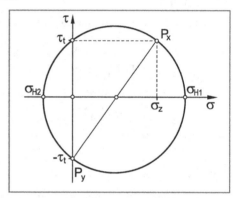

Berechnung der Hauptnormalspannungen

$$\sigma_{H1;H2} = \frac{\sigma_z}{2} \pm \sqrt{\left(\frac{\sigma_z}{2}\right)^2 + \tau_t^2} = \frac{139{,}9\,\text{N/mm}^2}{2} \pm \sqrt{\left(\frac{139{,}9}{2}\right)^2 + 97{,}8^2}\,\text{N/mm}^2$$

$$\sigma_{H1} = 190{,}2\,\text{N/mm}^2$$

$$\sigma_{H2} = -50{,}3\,\text{N/mm}^2$$

$$\sigma_{H3} = 0$$

Ordnen der Hauptnormalspannungen

$$\sigma_1 := \max\{\sigma_{H1}, \sigma_{H2}, \sigma_{H3}\} = 190{,}2\,\text{N/mm}^2$$

$$\sigma_3 := \min\{\sigma_{H1}, \sigma_{H2}, \sigma_{H3}\} = -50{,}3\,\text{N/mm}^2$$

$$\sigma_3 < \sigma_2 < \sigma_1 \text{ damit folgt } \sigma_2 = 0$$

Festigkeitsbedingung (Fließen) unter Verwendung der SH

$$\sigma_{\text{VSH}} \le \sigma_{\text{zul}} = \frac{R_e}{S_F}$$

$$\sigma_1 - \sigma_3 = \frac{R_e}{S_F}$$

$$S_F = \frac{R_e}{\sigma_{\text{VSH}}} = \frac{R_e}{\sigma_1 - \sigma_3} = \frac{490\,\text{N/mm}^2}{(190{,}2 + 50{,}3)\,\text{N/mm}^2} = \mathbf{2{,}04} \quad \text{(ausreichend, da } S_F > 1{,}20)$$

Falls mit der GEH gerechnet wurde: $S_F = 2{,}23$

Alternative Lösung

Die Vergleichsspannung nach der Schubspannungshypothese kann auch unmittelbar aus Gleichung 6.17 im Lehrbuch (Zugbeanspruchung mit überlagerter Torsion) errechnet werden:

$$\sigma_{VSH} = \sqrt{\sigma_z^2 + 4 \cdot \tau_t^2} = \sqrt{139{,}9^2 + 4 \cdot 97{,}8^2} \ \text{N/mm}^2 = 240{,}48 \ \text{N/mm}^2$$

$$S_F = \frac{R_e}{\sigma_{VSH}} = \frac{R_e}{\sigma_1 - \sigma_3} = \frac{490 \ \text{N/mm}^2}{240{,}48 \ \text{N/mm}^2} = 2{,}04 \quad \text{(ausreichend, da} > 1{,}20)$$

b) **Festigkeitsbedingung (Fließen)**

$$\sigma_{VSH} \le \frac{R_{p0,2}}{S_F}$$

$$\sqrt{\sigma_z^2 + 4 \cdot \tau_t^2} = \frac{R_{p0,2}}{S_F}$$

$$\tau_t = \frac{1}{2} \cdot \sqrt{\left(\frac{R_{p0,2}}{S_F}\right)^2 - \sigma_z^2} = \frac{1}{2} \cdot \sqrt{\left(\frac{900 \ \text{N/mm}^2}{2{,}04}\right)^2 - \left(139{,}9 \ \text{N/mm}^2\right)^2} = 209{,}5 \ \text{N/mm}^2$$

Damit folgt für das Torsionsmoment M_t^*:

$$M_t^* = \tau_t \cdot W_t = \frac{\pi \cdot d^3}{16} \cdot \tau_t = \frac{\pi \cdot (90 \ \text{mm})^3}{16} \cdot 209{,}5 \ \text{N/mm}^2 = \mathbf{29\,946{,}9 \ Nm}$$

Falls mit der GEH gerechnet wurde ($S_F = 2{,}23$): $M_t^* = \mathbf{31\,286{,}1 \ Nm}$

Lösung zu Aufgabe 6.4

a) **Berechnung der Zugspannung in der Spindel**

$$\sigma_x \equiv \sigma_z = \frac{F_z}{A} = \frac{280\,000\ \text{Nmm}}{\dfrac{\pi}{4}\cdot(30\ \text{mm})^2} = 396,1\ \text{N/mm}^2$$

Berechnung der Verlängerung der Spindel mit Hilfe des Hookeschen Gesetzes (einachsiger Spannungszustand):

$$\sigma_z = E\cdot\varepsilon = E\cdot\frac{\Delta l}{l_0}$$

$$\Delta l = \frac{\sigma_z\cdot l_0}{E} = \frac{396,1\ \text{N/mm}^2\cdot 650\ \text{mm}}{210\,000\ \text{N/mm}^2} = 1,226\ \text{mm}$$

b) **Berechnung der Schubspannung aus Torsion**

$$\tau_{xy} \equiv \tau_t = \frac{M_t}{W_t} = \frac{2\,000\,000\ \text{Nmm}}{\dfrac{\pi}{16}\cdot(30\ \text{mm})^3} = 377,3\ \text{N/mm}^2$$

c) **Konstruktion des Mohrschen Spannungskreises**

Die Konstruktion des Mohrschen Spannungskreises erfolgt analog zu Aufgabe 6.1 (Konstruktionsbeschreibung siehe Lösung zu Aufgabe 6.1d).

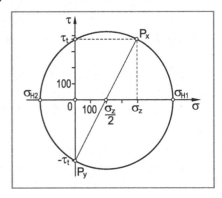

Berechnung der Hauptnormalspannungen

$$\sigma_{H1;H2} = \frac{\sigma_z}{2} \pm \sqrt{\left(\frac{\sigma_z}{2}\right)^2 + \tau_t^2} = \frac{396,1\ \text{N/mm}^2}{2} \pm \sqrt{\left(\frac{396,1}{2}\right)^2 + 377,3^2}\ \ \text{N/mm}^2$$

$$\sigma_{H1} = \ \ 624,2\ \text{N/mm}^2$$

$$\sigma_{H2} = -228,1\ \text{N/mm}^2$$

$$\sigma_{H3} = \ \ 0$$

d) **Festigkeitsbedingung**

Anwendung der NH, da voraussetzungsgemäß spröder Werkstoff:

$$\sigma_{V\,NH} = R_m$$

$$\sigma_1 = R_m$$

Damit folgt aus der Festigkeitsbedingung:

$$\frac{\sigma_z}{2} + \sqrt{\left(\frac{\sigma_z}{2}\right)^2 + \tau_t^2} = R_m$$

$$\sqrt{\left(\frac{\sigma_z}{2}\right)^2 + \tau_t^2} = R_m - \frac{\sigma_z}{2} \quad | \text{quadrieren}$$

$$\left(\frac{\sigma_z}{2}\right)^2 + \tau_t^2 = \left(R_m - \frac{\sigma_z}{2}\right)^2$$

$$\tau_t = \sqrt{\left(R_m - \frac{\sigma_z}{2}\right)^2 - \left(\frac{\sigma_z}{2}\right)^2} = \sqrt{\left(1800 - \frac{396,1}{2}\right)^2 - \left(\frac{396,1}{2}\right)^2} \; \text{N/mm}^2 = 1589,7 \, \text{N/mm}^2$$

$$M_t = W_t \cdot \tau_t = \frac{\pi \cdot d^3}{16} \cdot \tau_t = \frac{\pi \cdot (30 \, \text{mm})^3}{16} \cdot 1589,7 \, \text{N/mm}^2 = \mathbf{8\,427,5 \, Nm}$$

Lösung zu Aufgabe 6.5

a) Es liegt eine 0°-45°-90° DMS-Rosette vor. Daher kann der Mohrsche Verformungskreis entsprechend Kapitel 4.4.2 (siehe Lehrbuch) auf einfache Weise konstruiert werden.

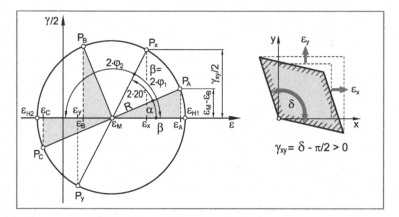

Berechnung von Mittelpunkt und Radius des Mohrschen Verformungskreises

$$\varepsilon_M = \frac{\varepsilon_A + \varepsilon_C}{2} = \frac{3,159\,‰ + (-0,479\,‰)}{2} = 1,34\,‰$$

$$R = \sqrt{(\varepsilon_A - \varepsilon_M)^2 + (\varepsilon_M - \varepsilon_B)^2}$$
$$= \sqrt{(3,159\,‰ - 1,34\,‰)^2 + (1,34\,‰ - 0,552\,‰)^2} = 1,982\,‰$$

Berechnung des Winkels α zwischen der Messrichtung von DMS A und der Hauptdehnungsrichtung ε_{H1}

$$\alpha = \arctan\left(\frac{\varepsilon_M - \varepsilon_B}{\varepsilon_A - \varepsilon_M}\right) = \arctan\left(\frac{1,34\,‰ - 0,552\,‰}{3,159\,‰ - 1,34\,‰}\right) = 23,42°$$

Damit folgt für den Winkel β zwischen der x-Richtung und der Hauptdehnungsrichtung ε_{H1}
$$\beta = \alpha + 2\cdot 20° = 23,42° + 40° = 63,42°$$

Berechnung der Dehnungen in x- und y-Richtung (ε_x und ε_y)

$$\varepsilon_x = \varepsilon_M + R\cdot\cos\beta = 1,34\,‰ + 1,982\,‰\cdot\cos 63,42° = 2,227\,‰$$
$$\varepsilon_y = \varepsilon_M - R\cdot\cos\beta = 1,34\,‰ - 1,982\,‰\cdot\cos 63,42° = 0,453\,‰$$

Berechnung der Schiebung γ_{xy} mit der x-Richtung als Bezug

$$\frac{\gamma_{xy}}{2} = R\cdot\sin\beta = 1,982\,‰\cdot\sin 63,42° = 1,773\,‰$$

$$\gamma_{xy} = 3,545\,‰ \quad \text{(Winkelvergrößerung gemäß Vorzeichenregelung für Schiebungen)}$$

Berechnung der Normalspannungen σ_x und σ_y durch Anwendung des Hookeschen Gesetzes (zweiachsiger Spannungszustand)

$$\sigma_x = \frac{E}{1-\mu^2}\cdot\left(\varepsilon_x + \mu\cdot\varepsilon_y\right) = \frac{75\,000\ \text{N/mm}^2}{1-0,33^2}\cdot(2,227 + 0,33\cdot 0,453)\cdot 10^{-3} = \mathbf{200\ N/mm^2}$$

$$\sigma_y = \frac{E}{1-\mu^2} \cdot \left(\varepsilon_y + \mu \cdot \varepsilon_x\right) = \frac{75\,000 \text{ N/mm}^2}{1-0,33^2} \cdot (0,453 + 0,33 \cdot 2,227) \cdot 10^{-3} = \mathbf{100 \text{ N/mm}^2}$$

Berechnung der Schubspannung τ_{xy} durch Anwendung des Hookeschen Gesetzes für Schubspannungen

$$\tau_{xy} = G \cdot \gamma_{xy} = \frac{E}{2 \cdot (1+\mu)} \cdot \gamma_{xy} = \frac{75\,000 \text{ N/mm}^2}{2 \cdot (1+0,33)} \cdot 3,545 \cdot 10^{-3} = \mathbf{100 \text{ N/mm}^2}$$

Die Schubspannung wirkt entsprechend der Abbildung zu Aufgabe 6.5.

b) **Berechnung der Hauptdehnungen ε_{H1} und ε_{H2}**

$$\varepsilon_{H1} = \varepsilon_M + R = 1,34\text{ \textperthousand} + 1,982\text{ \textperthousand} = 3,322\text{ \textperthousand}$$

$$\varepsilon_{H2} = \varepsilon_M - R = 1,34\text{ \textperthousand} - 1,982\text{ \textperthousand} = -0,642\text{ \textperthousand}$$

Ermittlung der Richtungswinkel φ_1 und φ_2 zwischen der x-Richtung und den Hauptdehnungsrichtungen

Aus dem Mohrschen Verformungskreis folgt:

$$2 \cdot \varphi_1 = -|\beta| = -63,42°$$

$\varphi_1 = \mathbf{-31,71°}$ (gemäß der eingezeichneten Drehrichtung im math. negativen Sinn)

$$2 \cdot \varphi_2 = 2 \cdot \varphi_1 + 180° = -63,42° + 180° = 116,58°$$

$\varphi_2 = \mathbf{58,29°}$ (gemäß der eingezeichneten Drehrichtung im math. positiven Sinn)

Berechnung der Hauptspannungen σ_{H1} und σ_{H2}

Die Hauptspannungen errechnet man aus den Hauptdehnungen mit Hilfe des Hookeschen Gesetzes für den zweiachsigen Spannungszustand:

$$\sigma_{H1} = \frac{E}{1-\mu^2} \cdot \left(\varepsilon_{H1} + \mu \cdot \varepsilon_{H2}\right)$$

$$= \frac{75\,000 \text{ N/mm}^2}{1-0,33^2} \cdot \left(3,322 + 0,33 \cdot (-0,642)\right) \cdot 10^{-3} = \mathbf{261,77 \text{ N/mm}^2}$$

$$\sigma_{H2} = \frac{E}{1-\mu^2} \cdot \left(\varepsilon_{H2} + \mu \cdot \varepsilon_{H1}\right)$$

$$= \frac{75\,000 \text{ N/mm}^2}{1-0,33^2} \cdot \left(-0,642 + 0,33 \cdot 3,322 \cdot\right) \cdot 10^{-3} = \mathbf{38,23 \text{ N/mm}^2}$$

Anmerkung:
Alternativ können die Hauptspannungen auch aus den in Aufgabenteil a) errechneten Lastspannungen σ_x und σ_y und τ_{xy} ermittelt werden (Gleichungen 3.38 und 3.39 in Kapitel 3.3.2.3 im Lehrbuch).

c) Die Verminderung der Plattendicke ergibt sich aus dem Hookeschen Gesetz für den zweiachsigen Spannungszustand

Berechnung der Dehnung ε_z in z-Richtung

$$\varepsilon_z = -\frac{\mu}{E}\cdot\left(\sigma_x + \sigma_y\right) = -\frac{0{,}33}{75\,000\ \text{N/mm}^2}\cdot\left(200\ \text{N/mm}^2 + 100\ \text{N/mm}^2\right) = -0{,}00132$$

Damit folgt für die Verminderung der Plattendicke Δt:

$$\Delta t = \varepsilon_z \cdot t = -0{,}00132 \cdot 15\ \text{mm} = -0{,}0198\ \text{mm} = \mathbf{-19{,}8\ \boldsymbol{\mu}\text{m}}$$

d) **Berechnung der Vergleichsspannung σ_V mit Hilfe der Schubspannungshypothese**

$$\sigma_{V\,SH} = \sigma_1 - \sigma_3$$

mit $\sigma_1 = \sigma_{H1}$ und $\sigma_3 = 0$ folgt:

$$\sigma_{V\,SH} = \sigma_1 = 261{,}77\ \text{N/mm}^2$$

Anmerkung: Das gleiche Ergebnis erhält man auch mit Gleichung 6.16 im Lehrbuch.

Festigkeitsbedingung

$$\sigma_{V\,SH} \leq \sigma_{\text{zul}}$$

$$\sigma_1 = \frac{R_{p0{,}2}}{S_F}$$

Damit folgt für die Sicherheit gegen Fließen (S_F):

$$S_F = \frac{R_{p0{,}2}}{\sigma_1} = \frac{380\ \text{N/mm}^2}{261{,}77\ \text{N/mm}^2} = \mathbf{1{,}45} \qquad \text{(ausreichend, da } S_F > 1{,}20\text{)}$$

Lösung zu Aufgabe 6.6

a) Es liegt eine 0°-45°-90° DMS-Rosette vor. Daher kann der Mohrsche Verformungskreis entsprechend Kapitel 4.4.2 (siehe Lehrbuch) auf einfache Weise konstruiert werden.

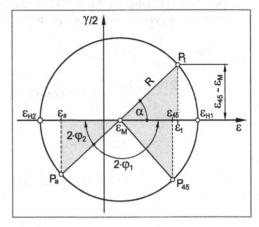

Berechnung von Mittelpunkt und Radius des Mohrschen Verformungskreises

$$\varepsilon_M = \frac{\varepsilon_a + \varepsilon_t}{2} = \frac{-0,50\ \text{‰} + 0,90\ \text{‰}}{2} = 0,20\ \text{‰}$$

$$R = \sqrt{(\varepsilon_t - \varepsilon_M)^2 + (\varepsilon_{45} - \varepsilon_M)^2}$$
$$= \sqrt{(0,90\ \text{‰} - 0,20\ \text{‰})^2 + (0,84\ \text{‰} - 0,2\ \text{‰})^2} = 0,9485\ \text{‰}$$

Berechnung des Winkels α zwischen der Tangentialrichtung und der Hauptdehnungsrichtung ε_{H1}

$$\alpha = \arctan\left(\frac{\varepsilon_{45} - \varepsilon_M}{\varepsilon_t - \varepsilon_M}\right) = \arctan\left(\frac{0,84\ \text{‰} - 0,2\ \text{‰}}{0,90\ \text{‰} - 0,20\ \text{‰}}\right) = 42,44°$$

Berechnung der Hauptdehnungen ε_{H1} und ε_{H2}

$$\varepsilon_{H1} = \varepsilon_M + R = 0,2\ \text{‰} + 0,9485\ \text{‰} = \ \mathbf{1,149\ \text{‰}}$$
$$\varepsilon_{H2} = \varepsilon_M - R = 0,2\ \text{‰} - 0,9485\ \text{‰} = \mathbf{-0,749\ \text{‰}}$$

Ermittlung der Richtungswinkel φ_1 und φ_2 zwischen der Axialrichtung und den Hauptdehnungsrichtungen ε_{H1} und ε_{H2}

Aus dem Mohrschen Verformungskreis folgt:

$$2 \cdot \varphi_1 = 180° - \alpha = 180° - 42,44° = 137,56°$$

$\varphi_1 = \mathbf{68,78°}$ \quad (gemäß der eingezeichneten Drehrichtung im math. positiven Sinn)

$$2 \cdot \varphi_2 = -\alpha = -42,44°$$

$\varphi_2 = \mathbf{-21,22°}$ \quad (gemäß der eingezeichneten Drehrichtung im math. negativen Sinn)

Berechnung der Hauptspannungen σ_{H1} und σ_{H2}

Die Hauptspannungen errechnet man aus den Hauptdehnungen mit Hilfe des Hookeschen Gesetzes für den zweiachsigen Spannungszustand:

$$\sigma_{H1} = \frac{E}{1-\mu^2} \cdot \left(\varepsilon_{H1} + \mu \cdot \varepsilon_{H2}\right)$$

$$= \frac{210\,000 \text{ N/mm}^2}{1-0,30^2} \cdot \left(1,149 + 0,30 \cdot \left(-0,749\right)\right) \cdot 10^{-3} = \mathbf{213,2 \text{ N/mm}^2}$$

$$\sigma_{H2} = \frac{E}{1-\mu^2} \cdot \left(\varepsilon_{H2} + \mu \cdot \varepsilon_{H1}\right)$$

$$= \frac{210\,000 \text{ N/mm}^2}{1-0,30^2} \cdot \left(-0,749 + 0,30 \cdot 1,149\cdot\right) \cdot 10^{-3} = \mathbf{-93,2 \text{ N/mm}^2}$$

b) **Berechnung der Vergleichsspannung σ_V mit Hilfe der Gestaltänderungsenergiehypothese**

$$\sigma_{V\,GEH} = \frac{1}{\sqrt{2}} \cdot \sqrt{\left(\sigma_1 - \sigma_2\right)^2 + \left(\sigma_2 - \sigma_3\right)^2 + \left(\sigma_3 - \sigma_1\right)^2}$$

mit $\sigma_1 = \sigma_{H1} = 213,2 \text{ N/mm}^2$

$\sigma_2 = 0$

$\sigma_3 = \sigma_{H2} = -93,2 \text{ N/mm}^2$

folgt:

$$\sigma_{V\,GEH} = \frac{1}{\sqrt{2}} \cdot \sqrt{213,2^2 + \left(-93,2\right)^2 + \left(-93,2 - 213,2\right)^2} \text{ N/mm}^2 = \mathbf{272,1 \text{ N/mm}^2}$$

c) **Festigkeitsbedingung**

$$\sigma_{V\,GEH} \leq \sigma_{zul}$$

$$\sigma_{V\,GEH} = \frac{R_{p0,2}}{S_F}$$

Damit folgt für die Sicherheit gegen Fließen (S_F):

$$S_F = \frac{R_{p0,2}}{\sigma_{V\,GEH}} = \frac{850 \text{ N/mm}^2}{272,1 \text{ N/mm}^2} = \mathbf{3,12} \quad \text{(ausreichend, da } S_F > 1,20\text{)}$$

Lösung zu Aufgabe 6.7

a) **Berechnung der Spannung in Längsrichtung (Zugrichtung)**

$$\sigma_1 = \frac{F_1}{A} = \frac{F_1}{\dfrac{\pi}{4} \cdot d^2} = \frac{4 \cdot 320\,000\ \text{N}}{\pi \cdot (30\ \text{mm})^2} = 452,71\ \text{N/mm}^2$$

Konstruktion des Mohrschen Spannungskreises

Zur Konstruktion des Mohrschen Spannungskreises benötigt man die Spannungen in zwei zueinander senkrechten Schnittflächen. Bekannt sind die Spannungen in den Schnittflächen mit der x- und der y-Richtung als Normale.

Eintragen der entsprechenden Bildpunkte $P_y\,(\sigma_1 \mid 0)$ und $P_x\,(0 \mid 0)$. P_x und P_y repräsentieren die Spannungen in den Schnittflächen mit der x- und der y-Richtung als Normale. Da die beiden Schnittebenen einen Winkel von 90° zueinander einschließen, liegen die Bildpunkte P_x und P_y auf einem Kreisdurchmesser. Damit ist der Mohrsche Spannungskreis festgelegt (siehe Abbildung).

Die Bildpunkte $P_{x'}$ und $P_{y'}$, welche die Spannungen in den Schnittflächen mit der x'- bzw. y'-Richtung als Normale repräsentieren, erhält man durch Abtragen der Richtungswinkel $2 \cdot \alpha$ bzw. $2 \cdot \alpha + 180°$, ausgehend vom Bildpunkt P_y (gleicher Drehsinn zum Lageplan).

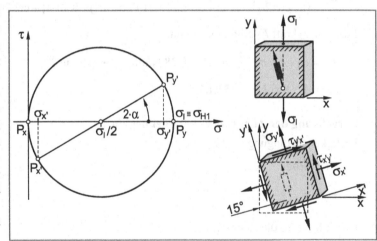

Aus dem Mohrschen Spannungskreis folgt die Normalspannungen $\sigma_{x'}$ und $\sigma_{y'}$:

$$\sigma_{y'} = \frac{\sigma_1}{2} + \frac{\sigma_1}{2} \cdot \cos 2\alpha = \frac{\sigma_1}{2} \cdot (1 + \cos 2\alpha)$$

$$= \frac{452,71\ \text{N/mm}^2}{2} \cdot (1 + \cos(2 \cdot 15°)) = 422,38\ \text{N/mm}^2$$

$$\sigma_{x'} = \frac{\sigma_1}{2} - \frac{\pi}{2} \cdot \cos 2\alpha = \frac{\sigma_1}{2} \cdot (1 - \cos 2\alpha)$$

$$= \frac{452,71\ \text{N/mm}^2}{2} \cdot (1 - \cos(2 \cdot 15°)) = 30,33\ \text{N/mm}^2$$

Berechnung der Dehnung in y'-Richtung (Messrichtung des DMS) durch Anwendung des Hookeschen Gesetzes für den zweiachsigen Spannungszustand

$$\varepsilon_{y'} \equiv \varepsilon_{DMS} = \frac{1}{E} \cdot \left(\sigma_{y'} - \mu \cdot \sigma_{x'}\right) = \frac{422{,}31 \text{ N/mm}^2 - 0{,}30 \cdot 30{,}33 \text{ N/mm}^2}{204\,000 \text{ N/mm}^2}$$

$$= 0{,}002026 = \mathbf{2{,}026 \text{ ‰}}$$

b) Für die Dehnung in Messrichtung des DMS ergibt sich aus dem vorhergehenden Aufgabenteil:

$$\varepsilon_{y'} \equiv \varepsilon_{DMS} = \frac{1}{E} \cdot \left(\sigma_{y'} - \mu \cdot \sigma_{x'}\right) = \frac{1}{E}\left[\frac{\sigma_1}{2} \cdot (1 + \cos 2\alpha) - \mu \cdot \frac{\sigma_1}{2} \cdot (1 - \cos 2\alpha)\right]$$

$$= \frac{\sigma_1}{2 \cdot E} \cdot \left[(1 + \cos 2\alpha) - \mu \cdot (1 - \cos 2\alpha)\right]$$

Damit folgt für die Spannung σ_1 in Längsrichtung:

$$\sigma_1 = \frac{2 \cdot E \cdot \varepsilon_{DMS}}{(1 + \cos 2\alpha) - \mu \cdot (1 - \cos 2\alpha)} = \frac{2 \cdot 204\,000 \text{ N/mm}^2 \cdot 0{,}003}{(1 + \cos 30°) - 0{,}30 \cdot (1 - \cos 30°)} = 670{,}38 \text{ N/mm}^2$$

Für die Zugkraft F_2 erhält man dann:

$$F_2 = \sigma_1 \cdot A = \sigma_1 \cdot \frac{\pi}{4} \cdot d^2 = 670{,}38 \text{ N/mm}^2 \cdot \frac{\pi}{4} \cdot (30 \text{ mm})^2$$

$$= 473\,863 \text{ N} = \mathbf{473{,}9 \text{ kN}}$$

c) **Berechnung der Zugkraft F_3 bei Fließbeginn**

Festigkeitsbedingung für Fließen:

$$\sigma_1 = R_{p0,2}$$

$$\frac{F_3}{A} = R_{p0,2}$$

Damit folgt für die Zugkraft F_3:

$$F_3 = R_{p0,2} \cdot A = R_{p0,2} \cdot \frac{\pi}{4} \cdot d^2 = 1020 \text{ N/mm}^2 \cdot \frac{\pi}{4} \cdot (30 \text{ mm})^2$$

$$= 720\,995 \text{ N} = \mathbf{720{,}9 \text{ kN}}$$

Berechnung der Dehnungsanzeige ε_{DMS} bei Fließbeginn

Die Berechnung erfolgt analog zu Aufgabenteil b):

$$\varepsilon_{y'} \equiv \varepsilon_{DMS} = \frac{1}{E} \cdot \left(\sigma_{y'} - \mu \cdot \sigma_{x'}\right) = \frac{1}{E}\left[\frac{\sigma_1}{2} \cdot (1 + \cos 2\alpha) - \mu \cdot \frac{\sigma_1}{2} \cdot (1 - \cos 2\alpha)\right]$$

$$= \frac{\sigma_1}{2 \cdot E} \cdot \left[(1 + \cos 2\alpha) - \mu \cdot (1 - \cos 2\alpha)\right]$$

mit $\sigma_1 = R_{p0,2}$ folgt schließlich:

$$\varepsilon_{DMS} = \frac{R_{p0,2}}{2 \cdot E} \cdot \left[(1 + \cos 2\alpha) - \mu \cdot (1 - \cos 2\alpha)\right]$$

$$= \frac{1020 \text{ N/mm}^2}{2 \cdot 204\,000 \text{ N/mm}^2} \left[(1 + \cos 30°) - \mu \cdot (1 - \cos 30°)\right] = 0,004564 = \textbf{4,564 ‰}$$

Alternative Lösung mit Hilfe des Mohrschen Verformungskreises

a) **Berechnung der Dehnung in Längs- und Querrichtung unter der Wirkung von F_1**

$$\varepsilon_1 \equiv \varepsilon_y = \frac{\sigma_1}{E} = \frac{452,71 \text{ N/mm}^2}{204\,000 \text{ N/mm}^2} = 0,00222 = 2,22 \text{ ‰}$$

$$\varepsilon_q \equiv \varepsilon_x = -\mu \cdot \varepsilon_1 = -0,30 \cdot 0,00222 = -0,000666 = -0,666 \text{ ‰}$$

Konstruktion des Mohrschen Verformungskreises

Zur Konstruktion des Mohrschen Verformungskreises benötigt man die Verformungen in zwei zueinander senkrechten Richtungen. Bekannt sind die Verformungen mit der x- bzw. y-Richtung als Bezugsrichtung.

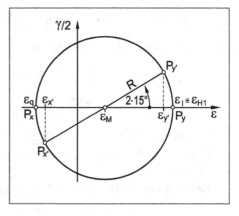

Einzeichnen der entsprechenden Bildpunkte P_x ($\varepsilon_q \mid 0$) und P_y ($\varepsilon_1 \mid 0$) in das ε-$\gamma/2$-Koordinatensystem. Da die x- und die y-Richtung einen Winkel von 90° zueinander einschließen, liegen die Bildpunkte P_x und P_y auf einem Kreisdurchmesser. Damit ist der Mohrsche Verformungskreis festgelegt (siehe Abbildung).

Den Bildpunkt $P_{y'}$, welcher die Verformungsgrößen in y'-Richtung (Messrichtung des DMS) als Bezugsrichtung repräsentiert, erhält man durch Abtragen des Richtungswinkels $2 \cdot \alpha$ ($= 2 \cdot 15°$), ausgehend vom Bildpunkt P_y (gleicher Drehsinn zum Lageplan).

Für den Mittelpunkt und den Radius des Mohrschen Verformungskreises erhält man:

$$\varepsilon_M = \frac{\varepsilon_1 + \varepsilon_q}{2} = \frac{2,22 \text{ ‰} - 0,666 \text{ ‰}}{2} = 0,777 \text{ ‰}$$

$$R = \frac{\varepsilon_1 - \varepsilon_q}{2} = \frac{2,22 \text{ ‰} - (-0,666 \text{ ‰})}{2} = 1,442 \text{ ‰}$$

Damit folgt die Dehnung in y'-Richtung (Messrichtung des DMS)

$$\varepsilon_{y'} \equiv \varepsilon_{DMS} = \varepsilon_M + R \cdot \cos 2\alpha = 0,000777 + 0,001442 \cdot \cos 30° = 0,002026 = \textbf{2,026 ‰}$$

b) Für die Dehnung in Messrichtung des DMS ergibt sich aus dem vorhergehenden Aufgabenteil:

$$\varepsilon_{\text{DMS}} \equiv \varepsilon_{y'} = \varepsilon_M + R \cdot \cos 2\alpha$$

$$= \frac{\varepsilon_l + \varepsilon_q}{2} + \frac{\varepsilon_l - \varepsilon_q}{2} \cdot \cos 2\alpha$$

$$= \frac{\varepsilon_l - \mu \cdot \varepsilon_l}{2} + \frac{\varepsilon_l + \mu \cdot \varepsilon_l}{2} \cdot \cos 2\alpha$$

$$= \frac{\varepsilon_l \cdot (1 - \mu) + \varepsilon_l \cdot (1 + \mu) \cdot \cos 2\alpha}{2}$$

$$= \frac{\varepsilon_l}{2} \cdot [(1 - \mu) + (1 + \mu) \cdot \cos 2\alpha]$$

Damit folgt für die Dehnung ε_l in Längsrichtung:

$$\varepsilon_l = \frac{2 \cdot \varepsilon_{\text{DMS}}}{(1 - \mu) + (1 + \mu) \cdot \cos 2\alpha} = \frac{2 \cdot 0,003}{(1 - 0,30) + (1 + 0,30) \cdot \cos(2 \cdot 15°)} = 0,003286$$

$$\sigma_l = E \cdot \varepsilon_l = 204\,000\ \text{N/mm}^2 \cdot 003286 = 670,38\ \text{N/mm}^2$$

Für die Zugkraft F_2 erhält man dann:

$$F_2 = \sigma_l \cdot A = \sigma_l \cdot \frac{\pi}{4} \cdot d^2 = 670,38\ \text{N/mm}^2 \cdot \frac{\pi}{4} \cdot (30\ \text{mm})^2$$

$$= 473\,863\ \text{N} = \mathbf{473,9\ kN}$$

c) In Aufgabenteil c) wurde die Zugkraft F_3 bei Fließbeginn berechnet ($F_3 = 720\,995$ N). Die Berechnung der Dehnungsanzeige ε_{DMS} erfolgt analog zu Aufgabenteil a) der alternativen Lösung.

Berechnung der Dehnung in Längs- und Querrichtung bei Fließbeginn

$$\varepsilon_l \equiv \varepsilon_y = \frac{\sigma_l}{E} = \frac{R_{p0,2}}{E} = \frac{1\,020\ \text{N/mm}^2}{204\,000\ \text{N/mm}^2} = 0,005$$

$$\varepsilon_q \equiv \varepsilon_x = -\mu \cdot \varepsilon_l = -0,30 \cdot 0,005 = -0,0015$$

Für den Mittelpunkt und den Radius des Mohrschen Verformungskreises erhält man:

$$\varepsilon_M = \frac{\varepsilon_l + \varepsilon_q}{2} = \frac{0,005 - 0,0015}{2} = 0,00175$$

$$R = \frac{\varepsilon_l - \varepsilon_q}{2} = \frac{0,005 + 0,0015}{2} = 0,00325$$

Berechnung der Dehnungsanzeige ε_{DMS} bei Fließbeginn

$$\varepsilon_{y'} \equiv \varepsilon_{\text{DMS}} = \varepsilon_M + R \cdot \cos 2\alpha = 0,00175 + 0,00325 \cdot \cos 30° = 0,004564 = \mathbf{4,564\ ‰}$$

Lösung zu Aufgabe 6.8

a) **Berechnung des Biegemomentes M_b sowie des Torsionsmomentes M_t an der Einspannstelle**

$$M_b = F_1 \cdot a = 5000\,\text{N} \cdot 0{,}1\,\text{m} = \mathbf{500\ Nm}$$
$$M_t = F_1 \cdot b = 5000\,\text{N} \cdot 0{,}05\,\text{m} = \mathbf{250\ Nm}$$

b) **Berechnung der Lastspannungen aus Biegung und Torsion**

$$\sigma_x \equiv \sigma_b = \frac{M_b}{W_b} = \frac{M_b}{\dfrac{\pi}{32} \cdot d^3} = \frac{500\,000\,\text{Nm}}{\dfrac{\pi}{32} \cdot (30\,\text{mm})^3} = 188{,}63\,\text{N/mm}^2$$

$$\tau_{xy} = \tau_t = \frac{M_t}{W_t} = \frac{M_t}{\dfrac{\pi}{16} \cdot d^3} = \frac{250\,000\,\text{Nm}}{\dfrac{\pi}{16} \cdot (30\,\text{mm})^3} = 47{,}16\,\text{N/mm}^2$$

Konstruktion des Mohrschen Spannungskreises

Eintragen des Bildpunktes $P_x\,(\sigma_b\,|\,-\tau_t)$ und des Bildpunktes $P_y\,(0\,|\,\tau_t)$ in das σ-τ-Koordinatensystem unter Beachtung der speziellen Vorzeichenregelung für Schubspannungen.

Bildpunkt P_x repräsentiert den Spannungszustand in der Schnittebene mit der x-Achse als Normalenvektor. Bildpunkt P_y repräsentiert den Spannungszustand in der Schnittebene mit der y-Achse als Normalenvektor.

Da die beiden Schnittebenen einen Winkel von 90° zueinander einschließen, müssen die Bildpunkte P_x und P_y auf einem Kreisdurchmesser liegen.

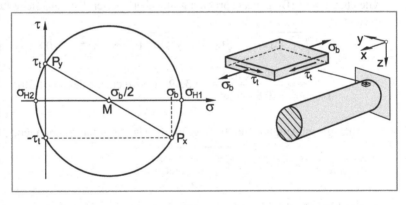

Die Strecke $P_x P_y$ schneidet die σ-Achse im Kreismittelpunkt M. Kreis um M durch die Bildpunkte P_x oder P_y ist der gesuchte Mohrsche Spannungskreis (siehe Abbildung).

Berechnung der Hauptnormalspannungen σ_{H1} und σ_{H2}

$$\sigma_{H1;H2} = \frac{\sigma_b}{2} \pm \sqrt{\left(\frac{\sigma_b}{2}\right)^2 + \tau_t^2} = \frac{188{,}63}{2}\,\text{N/mm}^2 \pm \sqrt{\left(\frac{188{,}63}{2}\right)^2 + 47{,}16^2}\ \text{N/mm}^2$$

$$\sigma_{H1} = 199{,}76\,\text{N/mm}^2$$

$$\sigma_{H2} = -11{,}13\,\text{N/mm}^2$$

Berechnung der Vergleichsspannung σ_V mit Hilfe der Schubspannungshypothese

$$\sigma_{VSH} = \sigma_1 - \sigma_3$$

mit $\sigma_1 = \sigma_{H1}$
$\qquad \sigma_2 = 0$
$\qquad \sigma_3 = \sigma_{H2}$

folgt für die Vergleichsspannung $\sigma_{V\,SH}$:

$$\sigma_{VSH} = \sigma_1 - \sigma_3 = 199{,}76\,\text{N/mm}^2 - \left(-11{,}13\,\text{N/mm}^2\right) = 210{,}89\,\text{N/mm}^2$$

Festigkeitsbedingung

$$\sigma_{VSH} \leq \sigma_{zul}$$

$$\sigma_{VSH} = \frac{R_{p0,2}}{S_F}$$

Damit folgt für die Sicherheit gegen Fließen (S_F):

$$S_F = \frac{R_{p0,2}}{\sigma_{VSH}} = \frac{780\,\text{N/mm}^2}{210{,}89\,\text{N/mm}^2} = \mathbf{3{,}69} \quad \text{(ausreichend, da } S_F > 1{,}20\text{)}$$

Alternative Lösung

Die Vergleichsspannung nach der Schubspannungshypothese kann auch unmittelbar aus Gleichung 6.17 (Biegebeanspruchung mit überlagerter Torsion, siehe Lehrbuch) errechnet werden:

$$\sigma_{VSH} = \sqrt{\sigma_b^2 + 4 \cdot \tau_t^2} = \sqrt{188{,}63^2 + 4 \cdot 47{,}16^2}\,\text{N/mm}^2 = 210{,}89\,\text{N/mm}^2$$

$$S_F = \frac{R_{p0,2}}{\sigma_{VSH}} = \frac{780\,\text{N/mm}^2}{210{,}89\,\text{N/mm}^2} = \mathbf{3{,}69} \quad \text{(ausreichend, da } S_F > 1{,}20\text{)}$$

c) In Analogie zu Aufgabenteil b) folgt für die Hauptnormalspannungen:

$$\sigma_{H1;H2} = \frac{\sigma_b + \sigma_z}{2} \pm \sqrt{\left(\frac{\sigma_b + \sigma_z}{2}\right)^2 + \tau_t^2}$$

Damit folgt für die Vergleichsspannung $\sigma_{V\,SH}$ nach der Schubspannungshypothese unter Berücksichtigung von $\sigma_1 = \sigma_{H1}$, $\sigma_2 = 0$ und $\sigma_3 = \sigma_{H2}$:

$$\sigma_{VSH} = \sigma_1 - \sigma_3 = \frac{\sigma_b + \sigma_z}{2} + \sqrt{\left(\frac{\sigma_b + \sigma_z}{2}\right)^2 + \tau_t^2} - \left(\frac{\sigma_b + \sigma_z}{2} - \sqrt{\left(\frac{\sigma_b + \sigma_z}{2}\right)^2 + \tau_t^2}\right)$$

$$= \sqrt{\left(\sigma_b + \sigma_z\right)^2 + 4 \cdot \tau_t^2}$$

Anmerkung: Dieses Ergebnis hätte man auch direkt aus Gleichung 6.17 (siehe Lehrbuch) erhalten.

Festigkeitsbedingung (Bruch)

$$\sigma_{VSH} \le R_m$$

$$\sqrt{(\sigma_b + \sigma_z)^2 + 4 \cdot \tau_t^2} = R_m \quad | \text{ quadrieren}$$

$$(\sigma_b + \sigma_z)^2 + 4 \cdot \tau_t^2 = R_m^2$$

Damit folgt für die Zugspannung σ_z:

$$\sigma_z = \sqrt{R_m^2 - 4 \cdot \tau_t^2} - \sigma_b = \sqrt{\left(1050\,\text{N/mm}^2\right)^2 - 4 \cdot \left(47{,}16\,\text{N/mm}^2\right)^2} - 188{,}63\,\text{N/mm}^2$$

$$= 857{,}13\,\text{N/mm}^2$$

Für die Zugkraft F_2 folgt dann schließlich:

$$F_2 = \sigma_z \cdot A = \sigma_z \cdot \frac{\pi}{4} \cdot d^2 = 857{,}13\,\text{N/mm}^2 \cdot \frac{\pi}{4} \cdot (30\,\text{mm})^2 = 605\,870\,\text{N} = \textbf{605{,}87 kN}$$

d) **Berechnung der Lastspannungen (Biegung und Torsion)**

$$\sigma_b = \frac{M_b}{W_b} = \frac{M_b}{\dfrac{\pi}{32} \cdot d^3} = \frac{32 \cdot F_1 \cdot a}{\pi \cdot d^3}$$

$$\tau_t = \frac{M_t}{W_t} = \frac{M_t}{\dfrac{\pi}{16} \cdot d^3} = \frac{16 \cdot F_1 \cdot b}{\pi \cdot d^3}$$

Aus Aufgabenteil c) folgt für die Vergleichsspannung $\sigma_{V\,SH}$ nach der Schubspannungshypothese ($\sigma_z = 0$):

$$\sigma_{VSH} = \sqrt{\sigma_b^2 + 4 \cdot \tau_t^2}$$

Festigkeitsbedingung

$$\sigma_{VSH} \le \frac{R_m}{S_B}$$

$$\sqrt{\sigma_b^2 + 4 \cdot \tau_t^2} = \frac{R_m}{S_B} \quad | \text{ quadrieren}$$

$$\sigma_b^2 + 4 \cdot \tau_t^2 = \left(\frac{R_m}{S_B}\right)^2$$

$$\left(\frac{32 \cdot F_1 \cdot a}{\pi \cdot d^3}\right)^2 + 4 \cdot \left(\frac{16 \cdot F_1 \cdot b}{\pi \cdot d^3}\right)^2 = \left(\frac{R_m}{S_B}\right)^2$$

$$\frac{1}{d^6} \cdot \left[\left(\frac{32 \cdot F_1 \cdot a}{\pi}\right)^2 + 4 \cdot \left(\frac{16 \cdot F_1 \cdot b}{\pi}\right)^2\right] = \left(\frac{R_m}{S_B}\right)^2$$

Damit folgt für den Durchmesser d:

$$d = \left[\frac{\left(\dfrac{32 \cdot F_1 \cdot a}{\pi}\right)^2 + 4 \cdot \left(\dfrac{16 \cdot F_1 \cdot b}{\pi}\right)^2}{\left(\dfrac{R_m}{S_B}\right)^2} \right]^{-6}$$

$$= \left[\frac{\left(\dfrac{32 \cdot 5000 \text{ N} \cdot 100 \text{ mm}}{\pi}\right)^2 + 4 \cdot \left(\dfrac{16 \cdot 5000 \text{ N} \cdot 50 \text{ mm}}{\pi}\right)^2}{(440 \text{ N/mm}^2 / 2)^2} \right]^{-6} = \mathbf{29{,}58 \text{ mm}}$$

Lösung zu Aufgabe 6.9

a) Zuordnung der Dehnungsanzeigen zu den einzelnen Messstellen

Belastung	Messstelle			
	DMS A	DMS B	DMS C	DMS D
F_Z	$\varepsilon_{z\,AZ} + \varepsilon_{b\,AZ}$	$\varepsilon_{z\,BZ} = \varepsilon_{z\,AZ}$	$\varepsilon_{z\,CZ} + \varepsilon_{b\,CZ}$ $=\varepsilon_{z\,AZ} - \varepsilon_{b\,AZ}$	$\varepsilon_{z\,DZ} = \varepsilon_{z\,AZ}$
F_S	$\varepsilon_{b\,AS}$	$0^{\,1)}$	$\varepsilon_{b\,CS} = -\varepsilon_{b\,AS}$	$0^{1)}$
F_Q	$0^{1)}$	$\varepsilon_{b\,BQ}$	$0^{1)}$	$\varepsilon_{b\,DQ} = -\varepsilon_{b\,BQ}$

[1)] neutrale Faser

Die Dehnungsmessstreifen A und C verformen sich nur durch die Beanspruchung aus F_Z und F_S (siehe Tabelle). Die Verformungen durch die einzelnen Beanspruchungen können linear superponiert werden.

Es gilt:

$\varepsilon_A = \varepsilon_{zAZ} + \varepsilon_{bAZ} + \varepsilon_{bAS}$ und   (1)

$\varepsilon_C = \varepsilon_{zCZ} + \varepsilon_{bCZ} + \varepsilon_{bCS}$

$= \varepsilon_{zAZ} - \varepsilon_{bAZ} - \varepsilon_{bAS}$ (2)

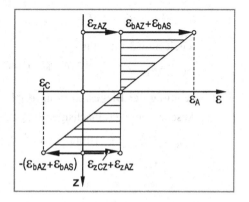

Gleichung 1 und 2 addiert liefert für $\varepsilon_{z\,AZ}$:

$$\varepsilon_{zAZ} = \frac{\varepsilon_A + \varepsilon_C}{2} = \frac{2{,}2312\,\text{‰} - 2{,}0372\,\text{‰}}{2}$$

$$= 0{,}097\,\text{‰}$$

Berechnung der Zugspannung σ_z bzw. der Zugkraft F_Z

Hookesches Gesetz (einachsiger Spannungszustand):

$$\sigma_z = E \cdot \varepsilon_{zAZ} = 210\,000\ \text{N/mm}^2 \cdot 0{,}097 \cdot 10^{-3} = 20{,}37\ \text{N/mm}^2$$

$$F_Z = \sigma_z \cdot \frac{\pi}{4} \cdot d^2 = 20{,}37\ \text{N/mm}^2 \cdot \frac{\pi}{4} \cdot (50\,\text{mm})^2 = \mathbf{39\,996\ N}$$

b) Für die Dehnung des DMS A infolge Biegebeanspruchung aus F_Z und F_S ($\varepsilon_{b\,AZ}$) folgt:

$$\varepsilon_{b\,AZ} + \varepsilon_{b\,AS} \equiv \varepsilon_{bA} = \varepsilon_A - \varepsilon_{zAZ} = 2{,}2312\,\text{‰} - 0{,}097\,\text{‰} = 2{,}1342\,\text{‰}$$

Berechnung der Biegespannung σ_{bA} bzw. der Kraft F_S

Hookesches Gesetz (einachsiger Spannungszustand):

$$\sigma_{bA} = E \cdot \varepsilon_{bA} = 210\,000\ \text{N/mm}^2 \cdot 2{,}1342 \cdot 10^{-3} = 448{,}18\ \text{N/mm}^2$$

$$\sigma_{bA} = \frac{M_{bz}}{W_{bz}} = \frac{F_S \cdot a + F_Z \cdot b}{\dfrac{\pi}{32} \cdot d^3}$$

Damit folgt für die Kraft F_S:

$$F_S = \left(\frac{\pi}{32} \cdot d^3 \cdot \sigma_{bA} - F_Z \cdot b \right) \cdot \frac{1}{a}$$

$$F_S = \frac{\dfrac{\pi}{32} \cdot (50\text{ mm})^3 \cdot 448{,}18\text{ N/mm}^2 - 39\,996\text{ N} \cdot 120\text{ mm}}{350\text{ mm}} = 2\,001\text{ N}$$

c) Die Dehnungsmessstreifen B und D verformen sich nur durch die Beanspruchung aus F_Z und F_Q (siehe Tabelle). Die Verformungen durch die einzelnen Beanspruchungen können ebenfalls linear superponiert werden.

Es gilt:

$$\varepsilon_B = \varepsilon_{zBZ} + \varepsilon_{bBQ} = \varepsilon_{zAZ} + \varepsilon_{bBQ} \tag{3}$$

Aus Gleichung 3 folgt für ε_{bBZ}:

$$\varepsilon_{bBQ} = \varepsilon_B - \varepsilon_{zAZ} = 0{,}7761\,\text{‰} - 0{,}097\,\text{‰} = 0{,}6791\,\text{‰}$$

Berechnung der Biegespannung σ_{bB} bzw. der Kraft F_Q

Hookesches Gesetz (einachsiger Spannungszustand):

$$\sigma_{bB} = E \cdot \varepsilon_{bBQ} = 210\,000\text{ N/mm}^2 \cdot 0{,}6791 \cdot 10^{-3} = 142{,}61\text{ N/mm}^2$$

$$\sigma_{bB} = \frac{M_{by}}{W_{by}} = \frac{F_Q \cdot a}{\dfrac{\pi}{32} \cdot d^3}$$

Damit folgt für die Kraft F_Q:

$$F_Q = \frac{\pi}{32} \cdot d^3 \cdot \sigma_{bA} \cdot \frac{1}{a}$$

$$F_Q = \frac{\dfrac{\pi}{32} \cdot (50\text{ mm})^3 \cdot 142{,}61\text{ N/mm}^2}{350\text{ mm}} = 5\,000\text{ N}$$

d) **Berechnung der Lastspannungen an der Stelle 1** (Messstelle von DMS A)

$$\sigma_{zA} = 20{,}37\text{ N/mm}^2 \qquad \text{(siehe Aufgabenteil a)}$$

$$\sigma_{bA} = 448{,}18\text{ N/mm}^2 \qquad \text{(siehe Aufgabenteil b)}$$

$$\tau_{tA} = \frac{M_t}{W_t} = \frac{F_Q \cdot b}{\dfrac{\pi}{16} \cdot d^3} = \frac{5\,000\text{ N} \cdot 120\text{ mm}}{\dfrac{\pi}{16} \cdot (50\text{ mm})^3} = 24{,}45\text{ N/mm}^2$$

Berechnung der Vergleichsspannung nach der Schubspannungshypothese

Die Vergleichsspannung nach der Schubspannungshypothese kann unmittelbar aus Gleichung 6.17 (Biegebeanspruchung mit überlagerter Torsion, siehe Lehrbuch) errechnet werden:

$$\sigma_{VSH} = \sqrt{(\sigma_{bA} + \sigma_{zA})^2 + 4 \cdot \tau_{tA}^2}$$

$$= \sqrt{\left(448{,}18\,\text{N/mm}^2 + 20{,}37\,\text{N/mm}^2\right)^2 + 4 \cdot \left(24{,}45\,\text{N/mm}^2\right)^2} = 471{,}09\,\text{N/mm}^2$$

Festigkeitsbedingung (Fließen)

$$\sigma_{VSH} \leq \sigma_{zul} = \frac{R_{p0{,}2}}{S_F}$$

Damit folgt für die Sicherheit gegen Fließen (S_F):

$$S_F = \frac{R_{p0{,}2}}{\sigma_{VSH}} = \frac{800\,\text{N/mm}^2}{471{,}09\,\text{N/mm}^2} = \mathbf{1{,}69} \qquad \text{(ausreichend, da } S_F > 1{,}20\text{)}$$

Analog folgt für die Sicherheit gegen Bruch (S_B):

$$S_B = \frac{R_m}{\sigma_{VSH}} = \frac{1080\,\text{N/mm}^2}{471{,}09\,\text{N/mm}^2} = \mathbf{2{,}29} \qquad \text{(ausreichend, da } S_B > 2{,}0\text{)}$$

Lösung zu Aufgabe 6.10

Der unlegierte (allgemeine) Baustahl **S235JR** ist ein duktiler Werkstoff. Das Versagen erfolgt durch einen (duktilen) Verformungsbruch nach vorausgegangener plastischer Verformung. Die plastische Verformung infolge von Versetzungsbewegungen findet bevorzugt in Ebenen mit der größten Schubspannung statt.

Aus dem Mohrschen Spannungskreis ist ersichtlich, dass bei reiner Torsionsbeanspruchung die Ebenen mit der größten Schubbeanspruchung die x- bzw. y-Achse als Normale haben (Bildpunkte P_x und P_y im Mohrschen Spannungskreis). Ein Bruch ist demzufolge in diesen Ebenen zu erwarten.

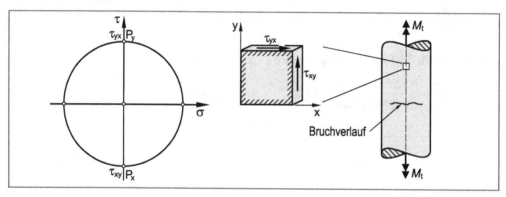

Die Gusseisensorte **EN-GJL-250** ist ein spröder Werkstoff. Das Versagen erfolgt durch einen (spröden) Trennbruch. Derartige Trennbrüche verlaufen stets senkrecht zur größten Normalspannung.

Aus dem Mohrschen Spannungskreis ist ersichtlich, dass bei reiner Torsionsbeanspruchung diese Ebenen die x'- bzw. y'-Achse als Normale haben (Bildpunkte $P_{x'}$ und $P_{y'}$ im Mohrschen Spannungskreis). Ein Bruch ist demzufolge in Ebenen, die um 45° zur Längsachse gedreht sind, zu erwarten.

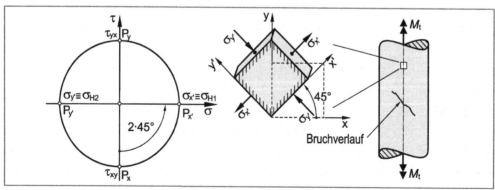

Lösung zu Aufgabe 6.11

Berechnung der Lastspannungen an der Einspannstelle

$$\sigma_b = \frac{M_b}{W_b} = \frac{F \cdot (a-c)}{\frac{\pi}{32} \cdot d^3} = \frac{32 \cdot 10000 \text{ N} \cdot (250 \text{ mm} - 100 \text{ mm})}{\pi \cdot (50 \text{ mm})^3} = 122,23 \text{ N/mm}^2$$

$$\tau_t = \frac{M_t}{W_t} = \frac{F \cdot b}{\frac{\pi}{16} \cdot d^3} = \frac{16 \cdot F \cdot b}{\pi \cdot d^3} = \frac{16 \cdot 10000 \text{ N} \cdot 200 \text{ mm}}{\pi \cdot (50 \text{ mm})^3} = 81,49 \text{ N/mm}^2$$

Berechnung der Vergleichsspannung

Die Vergleichsspannung nach der Schubspannungshypothese kann unmittelbar aus Gleichung 6.17 (Biegebeanspruchung mit überlagerter Torsion, siehe Lehrbuch) errechnet werden:

$$\sigma_{VSH} = \sqrt{\sigma_b^2 + 4 \cdot \tau_t^2} = \sqrt{\left(122,23 \text{ N/mm}^2\right)^2 + 4 \cdot \left(81,49 \text{ N/mm}^2\right)^2} = 203,72 \text{ N/mm}^2$$

Festigkeitsbedingung (Fließen)

$$\sigma_{VSH} \leq \sigma_{zul} = \frac{R_{p0,2}}{S_F}$$

Damit folgt für die Sicherheit gegen Fließen (S_F):

$$S_F = \frac{R_{p0,2}}{\sigma_{VSH}} = \frac{460 \text{ N/mm}^2}{203,72 \text{ N/mm}^2} = 2,26 \qquad \text{(ausreichend, da } S_F > 1,20\text{)}$$

Lösung zu Aufgabe 6.12

a) **Berechnung der Verformungen ε_x, ε_y und γ_{xy}**

Hookesches Gesetz (zweiachsiger Spannungszustand)

$$\varepsilon_x = \frac{1}{E} \cdot (\sigma_x - \mu \cdot \sigma_y) = \frac{250 \text{ N/mm}^2 - 0,30 \cdot 130 \text{ N/mm}^2}{210\,000 \text{ N/mm}^2} = 0,001005 = 1,005 \text{ ‰}$$

$$\varepsilon_y = \frac{1}{E} \cdot (\sigma_y - \mu \cdot \sigma_x) = \frac{130 \text{ N/mm}^2 - 0,30 \cdot 250 \text{ N/mm}^2}{210\,000 \text{ N/mm}^2} = 0,000262 = 0,2619 \text{ ‰}$$

Hookesches Gesetz für Schubbeanspruchung

$$\gamma_{xy} = \frac{\tau_{xy}}{G} = \frac{\tau_{xy}}{\dfrac{E}{2 \cdot (1 + \mu)}} = \frac{150 \text{ N/mm}^2}{\dfrac{210\,000 \text{ N/mm}^2}{2 \cdot (1 + 0,30)}} = 0,001857 = 1,857 \text{ ‰}$$

Konstruktion des Mohrschen Verformungskreises

Zur Konstruktion des Mohrschen Verformungskreises benötigt man die Verformungen in zwei zueinander senkrechten Richtungen. Bekannt sind die Verformungen mit der x- bzw. y-Richtung als Bezugsrichtung.

Einzeichnen der entsprechenden Bildpunkte P_x ($\varepsilon_x \mid 0,5 \cdot \gamma_{xy}$) und P_y ($\varepsilon_y \mid 0,5 \cdot \gamma_{yx}$) in das ε-$\gamma/2$-Koordinatensystem unter Berücksichtigung der Vorzeichenregelung für Schiebungen.

Da die x- und die y-Richtung einen Winkel von 90° zueinander einschließen, müssen die Bildpunkte P_x und P_y auf einem

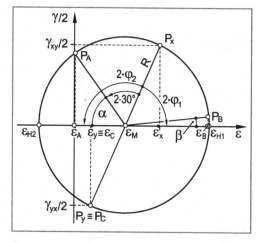

Kreisdurchmesser liegen. Die Strecke P_xP_y schneidet die ε-Achse im Kreismittelpunkt ε_M. Kreis um ε_M durch die Bildpunkte P_x und P_y ist der gesuchte Mohrsche Verformungskreis (siehe Abbildung).

Für den Mittelpunkt und den Radius des Mohrschen Verformungskreises erhält man:

$$\varepsilon_M = \frac{\varepsilon_x + \varepsilon_y}{2} = \frac{1,005 \text{ ‰} + 0,2619 \text{ ‰}}{2} = 0,6333 \text{ ‰}$$

$$R = \sqrt{\left(\frac{\varepsilon_x - \varepsilon_y}{2}\right)^2 + \left(\frac{\gamma_{xy}}{2}\right)^2} = \sqrt{\left(\frac{1,005 \text{ ‰} - 0,2619 \text{ ‰}}{2}\right)^2 + \left(\frac{1,857 \text{ ‰}}{2}\right)^2} = 1,00010 \text{ ‰}$$

Berechnung des Winkels φ zwischen x-Richtung und Hauptdehnungsrichtung ε_{H1}

$$2 \cdot \varphi_1 = \arctan \frac{-\gamma_{xy}/2}{(\varepsilon_x - \varepsilon_y)/2} = \arctan \frac{-1{,}857\,‰/2}{(1{,}005\,‰ - 0{,}2619\,‰)/2} = -68{,}19°$$

Damit folgt für den Winkel α zwischen der Messrichtung von DMS A und der Hauptdehnungsrichtung ε_{H1}:

$$\alpha = 180° - 2 \cdot 30° - 2 \cdot |\varphi_1| = 180° - 2 \cdot 30° - 68{,}19° = 51{,}80°$$

Für den Winkel β zwischen der Messrichtung von DMS B und der Hauptdehnungsrichtung ε_{H1} folgt auf analoge Weise:

$$\beta = 2 \cdot \varphi_1 + 2 \cdot 30° + 2 \cdot 120° - 360° = 68{,}19 + 2 \cdot 30° + 2 \cdot 120° - 360° = 8{,}19°$$

Mit den Winkeln α und β erhält man die Bildpunkte P_A und P_B welche die Verformungen mit der A- und C-Richtung als Bezugsrichtung repräsentieren. Für die Dehnungen in die entsprechenden Richtungen folgt dann:

$$\varepsilon_A = \varepsilon_M - R \cdot \cos\alpha = 0{,}6333\,‰ - 1{,}0001\,‰ \cdot \cos 51{,}80° = \mathbf{0{,}0148\,‰}$$

$$\varepsilon_B = \varepsilon_M + R \cdot \cos\beta = 0{,}6333\,‰ + 1{,}0001\,‰ \cdot \cos 8{,}19° = \mathbf{1{,}6230\,‰}$$

Der Bildpunkt P_C fällt mit dem Bildpunkt P_y zusammen, so dass gilt:

$$\varepsilon_C \equiv \varepsilon_y = \mathbf{0{,}2619\,‰}$$

In Analogie beispielsweise zu Aufgabe 5.5b) ist es auch möglich, aus den gegebenen Last-spannungen σ_x, σ_y und τ_{xy} den Mohrschen Spannungskreis zu konstruieren. Mit Hilfe des Mohrschen Spannungskreise können dann die Normalspannungen in A-, B- bzw. C-Richtung (σ_A, σ_B und σ_C) und in die jeweils dazu senkrechten Schnittrichtungen ($\sigma_{A'}$, $\sigma_{B'}$ und $\sigma_{C'}$) ermittelt werden. Die Dehnungen ε_A, ε_B und ε_C berechnen sich dann unter Anwendung des Hookeschen Gesetzes für den zweiachsigen Spannungszustand wie z. B. $\varepsilon_A = (\sigma_A - \mu \cdot \sigma_{A'})/E$.

b) **Berechnung der Hauptdehnungen ε_{H1} und ε_{H2}**

$$\varepsilon_{H1} = \varepsilon_M + R = 0{,}6333\,‰ + 1{,}0001\,‰ = 1{,}6334\,‰$$

$$\varepsilon_{H2} = \varepsilon_M - R = 0{,}6333\,‰ - 1{,}0001\,‰ = -0{,}3668\,‰$$

Berechnung der Hauptnormalspannungen σ_{H1} und σ_{H2}

Die Hauptnormalspannungen errechnet man aus den Hauptdehnungen mit Hilfe des Hookeschen Gesetzes für den zweiachsigen Spannungszustand:

$$\sigma_{H1} = \frac{E}{1-\mu^2} \cdot \left(\varepsilon_{H1} + \mu \cdot \varepsilon_{H2}\right)$$

$$= \frac{210\,000\ \text{N/mm}^2}{1-0{,}30^2} \cdot \left(1{,}6334 + 0{,}30 \cdot (-0{,}3668)\right) \cdot 10^{-3} = \mathbf{351{,}55\ \text{N/mm}^2}$$

$$\sigma_{H2} = \frac{E}{1-\mu^2} \cdot \left(\varepsilon_{H2} + \mu \cdot \varepsilon_{H1}\right)$$

$$\sigma_{H2} = \frac{210\,000 \text{ N/mm}^2}{1 - 0,30^2} \cdot \left(-0,3668 + 0,30 \cdot 1,6334 \cdot\right) \cdot 10^{-3} = \mathbf{28,45 \text{ N/mm}^2}$$

Da die Richtungswinkel zu den Hauptnormalspannungen mit den Richtungswinkel zu den Hauptdehnungen zusammenfallen (isotroper Werkstoff), ist eine Ermittlung der gesuchten Winkel aus dem Mohrschen Verformungskreis möglich.

Ermittlung der Richtungswinkel φ_1 und φ_2 zwischen der x-Richtung und den Hauptspannungsrichtungen σ_{H1} und σ_{H2}

$\varphi_1 = \mathbf{-34,10°}$ (siehe Aufgabenteil a)

$\varphi_2 = \varphi_1 + 90° = \mathbf{55,90°}$

c) Ordnen der Hauptnormalspannungen:

$\sigma_1 := \max\{\sigma_{H1}, \sigma_{H2}, \sigma_{H3}\} = 351,55 \text{ N/mm}^2$

$\sigma_3 := \min\{\sigma_{H1}, \sigma_{H2}, \sigma_{H3}\} = 0$

$\sigma_3 < \sigma_2 < \sigma_1 \rightarrow \sigma_2 = 28,45 \text{ N/mm}^2$

Berechnung der Vergleichsspannung nach der Schubspannungshypothese

$$\sigma_{VSH} = \sigma_1 - \sigma_3 = 351,55 \text{ N/mm}^2 - 0 = 351,55 \text{ N/mm}^2$$

Festigkeitsbedingung

$$\sigma_{VSH} \leq \sigma_{zul} = \frac{R_{p0,2}}{S_{F\,SH}}$$

$$S_{FSH} = \frac{R_{p0,2}}{\sigma_{VSH}} = \frac{570 \text{ N/mm}^2}{351,55 \text{ N/mm}^2} = \mathbf{1,62} \text{ (ausreichend, da } > 1,20)$$

Alternative: Berechnung der Vergleichsspannung nach der GEH

$$\sigma_{VGEH} = \frac{1}{\sqrt{2}} \cdot \sqrt{(\sigma_1 - \sigma_2)^2 + (\sigma_2 - \sigma_3)^2 + (\sigma_3 - \sigma_1)^2}$$

$$= \frac{1}{\sqrt{2}} \cdot \sqrt{(351,55 - 28,45)^2 + (28,45 - 0)^2 + (0 - 351,55)^2} \text{ N/mm}^2$$

$$= 338,22 \text{ N/mm}^2$$

Damit folgt für die Sicherheit gegen Fließen nach der GEH:

$$\sigma_{VGEH} \leq \sigma_{zul} = \frac{R_{p0,2}}{S_{F\,GEH}}$$

$$S_{F\,GEH} = \frac{R_{p0,2}}{\sigma_{VGEH}} = \frac{570 \text{ N/mm}^2}{338,22 \text{ N/mm}^2} = \mathbf{1,68} \text{ (ausreichend, da } S_F > 1,20)$$

d) Es liegt ein zweiachsiger Spannungszustand vor. Um eine Fallunterscheidung bei der Ermittlung der Vergleichsspannung (in Lastspannungen) zu vermeiden (siehe Lehrbuch Tabelle 6.1), ist es zweckmäßig, die Vergleichsspannung nach der GEH zu berechnen.

Für den zweiachsigen Spannungszustand ergibt sich die Vergleichsspannung nach der GEH in Lastspannungen zu:

$$\sigma_{V\,GEH} = \sqrt{\sigma_x^2 + \sigma_y^2 - \sigma_x \cdot \sigma_y + 3 \cdot \tau_{xy}^2}$$

Bedingung für Fließen:

$$\sigma_{V\,GEH} = R_{p0,2}$$

Damit folgt:

$$\sqrt{\sigma_x^2 + \sigma_y^2 - \sigma_x \cdot \sigma_y + 3 \cdot \tau_{xy}^2} = R_{p0,2} \quad | \text{quadrieren}$$

$$\sigma_x^2 + \sigma_y^2 - \sigma_x \cdot \sigma_y + 3 \cdot \tau_{xy}^2 = R_{p0,2}^2$$

$$\tau_{xy} = \sqrt{\frac{R_{p0,2}^2 - \sigma_x^2 - \sigma_y^2 + \sigma_x \cdot \sigma_y}{3}} = \sqrt{\frac{570^2 - 250^2 - 130^2 + 250 \cdot 130}{3}} \quad \text{N/mm}^2$$

$$\tau_{xy} = 304,41 \; \text{N/mm}^2$$

Lösung zu Aufgabe 6.13

a) **Berechnung der Lastspannungen im Einspannquerschnitt**

Zugspannung

$$\sigma_{zug} = \frac{F_{1x} + F_2}{A} = \frac{F_1 \cdot \cos\alpha + F_2}{\frac{\pi}{4} \cdot d^2} = \frac{25\,000\,\text{N} \cdot \cos 60° + 200\,000\,\text{N}}{\frac{\pi}{4} \cdot (50\text{mm})^2} = \mathbf{108{,}23\ N/mm^2}$$

Schubspannung aus Torsion

$$\tau_t = \frac{M_t}{W_t} = \frac{F_{1z} \cdot b}{\frac{\pi}{16} \cdot d^3} = \frac{F_1 \cdot \sin\alpha \cdot b}{\frac{\pi}{16} \cdot d^3} = \frac{25\,000\,\text{N} \cdot \sin 60° \cdot 100\,\text{mm}}{\frac{\pi}{16} \cdot (50\text{mm})^3} = \mathbf{88{,}21\ N/mm^2}$$

Biegespannungen

- Biegung um die z-Achse:

$$\sigma_{bz} = \frac{M_{bz}}{W_{bz}} = \frac{F_{1x} \cdot b}{\frac{\pi}{32} \cdot d^3} = \frac{F_1 \cdot \cos\alpha \cdot b}{\frac{\pi}{32} \cdot d^3} = \frac{25\,000\,\text{N} \cdot \cos 60° \cdot 100\,\text{mm}}{\frac{\pi}{32} \cdot (50\text{mm})^3} = \mathbf{101{,}86\ N/mm^2}$$

- Biegung um die y-Achse:

$$\sigma_{by} = \frac{M_{by}}{W_{by}} = \frac{F_{1z} \cdot (a+c)}{\frac{\pi}{32} \cdot d^3} = \frac{F_1 \cdot \sin\alpha \cdot (a+c)}{\frac{\pi}{32} \cdot d^3} = \frac{25\,000\,\text{N} \cdot \sin 60° \cdot 300\,\text{mm}}{\frac{\pi}{32} \cdot (50\text{mm})^3}$$

$$= \mathbf{529{,}28\ N/mm^2}$$

b) **Ermittlung der höchst beanspruchten Stell im Einspannquerschnitt**

Höchst beansprucht ist die Stelle A. Dort überlagert sich die maximale Biege(zug)-spannung mit der Zugspannung σ_{zug} und der maximalen Schubspannung aus Torsion (τ_t)

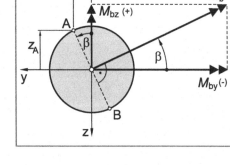

Berechnung des Winkels β sowie der Koordinaten y_A und z_A

$$\beta = \arctan\frac{M_{bz}}{M_{by}} = \arctan\frac{F_1 \cdot \cos\alpha \cdot b}{F_1 \cdot \sin\alpha \cdot (a+c)}$$

$$= \frac{\cos 60° \cdot 100\,\text{mm}}{\sin 60° \cdot 300\,\text{mm}} = 10{,}89°$$

$$z_A = -\frac{d}{2} \cdot \cos\beta = -\frac{50\,\text{mm}}{2} \cdot \cos 10{,}89° = -24{,}55\,\text{mm}$$

$$y_A = \frac{d}{2} \cdot \sin\beta = \frac{50\,\text{mm}}{2} \cdot \sin 10{,}89° = 4{,}72\,\text{mm}$$

Berechnung der Biegespannung an der Stelle A [1]

$$\sigma_{bA} = \frac{M_{bz}}{I_z} \cdot y_A + \frac{-M_{by}}{I_y} \cdot z_A = \frac{F_1 \cdot \cos\alpha \cdot b}{\frac{\pi}{64} \cdot d^4} \cdot y_A - \frac{F_1 \cdot \sin\alpha \cdot (a+c)}{\frac{\pi}{64} \cdot d^4} \cdot z_A$$

$$\sigma_{bA} = \frac{64 \cdot F_1}{\pi \cdot d^4} \cdot \left(\cos\alpha \cdot b \cdot z_A + \sin\alpha \cdot (a+c) \cdot y_A\right)$$

$$= \frac{64 \cdot 25000 \text{ N}}{\pi \cdot (50 \text{ mm})^4} \cdot \left(\cos 60° \cdot 100 \text{ mm} \cdot 4{,}72 \text{ mm} - \sin 60° \cdot 300 \text{ mm} \cdot (-24{,}55 \text{ mm})\right)$$

$$= 538{,}98 \text{ N/mm}^2$$

Berechnung der Vergleichsspannung an der Stelle A

Anwendung der SH in Lastspannungen (Fall: $\sigma_x \cdot \sigma_y < \tau_{xy}^2$):

$$\sigma_{V\,SH} = \sqrt{\left(\sigma_{bA} + \sigma_{zug}\right)^2 + 4 \cdot \tau_t^2}$$

$$= \sqrt{\left(538{,}98 \text{ N/mm}^2 + 108{,}23 \text{ N/mm}^2\right)^2 + 4 \cdot \left(88{,}21 \text{ N/mm}^2\right)^2} = 670{,}82 \text{ N/mm}^2$$

Festigkeitsbedingung

$$\sigma_{V\,SH} < \sigma_{zul} = \frac{R_{p0,2}}{S_F}$$

$$S_F = \frac{R_{p0,2}}{\sigma_{V\,SH}} = \frac{1\,050 \text{ N/mm}^2}{670{,}82 \text{ N/mm}^2} = \mathbf{1{,}57} \quad \text{(ausreichend, da } S_F > 1{,}20\text{)}$$

Alternative Möglichkeit zur Berechnung der Biegespannung an der Stelle A

$$\sigma_{bA} = \frac{M_b}{I} \cdot r = \frac{\sqrt{M_{by}^2 + M_{bz}^2}}{\frac{\pi}{64} \cdot d^4} \cdot r = \frac{\sqrt{M_{by}^2 + M_{bz}^2}}{\frac{\pi}{32} \cdot d^3}$$

$$= \frac{\sqrt{[F_1 \cdot \sin\alpha \cdot (a+c)]^2 + [F_1 \cdot \cos\alpha \cdot b]^2}}{\frac{\pi}{32} \cdot d^3}$$

$$= \frac{32 \cdot F_1}{\pi \cdot d^3} \cdot \sqrt{[F_1 \cdot \sin\alpha \cdot (a+c)]^2 + [F_1 \cdot \cos\alpha \cdot b]^2}$$

$$= \frac{32 \cdot 25000 \text{ N}}{\pi \cdot (50 \text{ mm})^3} \cdot \sqrt{(\sin 60° \cdot 300 \text{ mm})^2 + (\cos 60° \cdot 100 \text{ mm})^2} = 538{,}98 \text{ N/mm}^2$$

c) Spannungsermittlung an der Messstelle des DMS

An der Messstelle des DMS wirken die Spannungen σ_{zug}, σ_{by} und τ_t. Die Biegespannung σ_{bz} ist Null (neutrale Faser bezüglich Biegung um die z-Achse). An einem in Achsrichtung heraus getrennten Flächenelement wirken somit die Lastspannungen:

---

[1] Das Biegemoment M_{by} ist entsprechend der in der Statik üblichen Vorzeichenregelung negativ, das Biegemoment M_{bz} hingegen positiv anzusetzen.

in x-Richtung: $\sigma_x = \sigma_{zug} + \sigma_{by} = 108{,}23 \text{ N/mm}^2 + 529{,}28 \text{ N/mm}^2 = 637{,}51 \text{ N/mm}^2$ und

                   $\tau_t = 88{,}21 \text{ N/mm}^2$ (vgl. spez. Vorzeichenregelung für Schubspannungen)

in y-Richtung: $\sigma_y = 0$ und

                   $\tau_t = -88{,}21 \text{ N/mm}^2$ (vgl. spez. Vorzeichenregelung für Schubspannungen)

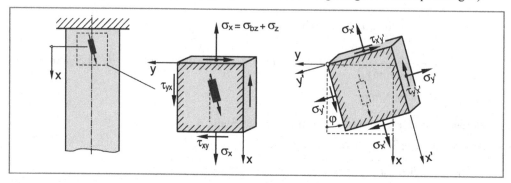

Konstruktion des Mohrschen Spannungskreises

Eintragen des Bildpunktes P_x ($\sigma_x \mid \tau_t$) und des Bildpunktes P_y (0 $\mid$ $-\tau_t$) in das σ-τ-Koordinatensystem
unter Beachtung der speziellen Vorzeichenregelung
für Schubspannungen.

Bildpunkt P_x repräsentiert die Spannungen in der
Schnittebene mit der x-Achse als Normalenvektor.
Bildpunkt P_y repräsentiert die Spannungen in der
Schnittebene mit der y-Achse als Normalenvektor.

Da die beiden Schnittebenen einen Winkel von 90°
zueinander einschließen, müssen die Bildpunkte P_x
und P_y auf einem Kreisdurchmesser liegen.

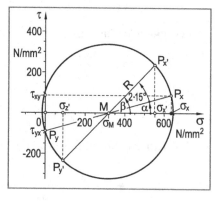

Die Strecke $P_x P_y$ schneidet die σ-Achse im Kreismittelpunkt M. Kreis um M durch die Bildpunkte P_x oder P_y ist der gesuchte Mohrsche Spannungskreis (siehe Abbildung).

Berechnung von Mittelpunkt und Radius des Mohrschen Spannungskreises

$$\sigma_M = \frac{\sigma_x}{2} = \frac{637{,}51 \text{ N/mm}^2}{2} = 318{,}76 \text{ N/mm}^2$$

$$R = \sqrt{\left(\frac{\sigma_x}{2}\right)^2 + \tau_t^2} = \sqrt{\left(\frac{637{,}51 \text{ N/mm}^2}{2}\right)^2 + \left(88{,}21 \text{ N/mm}^2\right)^2} = 330{,}74 \text{ N/mm}^2$$

Berechnung der Spannungen eines um den Winkel φ gedrehten Flächenelementes

Um die Spannungen in Schnittebenen parallel bzw. senkrecht zur Messrichtung des DMS zu
erhalten, dreht man das Flächenelement um den Winkel $\varphi = 15°$ im mathematisch positiven
Sinn (Gegenuhrzeigersinn). Die Spannungen ($\sigma_{x'}$ und $\tau_{x'y'}$) in der Schnittebene mit der x'-
Achse als Normalenvektor erhält man aus dem Mohrschen Spannungskreis, indem man aus-
gehend vom Bildpunkt P_x den doppelten Richtungswinkel ($2 \cdot \varphi$) mit gleichem Drehsinn anträgt
(Bildpunkt $P_{x'}$).

Die Koordinaten des Bildpunktes $P_{x'}$ sind die gesuchten Spannungen $\sigma_{x'}$ und $\tau_{x'y'}$ in der Schnittebene mit der x'-Achse als Normalenvektor. In analoger Weise erhält man, ausgehend vom Bildpunkt P_y, die Spannungen $\sigma_{y'}$ und $\tau_{y'x'}$ in der Schnittebene mit der y'-Achse als Normalenvektor (Bildpunkt $P_{y'}$).

Aus dem Mohrschen Spannungskreis folgt:

$$\alpha = \arctan\frac{\tau_t}{\sigma_x/2} = \arctan\frac{88{,}21\ \text{N/mm}^2}{637{,}51\ \text{N/mm}^2/2} = 15{,}47°$$

$$\beta = \alpha + 2\cdot 15° = 45{,}47°$$

$$\sigma_{x'} = \sigma_M + R\cdot\cos\beta$$
$$= 318{,}76\ \text{N/mm}^2 + 330{,}74\ \text{N/mm}^2\cdot\cos 45{,}47°$$
$$= 550{,}71\ \text{N/mm}^2$$

$$\sigma_{y'} = \sigma_M - R\cdot\cos\beta$$
$$= 318{,}76\ \text{N/mm}^2 - 330{,}74\ \text{N/mm}^2\cdot\cos 45{,}47°$$
$$= 86{,}82\ \text{N/mm}^2$$

Berechnung der Dehnung in Messrichtung des DMS (x'-Richtung)

Ansetzen des Hookeschen Gesetzes (zweiachsig):

$$\varepsilon_{x'} = \varepsilon_{DMS} = \frac{1}{E}\cdot\left(\sigma_{x'} - \mu\cdot\sigma_{z'}\right)$$
$$= \frac{550{,}71\ \text{N/mm}^2 - 0{,}30\cdot 86{,}82\ \text{N/mm}^2}{209\,000\ \text{N/mm}^2} = 0{,}00251 = \mathbf{2{,}510\ ‰}$$

Alternative Lösung mit Hilfe des Mohrschen Verformungskreises

Berechnung der Dehnungen ε_x bzw. ε_y in x- bzw. y-Richtung sowie der Schiebungen γ_{xy} bzw. γ_{yx} mit der x- bzw. y-Richtung als Bezugsrichtung

$$\varepsilon_x = \frac{\sigma_x}{E} = \frac{637{,}51\ \text{N/mm}^2}{209\,000\ \text{N/mm}^2} = 0{,}00305 = 3{,}050\ ‰$$

$$\varepsilon_y = -\mu\cdot\varepsilon_x = -0{,}30\cdot 3{,}050\ ‰ = -0{,}915\ ‰$$

$$\gamma_{xy} = \frac{\tau_{xy}}{G} = \frac{\tau_t}{G} = \frac{\tau_t}{\dfrac{E}{2\cdot(1+\mu)}} = \frac{88{,}21\ \text{N/mm}^2}{\dfrac{209\,000\ \text{N/mm}^2}{2\cdot(1+0{,}30)}} = 0{,}001097 = 1{,}097\ ‰$$

$$\gamma_{yx} = -\gamma_{xy} = -1{,}097\ ‰$$

Bei γ_{xy} handelt es sich gemäß der Vorzeichenregelung für Schiebungen um eine Winkelvergrößerung, bei γ_{yx} hingegen um eine Winkelverkleinerung.

Konstruktion des Mohrschen Verformungskreises

Zur Konstruktion des Mohrschen Verformungskreises benötigt man die Verformungen in zwei zueinander senkrechten Richtungen. Bekannt sind die Verformungen mit der x- bzw. y-Richtung als Bezugsrichtung.

Einzeichnen der entsprechenden Bildpunkte P_x (ε_x | $0{,}5 \cdot \gamma_{xy}$) und P_y (ε_y | $0{,}5 \cdot \gamma_{yx}$) in das ε-$\gamma/2$-Koordinatensystem unter Berücksichtigung der Vorzeichenregelung für Schiebungen.

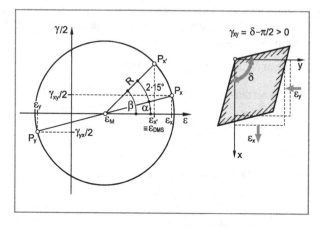

Da die x- und die y-Richtung einen Winkel von 90° zueinander einschließen, müssen die Bildpunkte P_x und P_y auf einem Kreisdurchmesser liegen. Die Strecke $P_x P_y$ schneidet die ε-Achse im Kreismittelpunkt ε_M. Kreis um ε_M durch die Bildpunkte P_x und P_y ist der gesuchte Mohrsche Verformungskreis (siehe Abbildung).

Bildpunkt $P_{x'}$, welcher die Verformungsgrößen in x'-Richtung (Messrichtung des DMS) als Bezugsrichtung repräsentiert, erhält man durch Abtragen des Richtungswinkels 2·15° ausgehend vom Bildpunkt P_x (gleicher Drehsinn zum Lageplan, also im Gegenuhrzeigersinn).

Für den Mittelpunkt und den Radius des Mohrschen Verformungskreises erhält man:

$$\varepsilon_M = \frac{\varepsilon_x + \varepsilon_y}{2} = \frac{3{,}050\ ‰ - 0{,}915\ ‰}{2} = 1{,}068\ ‰$$

$$R = \sqrt{\left(\varepsilon_x - \varepsilon_M\right)^2 + \left(\frac{\gamma_{xy}}{2}\right)^2} = \sqrt{\left(3{,}050 - 1{,}068\right)^2 + \left(\frac{1{,}097}{2}\right)^2}\ ‰ = 2{,}056\ ‰$$

Für den Winkel α folgt:

$$\alpha = \arctan\left(\frac{-\gamma_{xy}/2}{\varepsilon_x - \varepsilon_M}\right) = \arctan\left(\frac{-1{,}097\ ‰/2}{3{,}050\ ‰ - 1{,}068\ ‰}\right) = -15{,}47°$$

Damit folgt für den Winkel β:

$$\beta = |\alpha| + 2 \cdot 15° = 15{,}47° + 30° = 45{,}47°$$

Berechnung der Dehnung $\varepsilon_{x'}$ in Messrichtung des DMS

Aus dem Mohrschen Verformungskreis erhält man für die Dehnungen $\varepsilon_{x'}$ in Messrichtung des DMS:

$$\varepsilon_{x'} = \varepsilon_M + R \cdot \cos\beta = 1{,}068 + 2{,}056 \cdot \cos 45{,}47° = \mathbf{2{,}510\ ‰}$$

7 Kerbwirkung

7.1 Formelsammlung zur Kerbwirkung

Formzahl

$$\alpha_k = \frac{\sigma_{max}}{\sigma_n} \quad \text{bzw.} \quad \alpha_k = \frac{\tau_{max}}{\tau_n}$$

Definition der Formzahl

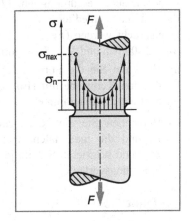

Bauteilverhalten spröder Werkstoffe

$$\sigma_n \leq \frac{R_m}{\alpha_k \cdot S_B}$$

Festigkeitsbedingung für gekerbte Bauteile aus spröden Werkstoffen

Bauteilverhalten duktiler Werkstoffe

Äußere Beanspruchung bei Fließbeginn eines gekerbten Bauteils [1]

$$F_F = \frac{R_e}{\alpha_k} \cdot A_n$$

Äußere Beanspruchung mit Erreichen einer vorgegebenen plastischen Verformung [1]

$$F_{pl} = n_{pl} \cdot F_F$$

Plastische Stützziffer

$$n_{pl} = \sqrt{\frac{\varepsilon_{ges}}{\varepsilon_F}} = \sqrt{1 + \frac{\varepsilon_{pl}}{\varepsilon_F}}$$

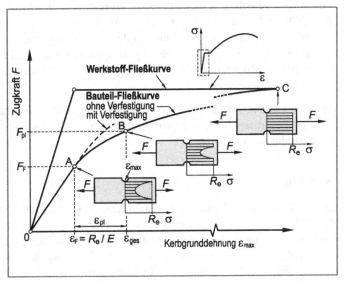

---

[1] An die Stelle der (Zug-)Kraft F können auch andere äußere Belastungsgrößen wie zum Beispiel Druckkraft F_d, Biegemoment M_b, Torsionsmoment M_t oder Innendruck p_i treten.

7.2 Aufgaben

Aufgabe 7.1   ○○○○●

Die Abbildung zeigt drei gekerbte Rund-
stäbe aus dem Vergütungsstahl 42CrMo4,
die auf unterschiedliche Weise elastisch
beansprucht werden (F_z = 500 kN sowie
M_b = 2500 Nm und M_t = 5000 Nm).

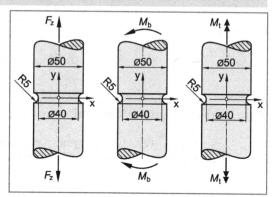

a) Ermitteln Sie die Formzahlen α_k für
   die drei Kerbstäbe mit Hilfe geeigne-
   ter Formzahldiagramme.

b) Berechnen Sie die Nennspannungen
   σ_n und die maximalen Spannungen
   σ_{max} und skizzieren Sie die jeweiligen
   Spannungsverläufe.

Aufgabe 7.2   ○○○○●

Ein mittig gelochter Flachstab aus Werkstoff 17MnMoV6-4
(E = 203000 N/mm²) wird durch die statisch wirkende Zugkraft
F = 100 kN belastet. Im Kerbgrund wurde ein Dehnungsmessstreifen zur Ermittlung der Längsdehnung ε_l appliziert (siehe Abbildung). Bei der Zugkraft von F = 100 kN wird eine Längsdehnung
von ε_l = 1,00 ‰ gemessen.

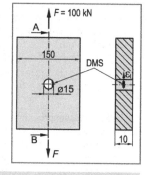

Berechnen Sie aus dem Messwert für die Dehnung die Formzahl
α_k und überprüfen Sie das Ergebnis mit Hilfe eines geeigneten
Formzahldiagrammes.

Aufgabe 7.3   ○○○●●

Ein Halteband aus unlegiertem Baustahl S275JR (E = 210000 N/mm²;
R_e = 430 N/mm²) ist an seinem oberen Ende fest eingespannt und am
unteren Ende durch die Kraft F statisch belastet (siehe Abbildung).
Bei der Kraft F = 25 kN wurde an der höchst beanspruchten Stelle A
in Längsrichtung die Dehnung ε_l = 1,042 ‰ gemessen.

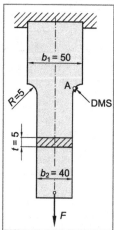

a) Berechnen Sie die Formzahl α_k.

b) Ermitteln Sie die Sicherheit gegen Fließen.

c) Berechnen Sie die Zugkraft F_F, die zum Fließen des Bandes führt.

Um den Werkstoff besser auszunutzen, soll an der höchst beanspruchten Stelle des Haltebandes (im Kerbgrund) eine Gesamtdehnung von ε_{ges} = 0,30 % zugelassen werden.

d) Mit welcher Kraft F_{pl} kann das Halteband dann beansprucht werden (linear-elastisch idealplastisches Werkstoffverhalten)?

e) Berechnen Sie die Kraft F_{vpl}, die zum vollplastischen Zustand des Haltebandes führt.

Aufgabe 7.4   ○○●●●

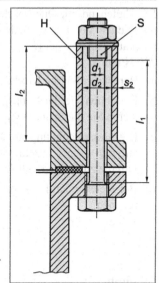

Der Deckel eines Druckbehälters ist mit Hilfe von Dehn-schrauben (S) aus Vergütungsstahl C45E ($R_{p0,2} = 490$ N/mm^2; $R_m = 710$ N/mm^2; $E = 210000$ N/mm^2) und Hülsen (H) aus der unlegierten Baustahlsorte S275JR ($R_e = 260$ N/mm^2; $R_m = 420$ N/mm^2; $E = 210000$ N/mm^2) befestigt (siehe Abbildung).

Schraube: $d_1 = 12$ mm
$\qquad l_1 = 128$ mm

Hülse: $d_2 = 24$ mm
$\qquad s_2 = 3$ mm
$\qquad l_2 = 84$ mm

a) Im drucklosen Zustand wird jede Schraube mit einer stati-schen Zugkraft von $F_V = 24$ kN vorgespannt.

   • Berechnen Sie die Längenänderung der Schraube sowie die Höhenänderung der Hülse.

   • Führt eine Steigerung der Vorspannkraft F_V zuerst zu pla-stischen Verformungen in der Hülse oder in der Schraube?

b) Während des Anziehens wird zusätzlich zu der als konstant anzunehmenden Vorspannkraft $F_V = 24$ kN infolge Reibung noch ein Torsionsmoment M_t auf die Schrauben übertragen, das mit 40% des Anzugsmomentes M_A anzunehmen ist. Berechnen Sie das maximal zuläs-sige Anzugsmoment M_A, falls die Gesamtbeanspruchung der Schrauben auf 2/3 ihrer 0,2%-Dehngrenze $R_{p0,2}$ begrenzt werden muss.

Nach Druckaufbringung erhöht sich die Zugkraft auf $F_{ges} = 36,5$ kN je Schraube. In die Hülse muss außerdem nachträglich eine Querbohrung von 4,5 mm Durchmesser eingebracht werden.

c) Überprüfen Sie, ob unter diesen Bedingungen noch ein sicherer Betrieb (Belastung durch F_{ges}) gewährleistet ist, falls lokale Dehnungen bis $\varepsilon_{ges} = 0,5$ % als zulässig erachtet werden und eine Mindestsicherheit von $S_{pl} = 1,5$ gefordert wird (das Torsionsmoment soll unbe-rücksichtigt bleiben). Falls nein, auf welchen Wert muss dann die Schraubenkraft im Be-trieb reduziert werden?

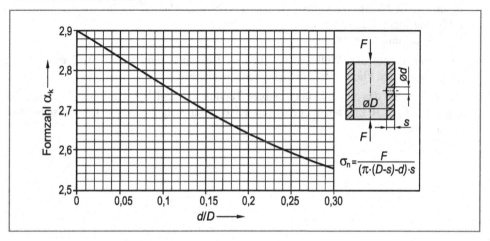

Aufgabe 7.5   ○○○●●

Ein Halteband mit Querbohrung (d = 20 mm, b = 60 mm) aus der unlegierten Vergütungsstahlsorte C45E wird durch die Kraft F statisch auf Zug belastet (E = 210000 N/mm², R_e = 490 N/mm², R_m = 710 N/mm²).

a) Berechnen Sie die Kraft F_F bei Fließbeginn des Haltebandes.

b) Errechnen Sie die Nennspannung σ_n bei Fließbeginn und skizzieren Sie die Spannungsverteilung.

c) Die Gesamtdehnung an der höchst beanspruchten Stelle soll auf ε_{ges} = 0,5% beschränkt werden. Berechnen Sie für diesen Fall die zulässige Kraft F_{zul} (S_{pl} = 1,5).

d) Bei welcher Kraft F_B ist mit dem Bruch des Haltebandes zu rechnen?

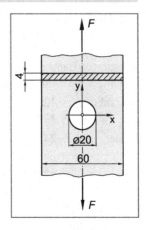

Aufgabe 7.6   ○○●●●

Die dargestellte abgesetzte Welle aus Werkstoff 38Cr2 wird durch die statisch wirkende Kraft F_Z und das statisch wirkende Torsionsmoment M_t beansprucht. Zur Ermittlung der Belastung wurden außerdem in hinreichendem Abstand vom Wellenabsatz zwei Dehnungsmessstreifen (DMS) in der dargestellten Weise appliziert. Die beiden Dehnungsmessstreifen stehen senkrecht zueinander.

Werkstoffkennwerte 38Cr2:

$R_{p0,2}$ = 510 N/mm²

R_m = 760 N/mm²

E = 210000 N/mm²

μ = 0,30

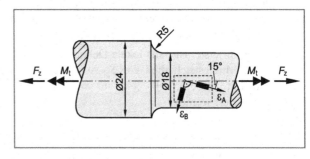

a) Berechnen Sie die Dehnungen ε_A und ε_B in Messrichtung der DMS bei einer Belastung von F_Z = 30 kN und M_t = 100 Nm.

b) Ermitteln Sie für den Wellenabsatz für eine Beanspruchung gemäß Aufgabenteil a) die Sicherheit gegen Fließen. Ist die Sicherheit ausreichend?

c) Bestimmen Sie das maximal übertragbare Torsionsmoment M_t* damit bei gleichbleibender Zugkraft (F_Z = 30 kN) am Wellenabsatz Fließen mit Sicherheit (S_F = 1,35) ausgeschlossen werden kann.

Aufgabe 7.7   ○○●●●

Ein Rundstab mit Vollkreisquerschnitt aus der unlegierten Vergütungsstahlsorte C45E (D = 32 mm, l = 420 mm, c = 120
mm) ist an seinem oberen Ende fest eingespannt und am unteren Ende mit einer Lasche verbunden (siehe Abbildung). Über
die Lasche kann der Rundstab auf unterschiedliche Weise beansprucht werden. Die Kerbwirkung an der Einspannstelle soll
vernachlässigt werden.

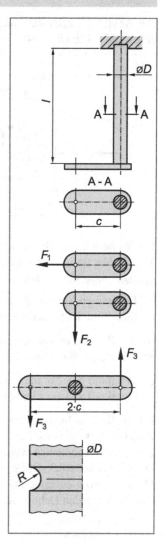

Werkstoffkennwerte C45E:

R_e = 490 N/mm^2
R_m = 720 N/mm^2
E = 210000 N/mm^2
μ = 0,30

Es sind verschiedene Lastfälle zu untersuchen:

a) An der Lasche greift die statische Kraft F_1 = 1250 N an
   (siehe Abbildung). Berechnen Sie die Spannung und die
   Dehnung an der höchst beanspruchten Stelle des Rundstabes.

b) An der Lasche greift die statische Kraft F_2 = 2250 N entsprechend der Abbildung an. Berechnen Sie die Sicherheit
   gegen Fließen. Ist die Sicherheit ausreichend?

Anstelle der einseitigen wird eine symmetrische Lasche angebracht. Die Lasche wird durch die beiden statischen Kräfte F_3
beansprucht. Außerdem wird in Stabmitte ein halbkreisförmiger Einstich mit dem Radius R = 3,2 mm eingearbeitet (siehe
Abbildung).

c) Berechnen Sie die zulässigen Kräfte F_3, falls mit 1,4-facher
   Sicherheit keine plastische Verformungen auftreten dürfen.

d) Berechnen Sie die zulässigen Kräfte F_3 falls mit 1,4-facher
   Sicherheit die plastische Dehnung an der höchst beanspruchten Stelle auf ε_{pl} = 0,2 % begrenzt werden soll.

Aufgabe 7.8

Die Abbildung zeigt eine abgesetzte Welle mit Vollkreisquerschnitt aus unlegiertem Vergütungsstahl C45E ($R_e = 340$ N/mm²; $R_m = 620$ N/mm²; $E = 205000$ N/mm²; $\mu = 0,30$).

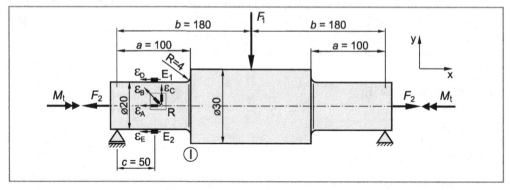

Die Welle wird durch die mittig angreifende Querkraft $F_1 = 1050$ N und das Torsionsmoment $M_t = 72$ Nm statisch beansprucht. Die Zugkraft F_2 wirkt zunächst nicht ($F_2 = 0$).

a) Berechnen Sie das Biegemoment im Kerbgrund (Stelle I).

b) Bestimmen Sie für die Kerbstelle I die Sicherheiten gegen Fließen (S_F) und Gewaltbruch (S_B). Sind die Sicherheiten ausreichend?

Die Welle wird nun durch eine baugleiche Welle aus dem legierten Vergütungsstahl 50CrV4 ersetzt ($R_{p0,2} = 900$ N/mm²; $R_m = 1100$ N/mm²; $E = 205000$ N/mm²; $\mu = 0,30$).

c) Ermitteln Sie das maximal übertragbare Torsionsmoment M_t^* damit bei gleichbleibender Querkraft F_1 kein Fließen im Kerbgrund eintritt (Zugkraft $F_2 = 0$).

Die Welle unterliegt nun einer unbekannten Betriebsbeanspruchung. Die Querkraft F_1 und die Zugkraft F_2 sowie das Torsionsmoment M_t sind nicht bekannt. Zur Ermittlung der Kräfte und des Torsionsmomentes werden in hinreichendem Abstand vom Wellenabsatz (die Kerbwirkung kann unberücksichtigt bleiben) in der skizzierten Weise eine 0°-45°-90° DMS-Rosette (R) sowie zwei einzelne DMS ($E1$ und $E2$) in Längsrichtung appliziert. Unter Belastung werden die folgenden Dehnungen ermittelt:

$\varepsilon_A = \quad 1,300$ ‰
$\varepsilon_B = \quad 0,065$ ‰
$\varepsilon_C = -\,0,390$ ‰
$\varepsilon_D = \quad 1,050$ ‰
$\varepsilon_E = \quad 1,550$ ‰

d) Ermitteln Sie anhand der Dehnungswerte die Zugkraft F_2.

e) Berechnen Sie die Querkraft F_1.

f) Ermitteln Sie Betrag und Drehsinn des Torsionsmomentes M_t.

g) Berechnen Sie unter Betriebsbeanspruchung die Sicherheit S_F gegen Fließen im Kerbquerschnitt I ($R_{p0,2} = 900$ N/mm²).

Aufgabe 7.9   ○●●●●

An einem Bauteil ist eine Dehnschraube aus dem Vergütungsstahl C35E zu überprüfen. Der gefährdete Querschnitt
liegt im glatten, zylindrischen Teil des Schraubenbolzens
(siehe Abbildung).

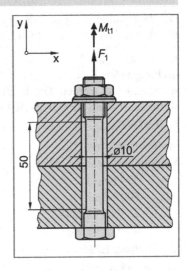

Werkstoffkennwerte C35E (vergütet):

$R_{p0,2}$ = 430 N/mm^2
R_m = 740 N/mm^2
E = 210000 N/mm^2
μ = 0,30

Der Schraubenbolzen wird zunächst durch die Vorspannkraft F_1 = 7860 N und zusätzlich durch das Torsionsmoment M_{t1} = 11,78 Nm (bedingt durch das Anziehen der
Schraube) beansprucht.

a) Berechnen Sie die durch die Vorspannkraft F_1 im gefährdeten Querschnitt (d_0 = 10 mm) erzeugte Zugspannung σ_z. Um welchen Betrag verlängert sich dabei der
   zylindrische Teil des Schraubenbolzens (l_0 = 50 mm)?

b) Berechnen Sie die durch das Torsionsmoment M_{t1} im
   gefährdeten Querschnitt erzeugte maximale Schubspannung τ_t. Um welchen Winkel φ wird der zylindrische
   Teil des Schraubenbolzens dabei verdreht?

c) Skizzieren Sie den Mohrschen Spannungskreis für die
   Außenoberfläche im glatten zylindrischen Teil des
   Schraubenbolzens. Ermitteln Sie die Hauptnormalspannungen sowie die Winkel zwischen den Hauptspannungsrichtungen und der Schraubenlängsachse.

d) Berechnen Sie für den zylindrischen Teil der Dehnschraube das Torsionsmoment M_{t2} bei Fließbeginn. Die
   Vorspannkraft soll als konstant angenommen werden
   (F_1 = 7860 N).

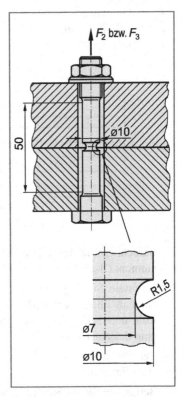

Die Schraube wird nun mit einer hydraulischen Vorspann-
einrichtung eingebaut, so dass kein Drehmoment übertragen werden kann (M_t = 0). Außerdem werden jetzt Dehn-
schrauben mit einem halbkreisförmigen Einstich eingesetzt.
Der Kerbradius R beträgt 1,5 mm (siehe Abbildung).

e) Berechnen Sie zu zulässige Vorspannkraft F_2, falls mit
   1,5-facher Sicherheit (S_F = 1,5) keinerlei plastische Verformungen auftreten sollen.

f) Ermitteln Sie die Vorspannkraft F_3, falls mit 1,5-facher Sicherheit die plastische Dehnung
   (ε_{pl}) an der höchst beanspruchten Stelle auf 0,3 % beschränkt werden soll.

Aufgabe 7.10

Der dargestellte Ausleger aus den Werkstoffen E295 (Vierkantrohr) und S275JR (Vierkantpro-filstab) wird an seinem rechten Ende durch die Einzelkraft F belastet.

Kerbwirkung an der Einspannstelle sowie Schubspannungen durch Querkräfte sind bei den nachfolgenden Berechnungen zu vernachlässigen. Die Enden des Auslegers können als ideal starr betrachtet werden. Das Eigengewicht des Auslegers wird vernachlässigt. Für beide Werkstoffe (E295 und S275JR) soll linear-elastisch idealplastisches Werkstoffverhalten vorausge-setzt werden.

Werkstoffkennwerte:

Vierkantprofilstab S275JR:

$R_{e1} = 275 \text{ N/mm}^2$
$R_{m1} = 500 \text{ N/mm}^2$
$E_1 = 209000 \text{ N/mm}^2$
$\mu_1 = 0{,}30$

Vierkantrohr E295:

$R_{e2} = 295 \text{ N/mm}^2$
$R_{m2} = 750 \text{ N/mm}^2$
$E_2 = 209000 \text{ N/mm}^2$
$\mu_2 = 0{,}30$

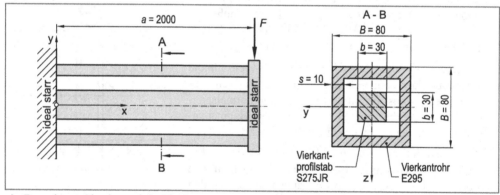

a) Berechnen Sie das axiale Flächenmoment 2. Ordnung (I_y) sowie das axiale Widerstands-moment (W_{by}) des Auslegers bezüglich der y-Achse.

b) Ermitteln Sie diejenige Stelle am Ausleger, die mit zunehmender Erhöhung der Kraft F erstmals Fließen zeigt (Begründung !). Beachten Sie, dass der Vierkantprofilstab sowie das Rohr unterschiedliche Werkstoffkennwerte haben. Berechnen Sie die Kraft F_F bei Fließbe-ginn des Auslegers.

c) Berechnen Sie die Kraft F_{pl}, die erforderlich ist, um das Vierkantrohr bis $z_{pl} = 30$ mm zu plastifizieren.

d) Berechnen Sie die Kraft F^*_{pl} bei Fließbeginn des Vierkantprofilstabes.

e) Ermitteln Sie die Kraft F_{vpl} mit Erreichen des vollplastischen Zustandes des Auslegers.

f) Skizzieren Sie mit Hilfe der in Aufgabenteil b) bis e) berechneten Werte die Bauteilfließ-kurve des Auslegers in das vorbereitete Diagramm.

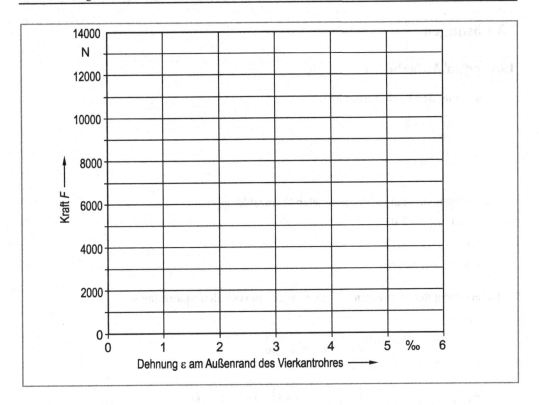

Aufgabe 7.11 ●●●●●

Der dargestellte Lagerzapfen aus dem legierten Vergütungsstahl 34CrMo4 ($R_{p0,2}$ = 800 N/mm²; R_m = 1000 N/mm²; E = 205000 N/mm²; μ = 0,30) wird durch die statischen Kräfte F_1 und F_2 sowie durch das statische Torsionsmoment M_t belastet. Zur Ermittlung der unbekannten Kräfte und des Torsionsmomentes werden in der skizzierten Weise eine 0°-45°-90° DMS-Rosette (R) sowie zwei einzelne DMS ($E1$ und $E2$) in Längsrichtung appliziert. Unter Belastung werden die folgenden Dehnungen ermittelt:

ε_A = 1,60 ‰
ε_B = 0,00 ‰
ε_C = - 0,48 ‰
ε_D = 1,40 ‰
ε_E = 1,80 ‰

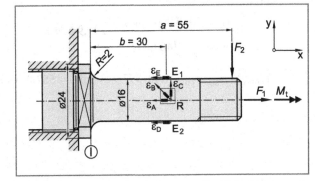

a) Ermitteln Sie anhand der Dehnungswerte die Zugkraft F_1.

b) Berechnen Sie die Querkraft F_2.

c) Ermitteln Sie Betrag und Richtung des Torsionsmomentes M_t.

d) Bestimmen Sie die Sicherheit gegen Fließen im Kerbquerschnitt I. Ist die Sicherheit ausreichend?

7.3 Lösungen

Lösung zu Aufgabe 7.1

a) **Ermittlung der Verhältniszahlen**

$$\frac{D}{d} = \frac{50}{40} = 1{,}25$$

$$\frac{R}{d} = \frac{5}{40} = 0{,}125$$

Damit entnimmt man einem geeigneten Formzahldiagramm:

Stab 1 : $\alpha_{kz} = \textbf{2,03}$

Stab 2 : $\alpha_{kb} = \textbf{1,78}$

Stab 3 : $\alpha_{kt} = \textbf{1,40}$

b) **Berechnung der Nennspannungen und der maximalen Spannungen**

Stab 1 :

$$\sigma_{zn} = \frac{F}{A_n} = \frac{500\,000 \text{ N}}{\frac{\pi}{4} \cdot (40 \text{ mm})^2} = \textbf{397,9 N/mm}^2$$

$$\sigma_{z\,max} = \alpha_{kz} \cdot \sigma_{zn} = 2{,}03 \cdot 397{,}9 \text{ N/mm}^2 = \textbf{807,7 N/mm}^2$$

Stab 2 :

$$\sigma_{bn} = \frac{M_b}{W_{bn}} = \frac{2\,500\,000 \text{ Nmm}}{\frac{\pi}{32} \cdot (40 \text{ mm})^3} = \textbf{397,7 N/mm}^2$$

$$\sigma_{b\,max} = \alpha_{kb} \cdot \sigma_{bn} = 1{,}78 \cdot 397{,}9 \text{ N/mm}^2 = \textbf{708,2 N/mm}^2$$

Stab 3 :

$$\tau_{tn} = \frac{M_t}{W_{tn}} = \frac{5\,000\,000 \text{ Nmm}}{\frac{\pi}{16} \cdot (40 \text{ mm})^3} = \textbf{397,9 N/mm}^2$$

$$\tau_{t\,max} = \alpha_{kb} \cdot \tau_{tn} = 1{,}40 \cdot 397{,}9 \text{ N/mm}^2 = \textbf{557,0 N/mm}^2$$

Spannungsverläufe

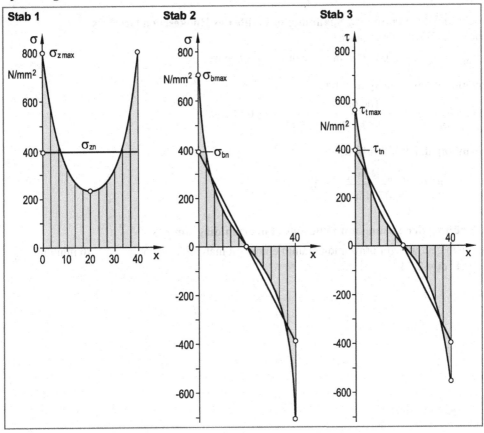

Lösung zu Aufgabe 7.2

Berechnung der maximalen Spannung mit Hilfe des Hookeschen Gesetzes
(einachsiger Spannungszustand)

$$\sigma_{max} = E \cdot \varepsilon_1 = 203\,000 \text{ N/mm}^2 \cdot 0{,}001 = 203 \text{ N/mm}^2$$

Berechnung der Nennspannung

$$\sigma_n = \frac{F}{A_n} = \frac{100\,000 \text{ N}}{(150\text{mm} - 15 \text{ mm}) \cdot 10 \text{ mm}} = 74{,}07 \text{ N/mm}^2$$

Berechnung der Formzahl α_k

$$\alpha_k = \frac{\sigma_{max}}{\sigma_n} = \frac{203 \text{ N/mm}^2}{74{,}07 \text{ N/mm}^2} = \mathbf{2{,}74}$$

Überprüfung der Lösung mit Hilfe eines Formzahldiagrammes

Aus einem geeigneten Formzahldiagramm entnimmt man mit $a = 7{,}5$ mm; $b = 70$ mm und $a/b = 0{,}1$: $\boldsymbol{\alpha_k = \mathbf{2{,}74}}$

Lösung zu Aufgabe 7.3

a) **Berechnung der maximalen Spannung mit Hilfe des Hookeschen Gesetzes** (einachsiger Spannungszustand)

$$\sigma_{max} = E \cdot \varepsilon_1 = 210\,000 \text{ N/mm}^2 \cdot 0{,}001042 = 218{,}8 \text{ N/mm}^2$$

Berechnung der Nennspannung

$$\sigma_n = \frac{F}{b_2 \cdot t} = \frac{25\,000 \text{ N}}{40 \text{ mm} \cdot 5 \text{ mm}} = 125 \text{ N/mm}^2$$

Berechnung der Formzahl α_k

$$\alpha_k = \frac{\sigma_{max}}{\sigma_n} = \frac{218{,}8 \text{ N/mm}^2}{125 \text{ N/mm}^2} = \mathbf{1{,}75}$$

b) **Festigkeitsbedingung (Fließen)**

$$\sigma_{max} \leq \sigma_{zul}$$

$$\sigma_{max} = \frac{R_e}{S_F}$$

$$S_F = \frac{R_e}{\sigma_{max}} = \frac{430 \text{ N/mm}^2}{218{,}8 \text{ N/mm}^2} = \mathbf{1{,}97} \quad \text{(ausreichend, da } S_F > 1{,}20\text{)}$$

c) **Fließbedingung**

$$\sigma_{max} = R_e$$

$$\sigma_n \cdot \alpha_k = R_e$$

$$\frac{F_F}{b_2 \cdot t} \cdot \alpha_k = R_e$$

$$F_F = \frac{b_2 \cdot t \cdot R_e}{\alpha_k} = \frac{40 \text{ mm} \cdot 5 \text{ mm} \cdot 430 \text{ N/mm}^2}{1{,}75} = \mathbf{49\,143\,N}$$

d) **Berechnung der plastischen Stützziffer n_{pl}**

$$n_{pl} = \sqrt{\frac{\varepsilon_{ges}}{\varepsilon_F}} = \sqrt{\frac{\varepsilon_{ges}}{R_e / E}} = \sqrt{\frac{0{,}003}{430 \text{ N/mm}^2 / 210\,000 \text{ N/mm}^2}} = 1{,}21$$

Weiterhin gilt:

$$n_{pl} = \frac{F_{pl}}{F_F}$$

$$F_{pl} = n_{pl} \cdot F_F = 1{,}21 \cdot 49\,143 \text{ N} = \mathbf{59\,484\ N}$$

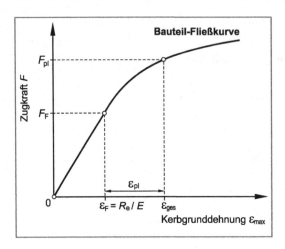

e) **Berechnung des vollplastischen Zustandes**

Ein vollplastischer Zustand tritt ein, sobald die Nennspannung die Streckgrenze erreicht:

$$\sigma_n = R_e$$

$$\frac{F_{vpl}}{b_2 \cdot t} = R_e$$

$$F_{vpl} = b_2 \cdot t \cdot R_e = 40 \text{ mm} \cdot 5 \text{ mm} \cdot 430 \text{ N/mm}^2 = \textbf{86000 N}$$

Lösung zu Aufgabe 7.4

a) **Berechnung der Verlängerung Δl_1 der Schraube mit Hilfe des Hookeschen Gesetzes** (einachsiger Spannungszustand)

$$\sigma_1 = E \cdot \varepsilon_1$$

$$\frac{F_V}{A_1} = E \cdot \frac{\Delta l_1}{l_1}$$

$$\Delta l_1 = \frac{4 \cdot F_V \cdot l_1}{\pi \cdot d_1^2 \cdot E} = \frac{4 \cdot 24\,000 \text{ N} \cdot 128 \text{ mm}}{\pi \cdot (12 \text{ mm})^2 \cdot 210000 \text{ N/mm}^2} = \mathbf{0{,}129\,mm}$$

Berechnung der Verkürzung Δl_2 der Hülse mit Hilfe des Hookeschen Gesetzes (einachsiger Spannungszustand)

$$\sigma_2 = E \cdot \varepsilon_2$$

$$\frac{F_V}{A_2} = E \cdot \frac{\Delta l_2}{l_2}$$

$$\Delta l_2 = \frac{4 \cdot F_V \cdot l_2}{\pi \cdot (d_a^2 - d_i^2) \cdot E} = \frac{4 \cdot 24\,000 \text{ N} \cdot 84 \text{ mm}}{\pi \cdot (30^2 - 24^2)\,\text{mm}^2 \cdot 210000 \text{ N/mm}^2} = \mathbf{0{,}038\,mm}$$

Berechnung der Zugkraft bei Fließbeginn der Schraube

$$\sigma = R_{p0,2}$$

$$\frac{F_{FB1}}{A_1} = R_{p0,2}$$

$$F_{FB1} = R_{p0,2} \cdot \frac{\pi}{4} \cdot d_1^2 = 490 \text{ N/mm}^2 \cdot \frac{\pi}{4} \cdot (12 \text{ mm})^2 = 55\,418\,\text{N}$$

Berechnung der Druckkraft bei Fließbeginn der Hülse

$$\sigma = R_e$$

$$\frac{F_{FB2}}{A_2} = R_e$$

$$F_{FB2} = R_e \cdot \frac{\pi}{4} \cdot (d_a^2 - d_i^2) = 260 \text{ N/mm}^2 \cdot \frac{\pi}{4} \cdot (30^2 - 24^2)\,\text{mm}^2 = 66\,162\,\text{N}$$

Bei einer Steigerung der Vorspannkraft plastifiziert die **Schraube** zuerst.

b) **Berechnung der Lastspannungen**

$$\sigma_z = \frac{F_V}{A_1} = \frac{4 \cdot F_V}{\pi \cdot d_1^2} = \frac{4 \cdot 24\,000 \text{ N}}{\pi \cdot (12 \text{ mm})^2} = 212{,}2 \text{ N/mm}^2$$

$$\tau_t = \frac{M_t}{W_t} = \frac{16 \cdot M_t}{\pi \cdot d_1^3}$$

Festigkeitsbedingung (Fließen)

$$\sigma_{VSH} = \frac{2}{3} \cdot R_{p0,2}$$

Die Vergleichsspannung nach der Schubspannungshypothese kann unmittelbar aus Gleichung 6.17 (Zugbeanspruchung mit überlagerter Torsion, siehe Lehrbuch) errechnet werden:

$$\sigma_{VSH} = \sqrt{\sigma_z^2 + 4 \cdot \tau_t^2}$$

Damit folgt aus der Festigkeitsbedingung für die Torsionsschubspannung τ_t:

$$\sqrt{\sigma_z^2 + 4 \cdot \tau_t^2} = \frac{2}{3} \cdot R_{p0,2}$$

$$\tau_t = \sqrt{\frac{\left(\frac{2}{3} \cdot R_{p0,2}\right)^2 - \sigma_z^2}{4}} = \sqrt{\frac{\left(\frac{2}{3} \cdot 490 \, \text{N/mm}^2\right)^2 - \left(212,2 \, \text{N/mm}\right)^2}{4}} = 124,18 \, \text{N/mm}^2$$

Berechnung des Torsionsmomentes M_t

$$\tau_t = \frac{M_t}{W_t} = \frac{16 \cdot M_t}{\pi \cdot d_1^3}$$

$$M_t = \frac{\pi \cdot d_1^3}{16} \cdot \tau_t = \frac{\pi \cdot (12 \, \text{mm})^3}{16} \cdot 124,18 \, \text{N/mm}^2 = 42132 \, \text{Nmm}$$

Berechnung des Anzugsmomentes M_A

$$M_A = \frac{M_t}{0,4} = \frac{42132 \, \text{Nmm}}{0,4} = 105330 \, \text{Nmm} = \mathbf{105,33 \, Nm}$$

c) **Ermittlung der Verhältniszahlen**

$$\frac{d}{D} = \frac{4,5}{30} = 0,15$$

Damit entnimmt man dem gegebenen Formzahldiagramm:

$$\alpha_{kz} = 2,70$$

Ermittlung der plastischen Stützziffer n_{pl}

$$n_{pl} = \sqrt{\frac{\varepsilon_{ges}}{\varepsilon_F}} = \sqrt{\frac{\varepsilon_{ges}}{R_e / E}} = \sqrt{\frac{0,005}{260 \, \text{N/mm}^2 / \, 210000 \, \text{N/mm}^2}} = 2,0096 \approx 2,0$$

Berechnung der Kraft F_F bei Fließbeginn

$$\sigma_{max} = R_e$$

$$\frac{F_F}{A_n} \cdot \alpha_k = R_e$$

$$F_F = \frac{R_e \cdot A_n}{\alpha_k} = \frac{R_e \cdot (\pi(D-s) - d) \cdot s}{\alpha_k}$$

$$= \frac{260 \, \text{N/mm}^2 \cdot (\pi \cdot (30 \, \text{mm} - 3 \, \text{mm}) - 4,5 \text{mm}) \cdot 3 \, \text{mm}}{2,70} = 23204 \, \text{N}$$

Weiterhin gilt:

$$n_{pl} = \frac{F_{pl}}{F_F}$$

$$F_{pl} = n_{pl} \cdot F_F = 2,00 \cdot 23\,204\,\text{N} = \mathbf{46\,408\,N}$$

Wird eine Sicherheit von $S_{pl} = 1,5$ gefordert, dann ist die Beanspruchung auf $F_{zul} = F_{pl} / S_{pl} =$ 46408 / 1,5 = **30939 N** zu begrenzen. Da die Betriebsbeanspruchung $F = 36500$ N beträgt, ist ein **sicherer Betrieb nicht möglich**.

Lösung zu Aufgabe 7.5

a) **Ermittlung der Formzahl α_k**

$$a = 10\,\text{mm}$$

$$b = 30\,\text{mm}$$

$$a/b = 0{,}333$$

Damit entnimmt man einem geeigneten Formzahldiagramm:

$$\alpha_k = 2{,}32$$

Fließbedingung

$$\sigma_{max} = R_e$$

$$\sigma_n \cdot \alpha_k = R_e$$

$$\frac{F_F}{A_n} \cdot \alpha_k = R_e$$

$$F_F = \frac{R_e \cdot (b - d) \cdot t}{\alpha_k} = \frac{490\,\text{N/mm}^2 \cdot (60 - 20)\,\text{mm} \cdot 4\,\text{mm}}{2{,}32} = \mathbf{33793\,N}$$

b) **Darstellung des Spannungsverlaufes**

$$\sigma_n = \frac{F_F}{A_n} = \frac{33793\,\text{N}}{(60 - 20)\,\text{mm} \cdot 4\,\text{mm}} = \mathbf{211{,}2\,N/mm^2}$$

$$\sigma_{max} = R_e = 490\,\text{N/mm}^2$$

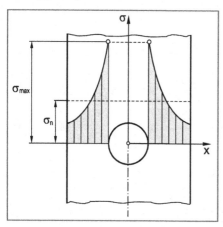

c) **Berechnung der plastischen Stützziffer n_{pl}**

$$n_{pl} = \sqrt{\frac{\varepsilon_{ges}}{\varepsilon_F}} = \sqrt{\frac{\varepsilon_{ges}}{R_e / E}} = \sqrt{\frac{0{,}005}{490\,\text{N/mm}^2 / 210000\,\text{N/mm}^2}} = 1{,}464$$

Berechnung der Kraft F_{zul} mit Erreichen einer Gesamtdehnung von $\varepsilon_{ges} = 0,5\%$

$$n_{pl} = \frac{F_{pl}}{F_F}$$

$$F_{pl} = n_{pl} \cdot F_F = 1,46 \cdot 33\,793\,\text{N} = 49\,468\,\text{N}$$

Damit folgt für die zulässige Kraft:

$$F_{zul} = \frac{F_{pl}}{S_{pl}} = \frac{49\,468\,\text{N}}{1,5} = \mathbf{32979\,N}$$

d) Mit einem Bruch muss gerechnet werden, sobald die Nennspannung σ_n die Zugfestigkeit R_m erreicht:

$$\sigma_n = R_m$$

$$\frac{F_B}{A_n} = R_m$$

$$F_B = R_m \cdot A_n = 710\,\text{N/mm}^2 \cdot (60 - 20)\,\text{mm} \cdot 4\,\text{mm} = \mathbf{113600\,N}$$

Lösung zu Aufgabe 7.6

a) **Berechnung der Lastspannungen an der Messstelle der DMS (Außenoberfläche)**

$$\sigma_z = \frac{F_z}{A} = \frac{F_z}{\dfrac{\pi}{4} \cdot d^2} = \frac{30\,000\,\text{N}}{\dfrac{\pi}{4} \cdot (18\,\text{mm})^2} = 117{,}89\,\text{N/mm}^2$$

$$\tau_t = \frac{M_t}{W_t} = \frac{M_t}{\dfrac{\pi}{16} \cdot d^3} = \frac{100\,000\,\text{Nmm}}{\dfrac{\pi}{16} \cdot (18\,\text{mm})^3} = 87{,}33\,\text{N/mm}^2$$

Konstruktion des Mohrschen Spannungskreises

Eintragen der Bildpunkte P_x ($\sigma_z \mid \tau_t$) und P_y ($0 \mid -\tau_t$) in das σ-τ-Koordinatensystem unter Beachtung der speziellen Vorzeichenregelung für Schubspannungen.

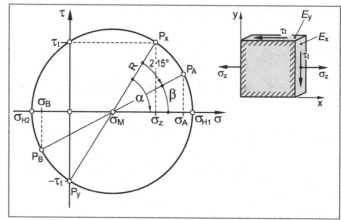

Bildpunkt P_x repräsentiert die Spannungen in der Schnittebene mit der x-Achse als Normalenvektor (Ebene E_x).

Bildpunkt P_y repräsentiert die Spannungen in der Schnittebene mit der y-Achse als Normalenvektor (Ebene E_y). Da die beiden Schnittebenen einen Winkel von 90° zueinander einschließen, müssen die Bildpunkte P_x und P_y auf einem Kreisdurchmesser liegen. Die Strecke $P_x P_y$ schneidet die σ-Achse im Kreismittelpunkt σ_M. Kreis um σ_M durch die Bildpunkte P_x oder P_y ist der gesuchte Mohrsche Spannungskreis (siehe Abbildung).

Berechnung von Mittelpunkt und Radius des Mohrschen Spannungskreises

$$\sigma_M = \frac{\sigma_z}{2} = \frac{117{,}89\,\text{N/mm}^2}{2} = 58{,}95\,\text{N/mm}^2$$

$$R = \sqrt{\left(\frac{\sigma_z}{2}\right)^2 + \tau_t^2} = \sqrt{(58{,}95)^2 + (87{,}33)^2}\ \text{N/mm}^2 = 105{,}36\,\text{N/mm}^2$$

Berechnung des Richtungswinkels α zwischen der x-Richtung und der ersten Hauptspannungsrichtung

$$\alpha = \arctan\left(\frac{-\tau_t}{\sigma_z/2}\right) = \arctan\left(\frac{-87{,}33\,\text{N/mm}^2}{58{,}95\,\text{N/mm}^2}\right) = -55{,}98°$$

Damit folgt für den Richtungswinkel β zwischen der Messrichtung von DMS A und der ersten Hauptspannungsrichtung:

$$\beta = \alpha - 2 \cdot 15° = 55,98° - 30° = 25,98°$$

Berechnung der Normalspannungen σ_A und σ_B in Schnittebenen mit der A- bzw. B-Richtung (Messrichtung der DMS) als Normalenvektor

$$\sigma_A = \frac{\sigma_z}{2} + R \cdot \cos\beta = \frac{117,89 \, \text{N/mm}^2}{2} + 105,36 \, \text{N/mm}^2 \cdot \cos 25,98° = 153,66 \, \text{N/mm}^2$$

$$\sigma_B = \frac{\sigma_z}{2} - R \cdot \cos\beta = \frac{117,89 \, \text{N/mm}^2}{2} - 105,36 \, \text{N/mm}^2 \cdot \cos 25,98° = -35,77 \, \text{N/mm}^2$$

Berechnung der Dehnungen in A- und B-Richtung (ε_A und ε_B) mit Hilfe des Hookeschen Gesetzes (zweiachsiger Spannungszustand)

$$\varepsilon_A = \frac{1}{E} \cdot (\sigma_A - \mu \cdot \sigma_B) = \frac{153,66 \, \text{N/mm}^2 - 0,30 \cdot (-35,77) \, \text{N/mm}^2}{210\,000 \, \text{N/mm}^2}$$

$$= 0,000783 = \mathbf{0,783 \, ‰}$$

$$\varepsilon_B = \frac{1}{E} \cdot (\sigma_B - \mu \cdot \sigma_A) = \frac{-35,77 \, \text{N/mm}^2 - 0,30 \cdot 153,66 \, \text{N/mm}^2}{210\,000 \, \text{N/mm}^2}$$

$$= -0,000389 = \mathbf{-0,389 \, ‰}$$

Alternative Lösung mit Hilfe des Mohrschen Verformungskreises

Berechnung der Dehnungen ε_x bzw. ε_y in x- bzw. y-Richtung unter Wirkung von F_Z sowie der Schiebungen γ_{xy} bzw. γ_{yx} mit der x- bzw. y-Richtung als Bezugsrichtung

$$\varepsilon_x = \frac{\sigma_x}{E} = \frac{\sigma_z}{E} = \frac{117,89 \, \text{N/mm}^2}{210\,000 \, \text{N/mm}^2} = 0,000561 = 0,561 \, ‰$$

$$\varepsilon_y = -\mu \cdot \varepsilon_x = -0,30 \cdot 0,000561 = -0,000168 = -0,168 \, ‰$$

$$\gamma_{xy} = \frac{\tau_{xy}}{G} = \frac{\tau_t}{G} = \frac{\tau_t}{\dfrac{E}{2 \cdot (1 + \mu)}} = \frac{87,33 \, \text{N/mm}^2}{\dfrac{210\,000 \, \text{N/mm}^2}{2 \cdot (1 + 0,30)}} = 0,001081 = 1,081 \, ‰$$

$$\gamma_{yx} = -\gamma_{xy} = -1,081 \, ‰$$

Bei γ_{xy} handelt es sich gemäß der speziellen Vorzeichenregelung um eine Winkelvergrößerung, bei γ_{yx} hingegen um eine Winkelverkleinerung.

Konstruktion des Mohrschen Verformungskreises

Zur Konstruktion des Mohrschen Verformungskreises benötigt man die Verformungen in zwei zueinander senkrechten Richtungen. Bekannt sind die Verformungen mit der x- bzw. y-Richtung als Bezugsrichtung.

Einzeichnen der entsprechenden Bildpunkte P_x (ε_x | $0,5 \cdot \gamma_{xy}$) und P_y (ε_y | $0,5 \cdot \gamma_{yx}$) in das ε-$\gamma/2$-Koordinatensystem.

Da die x- und die y-Richtung einen Winkel von 90° zueinander einschließen, liegen die Bildpunkte P_x und P_y auf einem Kreisdurchmesser. Damit ist der Mohrsche Verformungskreis festgelegt (siehe Abbildung).

Bildpunkt P_A, welcher die Verformungen in A-Richtung (Messrichtung des DMS A) als Bezugsrichtung repräsentiert, erhält man durch Abtragen des Richtungswinkels $2\cdot15°$, ausgehend vom Bildpunkt P_x (gleicher Drehsinn zum Lageplan, also im Uhrzeigersinn).

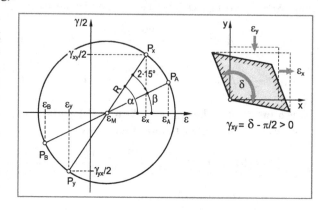

Für den Mittelpunkt und den Radius des Mohrschen Verformungskreises erhält man:

$$\varepsilon_M = \frac{\varepsilon_x + \varepsilon_y}{2} = \frac{0{,}561\,\%_0 - 0{,}168\,\%_0}{2} = 0{,}196\,\%_0$$

$$R = \sqrt{\left(\varepsilon_x - \varepsilon_M\right)^2 + \left(\frac{\gamma_{xy}}{2}\right)^2} = \sqrt{\left(0{,}561 - 0{,}196\right)^2 + \left(\frac{1{,}081}{2}\right)^2}\,\%_0 = 0{,}652\,\%_0$$

Für den Winkel α folgt:

$$\alpha = \arctan\left(\frac{\gamma_{xy}/2}{\varepsilon_x - \varepsilon_M}\right) = \arctan\left(\frac{1{,}081\,\%_0\,/\,2}{0{,}561\,\%_0 - 0{,}196\,\%_0}\right) = 55{,}98°$$

Damit folgt für den Winkel β:

$$\beta = \alpha - 2\cdot15° = 55{,}98° - 30° = 25{,}98°$$

Berechnung der Dehnungen ε_A und ε_B in A- bzw. B-Richtung

Aus dem Mohrschen Verformungskreis erhält man für die Dehnungen ε_A und ε_B:

$$\varepsilon_A = \varepsilon_M + R\cdot\cos\beta = 0{,}196 + 0{,}652\cdot\cos25{,}98° = \mathbf{0{,}783\,\%_0}$$

$$\varepsilon_B = \varepsilon_M - R\cdot\cos\beta = 0{,}196 - 0{,}652\cdot\cos25{,}98° = \mathbf{-0{,}389\,\%_0}$$

b) **Ermittlung der Verhältniszahlen**

$$\frac{D}{d} = \frac{24}{18} = 1{,}33$$

$$\frac{R}{d} = \frac{5}{18} = 0{,}28$$

Damit entnimmt man einem geeigneten Formzahldiagramm:

$$\alpha_{kz} = 1{,}40$$

$$\alpha_{kt} = 1{,}16$$

Nennspannungen auf Aufgabenteil a):

$$\sigma_{zn} = 117{,}89\,\text{N/mm}^2$$

$$\tau_{tn} = 87{,}33\,\text{N/mm}^2$$

Berechnung der maximalen Spannungen

$$\sigma_{z\,max} = \sigma_{zn} \cdot \alpha_{kz} = 117{,}89\,\text{N/mm}^2 \cdot 1{,}40 = 165{,}05\,\text{N/mm}^2$$

$$\tau_{t\,max} = \tau_{tn} \cdot \alpha_{kt} = 87{,}33\,\text{N/mm}^2 \cdot 1{,}16 = 101{,}30\,\text{N/mm}^2$$

Da es sich um eine Zugbeanspruchung mit überlagerter Torsion handelt, ergibt sich die Vergleichsspannung nach der SH zu (siehe Gleichung 6.17 im Lehrbuch):

$$\sigma_{V\,SH} = \sqrt{\sigma_{z\,max}^2 + 4 \cdot \tau_{t\,max}^2} = \sqrt{165{,}05^2 + 4 \cdot 101{,}30^2} = 261{,}32\,\text{N/mm}^2$$

Festigkeitsbedingung

$$\sigma_{V\,SH} \le \sigma_{zul}$$

$$\sigma_{V\,SH} = \frac{R_{p0,2}}{S_F}$$

$$S_F = \frac{R_{p0,2}}{\sigma_{V\,SH}} = \frac{510\,\text{N/mm}^2}{261{,}32\,\text{N/mm}^2} = \mathbf{1{,}95} \quad (\text{ausreichend, da } S_F > 1{,}20)$$

c) Aus der Festigkeitsbedingung gemäß Aufgabenteil b) folgt:

$$\sigma_{V\,SH} = \frac{R_{p0,2}}{S_F}$$

$$\sqrt{\sigma_{z\,max}^2 + 4 \cdot \tau_{t\,max}^2} = \frac{R_{p0,2}}{S_F}$$

Auflösen nach τ_{tmax} ergibt:

$$\tau_{t\,max} = \sqrt{\frac{\left(\dfrac{R_{p0,2}}{S_F}\right)^2 - \sigma_{z\,max}^2}{4}} = \sqrt{\frac{\left(\dfrac{510}{1{,}35}\right)^2 - 165{,}05^2}{4}}\,\text{N/mm}^2 = 169{,}91\,\text{N/mm}^2$$

Damit folgt für das Torsionsmoment M_t^*:

$$\tau_{t\,max} = \frac{M_t^*}{W_{tn}} \cdot \alpha_{kt}$$

$$M_t^* = \frac{\tau_{t\,max}}{\alpha_{kt}} \cdot W_{tn} = \frac{\tau_{t\,max}}{\alpha_{kt}} \cdot \frac{\pi}{16} \cdot d^3 = \frac{169{,}91\,\text{N/mm}^2}{1{,}16} \cdot \frac{\pi}{16} \cdot (18\,\text{mm})^3 = 167727\,\text{Nmm}$$

$$M_t^* = \mathbf{167{,}7\,Nm}$$

Lösung zu Aufgabe 7.7

a) Der Stab wird auf (gerade) Biegung beansprucht. Einspannquerschnitt ist höchst beansprucht.

Berechnung der Lastspannung

$$\sigma_b = \frac{M_b}{W_b} = \frac{F_1 \cdot l}{\frac{\pi}{32} \cdot D^3} = \frac{1250\,\text{N} \cdot 420\,\text{mm}}{\frac{\pi}{32} \cdot (32\,\text{mm})^3} = \mathbf{163,2\,N/mm^2}$$

Berechnung der Längenänderung (Hookesches Gesetz für den einachsigen Spannungszustand)

$$\sigma_b = E \cdot \varepsilon$$

$$\varepsilon = \frac{\sigma_b}{E} = \frac{163,2\,\text{N/mm}^2}{210\,000\,\text{N/mm}^2} = 0,00078 = \mathbf{0,78\,\text{‰}}$$

b) Der Stab wird auf (gerade) Biegung und Torsion beansprucht. Einspannquerschnitt ist höchst beansprucht.

Berechnung der Lastspannungen

$$\sigma_b = \frac{M_b}{W_b} = \frac{F_2 \cdot l}{\frac{\pi}{32} \cdot D^3} = \frac{2250\,\text{N} \cdot 420\,\text{mm}}{\frac{\pi}{32} \cdot (32\,\text{mm})^3} = 293,75\,\text{N/mm}^2$$

$$\tau_t = \frac{M_t}{W_t} = \frac{F_2 \cdot c}{\frac{\pi}{16} \cdot D^3} = \frac{2250\,\text{N} \cdot 120\,\text{mm}}{\frac{\pi}{16} \cdot (32\,\text{mm})^3} = 41,96\,\text{N/mm}^2$$

Da es sich um eine Biegebeanspruchung mit überlagerter Torsion handelt, ergibt sich die Vergleichsspannung nach der SH zu (siehe Gleichung 6.17 im Lehrbuch):

$$\sigma_{VSH} = \sqrt{\sigma_b^2 + 4 \cdot \tau_t^2} = \sqrt{293,75^2 + 4 \cdot 41,96^2} = 305,50\,\text{N/mm}^2$$

Festigkeitsbedingung

$$\sigma_{VSH} \leq \sigma_{zul}$$

$$\sigma_{VSH} = \frac{R_e}{S_F}$$

$$S_F = \frac{R_e}{\sigma_{VSH}} = \frac{490\,\text{N/mm}^2}{305,50\,\text{N/mm}^2} = \mathbf{1,60} \quad \text{(ausreichend, da } S_F > 1,20)$$

c) Der Stab wird auf Torsion beansprucht. Einspannquerschnitt ist höchst beansprucht.

Berechnung der Nennspannung τ_{tn}

$$\tau_{tn} = \frac{M_t}{W_{tn}} = \frac{2 \cdot F_3 \cdot c}{\frac{\pi}{16} \cdot (D - 2 \cdot R)^3}$$

Ermittlung der Formzahl α_{kt}

$$\frac{R}{d} = \frac{3,2}{(32 - 2 \cdot 3,2)} = 0,125$$

$$\frac{D}{d} = \frac{32}{(32 - 2 \cdot 3,2)} = 1,25$$

Damit entnimmt man einem geeigneten Formzahldiagramm:

$$\alpha_{kt} = 1,40$$

Festigkeitsbedingung

$$\tau_{tmax} \leq \tau_{zul}$$

$$\tau_{tmax} = \frac{\tau_{tF}}{S_F} \text{ mit } \tau_{tF} = \frac{R_e}{2}$$

$$\tau_{tn} \cdot \alpha_{kt} = \frac{R_e}{2 \cdot S_F}$$

$$\frac{2 \cdot F_3 \cdot c}{\frac{\pi}{16} \cdot (D - 2 \cdot R)^3} \cdot \alpha_{kt} = \frac{R_e}{2 \cdot S_F}$$

$$F_3 = \frac{R_e \cdot \pi \cdot (D - 2 \cdot R)^3}{64 \cdot S_F \cdot c \cdot \alpha_{kt}} = \frac{490\,\text{N/mm}^2 \cdot \pi \cdot (32 - 2 \cdot 3,2)^3\,\text{mm}^3}{64 \cdot 1,4 \cdot 120\,\text{mm} \cdot 1,40} = \mathbf{1715,7\,N}$$

d) **Berechnung der plastischen Stützziffer n_{pl}**

$$n_{pl} = \sqrt{1 + \frac{\varepsilon_{pl}}{\varepsilon_F}} = \sqrt{1 + \frac{\varepsilon_{pl}}{R_e / E}} = \sqrt{1 + \frac{0,002}{490\,\text{N/mm}^2 / 210000\,\text{N/mm}^2}} = 1,363$$

Weiterhin gilt:

$$n_{pl} = \frac{F_{pl}}{F_F}$$

$$F_{pl} = n_{pl} \cdot F_F = n_{pl} \cdot F_3 \cdot S_F = 1,363 \cdot 1715,7\,\text{N} \cdot 1,4 = 3273,9\,\text{N}$$

$$F_{pl\,zul} = \frac{F_{pl}}{S_{pl}} = \frac{3273,9\,\text{N}}{1,4} = \mathbf{2338,5\,N}$$

Lösung zu Aufgabe 7.8

a) **Berechnung des Biegemomentes im Kerbgrund (Stelle I)**

$$M_b = \frac{F_1}{2} \cdot a = \frac{1050\,\text{N}}{2} \cdot 100\,\text{mm} = 52500\,\text{Nmm} = \mathbf{52,5\,Nm}$$

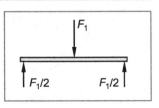

b) **Berechnung der Nennspannungen**

$$\sigma_{bn} = \frac{M_b}{W_{bn}} = \frac{M_b}{\dfrac{\pi}{32} \cdot d^3} = \frac{52\,500\,\text{N}}{\dfrac{\pi}{32} \cdot (20\,\text{mm})^3} = 66,85\,\text{N/mm}^2$$

$$\tau_{tn} = \frac{M_t}{W_{tn}} = \frac{M_t}{\dfrac{\pi}{16} \cdot d^3} = \frac{72\,000\,\text{Nmm}}{\dfrac{\pi}{16} \cdot (20\,\text{mm})^3} = 45,84\,\text{N/mm}^2$$

Ermittlung der Formzahlen

$$\frac{D}{d} = \frac{30}{20} = 1,5$$

$$\frac{R}{d} = \frac{4}{20} = 0,2$$

Damit entnimmt man geeigneten Formzahldiagrammen:

$$\alpha_{kz} = 1,56$$
$$\alpha_{kb} = 1,42$$
$$\alpha_{kt} = 1,21$$

Berechnung der maximalen Spannungen

$$\sigma_{b\,max} = \sigma_{bn} \cdot \alpha_{kb} = 66,85\,\text{N/mm}^2 \cdot 1,42 = 94,9\,\text{N/mm}^2$$

$$\tau_{t\,max} = \tau_{tn} \cdot \alpha_{kt} = 45,84\,\text{N/mm}^2 \cdot 1,21 = 55,5\,\text{N/mm}^2$$

Da es sich um eine Biegebeanspruchung mit überlagerter Torsion handelt, ergibt sich die Vergleichsspannung nach der SH zu (siehe Gleichung 6.17 im Lehrbuch):

$$\sigma_{V\,SH} = \sqrt{\sigma_{b\,max}^2 + 4 \cdot \tau_{t\,max}^2} = \sqrt{94,9^2 + 4 \cdot 55,5^2} = 146,0\,\text{N/mm}^2$$

Festigkeitsbedingung

$$\sigma_{V\,SH} \leq \sigma_{zul}$$

$$\sigma_{V\,SH} = \frac{R_e}{S_F} \quad \text{bzw.} \quad \frac{R_m}{S_B}$$

$$S_F = \frac{R_e}{\sigma_{V\,SH}} = \frac{340\,\text{N/mm}^2}{146,0\,\text{N/mm}^2} = \mathbf{2,33} \quad (\text{ausreichend, da } S_F > 1,20)$$

$$S_B = \frac{R_m}{\sigma_{V\,SH}} = \frac{620\,\text{N/mm}^2}{146,0\,\text{N/mm}^2} = \mathbf{4,25} \quad (\text{ausreichend, da } S_B > 2,0)$$

c) Fließbedingung

$$\sigma_{VSH} = R_{p0,2}$$

$$\sqrt{\sigma_{b\,max}^2 + 4 \cdot \tau_{t\,max}^2} = R_{p0,2}$$

$$\tau_{t\,max} = \sqrt{\frac{R_{p0,2}^2 - \sigma_{b\,max}^2}{4}}$$

$$\frac{M_t^*}{W_{tn}} \cdot \alpha_{kt} = \frac{1}{2} \cdot \sqrt{R_{p0,2}^2 - \sigma_{b\,max}^2}$$

$$M_t^* = \frac{\pi}{16} \cdot d^3 \cdot \frac{1}{\alpha_{kt}} \cdot \frac{1}{2} \cdot \sqrt{R_{p0,2}^2 - \sigma_{b\,max}^2} = \frac{\pi}{32} \cdot \frac{(20\,\text{mm})^3}{1,21} \cdot \sqrt{900^2 - 94,9^2}\ \text{N/mm}^2$$

$$= 580\,922\ \text{Nmm} = \mathbf{580,9\ Nm}$$

d) Zuordnung der Dehnungsanzeigen zu den einzelnen Messstellen

Belastung	Messstelle				
	DMS A	**DMS B**	**DMS C**	**DMS D**	**DMS E**
F_1	0 [1]	0 [1]	0 [1]	ε_{bD}	$\varepsilon_{bE} = -\varepsilon_{bD}$
F_2	ε_{zA}	ε_{zB}	$\varepsilon_{zC} = -\mu \cdot \varepsilon_{zA}$	$\varepsilon_{zD} = \varepsilon_{zA}$	$\varepsilon_{zE} = \varepsilon_{zA}$
M_t	0	ε_{tB}	0	0	0

[1] neutrale Faser

Dehnungsmessstreifen A (DMS A) wird nur durch die Zugkraft F_2 beansprucht (siehe Tabelle). Es gilt daher:

$$\sigma_z = E \cdot \varepsilon_A$$

$$\frac{F_2}{\frac{\pi}{4} \cdot d^2} = E \cdot \varepsilon_A$$

$$F_2 = \frac{\pi}{4} \cdot d^2 \cdot E \cdot \varepsilon_A = \frac{\pi}{4} \cdot (20\,\text{mm})^2 \cdot 205\,000\ \text{N/mm}^2 \cdot 0,0013 = \mathbf{83\,723\ N}$$

e)

Die Dehnungsmessstreifen D und E verformen sich durch die Beanspruchung aus F_1 (Biegung) und F_2 (Zug). Das Torsionsmoment M_t hat keinen Einfluss auf ihre Dehnungsanzeige. Die Verformungen durch die einzelnen Beanspruchungen können linear superponiert werden.

Es gilt:

$$\varepsilon_E = \varepsilon_{zE} + \varepsilon_{bE} = \varepsilon_{zA} + \varepsilon_{bE} \quad \text{und} \quad (1)$$

$$\varepsilon_D = \varepsilon_{zD} + \varepsilon_{bD} = \varepsilon_{zA} - \varepsilon_{bE} \quad (2)$$

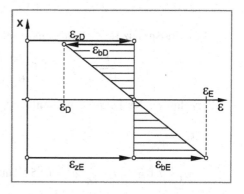

Subtrahiert man Gleichung 2 von Gleichung 1, dann folgt für die Dehnung ε_{bE} aufgrund der Biegebeanspruchung durch F_1:

$$\varepsilon_{bE} = \frac{\varepsilon_E - \varepsilon_D}{2} = \frac{1{,}55\,\text{‰} - 1{,}05\,\text{‰}}{2} = 0{,}25\,\text{‰}$$

Berechnung der Biegespannung (Hookesches Gesetz für den einachsigen Spannungszustand):

$$\sigma_b = E \cdot \varepsilon_{bE}$$

$$\frac{M_b}{W_b} = E \cdot \varepsilon_{bE}$$

$$\frac{F_1}{2} \cdot c = \frac{\pi}{32} \cdot d^3 \cdot E \cdot \varepsilon_{bE}$$

$$F_1 = \frac{\pi}{16} \cdot \frac{d^3}{c} \cdot E \cdot \varepsilon_{bE} = \frac{\pi}{16} \cdot \frac{(20\,\text{mm})^3}{50\,\text{mm}} \cdot 205\,000\,\text{N/mm}^2 \cdot 0{,}00025 = \mathbf{1610{,}1\,N}$$

f) Es liegt eine 0°-45°-90° DMS-Rosette vor. Daher kann der Mohrsche Verformungskreis entsprechend Kapitel 4.4.2 (siehe Lehrbuch) auf einfache Weise konstruiert werden.

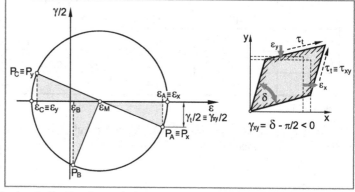

Schiebung $\gamma_{xy} \equiv \gamma_t$ mit der x-Richtung als Bezug kann nur durch das Torsionsmoment M_t, d. h. durch die Torsionsschubspannung τ_t verursacht werden.

Berechnung der Schiebung $\gamma_{xy} \equiv \gamma_t$

$$\frac{\gamma_t}{2} = -(\varepsilon_M - \varepsilon_B) = -\left(\frac{\varepsilon_A + \varepsilon_C}{2} - \varepsilon_B\right)$$

$$\gamma_t = -(\varepsilon_A + \varepsilon_C - 2 \cdot \varepsilon_B) = -(1{,}30\,\text{‰} + (-0{,}39\,\text{‰}) - 2 \cdot 0{,}065\,\text{‰}) = -0{,}78\,\text{‰}$$

Elastizitätsgesetz für Schubbeanspruchung

$$\tau_t = G \cdot \gamma_t = \frac{E}{2 \cdot (1+\mu)} \cdot \gamma_t = \frac{205\,000\,\text{N/mm}^2}{2 \cdot (1+0{,}30)} \cdot (-0{,}00078) = -61{,}5\,\text{N/mm}^2$$

Berechnung des Torsionsmomentes M_t

$$\tau_t = \frac{M_t}{W_t}$$

$$M_t = |\tau_t| \cdot W_t = \tau_t \cdot \frac{\pi}{16} \cdot d^3 = 61{,}5\,\text{N/mm}^2 \cdot \frac{\pi}{16} \cdot (20\,\text{mm})^3 = 96\,604\,\text{Nmm} = \mathbf{96{,}6\,Nm}$$

Die Schubspannung τ_t bzw. das Torsionsmoment M_t führen für γ_{xy} ($\equiv \gamma_t$) zu einer Winkelver-kleinerung entsprechend der Abbildung ($\gamma_t < 0$). Damit ist die Drehrichtung des Torsionsmo-mentes M_t bei Blick von rechts auf den Wellenzapfen im Uhrzeigersinn (also entsprechend der Richtung der eingezeichneten Momentenpfeile in der Aufgabenstellung).

Alternative Lösungsmöglichkeit

Anstelle der Verwendung des Mohrschen Verformungskreises kann die Schiebung γ_{xy} ($\equiv \gamma_t$) auch durch Lösen eines linearen Gleichungssystems (siehe Gleichung 4.32 im Lehrbuch) er-mittelt werden. Für die Dehnungen in Messrichtung der Dehnungsmessstreifen gilt:

$$\varepsilon_A = \frac{\varepsilon_x + \varepsilon_y}{2} + \frac{\varepsilon_x - \varepsilon_y}{2} \cdot \cos 2\alpha - \frac{\gamma_{xy}}{2} \cdot \sin 2\alpha \tag{1}$$

$$\varepsilon_B = \frac{\varepsilon_x + \varepsilon_y}{2} + \frac{\varepsilon_x - \varepsilon_y}{2} \cdot \cos 2\beta - \frac{\gamma_{xy}}{2} \cdot \sin 2\beta \tag{2}$$

$$\varepsilon_C = \frac{\varepsilon_x + \varepsilon_y}{2} + \frac{\varepsilon_x - \varepsilon_y}{2} \cdot \cos 2\gamma - \frac{\gamma_{xy}}{2} \cdot \sin 2\gamma \tag{3}$$

Zur Vereinfachung setzt man:

$$u = \frac{\varepsilon_x + \varepsilon_y}{2} \tag{4}$$

$$v = \frac{\varepsilon_x - \varepsilon_y}{2} \tag{5}$$

$$w = \frac{\gamma_{xy}}{2} \tag{6}$$

mit $\alpha = 180°$; $\beta = 135°$ und $\gamma = 90°$ sowie $\varepsilon_A = 1{,}30$ ‰; $\varepsilon_B = 0{,}065$ ‰ und $\varepsilon_C = -0{,}39$ ‰ folgt aus den Gleichungen 1 bis 3:

$$1{,}300\text{‰} = u + v \cdot \cos 360° - w \cdot \sin 360° \tag{7}$$

$$0{,}065\text{‰} = u + v \cdot \cos 270° - w \cdot \sin 270° \tag{8}$$

$$-0{,}390\text{‰} = u + v \cdot \cos 180° - w \cdot \sin 180° \tag{9}$$

Damit ergibt sich das zu lösende lineare Gleichungssystem:

$$1{,}300\text{‰} = u + v \tag{10}$$

$$0{,}065\text{‰} = u + w \tag{11}$$

$$-0{,}390\text{‰} = u - v \tag{12}$$

Gleichung 10 und Gleichung 12 addiert:

$$u = 0{,}455\text{‰} \tag{13}$$

Aus Gleichung 11 folgt dann schließlich:

$$w = 0{,}065\text{‰} - 0{,}455\text{‰} = -0{,}39\text{ ‰}$$

Damit folgt für die Schiebung γ_{xy} ($\equiv \gamma_t$):

$$\gamma_{xy} \equiv \gamma_t = 2 \cdot w = 2 \cdot (-0{,}39\text{ ‰}) = \mathbf{-0{,}78\text{ ‰}}$$

g) Berechnung der Nennspannungen

$$\sigma_{zn} = \frac{F_2}{A_n} = \frac{F_2}{\frac{\pi}{4} \cdot d^2} = \frac{83\,723\,\text{N}}{\frac{\pi}{4} \cdot (20\,\text{mm})^2} = 266,5\,\text{N/mm}^2$$

$$\sigma_{bn} = \frac{M_b}{W_{bn}} = \frac{F_1/2 \cdot a}{\frac{\pi}{32} \cdot d^3} = \frac{1610,1\,\text{N}/2 \cdot 100\,\text{mm}}{\frac{\pi}{32} \cdot (20\,\text{mm})^3} = 102,5\,\text{N/mm}^2$$

$$\tau_{tn} = \frac{M_t}{W_{tn}} = \frac{M_t}{\frac{\pi}{16} \cdot d^3} = \frac{96\,604\,\text{Nmm}}{\frac{\pi}{16} \cdot (20\,\text{mm})^3} = 61,5\,\text{N/mm}^2$$

Berechnung der maximalen Spannungen

$$\sigma_{z\,max} = \sigma_{zn} \cdot \alpha_{kz} = 266,5\,\text{N/mm}^2 \cdot 1,56 = 415,7\,\text{N/mm}^2$$

$$\sigma_{b\,max} = \sigma_{bn} \cdot \alpha_{kb} = 102,5\,\text{N/mm}^2 \cdot 1,42 = 145,6\,\text{N/mm}^2$$

$$\tau_{t\,max} = \tau_{tn} \cdot \alpha_{kt} = 61,5\,\text{N/mm}^2 \cdot 1,21 = 74,4\,\text{N/mm}^2$$

Da es sich um eine Zug- und Biegebeanspruchung mit überlagerter Torsion handelt, ergibt sich die Vergleichsspannung nach der SH zu (siehe Gleichung 6.17 im Lehrbuch):

$$\sigma_{VSH} = \sqrt{\left(\sigma_{z\,max} + \sigma_{b\,max}\right)^2 + 4 \cdot \tau_{t\,max}^2} = \sqrt{(415,7 + 145,6)^2 + 4 \cdot 74,4^2}$$

$$= 580,69\,\text{N/mm}^2$$

Festigkeitsbedingung

$$\sigma_{VSH} \leq \sigma_{zul}$$

$$\sigma_{VSH} = \frac{R_{p0,2}}{S_F}$$

$$S_F = \frac{R_{p0,2}}{\sigma_{VSH}} = \frac{900\,\text{N/mm}^2}{580,69\,\text{N/mm}^2} = \mathbf{1,55} \quad \text{(ausreichend, da } S_F > 1,20\text{)}$$

Lösung zu Aufgabe 7.9

a) **Berechnung der Zugspannung**

$$\sigma_z = \frac{F_1}{A} = \frac{4 \cdot F_1}{\pi \cdot d_0^2} = \frac{4 \cdot 7860 \, \text{N}}{\pi \cdot (10 \, \text{mm})^2} = 100 \, \text{N/mm}^2$$

Berechnung der Verlängerung Δl der Schraube mit Hilfe des Hookeschen Gesetzes (einachsiger Spannungszustand)

$$\sigma_z = E \cdot \varepsilon_1$$

$$\sigma_z = E \cdot \frac{\Delta l}{l_0}$$

$$\Delta l = \frac{\sigma_z}{E} \cdot l_0 = \frac{100 \, \text{N/mm}^2}{210\,000 \, \text{N/mm}^2} \cdot 50 \, \text{mm} = \mathbf{0{,}024 \, mm}$$

b) **Berechnung der Torsionsschubspannung**

$$\tau_t = \frac{M_t}{\frac{\pi}{16} \cdot d^3} = \frac{11\,780 \, \text{Nmm}}{\frac{\pi}{16} \cdot (10\,\text{mm})^3} = 60 \, \text{N/mm}^2$$

Berechnung des Verdrehwinkels φ der Schraube

$$\varphi = \frac{M_t \cdot l_0}{G \cdot I_p} = \frac{M_t \cdot l_0}{\frac{E}{2 \cdot (1+\mu)} \cdot \frac{\pi}{32} \cdot d^4} = \frac{11\,780 \, \text{Nmm} \cdot 50 \, \text{mm}}{\frac{210\,000 \, \text{N/mm}^2}{2 \cdot (1+0{,}30)} \cdot \frac{\pi}{32} \cdot (10\,\text{mm})^4} = 0{,}00743$$

$$\varphi = \mathbf{0{,}4256°}$$

c) **Konstruktion des Mohrschen Spannungskreises**

Eintragen des Bildpunktes P_y (σ_z | τ_t) und des Bildpunktes P_x (0 | -τ_t) in das σ-τ-Koordinatensystem unter Beachtung der speziellen Vorzeichenregelung für Schubspannungen.

Bildpunkt P_x repräsentiert die Spannungen in der Schnittebene mit der x-Achse als Normalenvektor. Bildpunkt P_y repräsentiert die Spannungen in der Schnittebene mit der y-Achse als Normalenvektor.

Da die beiden Schnittebenen einen Winkel von 90° zueinander einschließen, müssen die Bildpunkte P_x und P_y auf einem Kreisdurchmesser liegen. Die Strecke von P_x nach P_y schneidet die σ-Achse im Kreismittelpunkt M. Kreis um M durch die Bildpunkte P_x oder P_y ist der gesuchte Mohrsche Spannungskreis (siehe Abbildung).

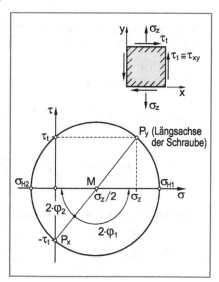

Berechnung von Mittelpunkt und Radius des Mohrschen Spannungskreises

$$\sigma_M = \frac{\sigma_z}{2} = 50 \text{ N/mm}^2$$

$$R = \sqrt{\left(\frac{\sigma_z}{2}\right)^2 + \tau_t^2} = \sqrt{50^2 + 60^2} \text{ N/mm}^2 = 78,1 \text{ N/mm}^2$$

Berechnung der Hauptnormalspannungen σ_{H1} und σ_{H2}

$$\sigma_{H1} = \sigma_M + R = 50 \text{ N/mm}^2 + 78,1 \text{ N/mm}^2 = \mathbf{128,1 \text{ N/mm}^2}$$

$$\sigma_{H2} = \sigma_M - R = 50 \text{ N/mm}^2 - 78,1 \text{ N/mm}^2 = \mathbf{-28,1 \text{ N/mm}^2}$$

Berechnung der Richtungswinkel φ_1 und φ_2 zwischen der y-Achse (Schraubenlängsachse) und den Hauptspannungsrichtungen

$$\varphi_{1;2} = \frac{1}{2} \cdot \arctan\left(\frac{-2 \cdot \tau_{xy}}{\sigma_x - \sigma_y}\right) = \frac{1}{2} \cdot \arctan\left(\frac{-2 \cdot \left(-60 \text{ N/mm}^2\right)}{0 - 100 \text{ N/mm}^2}\right) = -25,1°$$

Der errechnete Winkel φ kann der Richtungswinkel zwischen der ersten *oder* der zweiten Hauptrichtung sein. Eine Entscheidung ist mit Hilfe von Tabelle 3.1 (siehe Lehrbuch) möglich. Da es sich um Fall 3 ($\sigma_x < \sigma_y$ und $\tau_{xy} < 0$) handelt, ist φ der Richtungswinkel zwischen der x-Richtung und der ersten Hauptspannungsrichtung. Dies geht auch aus dem Mohrschen Spannungskreis hervor). Es gilt:

$$\varphi_2 = \mathbf{-25,1°}$$

Für der Richtungswinkel φ_2 folgt dann:

$$\varphi_1 = \mathbf{64,9°}$$

d) **Fließbedingung**

$$\sigma_{V\,SH} = R_{p0,2}$$

Die Vergleichsspannung nach der Schubspannungshypothese kann unmittelbar aus Gleichung 6.17 (Zugbeanspruchung mit überlagerter Torsion, siehe Lehrbuch) errechnet werden:

$$\sigma_{V\,SH} = \sqrt{\sigma_z^2 + 4 \cdot \tau_{t2}^2}$$

Damit folgt aus der Festigkeitsbedingung für die Torsionsschubspannung τ_{t2}:

$$\sqrt{\sigma_z^2 + 4 \cdot \tau_{t2}^2} = R_{p0,2}$$

$$\tau_{t2} = \sqrt{\frac{R_{p0,2}^2 - \sigma_z^2}{4}} = \sqrt{\frac{430^2 - 100^2}{4}} \text{ N/mm}^2 = 209,1 \text{ N/mm}^2$$

Berechnung des Torsionsmomentes M_{t2}

$$\tau_{t2} = \frac{M_{t2}}{W_t} = \frac{M_t}{\frac{\pi}{16} \cdot d^3}$$

$$M_{t2} = \frac{\pi}{16} \cdot d^3 \cdot \tau_{t2} = \frac{\pi}{16} \cdot (10\,\text{mm})^3 \cdot 209{,}1\ \text{N/mm}^2 = 41060\ \text{Nmm} = \mathbf{41{,}06\ Nm}$$

e) **Ermittlung der Formzahl**

$$\frac{D}{d} = \frac{10}{7} = 1{,}43$$

$$\frac{R}{d} = \frac{1{,}5}{7} = 0{,}21$$

Damit entnimmt man einem geeigneten Formzahldiagramm:

$$\alpha_{kz} = \mathbf{1{,}75}$$

Festigkeitsbedingung (Fließen)

$$\sigma_{max} \le \sigma_{zul}$$

$$\sigma_{max} = \frac{R_{p0{,}2}}{S_F}$$

$$\frac{F_2}{A_n} \cdot \alpha_{kz} = \frac{R_{p0{,}2}}{S_F}$$

$$F_2 = \frac{R_{p0{,}2}}{S_F} \cdot \frac{\pi}{4} \cdot d^2 \cdot \frac{1}{\alpha_{kz}} = \frac{430\ \text{N/mm}^2}{1{,}5} \cdot \frac{\pi}{4} \cdot (7\text{mm})^2 \cdot \frac{1}{1{,}75} = \mathbf{6304\,N}$$

f) **Berechnung der plastischen Stützziffer n_{pl}**

$$n_{pl} = \sqrt{1 + \frac{\varepsilon_{pl}}{\varepsilon_F}} = \sqrt{1 + \frac{\varepsilon_{pl}}{R_{p0{,}2}/E}} = \sqrt{1 + \frac{0{,}003}{430\ \text{N/mm}^2 / 210000\ \text{N/mm}^2}} = 1{,}57$$

Berechnung der Kraft F_F bei Fließbeginn

$$\sigma_{max} = R_{p0{,}2}$$

$$\frac{F_F}{A_n} \cdot \alpha_k = R_{p0{,}2}$$

$$F_F = \frac{R_{p0{,}2}}{\alpha_k} \cdot \frac{\pi}{4} \cdot d^2 = \frac{430\ \text{N/mm}^2}{1{,}75} \cdot \frac{\pi}{4} \cdot (7\text{mm})^2 = 9456\ \text{N} \quad (= S_F \cdot F_2)$$

Berechnung der Kraft F_{pl} mit Erreichen von ε_{pl}

$$n_{pl} = \frac{F_{pl}}{F_F}$$

$$F_{pl} = n_{pl} \cdot F_F = 1{,}57 \cdot 9456\,\text{N} = 14846\ \text{N}$$

Die zulässige Kraft ($S_{pl} = 1{,}5$) beträgt dann schließlich:

$$F_3 = \frac{F_{pl}}{S_{pl}} = \frac{14846\ \text{N}}{1{,}5} = \mathbf{9897\ N}\ (= n_{pl} \cdot F_2)$$

Lösung zu Aufgabe 7.10

a) **Berechnung des axialen Flächenmoments 2. Ordnung bezüglich der y-Achse**

$$I_y = \frac{B \cdot B^3}{12} - \frac{(B-2s) \cdot (B-2s)^3}{12} + \frac{b \cdot b^3}{12} = \frac{80 \cdot 80^3}{12} \, \text{mm}^4 - \frac{60 \cdot 60^3}{12} \, \text{mm}^4 + \frac{30 \cdot 30^3}{12} \, \text{mm}^4$$

$$= 2\,400\,833 \, \text{mm}^4$$

Berechnung des axialen Widerstandsmomentes bezüglich der y-Achse

$$W_{by} = \frac{I_y}{B/2} = \frac{2\,400\,833 \, \text{mm}^4}{40 \, \text{mm}} = 60\,020{,}8 \, \text{mm}^3$$

Hinweis: Nur Flächenmomente dürfen addiert oder subtrahiert werden, Widerstandsmomente nicht.

b) Möglicher Fließbeginn: Außenoberfläche des Vierkantprofilstabs oder Außenoberfläche des Vierkantrohres, da die Werkstoffe eine unterschiedliche Streckgrenze haben.

Die Dehnungsverteilung durch die Biegebeanspruchung ist bei elastischer Beanspruchung linear. Da die beiden Werkstoffe den gleichen E-Modul haben, ist gemäß $\sigma = E \cdot \varepsilon$ auch die Spannungsverteilung linear.

Berechnung der Spannung an der Stelle z = -15 mm für den Fall des Fließbeginns an der Außenoberfläche des Vierkantrohres d. h. $\sigma(z = -40 \text{ mm}) = R_{e2}$

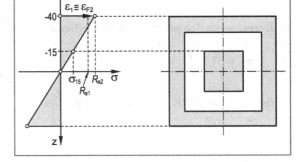

Es gilt (Strahlensatz):

$$\sigma(z) = \frac{R_{e2}}{-40 \, \text{mm}} \cdot z$$

Mit $z = -15$ mm folgt:

$$\sigma(z = -15 \text{mm}) = \frac{295 \, \text{N/mm}^2}{-40 \, \text{mm}} \cdot (-15 \text{mm}) = 110{,}63 \, \text{N/mm}^2$$

Da $\sigma(z = -15$ mm$) < R_{e1}$ plastifiziert das Vierkantrohr aus E295 (an seiner Außenoberfläche) zuerst.

Berechnung der Kraft F_F bei Fließbeginn durch Ansetzen der Festigkeitsbedingung

$$\sigma_b = R_{e2}$$

$$\frac{M_b}{W_{by}} = \frac{F_F \cdot a}{W_{by}} = R_{e2}$$

$$F_F = R_{e2} \cdot \frac{W_{by}}{a} = 295 \, \text{N/mm}^2 \cdot \frac{60\,020{,}8 \, \text{mm}^3}{2\,000 \, \text{mm}} = 8\,853{,}1 \, \text{N}$$

c) **Berechnung von F_{pl}**

Es gilt:

$$M = \int \sigma(z) \cdot z \, dA$$

mit:

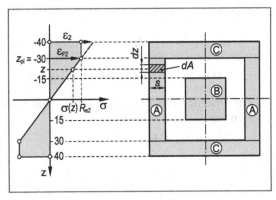

$$\sigma(z) = \frac{R_{e2}}{y_{pl}} \cdot z \quad (0 \le z \le -30 \text{ mm})$$

$$\sigma(z) = R_{e2} \quad (-30 < z \le -40 \text{ mm})$$

Das erforderliche Biegemoment M_{ges} bei Fließbeginn des Vierkantrohres errechnet sich zu:

$$M_{ges} = M_A + M_B + M_C$$

$$M_{ges} = 2 \cdot 10 \int_{-30}^{30} \frac{R_{e2}}{z_{pl}} \cdot z \cdot z \, dz + 30 \int_{-15}^{15} \frac{R_{e2}}{z_{pl}} \cdot z \cdot z \, dz + 2 \cdot 80 \int_{-30}^{-40} R_{e2} \cdot z \, dz$$

$$= 2 \cdot 10 \cdot \frac{295}{30} \int_{-30}^{30} z^2 \, dz + 30 \cdot \frac{295}{30} \int_{-15}^{15} z^2 \, dz + 2 \cdot 80 \cdot 295 \int_{-30}^{-40} z \, dz$$

$$= 196{,}67 \cdot \frac{1}{3} \cdot \left[z^3 \right]_{-30}^{30} + 295 \cdot \frac{1}{3} \cdot \left[z^3 \right]_{-15}^{15} + 47200 \cdot \frac{1}{2} \cdot \left[z^2 \right]_{-30}^{-40}$$

$$= 3\,540\,000 \text{ Nmm} + 663\,750 \text{ Nmm} + 16\,520\,000 \text{ Nmm}$$

$$= 20\,723\,750 \text{ Nmm}$$

Die Kraft F_{pl} errechnet sich dann zu:

$$F_{pl} = \frac{M_{ges}}{a} = \frac{20\,723\,750 \text{ Nmm}}{2\,000 \text{ mm}} = \mathbf{10361{,}9 \text{ N}}$$

d) **Berechnung der Kraft F_{pl} bei Fließbeginn des Vierkantprofilstabes**

Der Vierkantstab beginnt zu fließen, sobald gilt:

$$\sigma(-z = 15 \text{ mm}) = R_{e1}$$

Damit ergibt sich für z^*_{pl} unter Anwendung des Strahlensatzes (siehe Abbildung):

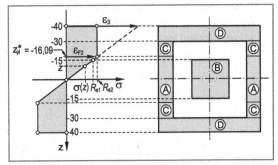

$$\frac{R_{e2}}{R_{e1}} = \frac{z^*_{pl}}{15 \text{ mm}}$$

$$z^*_{pl} = \frac{295 \text{ N/mm}^2}{275 \text{ N/mm}^2} \cdot -15 \text{ mm} = -16{,}09 \text{ mm}$$

Es gilt:

$$\sigma(z) = \frac{R_{e2}}{z_{pl}^*} \cdot z \quad \text{für } 0 \leq z \leq -16{,}09 \text{ mm } (= z_{pl}^*)$$

$$\sigma(z) = R_{e2} \quad \text{für } -16{,}09 < z \leq -40 \text{ mm}$$

Das erforderliche Biegemoment M_{ges} bei Fließbeginn des Vierkantprofilstabes errechnet sich zu:

$$M_{ges} = M_A + M_B + M_C + M_D$$

$$M_{ges} = 2 \cdot 10 \int\limits_{-16,09}^{16,09} \frac{R_{e2}}{z_{pl}^*} \cdot z \cdot z \, dz + 30 \int\limits_{-15}^{15} \frac{R_{e2}}{z_{pl}^*} \cdot z \cdot z \, dz + 4 \cdot 10 \int\limits_{-16,09}^{-30} R_{e2} \cdot z \, dz + 2 \cdot 80 \int\limits_{-30}^{-40} R_{e2} \cdot z \, dz$$

$$= 2 \cdot 10 \cdot \frac{295}{16{,}09} \int\limits_{-16,09}^{16,09} z^2 \, dz + 30 \cdot \frac{295}{16{,}09} \int\limits_{-15}^{15} z^2 \, dz + 4 \cdot 10 \cdot 295 \int\limits_{-16,09}^{-30} z \, dz + 2 \cdot 80 \cdot 295 \int\limits_{-30}^{-40} z \, dz$$

$$= 366{,}69 \cdot \frac{1}{3} \cdot \left[z^3\right]_{-16,09}^{16,09} + 550{,}03 \cdot \frac{1}{3} \cdot \left[z^3\right]_{-15}^{15} + 11800 \cdot \frac{1}{2} \cdot \left[z^2\right]_{-16,09}^{-30} + 47200 \cdot \frac{1}{2} \cdot \left[z^2\right]_{-30}^{-40}$$

$$= 1\,018\,293{,}2 \text{ Nmm} + 1\,237\,569{,}9 \text{ Nmm} + 3\,782\,560{,}2 \text{ Nmm} + 16\,520\,000 \text{ Nmm}$$

$$= 22\,558\,423{,}3 \text{ Nmm}$$

Die Kraft F_{pl} errechnet sich dann zu:

$$F_{pl}^* = \frac{M_{ges}}{a} = \frac{22\,558\,423{,}2 \text{ Nmm}}{2\,000 \text{ mm}} = \mathbf{11279{,}2 \text{ N}}$$

e) **Berechnung der Kraft F_{vpl} mit Erreichen des vollplastischen Zustandes**

Im vollplastischen Zustand herrscht im gesamten Vierkantrohr die Spannung R_{e2}, im Vierkantprofilstab hingegen die Spannung R_{e1}. Damit errechnet sich das Biegemoment M_{vpl} für den vollplastischen Zustand zu:

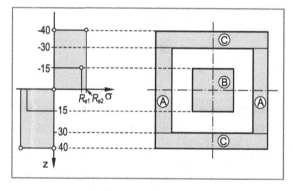

$$M_{vpl} = M_{vplA} + M_{vpl\,B} + M_{vpl\,C}$$

$$M_{vpl} = 2 \cdot 2 \cdot 10 \int\limits_{0}^{-30} R_{e2} \cdot z \, dz + 2 \cdot 80 \int\limits_{-30}^{-40} R_{e2} \cdot z \, dz + 2 \cdot 30 \int\limits_{0}^{-15} R_{e1} \cdot z \, dz$$

$$= 2 \cdot 2 \cdot 10 \cdot 295 \int\limits_{0}^{-30} z \, dz + 2 \cdot 80 \cdot 295 \int\limits_{-30}^{-40} z \, dz + 2 \cdot 30 \cdot 275 \int\limits_{0}^{-15} z \, dz$$

$$= 11800 \cdot \frac{1}{2} \cdot \left[z^2\right]_{0}^{-30} + 47200 \cdot \frac{1}{2} \cdot \left[z^2\right]_{-30}^{-40} + 16500 \cdot \frac{1}{2} \cdot \left[z^2\right]_{0}^{-15}$$

$$= 5\,310\,000 \text{ Nmm} + 1\,856\,250 \text{ Nmm} + 16\,520\,000 \text{ Nmm}$$
$$= 23\,686\,250 \text{ Nmm}$$

Die Kraft F_{vpl} errechnet sich dann zu:

$$F_{\text{vpl}} = \frac{M_{\text{vpl}}}{a} = \frac{23\,686\,250 \text{ Nmm}}{2\,000 \text{ mm}} = \mathbf{11\,843{,}1 \text{ N}}$$

f) **Bauteilfließkurve**

Zur Ermittlung der Bauteilfließkurve muss zu den in Aufgabenteil b) bis e) berechneten Kräften die zugehörige Dehnung am Außenrand des Vierkantrohres ermittelt werden.

Vierkantrohr beginnt zu fließen (aus Aufgabenteil b):

$$\varepsilon_1 \equiv \varepsilon_{\text{F2}} = \frac{R_{\text{e2}}}{E_2} = \frac{295 \text{ N/mm}^2}{209\,000 \text{ N/mm}^2} = 0{,}001411 = \mathbf{1{,}411 \text{ ‰}}$$

Vierkantrohr ist bis $z_{\text{pl}} = -30$ mm plastifiziert:

$$\frac{\varepsilon_2}{\varepsilon_{\text{F2}}} = \frac{-B/2}{z_{\text{pl}}}$$

$$\varepsilon_2 = \frac{-B/2}{z_{\text{pl}}} \cdot \varepsilon_{\text{F2}} = \frac{-40}{-30} \cdot 1{,}411 \text{ ‰} = \mathbf{1{,}881 \text{ ‰}}$$

Vierkantrohr ist bis $z_{\text{pl}}^{*} = -16{,}09$ mm plastifiziert (Vierkantprofilstab beginnt zu fließen):

$$\frac{\varepsilon_3}{\varepsilon_{\text{F2}}} = \frac{-B/2}{z_{\text{pl}}^{*}}$$

$$\varepsilon_3 = \frac{-B/2}{z_{\text{pl}}^{*}} \cdot \varepsilon_{\text{F2}} = \frac{-40}{-16{,}09} \cdot 1{,}411 \text{ ‰} = \mathbf{3{,}508 \text{ ‰}}$$

Vollplastischer Zustand:

$$\varepsilon_{\text{vpl}} = \infty$$

Wertetabelle und Diagramm für Bauteilfließkurve

$\varepsilon^{1)}$	F
‰	N
1,411	8853,1
1,881	10361,9
3,508	11279,2
∞	11843,1

[1)] Außenrand Vierkantrohr

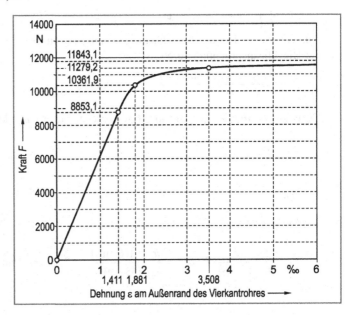

Lösung zu Aufgabe 7.11

a) Zuordnung der Dehnungsanzeigen zu den einzelnen Messstellen

Belastung	Messstelle				
	DMS A	**DMS B**	**DMS C**	**DMS D**	**DMS E**
F_1	ε_{zA}	ε_{zB}	$\varepsilon_{zC} = -\mu \cdot \varepsilon_{zA}$	$\varepsilon_{zD} = \varepsilon_{zA}$	$\varepsilon_{zE} = \varepsilon_{zA}$
F_2	0 [1)]	0 [1)]	0 [1)]	$\varepsilon_{bD} = -\varepsilon_{bE}$	ε_{bE}
M_t	0	ε_{tB}	0	0	0

[1)] neutrale Faser

Dehnungsmessstreifen A wird nur durch die Zugkraft F_1 beansprucht (siehe Tabelle). Es gilt daher:

$$\sigma_z = E \cdot \varepsilon_A$$

$$\frac{F_1}{\frac{\pi}{4} \cdot d^2} = E \cdot \varepsilon_A$$

$$F_1 = \frac{\pi}{4} \cdot d^2 \cdot E \cdot \varepsilon_A = \frac{\pi}{4} \cdot (16\,\text{mm})^2 \cdot 205\,000\ \text{N/mm}^2 \cdot 0,0016 = \mathbf{65\,948\,N}$$

b) Die Dehnungsmessstreifen D und E verformen sich nur durch die Beanspruchung aus F_1 (Zug) und M_b (Biegebeanspruchung infolge F_2). Die Verformungen durch die einzelnen Beanspruchungen können linear superponiert werden.

Es gilt:

$$\varepsilon_D = \varepsilon_{zD} + \varepsilon_{bD} = \varepsilon_{zA} - \varepsilon_{bE} \quad \text{und} \qquad (1)$$

$$\varepsilon_E = \varepsilon_{zE} + \varepsilon_{bE} = \varepsilon_{zA} + \varepsilon_{bE} \qquad (2)$$

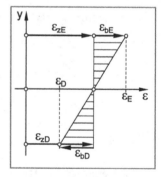

Aus Gleichung 1 und 2 folgt für die Dehnung ε_{bE} aufgrund der Biegebeanspruchung durch F_2:

$$\varepsilon_{bE} = \frac{\varepsilon_E - \varepsilon_D}{2} = \frac{1,80\,\text{\textperthousand} - 1,40\,\text{\textperthousand}}{2} = 0,20\,\text{\textperthousand}$$

Berechnung der Biegespannung (Hookesches Gesetz für den einachsigen Spannungszustand):

$$\sigma_b = E \cdot \varepsilon_{bE}$$

$$\frac{M_b}{W_b} = E \cdot \varepsilon_{bE}$$

$$F_2 \cdot (a - b) = \frac{\pi}{32} \cdot d^3 \cdot E \cdot \varepsilon_{bE}$$

$$F_2 = \frac{\pi}{32} \cdot \frac{d^3}{(a - b)} \cdot E \cdot \varepsilon_{bE} = \frac{\pi}{32} \cdot \frac{(16\,\text{mm})^3}{(55 - 30)\,\text{mm}} \cdot 205\,000\ \text{N/mm}^2 \cdot 0,0002 = \mathbf{659,5\,N}$$

c) Es liegt eine 0°-45°-90° DMS-Rosette vor. Daher kann der Mohrsche Verformungskreis entsprechend Kapitel 4.4.2 (siehe Lehrbuch) auf einfache Weise konstruiert werden.

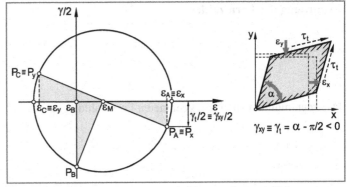

Die Schiebung $\gamma_{xy} \equiv \gamma_t$ mit der x-Richtung als Bezug kann nur durch das Torsionsmoment M_t, d. h. durch die Torsionsschubspannung τ_t verursacht werden.

Berechnung der Schiebung $\gamma_{xy} \equiv \gamma_t$

$$\frac{\gamma_t}{2} = -(\varepsilon_M - \varepsilon_B) = -\left(\frac{\varepsilon_A + \varepsilon_C}{2} - \varepsilon_B\right)$$

$$\gamma_t = -(\varepsilon_A + \varepsilon_C - 2 \cdot \varepsilon_B) = -(1,60\,‰ + (-0,48\,‰) - 2 \cdot 0,00\,‰) = -1,12\,‰$$

Elastizitätsgesetz für Schubbeanspruchung

$$\tau_t = G \cdot \gamma_t = \frac{E}{2 \cdot (1+\mu)} \cdot \gamma_t = \frac{205\,000\,\text{N/mm}^2}{2 \cdot (1+0,30)} \cdot (-0,00112) = -88,31\,\text{N/mm}^2$$

Berechnung des Torsionsmomentes M_t

$$\tau_t = \frac{M_t}{W_t}$$

$$M_t = |\tau_t| \cdot W_t = \tau_t \cdot \frac{\pi}{16} \cdot d^3 = 88,31\,\text{N/mm}^2 \cdot \frac{\pi}{16} \cdot (16\,\text{mm})^3 = 71021\,\text{Nmm} = \mathbf{71,02\,Nm}$$

Die Schubspannung τ_t bzw. das Torsionsmoment M_t führen für γ_{xy} ($\equiv \gamma_t$) zu einer Winkelverkleinerung entsprechend der Abbildung. Damit ist die Drehrichtung des Torsionsmomentes M_t bei Blick von rechts auf den Wellenzapfen im Uhrzeigersinn (also entgegen der Richtung der eingezeichneten Momentenpfeile in der Aufgabenstellung).

d) Berechnung der Nennspannungen

$$\sigma_{zn} = \frac{F_1}{A_n} = \frac{4 \cdot F_1}{\pi \cdot d^2} = \frac{4 \cdot 65948\,\text{N}}{\pi \cdot (16\,\text{mm})^2} = 328,00\,\text{N/mm}^2$$

$$\sigma_{bn} = \frac{M_b}{W_{bn}} = \frac{F_2 \cdot a}{\frac{\pi}{32} \cdot d^3} = \frac{659,5\,\text{N} \cdot 55\,\text{mm}}{\frac{\pi}{32} \cdot (16\,\text{mm})^3} = 90,20\,\text{N/mm}^2$$

$$\tau_{tn} = \frac{M_t}{W_{tn}} = \frac{M_t}{\frac{\pi}{16} \cdot d^3} = \frac{71021\,\text{Nmm}}{\frac{\pi}{16} \cdot (16\,\text{mm})^3} = 88,31\,\text{N/mm}^2$$

Ermittlung der Formzahlen

$$\frac{D}{d} = \frac{24}{16} = 1,5$$

$$\frac{R}{d} = \frac{2}{16} = 0,125$$

Damit entnimmt man einem geeigneten Formzahldiagramm:

$$\alpha_{kz} = 1,75$$

$$\alpha_{kb} = 1,58$$

$$\alpha_{kt} = 1,32$$

Berechnung der maximalen Spannungen

$$\sigma_{z\,max} = \sigma_{zn} \cdot \alpha_{kz} = 327,99\,\text{N/mm}^2 \cdot 1,75 = 574,00\,\text{N/mm}^2$$

$$\sigma_{b\,max} = \sigma_{bn} \cdot \alpha_{kb} = 90,20\,\text{N/mm}^2 \cdot 1,58 = 142,52\,\text{N/mm}^2$$

$$\tau_{t\,max} = \tau_{tn} \cdot \alpha_{kt} = 88,31\,\text{N/mm}^2 \cdot 1,32 = 116,57\,\text{N/mm}^2$$

Da es sich um eine Biegebeanspruchung mit überlagerter Torsion handelt, ergibt sich die Vergleichsspannung nach der SH zu (siehe Gleichung 6.14 im Lehrbuch):

$$\sigma_{V\,SH} = \sqrt{\left(\sigma_{z\,max} + \sigma_{b\,max}\right)^2 + 4 \cdot \tau_{t\,max}^2} = \sqrt{(574,00 + 142,12)^2 + 4 \cdot 116,57^2}\,\text{N/mm}^2$$

$$= 753,49\ \text{N/mm}^2$$

Festigkeitsbedingung

$$\sigma_{V\,SH} \leq \sigma_{zul}$$

$$\sigma_{V\,SH} = \frac{R_{p0,2}}{S_F}$$

$$S_F = \frac{R_{p0,2}}{\sigma_{V\,SH}} = \frac{800\,\text{N/mm}^2}{753,49\,\text{N/mm}^2} = \mathbf{1,06} \quad (\text{nicht ausreichend, da } S_F < 1,20)$$

8 Knickung

8.1 Formelsammlung zur Knickung

Eulersche Knickfälle - Knickkraft

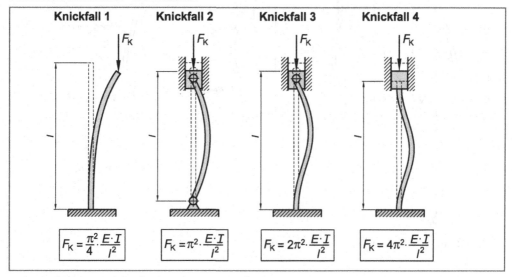

Knickspannung

$$\sigma_K = \frac{F_K}{A}$$ Knickspannung

Zulässige Spannungen

Duktile Werkstoffe

$$\sigma_{zul} = \frac{\sigma_{dF}}{S_F} \text{ bzw. } \frac{\sigma_{d0,2}}{S_F}$$ mit $S_F = 1,2 ... 2,0$ Versagen durch Fließen

$$\sigma_{zul} = \frac{\sigma_K}{S_K}$$ mit $S_K = 2,5 ... 5,0$ Versagen durch Knickung

Spröde Werkstoffe

$$\sigma_{zul} = \frac{\sigma_{dB}}{S_B}$$ mit $S_B = 4,0 ... 9,0$ Versagen durch Bruch

$$\sigma_{zul} = \frac{\sigma_K}{S_K}$$ mit $S_K = 2,5 ... 5,0$ Versagen durch Knickung

Knicklänge

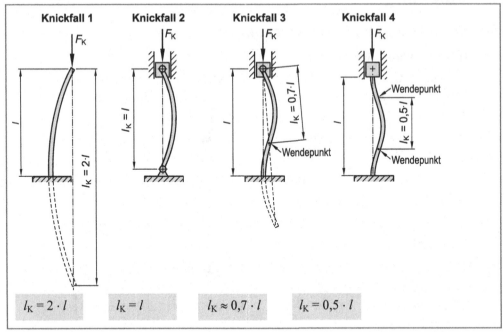

$$l_K = 2 \cdot l \qquad l_K = l \qquad l_K \approx 0{,}7 \cdot l \qquad l_K = 0{,}5 \cdot l$$

Schlankheitsgrad

$$\lambda = \frac{l_K}{\sqrt{I/A}}$$

Schlankheitsgrad
(Definition)

Knickspannungsdiagramm

$$\sigma_K = \frac{\pi^2 \cdot E}{\lambda^2}$$

Euler-Kurve

$$\sigma_K = a - b \cdot \lambda + c \cdot \lambda^2$$

Tetmajer-Gerade [1]

$$\lambda_G = \pi \cdot \sqrt{\frac{E}{\sigma_{dP}}}$$

Grenzschlankheitsgrad für elastische Knickung

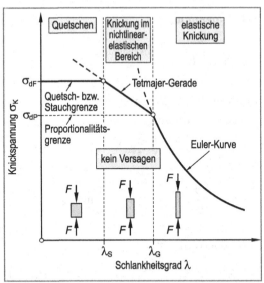

Biegeknickung

$$\sigma_{ges} = \frac{F}{A} + \frac{F \cdot e}{W_b \cdot \cos\left(\dfrac{l_K}{2} \cdot \sqrt{\dfrac{F}{E \cdot I}}\right)}$$

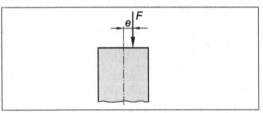

[1] Koeffizienten der Tetmajer-Gleichung siehe Lehrbuch Kapitel 8.5.

8.2 Aufgaben

Aufgabe 8.1   ○○○○●●

Ein beidseitig gelenkig gelagerter Profilstab aus dem Vergütungsstahl C22 mit einer Länge von $l = 2$ m und einer quadratischen Querschnittsfläche ($a = 50$ mm) wird durch die im Flächenschwerpunkt angreifende, statisch wirkende Druckkraft $F_d = 50$ kN mittig beansprucht.

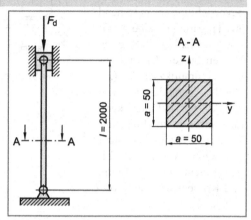

Werkstoffkennwerte C22 (vergütet):

$R_{p0,2} = 320$ N/mm^2
$R_m = 460$ N/mm^2
$E = 210000$ N/mm^2
$\mu = 0{,}30$

Berechnen Sie die Knickkraft F_K sowie die Sicherheit gegen Knickung (S_K) und gegen Fließen (S_F).

Aufgabe 8.2   ○○●●●

Ein Profilstab aus der unlegierten Baustahlsorte S275JR mit einer Länge von $l = 1500$ mm und der dargestellten Querschnittsfläche, wird durch eine im Flächenschwerpunkt S angreifende Druckkraft F_d statisch beansprucht. Der Profilstab ist an beiden Enden gelenkig gelagert.

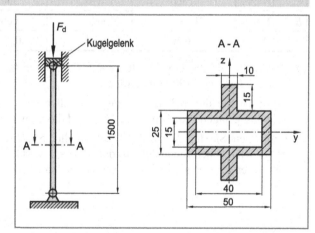

Werkstoffkennwerte S275JR:

$R_e = 255$ N/mm^2
$R_m = 510$ N/mm^2
$E = 210000$ N/mm^2
$\mu = 0{,}30$

a) Berechnen Sie für den dargestellten Querschnitt die axialen Flächenmomente 2. Ordnung bezüglich der y-Achse (I_y) sowie bezüglich der z-Achse (I_z).

b) Ermitteln Sie die zulässige Druckbelastung F_d des Profilstabes ($S_K = 4$ und $S_F = 1{,}5$).

c) Berechnen Sie die Verkürzung Δl des Profilstabes unmittelbar vor dem Versagen.

Aufgabe 8.3   ○○●●●

Die Abbildung zeigt eine einfache hydraulische Hebevorrichtung bestehend aus Tragarm (T), einer beidseitig gelenkig gelagerten Kolbenstange (K) und einem Hydraulikzylinder (Z). Durch Veränderung des Drucks im Zylinder kann die Masse m am Ende des Tragarms angehoben oder abgesenkt werden. Das Eigengewicht von Tragarm und Kolbenstange darf vernachlässigt werden.

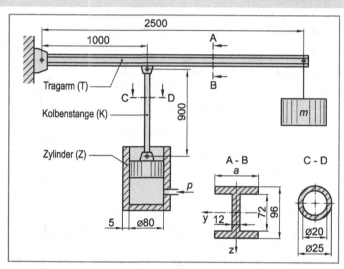

Werkstoffkennwerte:

Werkstoffkenn-werte	Tragarm (S235JR)	Kolbenstange (C35E)	Zylinder (EN-GJL-350)
R_e [N/mm²]	235	355	---
R_m [N/mm²]	360	470	350
E [N/mm²]	210000	210000	115000
μ [-]	0,30	0,30	0,26

a) Berechnen Sie die Druckkraft F_d auf die Kolbenstange, falls die an den Tragarm angehängte Masse $m = 1000$ kg beträgt.

b) Ermitteln Sie die Sicherheiten gegen Fließen (S_F) und Knickung (S_K) für die beidseitig gelenkig gelagerte Kolbenstange (K). Sind die Sicherheiten ausreichend?

c) Berechnen Sie für die höchst beanspruchte Stelle des Tragarms (T) das Biegemoment $M_{b\,max}$. Berechnen Sie außerdem das Maß a des I-Profils des Tragarms, so dass die Sicherheit gegen Fließen an der höchst beanspruchten Stelle $S_F = 1,5$ beträgt.

Aufgabe 8.4 ○○●●●

Der dargestellte Wandkran ist an seinem linken Ende gelenkig gelagert. An seinem freien, rechten Ende greift eine statisch wirkende Kraft F = 800 kN an. Der Kranausleger wird durch einen Stützstab aus unlegiertem Baustahl (S235JR) abgestützt und kann als beidseitig gelenkig gelagert angesehen werden.

Werkstoffkennwerte S235JR:

R_e = 235 N/mm^2

R_m = 440 N/mm^2

E = 210000 N/mm^2

μ = 0,30

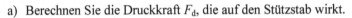

a) Berechnen Sie die Druckkraft F_d, die auf den Stützstab wirkt.

b) Bestimmen Sie für die Querschnittsfläche des Stützstabes das axiale Flächenmoment 2. Ordnung bezüglich der y-Achse (I_y).

c) Ermitteln Sie für den Stützstab die Sicherheiten gegen Fließen und gegen Knickung. Sind die Sicherheiten ausreichend?

Aufgabe 8.5 ○○○●●

Eine Stahlstütze aus der unlegierten Baustahlsorte S235JR mit kreisförmigem Querschnitt (d_i = 50 mm; s = 5 mm) und einer Länge von l = 2500 mm wird durch die statisch wirkende, mittig angreifende Druckkraft F beansprucht. Die Stahlstütze kann an ihrem unteren Ende als fest eingespannt, an ihrem oberen Ende hingegen als frei beweglich betrachtet werden.

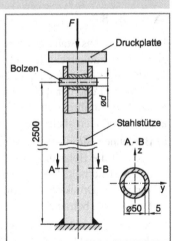

Am oberen Ende der Stütze wurde außerdem eine Druckplatte montiert, die mittels eines Bolzens mit der Stütze verbunden ist. Der Bolzen aus dem unlegierten Vergütungsstahl C45E hat einen Vollkreisquerschnitt.

Werkstoffkennwerte:

S235JR: R_e = 235 N/mm^2

R_m = 380 N/mm^2

A = 26 %

E = 210000 N/mm^2

C45E: $R_{p0,2}$ = 310 N/mm^2

R_m = 620 N/mm^2

τ_{aB} = 490 N/mm^2

A = 16 %

a) Berechnen Sie die zulässige Druckkraft F_d, damit Fließen der Stahlstütze mit einer Sicherheit von $S_F = 1{,}5$ ausgeschlossen werden kann.

b) Ermitteln Sie die Druckkraft F_d^*, die zu einer Knickung der Stahlstütze führt.

c) Berechnen Sie den erforderlichen Durchmesser d des Bolzens, damit bei einer Belastung von $F = 25$ kN ein Abscheren mit einer Sicherheit von $S_B = 2{,}0$ ausgeschlossen werden kann.

Aufgabe 8.6   ○○○●●

Ein Wendelbohrer (Durchmesser $d = 12$ mm) aus Schnellarbeitsstahl HS 6-5-2 ($E = 208000$ N/mm^2) hat den in der Abbildung dargestellten idealisierten Querschnitt.

Ermitteln Sie die maximale Länge l des Bohrers, damit die Knickkraft F_K mindestens 2 kN beträgt.

Hinweis:

Das kleinste Flächenmoment 2. Ordnung (bezüglich der z-Achse) ergibt sich für den idealisierten Querschnitt zu:

$$I_z = \frac{d^4}{64} \cdot \left(\frac{\pi}{2} - 1 \right)$$

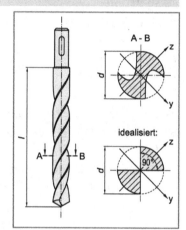

Aufgabe 8.7   ○○●●●

Die Stütze eines Stahlgerüsts aus Werkstoff S275J0 hat einen Kreisringquerschnitt und soll eine axiale Druckkraft von $F = 150$ kN aufnehmen. Die Länge der Stütze beträgt $l = 1500$ mm und der Außendurchmesser $d_a = 100$ mm. Die Stütze kann an ihrem unteren Ende als fest eingespannt und am oberen Enden als frei beweglich betrachtet werden.

a) Berechnen Sie die mindestens erforderliche Wandstärke s, damit die Belastung von $F = 150$ kN mit der notwendigen Sicherheit ($S_F = 1{,}5$ und $S_K = 3{,}0$) ertragen werden kann. Die Druckkraft F soll zunächst als mittig angreifend ($e = 0$) betrachtet werden.

b) Aufgrund von Montageungenauigkeiten ist es möglich, dass die Druckkraft außermittig angreift ($e \neq 0$). Bestimmen Sie die maximal zulässige Exzentrizität e, damit eine Sicherheit von $S_F = 1{,}2$ gegen Fließen gegeben ist. Die Wandstärke der rohrförmigen Stütze soll $s = 5$ mm betragen.

Werkstoffkennwerte S275J0:
$R_e = 290$ N/mm^2
$R_m = 560$ N/mm^2
$E = 208000$ N/mm^2

Aufgabe 8.8   ○○○○●

Für ein Baugerüst werden Rohrstützen aus S235JR (R_e = 240 N/mm^2; R_m = 420 N/mm^2 und E = 210000 N/mm^2) verwendet. Die Länge der Stützen beträgt l = 3,50 m, der Außendurchmesser d_a = 60 mm und die Wandstärke s = 5 mm. Die Stützen werden statisch auf Druck beansprucht und sind so eingebaut, dass beide Enden als fest eingespannt betrachtet werden können (S_F = 1,5; S_K = 4,0).

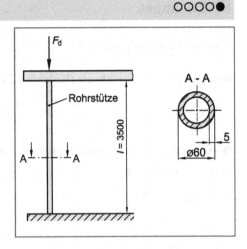

a) Berechnen Sie ist die zulässige Druckkraft F_d auf die Rohrstütze.

b) Ermitteln Sie die Verkürzung Δl der Rohrstütze für die zulässige Belastung aus Aufgabenteil a).

Aufgabe 8.9   ○○○●●

Ein warm gewalzter Stahlträger (IPE 300) aus S235JR hat eine Länge von l = 3,5 m und wird durch eine statisch wirkende, mittig angreifende, axiale Druckkraft F = 1300 kN belastet. Der Träger ist an seinem unteren Ende in einer Kugelpfanne gelagert und am oberen Ende vertikal geführt.

Ermitteln Sie die Sicherheiten gegen Versagen.

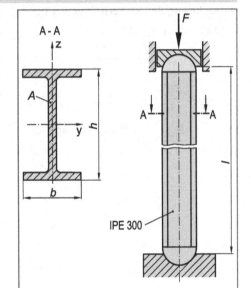

Werkstoffkennwerte:

R_e = 300 N/mm^2
R_m = 530 N/mm^2
E = 210000 N/mm^2

Kenndaten zum Stahlträger (IPE 300):

h =   300 mm
b =   150 mm
A =   53,8 cm^2
I_y = 8360 cm^4
I_x =   604 cm^4

8.3 Lösungen

Lösung zu Aufgabe 8.1

Berechnung der Knickkraft (Knickfall 2)

$$F_K = \pi^2 \cdot \frac{E \cdot I}{l^2} = \pi^2 \cdot \frac{E}{l^2} \cdot \frac{a^4}{12} = \pi^2 \cdot \frac{210\,000 \text{ N/mm}^2}{(2000 \text{ mm})^2} \cdot \frac{(50 \text{ mm})^4}{12} = 269\,872 \text{ N}$$

Berechnung der Sicherheit gegen Knickung

Festigkeitsbedingung:

$$\sigma_d \le \sigma_{zul} = \frac{\sigma_K}{S_K}$$

$$\frac{F_d}{A} = \frac{F_K}{A} \cdot \frac{1}{S_K}$$

$$S_K = \frac{F_K}{F_d} = \frac{269\,872 \text{ N}}{50\,000 \text{ N}} = \mathbf{5{,}40} \quad \text{(ausreichend, da } S_K > 2{,}5 \text{)}$$

Berechnung der Sicherheit gegen Fließen

Festigkeitsbedingung:

$$\sigma_d \le \sigma_{zul} = \frac{\sigma_{d0,2}}{S_F} \approx \frac{R_{p0,2}}{S_F}$$

$$\frac{F_d}{A} = \frac{R_{p0,2}}{S_F}$$

$$S_F = \frac{R_{p0,2}}{F_d} \cdot A = \frac{R_{p0,2}}{F_d} \cdot a^2 = \frac{320 \text{ N/mm}^2}{50\,000 \text{ N}} \cdot (50 \text{ mm})^2 = \mathbf{16} \quad \text{(ausreichend, da } S_F > 1{,}20 \text{)}$$

Lösung zu Aufgabe 8.2

a) **Berechnung des axialen Flächenmomentes 2. Ordnung bezüglich der y-Achse**

Berechnung der axialen Flächenmomente 2. Ordnung der Teilflächen bezüglich der zur y-Achse parallelen Achsen durch die Teilflächenschwerpunkte:

$$I_{y1} = \frac{40\,\text{mm} \cdot (15\,\text{mm})^3}{12} = 11250\ \text{mm}^4$$

$$I_{y2} = \frac{50\,\text{mm} \cdot (25\,\text{mm})^3}{12} = 65104{,}2\ \text{mm}^4$$

$$I_{y3} = \frac{10\,\text{mm} \cdot (15\,\text{mm})^3}{12} = 2812{,}5\,\text{mm}^4$$

Berechnung der axialen Flächenmomente 2. Ordnung der Teilflächen bezüglich der y-Achse durch den Gesamtflächenschwerpunkt S:

$$I_{yS1} = I_{y1} = 11250\ \text{mm}^4$$

$$I_{yS2} = I_{y2} = 65104{,}2\ \text{mm}^4$$

$$I_{yS3} = I_{y3} + z_{S3}^2 \cdot A_3 = 2812{,}5\ \text{mm}^4 + (20\,\text{mm})^2 \cdot 150\,\text{mm}^2 = 62812{,}5\,\text{mm}^4$$

Das axiale Flächenmoment 2. Ordnung der Gesamtfläche bezüglich der y-Achse ergibt sich dann zu:

$$I_{yS} = I_{yS2} - I_{yS1} + 2 \cdot I_{yS3} = 65\,104{,}2\,\text{mm}^4 - 11250\,\text{mm}^4 + 2 \cdot 62812{,}5\,\text{mm}^4$$

$$= \mathbf{179\,479{,}2\ mm^4}$$

Berechnung des axialen Flächenmomentes 2. Ordnung bezüglich der z-Achse

Berechnung der axialen Flächenmomente 2. Ordnung der Teilflächen bezüglich der zur z-Achse parallelen Achsen durch die Teilflächenschwerpunkte:

$$I_{z1} = \frac{15\,\text{mm} \cdot (40\,\text{mm})^3}{12} = 80000\ \text{mm}^4$$

$$I_{z2} = \frac{25\,\text{mm} \cdot (50\,\text{mm})^3}{12} = 260416{,}7\ \text{mm}^4$$

$$I_{z3} = \frac{15\,\text{mm} \cdot (10\,\text{mm})^3}{12} = 1250\,\text{mm}^4$$

Berechnung der axialen Flächenmomente 2. Ordnung der Teilflächen bezüglich der z-Achse durch den Gesamtflächenschwerpunkt S:

$$I_{zS1} = I_{z1} = 80000\ \text{mm}^4$$

$$I_{zS2} = I_{z2} = 260416{,}7\ \text{mm}^4$$

$$I_{zS3} = I_{z3} = 1250\,\text{mm}^4$$

Das axiale Flächenmoment 2. Ordnung der Gesamtfläche bezüglich der z-Achse ergibt sich dann zu:

$$I_{zS} = I_{zS2} - I_{zS1} + 2 \cdot I_{zS3} = 260\,416,7\,\text{mm}^4 - 80\,000\,\text{mm}^4 + 2 \cdot 1250\,\text{mm}^4$$

$$= \mathbf{182\,916,7\,mm^4}$$

b) **Versagensfall Knickung (Knickfall 2)**

Ausknicken erfolgt senkrecht zu derjenigen Querschnittachse mit dem kleinsten axialen Flächenmoment 2. Ordnung. Gemäß Aufgabenteil a) gilt dann: $I_{min} = I_{yS}$.

Festigkeitsbedingung:

$$\sigma_d \leq \sigma_{zul} = \frac{\sigma_K}{S_K}$$

$$\frac{F_d}{A} = \frac{F_K}{A} \cdot \frac{1}{S_K}$$

$$F_d = \frac{\pi^2 \cdot \dfrac{E \cdot I_{yS}}{l^2}}{S_K} = \frac{\pi^2 \cdot 210\,000\,\text{N/mm}^2 \cdot 179\,479,2\,\text{mm}^4}{(1500\,\text{mm})^2 \cdot 4} = \mathbf{41\,333\,N}$$

Versagensfall Fließen

Festigkeitsbedingung:

$$\sigma_d \leq \sigma_{zul}$$

$$\frac{F_d}{A} = \frac{\sigma_{dF}}{S_F} \approx \frac{R_e}{S_F}$$

$$F_d = \frac{R_e}{S_F} \cdot A = \frac{255\,\text{N/mm}^2 \cdot 950\,\text{mm}^2}{1,5} = \mathbf{161\,500\,N}$$

Die zulässige Druckkraft beträgt also 41333 N.

c) **Berechnung der Kräfte die zum Versagen führen**

durch Fließen: $F_F = 1,5 \cdot 161\,500\,\text{N} = 242\,250\,\text{N}$
durch Knickung: $F_K = 4 \cdot 41\,333\,\text{N} = 165\,332\,\text{N}$

Versagen erfolgt also durch Knickung, sobald die Druckkraft F_d die Kraft $F_F = 165\,332$ N überschreitet.

Berechnung der Verkürzung des Profilstabes mit Hilfe des Hookeschen Gesetzes (einachsiger Spannungszustand)

$$\sigma_d = -E \cdot \varepsilon = -E \cdot \frac{\Delta l}{l_0}$$

$$\Delta l = -\frac{\sigma_d \cdot l_0}{E} = -\frac{F_d}{A} \frac{l_0}{E} = -\frac{165\,332\,\text{N}}{950\,\text{mm}^2} \cdot \frac{1500\,\text{mm}}{210\,000\,\text{N/mm}^2} = \mathbf{-1,24\ mm}$$

Lösung zu Aufgabe 8.3

a) **Berechnung der Druckkraft auf die Kolbenstange**

Freischneiden des Tragarmes und Ansetzen des Momentengleichgewichts um den Lagerpunkt A:

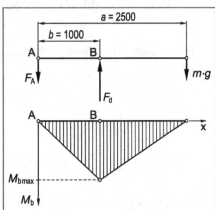

$$\sum M_A = 0$$

$$F_d \cdot b - m \cdot g \cdot a = 0$$

$$F_d = m \cdot g \cdot \frac{a}{b} = 1000 \text{ kg} \cdot 9{,}81 \text{ m/s}^2 \cdot \frac{2500 \text{ mm}}{1000 \text{ mm}}$$

$$= \mathbf{24\,525 \ N}$$

b) **Berechnung der Sicherheit gegen Fließen**

Festigkeitsbedingung:

$$\sigma_d \leq \sigma_{zul}$$

$$\frac{F_d}{A} = \frac{\sigma_{dF}}{S_F} \approx \frac{R_e}{S_F}$$

$$\frac{F_d}{\frac{\pi}{4} \cdot \left(d_a^2 - d_i^2\right)} = \frac{R_e}{S_F}$$

$$S_F = \frac{R_e}{F_d} \cdot \frac{\pi}{4} \cdot \left(d_a^2 - d_i^2\right)$$

$$= \frac{355 \text{ N/mm}^2}{24\,525 \text{ N}} \cdot \frac{\pi}{4} \cdot \left(25^2 - 20^2\right) \text{mm}^2 = \mathbf{2{,}56} \quad (\text{ausreichend, da } S_F > 1{,}20)$$

Berechnung der Sicherheit gegen Knickung (Knickfall 2)

Festigkeitsbedingung:

$$\sigma_d \leq \sigma_{zul} = \frac{\sigma_K}{S_K}$$

$$\frac{F_d}{A} = \frac{F_K}{A} \cdot \frac{1}{S_K}$$

$$S_K = \frac{F_K}{F_d} = \frac{\pi^2 \cdot \dfrac{E \cdot I}{l^2}}{F_d} = \frac{\pi^2 \cdot E \cdot \dfrac{\pi}{64} \cdot \left(d_a^4 - d_i^4\right)}{F_d \cdot l^2}$$

$$= \frac{\pi^2 \cdot 210\,000 \text{ N/mm}^2 \cdot \dfrac{\pi}{64} \cdot \left(25^4 - 20^4\right) \text{mm}^4}{24\,525 \text{N} \cdot (900 \text{ mm})^2}$$

$$= \mathbf{1{,}18} \quad (\text{nicht ausreichend, da } S_K < 2{,}5)$$

c) **Berechnung des Biegemomentes an der höchst beanspruchten Stelle**

Das maximale Biegemoment befindet sich an der Stelle B:

$$M_{b\,max} = m \cdot g \cdot (a - b) = 1000\ \text{kg} \cdot 9{,}81\ \text{m/s}^2 \cdot (2500\ \text{mm} - 1000\ \text{mm})$$

$$= 14\,715\,000\ \text{Nmm} = \mathbf{14\,715\ Nm}$$

Berechnung des erforderlichen axialen Widerstandsmomentes

Festigkeitsbedingung:

$$\sigma_b \le \sigma_{b\,zul}$$

$$\frac{M_{b\,max}}{W_{by}} = \frac{\sigma_{bF}}{S_F} \approx \frac{R_e}{S_F}$$

$$W_{by} = M_{b\,max} \cdot \frac{S_F}{R_e} = 14\,715\,000\ \text{Nmm} \cdot \frac{1{,}5}{235\ \text{N/mm}^2} = 93\,925{,}5\ \text{mm}^3$$

Berechnung des axialen Flächenmomentes 2. Ordnung bezüglich der y-Achse

$$I_y = \frac{a \cdot h_1^3}{12} - 2 \cdot \frac{a - t}{2} \cdot \frac{h_2^3}{12} = \frac{a \cdot (96\ \text{mm})^3}{12} - 2 \cdot \frac{a - 12\ \text{mm}}{2} \cdot \frac{(72\ \text{mm})^3}{12}$$

$$= a \cdot 73728\ \text{mm}^3 - 31104\ \text{mm}^3 \cdot (a - 12\ \text{mm})$$

$$= a \cdot 42\,624\ \text{mm}^3 + 373248\ \text{mm}^4$$

Damit folgt für das Maß a des axialen Widerstandsmomentes bezüglich der y-Achse (W_{by}):

$$W_{by} = \frac{I_y}{h_1 / 2} = \frac{a \cdot 42\,624\ \text{mm}^3 + 373248\ \text{mm}^4}{96\ \text{mm} / 2}$$

$$= 888\ \text{mm}^2 \cdot a + 7\,776\ \text{mm}^3$$

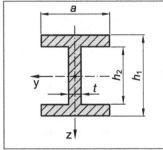

Mit $W_{by} = 93925{,}5\ \text{mm}^3$ folgt schließlich für a:

$$a = \frac{93\,925{,}5\ \text{mm}^3 - 7\,776\ \text{mm}^3}{888\ \text{mm}^2} = \mathbf{97{,}0\ mm}$$

Lösung zu Aufgabe 8.4

a) **Berechnung der Druckkraft auf den Stützstab**
Freischneiden des Kranauslegers und Ansetzen des Momentengleichgewichts um den Lagerpunkt A:

$$\sum M_A = 0$$

$$F_{dy} \cdot b + F_{dx} \cdot c - F \cdot a = 0$$

$$F_d \cdot \cos 45° \cdot b + F_d \cdot \sin 45° \cdot c - F \cdot a = 0$$

$$F_d = \frac{F \cdot a}{\cos 45° \cdot b + \sin 45° \cdot c}$$

$$= \frac{800\,000 \text{ N} \cdot 2\,000 \text{ mm}}{\dfrac{\sqrt{2}}{2} \cdot 1200 \text{ mm} + \dfrac{\sqrt{2}}{2} \cdot 200 \text{ mm}} = 1\,616\,244,1 \text{ N}$$

$$= \mathbf{1\,616,2 \text{ kN}}$$

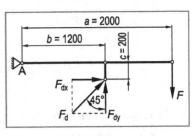

b) **Berechnung des axialen Flächenmomentes 2. Ordnung der Querschnittfläche des Stützstabes bezüglich der y-Achse**

$$I_y = \frac{(250 \text{ mm})^4}{12} - 2 \cdot \frac{117,5 \text{ mm} \cdot (220 \text{ mm})^3}{12}$$

$$= 116\,997\,500 \text{ mm}^4 = \mathbf{11\,699,75 \text{ cm}^4}$$

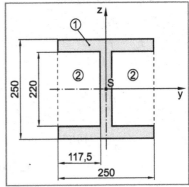

c) **Berechnung der Sicherheit gegen Fließen**
Festigkeitsbedingung:

$$\sigma_d \leq \sigma_{zul}$$

$$\frac{F_d}{A} = \frac{\sigma_{dF}}{S_F} \approx \frac{R_e}{S_F} \quad \text{mit } A = (250 \text{ mm})^2 - 2 \cdot 117,5 \text{ mm} \cdot 220 \text{ mm} = 10\,800 \text{ mm}^2$$

$$S_F = \frac{R_e \cdot A}{F_d} = \frac{235 \text{ N/mm}^2 \cdot 10\,800 \text{ mm}^2}{1\,616\,244,1 \text{ N}} = \mathbf{1,57} \quad \text{(ausreichend, da } S_F > 1,20\text{)}$$

Berechnung der Sicherheit gegen Knickung (Knickfall 2)
Festigkeitsbedingung:

$$\sigma_d \leq \sigma_{zul} = \frac{\sigma_K}{S_K}$$

$$\frac{F_d}{A} = \frac{F_K}{A} \cdot \frac{1}{S_K}$$

$$S_K = \frac{F_K}{F_d} = \frac{\pi^2 \cdot \dfrac{E \cdot I_y}{l^2}}{F_d} = \frac{\pi^2 \cdot 210\,000 \text{ N/mm}^2 \cdot 116\,997\,500 \text{ mm}^4}{1\,616\,244,1 \text{ N} \cdot (1697 \text{ mm})^2}$$

$$= \mathbf{52,1} \quad \text{(ausreichend, da } S_K > 2,5\text{)}$$

Lösung zu Aufgabe 8.5

a) **Berechnung der Sicherheit gegen Fließen**

Festigkeitsbedingung:

$$\sigma_d \leq \sigma_{zul}$$

$$\frac{F_d}{A} = \frac{\sigma_{dF}}{S_F} \approx \frac{R_e}{S_F}$$

$$F_d = \frac{R_e}{S_F} \cdot \frac{\pi}{4} \cdot \left(d_a^2 - d_i^2\right) = \frac{235\,\text{N/mm}^2}{1,5} \cdot \frac{\pi}{4} \cdot \left(60^2 - 50^2\right)\text{mm}^2 = 135350\,\text{N} = \mathbf{135,35\ kN}$$

b) **Berechnung der Sicherheit gegen Knickung (Knickfall 1)**

Festigkeitsbedingung:

$$\sigma_d \leq \sigma_K$$

$$\frac{F_d^*}{A} = \frac{F_K}{A}$$

$$F_d^* = F_K = \frac{\pi^2}{4} \cdot \frac{E \cdot I}{l^2} = \frac{\pi^2}{4} \cdot \frac{E \cdot \dfrac{\pi}{64} \cdot \left(d_a^4 - d_i^4\right)}{l^2}$$

$$= \frac{\pi^2}{4} \cdot \frac{210\,000\,\text{N/mm}^2 \cdot \dfrac{\pi}{64} \cdot \left(60^4 - 50^4\right)\text{mm}^2}{\left(2\,500\,\text{mm}\right)^2} = 27\,307\,\text{N} = \mathbf{27,307\ kN}$$

c) Ansetzen der Festigkeitsbedingung:

$$\tau_a \leq \tau_{zul}$$

$$\frac{F}{2 \cdot A} = \frac{\tau_{aB}}{S_B}$$

$$\frac{2 \cdot F}{\pi \cdot d^2} = \frac{\tau_{aB}}{S_B}$$

Damit folgt für den Durchmesser d des Bolzens:

$$d = \sqrt{\frac{2 \cdot F \cdot S_B}{\pi \cdot \tau_{aB}}} = \sqrt{\frac{2 \cdot 25\,000\,\text{N} \cdot 2,0}{\pi \cdot 490\,\text{N/mm}^2}} = \mathbf{8,06\ mm}$$

Lösung zu Aufgabe 8.6

Berechnung des axialen Flächenmomentes 2. Ordnung bezüglich der z-Achse ($I_z = I_{min}$)

$$I_z = \frac{d^4}{64} \cdot \left(\frac{\pi}{2} - 1\right) = \frac{(12\ \text{mm})^4}{64} \cdot \left(\frac{\pi}{2} - 1\right) = 184,9\ \text{mm}^4$$

Berechnung Knickkraft

Es handelt sich um Knickfall 3, da ein Ende des Wendelbohrers in der Maschine als fest eingespannt und das andere Ende am Werkstück als gelenkig gelagert angesehen werden kann. Letztere Annahme ist plausibel, da bereits bei geringer Druckbelastung die Bohrerspitze in den Werkstoff eindringt, so dass eine seitliche freie Beweglichkeit des Bohrers (würde Knickfall 1 entsprechen) nicht mehr gegeben ist.

Bedingung:

$$F_K \geq 2000\ \text{N}$$

$$2\pi^2 \cdot \frac{E \cdot I_z}{l^2} \geq 2000\ \text{N}$$

$$l \leq \sqrt{\frac{2\pi^2 \cdot E \cdot I_z}{2000\ \text{N}}} = \sqrt{\frac{2\pi^2 \cdot 208\,000\ \text{N/mm}^2 \cdot 184,9\ \text{mm}^4}{2000\ \text{N}}} = \textbf{616,2 mm}$$

Lösung zu Aufgabe 8.7

a) **Versagensfall Fließen**

Festigkeitsbedingung:

$$\sigma_d \leq \sigma_{zul}$$

$$\frac{F}{A} = \frac{\sigma_{dF}}{S_F} \approx \frac{R_e}{S_F}$$

$$\frac{F}{\frac{\pi}{4} \cdot \left(d_a^2 - d_i^2\right)} = \frac{R_e}{S_F}$$

$$d_i = \sqrt{d_a^2 - \frac{4 \cdot F \cdot S_F}{\pi \cdot R_e}} = \sqrt{(100 \text{ mm})^2 - \frac{4 \cdot 150\,000 \text{ N} \cdot 1,5}{\pi \cdot 290 \text{ N/mm}^2}} = 94,93 \text{ mm}$$

Berechnung der erforderlichen Wanddicke s:

$$s = \frac{d_a - d_i}{2} = \frac{100 \text{ mm} - 94,93 \text{ mm}}{2} = \mathbf{2,53 \text{ mm}}$$

Versagensfall Knickung (Knickfall 1)

Festigkeitsbedingung:

$$\sigma_d \leq \sigma_{zul} = \frac{\sigma_K}{S_K}$$

$$\frac{F}{A} = \frac{F_K}{A} \cdot \frac{1}{S_K}$$

$$F = \frac{\pi^2}{4} \cdot \frac{E \cdot I}{l^2} \cdot \frac{1}{S_K} = \frac{\pi^2}{4} \cdot \frac{E}{l^2} \cdot \frac{\pi}{64} \cdot \left(d_a^4 - d_i^4\right) \cdot \frac{1}{S_K} = \frac{\pi^3 \cdot E \cdot \left(d_a^4 - d_i^4\right)}{256 \cdot l^2 \cdot S_K}$$

$$d_i = \sqrt[4]{d_a^4 - \frac{256 \cdot F \cdot l^2 \cdot S_K}{\pi^3 \cdot E}} = \sqrt[4]{(100 \text{ mm})^4 - \frac{256 \cdot 150\,000 \text{ N} \cdot (1500 \text{ mm})^2 \cdot 3,0}{\pi^3 \cdot 208\,000 \text{ N/mm}^2}}$$

$$= 87,94 \text{ mm}$$

Berechnung der erforderlichen Wanddicke s:

$$s = \frac{d_a - d_i}{2} = \frac{100 \text{ mm} - 87,94 \text{ mm}}{2} = \mathbf{6,03 \text{ mm}}$$

b) **Berechnung der Gesamtspannung aus Druck und Biegung** (Gleichung 8.50, siehe Lehrbuch):

$$\sigma_{ges} = \frac{F}{A} + \frac{F \cdot e}{W_b \cdot \cos\left(\frac{l_K}{2} \cdot \sqrt{\frac{F}{E \cdot I}}\right)} \quad \text{mit } l_K = 2 \cdot l \text{ (Knickfall 1)}$$

Festigkeitsbedingung:

$$\sigma_{\mathrm{ges}} \le \sigma_{\mathrm{zul}} = \frac{R_{\mathrm{e}}}{S_{\mathrm{F}}}$$

$$\frac{F}{A} + \frac{F \cdot e}{W_{\mathrm{b}} \cdot \cos\left(\dfrac{l_{\mathrm{K}}}{2} \cdot \sqrt{\dfrac{F}{E \cdot I}}\right)} = \frac{R_{\mathrm{e}}}{S_{\mathrm{F}}}$$

$$e = \frac{\left(\dfrac{R_{\mathrm{e}}}{S_{\mathrm{F}}} - \dfrac{F}{A}\right) \cdot W_{\mathrm{b}} \cdot \cos\left(\dfrac{l_{\mathrm{K}}}{2} \cdot \sqrt{\dfrac{F}{E \cdot I}}\right)}{F}$$

$$= \frac{1}{150000\,\mathrm{N}} \left[\left(\frac{290\,\mathrm{N/mm^2}}{1{,}2} - \frac{150000\,\mathrm{N}}{\dfrac{\pi}{4} \cdot \left(100^2 - 90^2\right)\mathrm{mm^2}}\right) \cdot \frac{\pi}{32} \cdot \frac{100^4 - 90^4}{100}\,\mathrm{mm^3} \right.$$

$$\left. \cdot \cos\left(\frac{3000\,\mathrm{mm}}{2} \cdot \sqrt{\frac{150000\,\mathrm{N}}{208000\,\mathrm{N/mm^2} \cdot \dfrac{\pi}{64} \cdot \left(100^4 - 90^4\right)\mathrm{mm^4}}}\right)\right] = \mathbf{17{,}69\,mm}$$

Lösung zu Aufgabe 8.8

a) Die Rohrstütze kann durch Fließen oder Knickung versagen.

Versagensfall Fließen

Festigkeitsbedingung:

$$\sigma_d \leq \sigma_{zul}$$

$$\frac{F}{A} = \frac{\sigma_{dF}}{S_F} \approx \frac{R_e}{S_F}$$

$$F = A \cdot \frac{R_e}{S_F} = \frac{\pi}{4} \cdot \left(d_a^2 - d_i^2\right) \cdot \frac{R_e}{S_F} \quad \text{mit } d_i = d_a - 2 \cdot s$$

$$= \frac{\pi}{4} \cdot \left(60^2 - 50^2\right) \text{mm}^2 \cdot \frac{240 \text{ N/mm}^2}{1,5} = 138\,200 \text{ N} = \mathbf{138,2 \text{ kN}}$$

Versagensfall Knickung (Knickfall 4)

Festigkeitsbedingung:

$$\sigma_d \leq \sigma_{zul} = \frac{\sigma_K}{S_K}$$

$$\frac{F}{A} = \frac{F_K}{A} \cdot \frac{1}{S_K}$$

$$F = 4\pi^2 \cdot \frac{E \cdot I}{l^2} \cdot \frac{1}{S_K} = 4\pi^2 \cdot \frac{E \cdot \frac{\pi}{64} \cdot \left(d_a^4 - d_i^4\right)}{l^2} \cdot \frac{1}{S_K}$$

$$= 4\pi^2 \cdot \frac{210\,000 \text{ N/mm}^2 \frac{\pi}{64} \cdot \left(60^4 - 50^4\right) \text{mm}^4}{\left(3500 \text{ mm}\right)^2} \cdot \frac{1}{4} = 55\,728 \text{ N} = \mathbf{55,73 \text{ kN}}$$

Die zulässige Druckkraft beträgt also $F_d = \mathbf{55,73 \text{ kN}}$.

b) **Berechnung der Verkürzung der Rohrstütze mit Hilfe des Hookeschen Gesetzes** (einachsiger Spannungszustand)

$$\sigma_d = -E \cdot \varepsilon = -E \cdot \frac{\Delta l}{l_0}$$

$$\Delta l = -\frac{\sigma_d \cdot l_0}{E} = -\frac{F_d}{A} \cdot \frac{l_0}{E} = -\frac{55\,728 \text{ N}}{\frac{\pi}{4} \cdot \left(60^2 - 50^2\right) \text{mm}^2} \cdot \frac{3500 \text{ mm}}{210\,000 \text{ N/mm}^2} = \mathbf{-1,075 \text{ mm}}$$

Lösung zu Aufgabe 8.9

Der Stahlträger kann durch Fließen oder Knickung versagen.

Versagensfall Fließen

Festigkeitsbedingung:

$$\sigma_d \leq \sigma_{zul}$$

$$\frac{F}{A} = \frac{\sigma_{dF}}{S_F} \approx \frac{R_e}{S_F}$$

$$S_F = \frac{R_e \cdot A}{F} = \frac{300\,\text{N/mm}^2 \cdot 5380\,\text{mm}^2}{1300000\,\text{N}} = \textbf{1,24}\quad \text{(ausreichend, da } S_K > 1{,}20)$$

Berechnung der Sicherheit gegen Knickung (Knickfall 3)

Festigkeitsbedingung:

$$\sigma_d \leq \sigma_{zul} = \frac{\sigma_K}{S_K}$$

$$\frac{F}{A} = \frac{F_K}{A} \cdot \frac{1}{S_K}$$

$$S_K = \frac{F_K}{F} = \frac{2\pi^2 \cdot \dfrac{E \cdot I_{min}}{l^2}}{F} = \frac{2\pi^2 \cdot 210000\,\text{N/mm}^2 \cdot 604 \cdot 10^4\,\text{mm}^4}{1300000\,\text{N} \cdot (3500\,\text{mm})^2}$$

$$= \textbf{1,57}\quad \text{(nicht ausreichend, da } S_K < 2{,}5)$$

9 Schiefe Biegung

9.1 Formelsammlung zur Schiefen Biegung

Flächenmomente 1. Ordnung

$$H_y = \int_A z \cdot dA$$ Flächenmoment 1. Ordnung bezüglich der y-Achse

$$H_z = \int_A y \cdot dA$$ Flächenmoment 1. Ordnung bezüglich der z-Achse

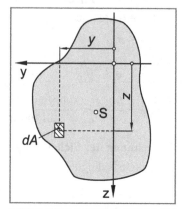

Flächenmomente 2. Ordnung

Axiale Flächenmomente

$$I_y = \int_A z^2 \cdot dA$$ Axiales Flächenmoment 2. Ordnung bezüglich der y-Achse

$$I_z = \int_A y^2 \cdot dA$$ Axiales Flächenmoment 2. Ordnung bezüglich der z-Achse

Polares Flächenmoment

$$I_p = \int_A r^2 \cdot dA$$ Polares Flächenmoment

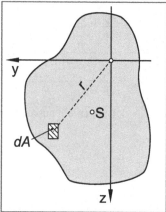

Gemischtes Flächenmoment

$$I_{yz} = -\int_A y \cdot z \cdot dA$$ Gemischtes Flächenmoment bezüglich des y-z-Koordinatensystems

Parallelverschiebung des Koordinatensystems

Axiales Flächenmoment

$$I_{y'} = I_y + z_S^2 \cdot A$$ Axiales Flächenmoment 2. Ordnung bei einer Parallelverschiebung der Koordinatenachsen

Gemischtes Flächenmoment

$$I_{y'z'} = I_{yz} - y_S \cdot z_S \cdot A$$ Gemischtes Flächenmoment bei einer Parallelverschiebung der Koordinatenachsen

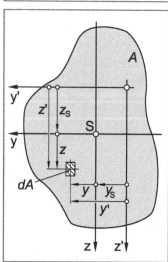

Anmerkungen zum gemischten Flächenmoment:

1. Das gemischte Flächenmoment ist in Bezug auf ein die Symmetrieachse beinhaltendes Koordinatensystem Null.

2. Das gemischte Flächenmoment ändert seinen Betrag nicht, falls nur eine Achse parallel verschoben wird.

Drehung des Koordinatensystems um den Flächenschwerpunkt

$$I_\eta = \frac{I_y + I_z}{2} + \frac{I_y - I_z}{2} \cdot \cos 2\varphi + I_{yz} \cdot \sin 2\varphi$$

$$I_\zeta = \frac{I_y + I_z}{2} - \frac{I_y - I_z}{2} \cdot \cos 2\varphi - I_{yz} \cdot \sin 2\varphi$$

$$I_{\eta\zeta} = -\frac{I_y - I_z}{2} \cdot \sin 2\varphi + I_{yz} \cdot \cos 2\varphi$$

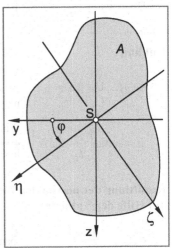

$$\varphi_{1;2} = \frac{1}{2} \cdot \arctan\left(\frac{2 \cdot I_{yz}}{I_y - I_z}\right)$$

$$\varphi_{2;1} = \varphi_{1;2} + 90°$$

Richtungswinkel zwischen der y-Achse und der ersten bzw. zweiten Hauptachse

Hauptflächenmomente

$$I_1 = \frac{I_y + I_z}{2} + \sqrt{\left(\frac{I_y - I_z}{2}\right)^2 + I_{yz}^2}$$

Maximales Flächenmoment 2. Ordnung (Hauptflächenmoment)

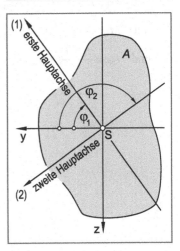

$$I_2 = \frac{I_y + I_z}{2} - \sqrt{\left(\frac{I_y - I_z}{2}\right)^2 + I_{yz}^2}$$

Minimales Flächenmoment 2. Ordnung (Hauptflächenmoment)

Spannungsermittlung bei schiefer Biegung

1. Ermittlung der Lage der beiden Hauptachsen (1) und (2) der Querschnittfläche sowie der zugehörigen Hauptflächenmomente I_1 und I_2.

2. Festlegung eines a-b-Koordinatensystems: Die a-Koordinatenrichtung soll mit der Richtung der großen Hauptachse ($a \equiv (1)$), die b-Koordinatenrichtung mit der kleinen Hauptachse zusammenfallen ($b \equiv (2)$). Die b-Richtung muss dabei aus der a-Richtung durch eine Drehung um 90° im mathematisch positiven Sinn (Gegenuhrzeigersinn) hervorgehen.

3. Einführung des Richtungswinkels α zwischen der a-Achse und dem Biegemomentenvektor M_b. Der Winkel wird von der positiven a-Achse aus abgetragen und ist im mathematisch positiven Sinn positiv und in die Gegenrichtung negativ zu berücksichtigen.

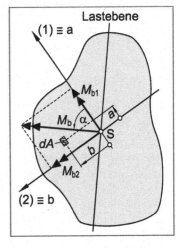

$$\sigma_x = M_b \cdot \left(\frac{\cos \alpha}{I_1} \cdot b - \frac{\sin \alpha}{I_2} \cdot a \right)$$

Resultierende Biegespannung in einem Flächenelement dA (Koordinaten a und b bezüglich des Hauptachsensystems)

Nulllinie

$$b(a) = \frac{I_1}{I_2} \cdot \tan \alpha \cdot a$$

Gleichung der Nulllinie im a-b-Koordinatensystem

$$\beta = \arctan\left(\frac{I_1}{I_2} \cdot \tan \alpha \right)$$

Winkel zwischen a-Achse und Nulllinie

Ermittlung der maximalen Biegespannung mit Hilfe der Nulllinie

$$\sigma_{x\,max} = \frac{M_{bN}}{I_N} \cdot c_{max}$$

Maximale Biegespannung in der Querschnittfläche

mit $M_{bN} = M_b \cdot \cos(\beta - \alpha)$

und $I_N = \dfrac{I_1 + I_2}{2} + \dfrac{I_1 - I_2}{2} \cdot \cos 2\beta$

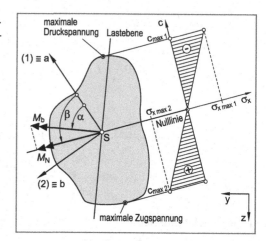

9.2 Aufgaben

Aufgabe 9.1   ○○●●●

Die Abbildung zeigt einen einseitig eingespannten Kastenträger mit Rechteckquerschnitt aus einem vergüteten Feinkornbaustahl (S890QL). Der Träger wird durch eine unter dem Winkel $\varphi = 30°$ schräg zur z-Achse angreifende Kraft $F = 100$ kN auf Biegung beansprucht. Die Wirkungslinie der Kraft geht durch den Flächenschwerpunkt. Schubspannungen durch Querkräfte, das Eigengewicht des Kastenträgers sowie eine eventuelle Kerbwirkung am Einspannquerschnitt sind zu vernachlässigen.

Werkstoffkennwerte S890QL:

R_e = 890 N/mm^2
R_m = 1050 N/mm^2
E = 210000 N/mm^2
μ = 0,30

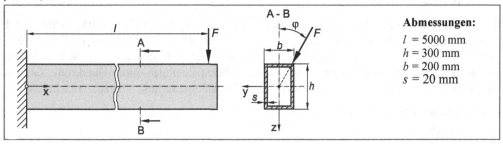

Abmessungen:
l = 5000 mm
h = 300 mm
b = 200 mm
s = 20 mm

a) Ermitteln Sie die Lage der beiden Hauptachsen für die gegebene Querschnittsfläche.

b) Berechnen Sie die axialen Flächenmomente zweiter Ordnung bezüglich der beiden Hauptachsen (Hauptflächenmomente I_1 und I_2).

c) Ermitteln Sie die Lage der Nulllinie und bestimmen Sie Ort und Betrag der maximalen Biegespannung.

d) Berechnen Sie für die gefährdete Stelle die Sicherheit gegen Fließen.

Aufgabe 9.2   ○○●●●

Der abgebildete Träger aus einem warmgewalzten Flachstahl mit Rechteckquerschnitt (Flachstab EN 10058 - 100x60x4000 F - S235JR) wird durch eine unter dem Winkel $\varphi = 22°$ schräg zur z-Achse angreifende Querkraft $F = 10$ kN auf Biegung beansprucht. Die Wirkungslinie der Kraft geht dabei durch den Schwerpunkt der Querschnittsfläche.

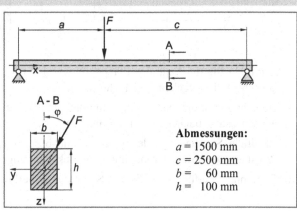

Abmessungen:
a = 1500 mm
c = 2500 mm
b = 60 mm
h = 100 mm

Schubspannungen durch Querkräfte sowie das Eigengewicht des Trägers sind zu vernachlässigen.

Werkstoffkennwerte S235JR:

R_e = 245 N/mm²
R_m = 440 N/mm²
E = 210000 N/mm²
μ = 0,30

a) Ermitteln Sie Ort und Betrag des maximalen Biegemomentes.

b) Bestimmen Sie die Lage der beiden Hauptachsen des Rechteckquerschnitts.

c) Ermitteln Sie die Lage der Nulllinie und bestimmen Sie Ort und Betrag der maximalen Biegespannung.

d) Berechnen Sie für die höchst beanspruchte Stelle die Sicherheit gegen Fließen.

Aufgabe 9.3

Ein einseitig eingespannter, gleichschenkliger, scharfkantiger T-Profilstahl nach DIN 59051 (TPS 40) aus S355JR mit einer Länge von l = 2 m wird durch eine unter dem Winkel φ = 20° schräg zur z-Achse angreifende Kraft F = 250 N auf Biegung beansprucht. Die Wirkungslinie der Kraft geht durch den Flächenschwerpunkt. Schubspannungen durch Querkräfte, das Eigengewicht des Bauteils sowie Kerbwirkung am Einspannquerschnitt sind zu vernachlässigen.

Werkstoffkennwerte S355JR:

R_e = 360 N/mm²
R_m = 610 N/mm²
E = 207000 N/mm²
μ = 0,30

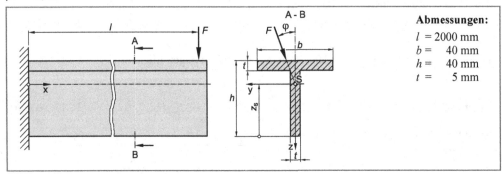

a) Ermitteln Sie die Lage des Flächenschwerpunktes (z_S) sowie die Lage der beiden Hauptachsen für die gegebene Querschnittsfläche.

b) Berechnen Sie die axialen Flächenmomente zweiter Ordnung bezüglich der beiden Hauptachsen (Hauptflächenmomente I_1 und I_2).

c) Ermitteln Sie die Lage der Nulllinie und bestimmen Sie Ort und Betrag der maximalen Zugspannung sowie der maximalen Druckspannung.

d) Berechnen Sie für die gefährdete Stelle die Sicherheit gegen Fließen.

Aufgabe 9.4 ●●●●●

Ein einseitig eingespannter ungleichschenkeliger Winkelträger aus C60E+QT wird durch eine Einzelkraft $F = 7000$ N an seinem freien Ende belastet. Die Wirkungslinie der Kraft geht durch den Flächenschwerpunkt. Schubspannungen durch Querkräfte, das Eigengewicht des Winkelträgers sowie Kerbwirkung am Einspannquerschnitt sind zu vernachlässigen.

Werkstoffkennwerte S355JR:

$R_e = 590$ N/mm^2
$R_m = 890$ N/mm^2
$\sigma_{dF} \approx R_e = 590$ N/mm^2
$E = 209000$ N/mm^2
$\mu = 0,30$

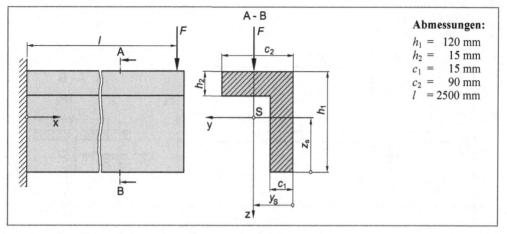

Abmessungen:

$h_1 = 120$ mm
$h_2 = 15$ mm
$c_1 = 15$ mm
$c_2 = 90$ mm
$l = 2500$ mm

a) Ermitteln Sie die Lage des Flächenschwerpunktes (y_S und z_S) sowie die Lage der ersten und zweiten Hauptachse für die gegebene Querschnittsfläche.

b) Berechnen Sie die axialen Flächenmomente zweiter Ordnung bezüglich der beiden Hauptachsen (Hauptflächenmomente I_1 und I_2).

c) Bestimmen Sie den Ort und berechnen Sie den Betrag der maximalen Zugspannung sowie der maximalen Druckspannung.

d) Berechnen Sie für die gefährdete Stelle die Sicherheit gegen Fließen.

Aufgabe 9.5   ○●●●●

Ein einseitig eingespannter T-Profilstab aus der legierten Vergütungsstahlsorte 25CrMo4 (ρ = 7,78 g/cm³) wird durch zwei statisch wirkende Kräfte F_1 = 1,5 kN und F_2 = 4 kN beansprucht. Die Wirkungslinien der Kräfte gehen jeweils durch den Schwerpunkt der Querschnittsfläche. Schubbeanspruchung durch Querkräfte und Kerbwirkung an der Einspannstelle sind zu vernachlässigen. Das Eigengewicht des Profilstabes muss jedoch berücksichtigt werden.

Berechnen Sie die Sicherheit gegen Fließen an der höchst beanspruchten Stelle. Ist die Sicherheit ausreichend?

Werkstoffkennwerte S235JR:

R_e = 600 N/mm²
R_m = 830 N/mm²
E = 209000 N/mm²
μ = 0,30

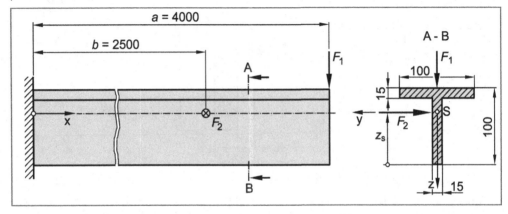

9.3 Lösungen

Lösung zu Aufgabe 9.1

a) Da es sich um einen Rechteckquerschnitt (symmetrische Querschnittfläche) handelt, fallen die Hauptachsen mit den Symmetrieachsen zusammen, d. h. das y-z-Koordinatensystem ist gleichzeitig Hauptachsensystem. Das maximale Flächenmoment 2. Ordnung ergibt sich bezüglich der y-Achse (y $\equiv$ (1)), das minimale Flächenmoment 2. Ordnung hingegen bezüglich der z-Achse (z $\equiv$ (2)).

b) **Berechnung der axialen Flächenmomente 2. Ordnung bezüglich der y- und z-Achse**

$$I_1 \equiv I_y = \frac{b \cdot h^3}{12} - \frac{(b - 2s) \cdot (h - 2s)^3}{12}$$

$$= \frac{200\,\text{mm} \cdot (300\,\text{mm})^3}{12} - \frac{160\,\text{mm} \cdot (260\,\text{mm})^3}{12} = \textbf{215\,653\,333 mm}^4$$

$$I_2 \equiv I_z = \frac{h \cdot b^3}{12} - \frac{(h - 2s) \cdot (b - 2s)^3}{12}$$

$$= \frac{300\,\text{mm} \cdot (200\,\text{mm})^3}{12} - \frac{260\,\text{mm} \cdot (160\,\text{mm})^3}{12} = \textbf{111\,253\,333 mm}^4$$

c) **Berechnung des maximalen Biegemomentes**

$$M_b = F \cdot l = 100\,000\,\text{N} \cdot 5\,000\,\text{mm} = 500 \cdot 10^6\,\text{Nmm}$$

Berechnung der Lage der Nulllinie

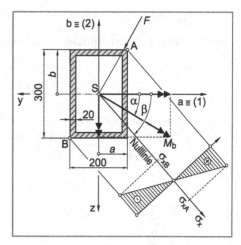

$$\beta = \arctan\left(\frac{I_1}{I_2} \cdot \tan\alpha\right)$$

$$= \arctan\left(\frac{215\,653\,333\,\text{mm}^4}{111\,253\,333\,\text{mm}^4} \cdot \tan(-30°)\right)$$

$$= \arctan(-1,12) = \textbf{-48,22°}$$

Die maximalen Biegespannungen treten an denjenigen Stellen der Querschnittfläche auf, die einen maximalen (senkrechten) Abstand zur Nulllinie haben. Im Falle des Rechteckprofils also an den Profileckpunkten A (+ σ_{xA}) und B (σ_{xB} = - σ_{xA}).

Berechnung der Biegespannung am Profileckpunkt A der Querschnittfläche (maximale Zugspannung)

$$\sigma_{xA} = M_b \cdot \left(\frac{\cos\alpha}{I_1} \cdot b - \frac{\sin\alpha}{I_2} \cdot a\right)$$

$$\sigma_{xA} = 500 \cdot 10^6 \, \text{Nmm} \cdot \left(\frac{\cos(-30°)}{215\,653\,333 \, \text{mm}^4} \cdot 150 \, \text{mm} - \frac{\sin(-30°)}{111\,253\,333 \, \text{mm}^4} \cdot 100 \, \text{mm} \right)$$

$$= \mathbf{525{,}89 \, \text{N/mm}^2}$$

Alternative Methode zur Spannungsermittlung am Profileckpunkt A

Berechnung der Komponente des Biegemomentenvektors in Richtung der Nulllinie

$$M_{bN} = M_b \cdot \cos(\beta - \alpha) = 500 \cdot 10^6 \, \text{Nmm} \cdot \cos(-48{,}22° - (-30°)) = 474{,}94 \cdot 10^6 \, \text{Nmm}$$

Berechnung des axialen Flächenmomentes zweiter Ordnung bezüglich der Nulllinie

$$I_N = \frac{I_1 + I_2}{2} + \frac{I_1 - I_2}{2} \cdot \cos 2\beta$$

$$= \frac{215\,653\,333 + 111\,253\,333}{2} \, \text{mm}^4 + \frac{215\,653\,333 - 111\,253\,333}{2} \, \text{mm}^4 \cdot \cos(-96{,}44°)$$

$$= 157\,602\,588{,}8 \, \text{mm}^4$$

Berechnung des senkrechten Abstandes des Profileckpunktes A von der Nulllinie (c_{max})
Aus der Abbildung ergeben sich die folgenden geometrischen Beziehungen:

$$\beta_1 = \arctan \frac{100 \, \text{mm}}{150 \, \text{mm}} = 33{,}69°$$

$$\beta_2 = |\beta| - \beta_1 = 48{,}22° - 33{,}69° = 14{,}53°$$

$$d = \sqrt{(100 \, \text{mm})^2 + (150 \, \text{mm})^2} = 180{,}28 \, \text{mm}$$

$$c_{max} = \cos \beta_2 \cdot d = \cos 14{,}53° \cdot 180{,}28 \, \text{mm} = 174{,}51 \, \text{mm}$$

Berechnung der maximalen Biegespannung

$$\sigma_{xA} = \frac{M_{bN}}{I_N} \cdot c_{max} = \frac{474{,}94 \cdot 10^6 \, \text{Nmm}}{157\,602\,588{,}8 \, \text{mm}^4} \cdot 174{,}51 \, \text{mm} = \mathbf{525{,}89 \, \text{N/mm}^2}$$

d) **Berechnung der Sicherheit gegen Fließen an der höchst beanspruchten Stelle (Profileckpunkt A)**

Festigkeitsbedingung:

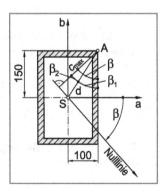

$$\sigma_{xA} \leq \sigma_{zul}$$

$$\sigma_{xA} = \frac{R_e}{S_F}$$

$$S_F = \frac{R_e}{\sigma_{xA}}$$

$$= \frac{890 \, \text{N/mm}^2}{525{,}89 \, \text{N/mm}^2} = \mathbf{1{,}69} \quad \text{(ausreichend, da } S_F > 1{,}20\text{)}$$

Lösung zu Aufgabe 9.2

a) **Berechnung des maximalen Biegemomentes**

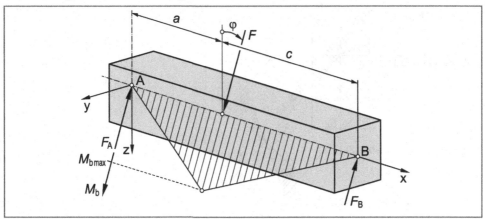

Ansetzen des Momentengleichgewichtes um den Lagerpunkt A

$$\Sigma M_A = 0$$

$$F_B \cdot (a+c) - F \cdot a = 0$$

$$F_B = F \cdot \frac{a}{a+c} = 10000 \text{ N} \cdot \frac{1500 \text{ mm}}{1500 \text{ mm} + 2500 \text{ mm}} = 3\,750 \text{ N}$$

$$M_{b\,max} = F_B \cdot c = 3750 \text{ N} \cdot 2500 \text{ mm} = 9\,375\,000 \text{ Nmm} = \mathbf{9\,375 \text{ Nm}}$$

Das maximale Biegemoment wirkt in der den Kraftangriffspunkt beinhaltenden Querschnittfläche.

b) Da es sich um einen Rechteckquerschnitt (symmetrische Querschnittfläche) handelt, fallen die Hauptachsen mit den Symmetrieachsen zusammen, d. h. das y-z-Koordinatensystem ist gleichzeitig Hauptachsensystem. Das maximale Flächenmoment 2. Ordnung ergibt sich bezüglich der y-Achse (y ≡ (1)), das minimale Flächenmoment 2. Ordnung hingegen bezüglich der z-Achse (z ≡ (2)).

Berechnung der Hauptflächenmomente

$$I_1 \equiv I_y = \frac{b \cdot h^3}{12} = \frac{60 \text{ mm} \cdot (100 \text{ mm})^3}{12} = \mathbf{5 \cdot 10^6 \text{ mm}^4}$$

$$I_2 \equiv I_z = \frac{h \cdot b^3}{12} = \frac{100 \text{ mm} \cdot (60 \text{ mm})^3}{12} = \mathbf{1,8 \cdot 10^6 \text{ mm}^4}$$

c) Momentenverhältnisse an der höchst beanspruchten Stelle:

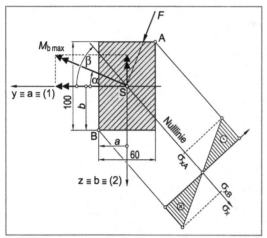

Berechnung des Winkels β zwischen der a-Achse und der Nulllinie

$$\beta = \arctan\left(\frac{I_1}{I_2} \cdot \tan\alpha\right) = \arctan\left(\frac{5 \cdot 10^6 \text{ mm}^4}{1,8 \cdot 10^6 \text{ mm}^4} \cdot \tan(-22°)\right) = -48,29°$$

Die maximalen Biegespannungen befinden sich an denjenigen Orten der Querschnittfläche, die einen maximalen Abstand zur Nulllinie haben, hier also an den Profileckpunkten B (σ_{xB}) und A ($\sigma_{xA} = -\sigma_{xB}$).

Berechnung der Biegespannung am Profileckpunkt B der Querschnittfläche (maximale Zugspannung)

$$\sigma_{xB} = M_{b\,max} \cdot \left(\frac{\cos\alpha}{I_1} \cdot b - \frac{\sin\alpha}{I_2} \cdot a\right)$$

$$= 9\,375\,000 \text{Nmm} \cdot \left(\frac{\cos(-22°)}{5 \cdot 10^6 \text{ mm}^4} \cdot 50\,\text{mm} - \frac{\sin(-22°)}{1,8 \cdot 10^6 \text{ mm}^4} \cdot 30\,\text{mm}\right)$$

$$= \mathbf{145,46\,N/mm^2}$$

Berechnung der Biegespannung am Profileckpunkt A der Querschnittfläche

$$\sigma_{xA} = -\sigma_{xB} = \mathbf{-145,46\,N/mm^2}$$

d) **Berechnung der Sicherheit gegen Fließen**

Festigkeitsbedingung:

$$\sigma_{xB} \leq \sigma_{zul}$$

$$\sigma_{xB} = \frac{R_e}{S_F}$$

$$S_F = \frac{245 \text{ N/mm}^2}{145,46 \text{ N/mm}^2} = \mathbf{1,68} \quad \text{(ausreichend, da } S_F > 1,20\text{)}$$

Lösung zu Aufgabe 9.3

a) **Ermittlung der Lage der Hauptachsen**

Da es sich um eine symmetrische Querschnittfläche handelt, fällt eine der beiden Hauptachsen mit der Symmetrieebene zusammen. Die zweite Hauptachse ergibt sich als Senkrechte zur ersten Hauptachse durch den Flächenschwerpunkt.

Berechnung der Lage des Flächenschwerpunktes (Teilschwerpunktsatz)

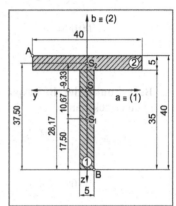

$$z_S = \frac{\left(\frac{h-t}{2}\right)\cdot(h-t)\cdot t + \left(h-\frac{t}{2}\right)\cdot b\cdot t}{(h-t)\cdot t + b\cdot t}$$

$$= \frac{17,5\cdot35\cdot5 + 37,5\cdot40\cdot5}{35\cdot5 + 40\cdot5}\,mm = \mathbf{28{,}17\,mm}$$

b) **Berechnung des axialen Flächenmomentes 2. Ordnung bezüglich der y-Achse**

$$I_y = \frac{5\,mm\cdot(35\,mm)^3}{12} + (10{,}67\,mm)^2\cdot5\,mm\cdot35\,mm$$

$$+ \frac{40\,mm\cdot(5\,mm)^3}{12} + (-9{,}33\,mm)^2\cdot40\,mm\cdot5\,mm$$

$$= 37775{,}69\,mm^4 + 17838{,}89\,mm^4$$

$$= 55614{,}6\,mm^4$$

Berechnung des axialen Flächenmomentes 2. Ordnung bezüglich der z-Achse

$$I_z = \frac{35\,mm\cdot(5\,mm)^3}{12} + \frac{5\,mm\cdot(40\,mm)^3}{12} = 27031{,}3\,mm^4$$

Damit folgt für die Hauptflächenmomente:

$$I_1 \equiv I_y = \mathbf{55614{,}6\,mm^4}$$

$$I_2 \equiv I_z = \mathbf{27031{,}3\,mm^4}$$

c) **Berechnung des Winkels β zwischen der a-Achse und der Nulllinie**

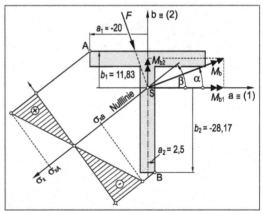

$$\beta = \arctan\left(\frac{I_1}{I_2}\cdot\tan\alpha\right)$$

$$= \arctan\left(\frac{55614{,}6\,mm^4}{27031{,}3\,mm^4}\cdot\tan 20°\right)$$

$$= \mathbf{36{,}83°}$$

Die maximalen Biegespannungen befinden sich an denjenigen Orten der Querschnittfläche, die einen maximalen Abstand zur Nulllinie haben, hier also an den Profileckpunkten A (σ_{xA}) und B (σ_{xB}).

Berechnung des maximalen Biegemomentes (Einspannquerschnitt)

$M_b = F \cdot l = 250 \text{ N} \cdot 2000 \text{ mm} = 500\,000 \text{ Nmm}$

Berechnung der Biegespannung am Profileckpunkt A der Querschnittfläche (maximale Zugspannung)

$$\sigma_{xA} = M_b \cdot \left(\frac{\cos\alpha}{I_1} \cdot b_1 - \frac{\sin\alpha}{I_2} \cdot a_1 \right)$$

$$= 500\,000 \text{ Nmm} \cdot \left(\frac{\cos 20°}{55\,614 \text{ mm}^4} \cdot 11{,}83 \text{ mm} - \frac{\sin 20°}{27\,031 \text{ mm}^4} \cdot (-20 \text{ mm}) \right)$$

$$= \mathbf{226{,}5 \, N/mm^2}$$

Berechnung der Biegespannung am Profileckpunkt B der Querschnittfläche (maximale Druckspannung)

$$\sigma_{xB} = M_b \cdot \left(\frac{\cos\alpha}{I_1} \cdot b_2 - \frac{\sin\alpha}{I_2} \cdot a_2 \right)$$

$$= 500\,000 \text{ Nmm} \cdot \left(\frac{\cos 20°}{55\,614 \text{ mm}^4} \cdot (-28{,}17) \text{ mm} - \frac{\sin 20°}{27\,031 \text{ mm}^4} \cdot 2{,}5 \text{ mm} \right)$$

$$= \mathbf{-253{,}8 \, N/mm^2}$$

Damit befindet sich die höchst beanspruchte Stelle am Profileckpunkt B (Druckspannung)

d) **Berechnung der Sicherheit gegen Fließen am Profileckpunkt B**

Festigkeitsbedingung:

$$\sigma_{xB} \leq \sigma_{zul}$$

$$\sigma_{xB} = \frac{\sigma_{dF}}{S_F} \approx \frac{R_e}{S_F}$$

$$S_F = \frac{\sigma_{dF}}{|\sigma_{xB}|} = \frac{360 \text{ N/mm}^2}{253{,}8 \text{ N/mm}^2} = \mathbf{1{,}42} \quad \text{(ausreichend, da } S_F > 1{,}20\text{)}$$

Lösung zu Aufgabe 9.4

a) Ermittlung der Lage des Flächenschwerpunktes (Teilschwerpunktsatz)

$$y_S = \frac{y_1 \cdot A_1 + y_2 \cdot A_2}{A_1 + A_2} = \frac{7,5 \text{ mm} \cdot 1575 \text{ mm}^2 + 45 \text{ mm} \cdot 1350 \text{ mm}^2}{1575 \text{ mm}^2 + 1350 \text{ mm}^2} = 24,81 \text{ mm}$$

$$z_S = \frac{z_1 \cdot A_1 + z_2 \cdot A_2}{A_1 + A_2} = \frac{52,5 \text{ mm} \cdot 1575 \text{ mm}^2 + 112,5 \text{ mm} \cdot 1350 \text{ mm}^2}{1575 \text{ mm}^2 + 1350 \text{ mm}^2} = 80,19 \text{ mm}$$

Berechnung des axialen Flächenmomentes 2. Ordnung bezüglich der y-Achse

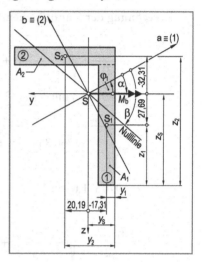

$$I_y = \frac{15 \text{mm} \cdot (105 \text{mm})^3}{12} + (27,69 \text{mm})^2 \cdot 1575 \text{mm}^2$$

$$+ \frac{90 \text{mm} \cdot (15 \text{mm})^3}{12} + (-32,31 \text{mm})^2 \cdot 1350 \text{mm}^2$$

$$= 4\,089\,266,8 \text{ mm}^4$$

Berechnung des axialen Flächenmomentes 2. Ordnung bezüglich der z-Achse

$$I_z = \frac{105 \text{mm} \cdot (15 \text{mm})^3}{12} + (-17,31 \text{mm})^2 \cdot 1575 \text{mm}^2$$

$$+ \frac{15 \text{mm} \cdot (90 \text{mm})^3}{12} + (20,19 \text{mm})^2 \cdot 1350 \text{mm}^2$$

$$= 1\,963\,016,8 \text{ mm}^4$$

Berechnung des gemischten Flächenmomentes bezüglich des y-z-Koordinatensystems

Hinweis: Für die Berechnung von I_{yz} sind die Vorzeichen der Teilflächenschwerpunktabstände (y_{S1}; z_{S1}; y_{S2} und z_{S2}) zu beachten.

$$I_{yz} = 0 - y_{S1} \cdot z_{S1} \cdot A_1 + 0 - y_{S2} \cdot z_{S2} \cdot A_2$$

$$= -(-17,31 \text{ mm}) \cdot 27,69 \text{ mm} \cdot 1575 \text{ mm}^2 - 20,19 \text{ mm} \cdot (-32,31 \text{ mm}) \cdot 1350 \text{ mm}^2$$

$$= 1\,635\,576,9 \text{ mm}^4$$

Berechnung des Richtungswinkels φ zwischen der y-Achse und der ersten oder zweiten Hauptachse

$$\varphi_{1;2} = \frac{1}{2} \cdot \arctan\left(\frac{2 \cdot I_{yz}}{I_y - I_z}\right) = \frac{1}{2} \cdot \arctan\left(\frac{2 \cdot 1\,635\,576,9 \text{ mm}^4}{4\,089\,266,8 \text{ mm}^4 - 1\,963\,016,8 \text{ mm}^4}\right) = 28,49°$$

Bestimmung der ersten bzw. zweiten Hauptachse

$$\frac{d^2 I_\eta}{d\varphi} = -2 \cdot (I_y - I_z) \cdot \cos 2\varphi - 4 \cdot I_{yz} \cdot \sin 2\varphi$$

$$= -2 \cdot \left(4\,089\,266{,}8 \text{ mm}^4 - 1\,963\,016{,}8 \text{ mm}^4\right) \cdot \cos\left(2 \cdot 28{,}49\right) -$$
$$\quad 4 \cdot 1\,635\,576{,}9 \text{ mm}^4 \cdot \sin\left(2 \cdot 28{,}49\right)$$
$$= -7\,802\,919{,}1 < 0$$

Da $d^2 I_\eta / d\varphi^2 < 0$ ist $\varphi \equiv \varphi_1$ der Richtungswinkel zwischen der y-Achse und der ersten Hauptachse.

Für den Richtungswinkel zur zweiten Hauptachse folgt dann:

$$\varphi_2 = \varphi_1 + 90° = 28{,}49° + 90° = \mathbf{118{,}49°}$$

b) **Berechnung der Hauptflächenmomente I_1 und I_2**

$$I_1 = \frac{I_y + I_z}{2} + \sqrt{\left(\frac{I_y - I_z}{2}\right)^2 + I_{yz}^2}$$

$$= \frac{4\,089\,266{,}8 \text{ mm}^4 + 1\,963\,016{,}8 \text{ mm}^4}{2}$$

$$\quad + \sqrt{\left(\frac{4\,089\,266{,}8 \text{ mm}^4 - 1\,963\,016{,}8 \text{ mm}^4}{2}\right)^2 + \left(1\,635\,576{,}9 \text{ mm}^4\right)^2}$$

$$= \mathbf{4\,976\,871{,}6 \text{ mm}^4}$$

$$I_2 = \frac{I_y + I_z}{2} - \sqrt{\left(\frac{I_y - I_z}{2}\right)^2 + I_{yz}^2}$$

$$= \frac{4\,089\,266{,}8 \text{ mm}^4 + 1\,963\,016{,}8 \text{ mm}^4}{2}$$

$$\quad - \sqrt{\left(\frac{4\,089\,266{,}8 \text{ mm}^4 - 1\,963\,016{,}8 \text{ mm}^4}{2}\right)^2 + \left(1\,635\,576{,}9 \text{ mm}^4\right)^2}$$

$$= \mathbf{1\,075\,412{,}1 \text{ mm}^4}$$

c) **Berechnung des maximalen Biegemomentes (Einspannquerschnitt)**

$$M_b = F \cdot l = 7\,000 \text{ N} \cdot 2500 \text{ mm} = 17{,}5 \cdot 10^6 \text{ Nmm}$$

Berechnung des Winkels β zwischen der a-Achse und der Nulllinie

Mit $\alpha = -\varphi_1 = -28{,}49°$ folgt:

$$\beta = \arctan\left(\frac{I_1}{I_2} \cdot \tan\alpha\right) = \arctan\left(\frac{4\,976\,871{,}6 \text{ mm}^4}{1\,075\,412{,}1 \text{ mm}^4} \cdot \tan\left(-28{,}49°\right)\right) = \mathbf{-68{,}29°}$$

Die maximalen Biegespannungen befinden sich an denjenigen Orten der Querschnittfläche, die einen maximalen Abstand zur Nulllinie haben, also die Stellen A (σ_{xA}) und B ($\sigma_{xB} = -\sigma_{xA}$).

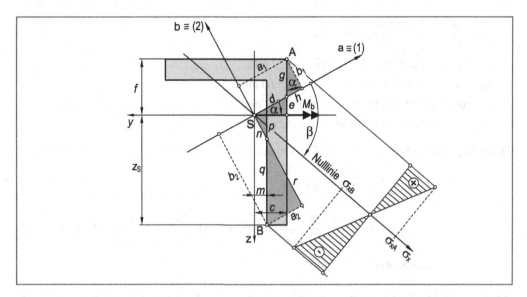

Berechnung der Biegespannung am Profileckpunkt A der Querschnittfläche (maximale Zugspannung)

Geometrische Verhältnisse am Winkelträger (siehe Abbildung):

$$d = \frac{c}{\cos\alpha} = \frac{24,81\,\text{mm}}{\cos 28,49°} = 28,23\,\text{mm}$$

$$e = \tan\alpha \cdot c = \tan 28,49° \cdot 24,81\,\text{mm} = 13,46\,\text{mm}$$

$$g = f - e = 39,81\,\text{mm} - 13,46\,\text{mm} = 26,34\,\text{mm}$$

$$h = \sin\alpha \cdot g = \sin 28,49° \cdot 26,34\,\text{mm} = 12,57\,\text{mm}$$

$$a_1 = d + h = 28,23\,\text{mm} + 12,57\,\text{mm} = 40,79\,\text{mm}$$

$$b_1 = \cos\alpha \cdot g = \cos 28,49° \cdot 26,34\,\text{mm} = 23,16\,\text{mm}$$

Damit folgt für die Spannung am Profileckpunkt A:

$$\sigma_{xA} = M_b \cdot \left(\frac{\cos\alpha}{I_1} \cdot b_1 - \frac{\sin\alpha}{I_2} \cdot a_1 \right)$$

$$= 17,5 \cdot 10^6\,\text{Nmm} \cdot \left(\frac{\cos(-28,49°)}{4\,976\,871,6\,\text{mm}^4} \cdot 23,16\,\text{mm} - \frac{\sin(-28,49°)}{1\,075\,412,1\,\text{mm}^4} \cdot 40,79\,\text{mm} \right)$$

$$= \mathbf{388{,}17\,N/mm^2}$$

Berechnung der Biegespannung am Profileckpunkt B der Querschnittfläche (maximale Druckspannung)

Geometrische Verhältnisse am Winkelträger (siehe Abbildung):

$$m = c - c_1 = 24,81\,\text{mm} - 15\,\text{mm} = 9,81\,\text{mm}$$

$$n = \frac{m}{\sin\alpha} = \frac{9,81\,\text{mm}}{\sin 28,49°} = 20,56\,\text{mm}$$

$$p = \frac{m}{\tan\alpha} = \frac{9,81\,\text{mm}}{\tan 28,49°} = 18,07\,\text{mm}$$

$$q = z_S - p = 80,19\,\text{mm} - 18,07\,\text{mm} = 62,12\,\text{mm}$$

$$a_2 = \sin\alpha \cdot q = \sin 28,49° \cdot 62,12\,\text{mm} = 29,63\,\text{mm}$$

$$r = \cos\alpha \cdot q = \cos 28,49° \cdot 62,12\,\text{mm} = 54,59\,\text{mm}$$

$$b_2 = r + n = 54,59\,\text{mm} + 20,56\,\text{mm} = 75,16\,\text{mm}$$

Damit folgt für die Spannung am Profileckpunkt B:

$$\sigma_{xB} = M_b \cdot \left(\frac{\cos\alpha}{I_1} \cdot b_2 - \frac{\sin\alpha}{I_2} \cdot a_2 \right)$$

$$= 17,5 \cdot 10^6\,\text{Nmm} \cdot \left(\frac{\cos(-28,49°)}{4\,976\,871,6\,\text{mm}^4} \cdot (-75,16\,\text{mm}) - \frac{\sin(-28,49°)}{1\,075\,412,1\,\text{mm}^4} \cdot (-29,63\,\text{mm}) \right)$$

$$= \mathbf{-462,26\,N/mm^2}$$

Alternative Methode zur Spannungsermittlung an den Profileckpunkten A und B

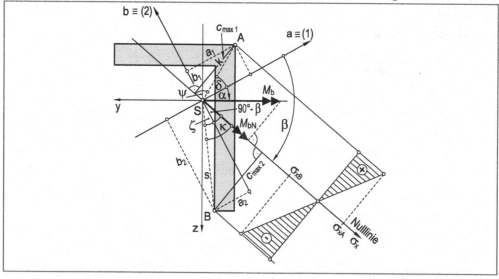

Berechnung des senkrechten Abstandes des Profileckpunktes A von der Nulllinie (c_{max1})

$$k = \sqrt{a_1^2 + b_1^2} = \sqrt{(40,79\,\text{mm})^2 + (23,16\,\text{mm})^2} = 46,91\,\text{mm}$$

$$\delta = \arctan\frac{b_1}{a_1} = \arctan\frac{23,16\,\text{mm}}{40,79\,\text{mm}} = 29,58°$$

$$\psi = 180° - \delta - \beta = 180° - 29,58° - 68,29° = 82,13°$$

$$c_{max1} = k \cdot \sin\psi = 46,91\,\text{mm} \cdot \sin 82,13° = 46,46\,\text{mm}$$

Berechnung des Biegemomentenvektors M_{bN} in Bezug auf die Nulllinie

$$M_{bN} = M_b \cdot \cos(\beta - \alpha) = 17,5 \cdot 10^6\,\text{Nmm} \cdot \cos(68,29° - 28,48°) = 13,44 \cdot 10^6\,\text{Nmm}$$

Berechnung des axialen Flächenmomentes 2. Ordnung bezüglich der Nulllinie

$$I_N = \frac{I_1 + I_2}{2} + \frac{I_1 - I_2}{2} \cdot \cos 2\beta$$

$$= \frac{4\,976\,871,6 + 1\,075\,412,1}{2} + \frac{4\,976\,871,6 - 1\,075\,412,1}{2} \cdot \cos(2 \cdot (-68,29°))\,\text{mm}^4$$

$$= 1\,609\,306,7\,\text{mm}^4$$

Berechnung der Spannung am Profileckpunkt A

$$\sigma_{xA} = \frac{M_{bN}}{I_N} \cdot c_{max1} = \frac{13,44 \cdot 10^6\,\text{Nmm}}{1\,609\,306,7\,\text{mm}^4} \cdot 46,46\,\text{mm} = \mathbf{388,17\,N/mm^2}$$

Berechnung des senkrechten Abstandes des Profileckpunktes B von der Nulllinie (c_{max1})

$$s = \sqrt{a_2^2 + b_2^2} = \sqrt{(29,63\,\text{mm})^2 + (75,16\,\text{mm})^2} = 80,79\,\text{mm}$$

$$\zeta = \arctan \frac{a_2}{b_2} = \arctan \frac{29,63\,\text{mm}}{75,16\,\text{mm}} = 21,52°$$

$$\kappa = \zeta + (90° - \beta) = 21,52° + (90° - 68,29°) = 43,23°$$

$$c_{max2} = r \cdot \sin \kappa = 80,79\,\text{mm} \cdot \sin 43,23° = 55,33\,\text{mm}$$

Berechnung der Spannung im Profileckpunkt B

$$\sigma_{xB} = \frac{M_{bN}}{I_N} \cdot c_{max2} = \frac{13,44 \cdot 10^6\,\text{Nmm}}{1\,609\,306,7\,\text{mm}^4} \cdot 55,33\,\text{mm} = \mathbf{-462,26\,N/mm^2}$$

d) Zäher Werkstoff: $\sigma_{dF} \approx R_e$

Damit setzt Fließen zuerst am Profileckpunkt B ein, da $|\sigma_{xB}| > \sigma_{xA}$

Festigkeitsbedingung

$$\sigma_{xB} \leq \sigma_{zul}$$

$$\sigma_{xB} = \frac{\sigma_{dF}}{S_F} \approx \frac{R_e}{S_F}$$

$$S_F = \frac{\sigma_{dF}}{|\sigma_{xB}|} = \frac{590\,\text{N/mm}^2}{462,26\,\text{N/mm}^2} = \mathbf{1,28} \quad \text{(ausreichend, da } S_F > 1,20\text{)}$$

Lösung zu Aufgabe 9.5

Ermittlung der Lage der Hauptachsen

Da es sich um eine symmetrische Querschnittfläche handelt, fällt eine der beiden Hauptachsen mit der Symmetrieebene zusammen. Die zweite Hauptachse ergibt sich als Senkrechte zur ersten Hauptachse durch den Flächenschwerpunkt.

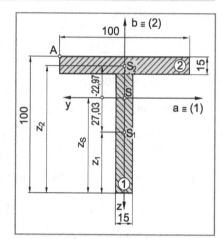

Berechnung der Lage des Flächenschwerpunktes (Teilschwerpunktsatz)

$$z_S = \frac{z_1 \cdot A_1 + z_2 \cdot A_1}{A_1 + A_2}$$

$$= \frac{42,5 \cdot 1275 + 92,5 \cdot 1500}{1275 + 1500} \, mm = 69,53 \, mm$$

Berechnung des axialen Flächenmomentes 2. Ordnung bezüglich der y-Achse

$$I_y = \frac{15 \, mm \cdot (85 \, mm)^3}{12} + (27,03 \, mm)^2 \cdot 1275 \, mm^2$$

$$+ \frac{100 \, mm \cdot (15 \, mm)^3}{12} + (-22,97 \, mm)^2 \cdot 1500 \, mm^2$$

$$= 2\,518\,754 \, mm^4$$

Berechnung des axialen Flächenmomentes 2. Ordnung bezüglich der z-Achse

$$I_z = \frac{85 \, mm \cdot (15 \, mm)^3}{12} + \frac{15 \, mm \cdot (100 \, mm)^3}{12} = 1\,273\,906 \, mm^4$$

Hauptflächenmomente

$$I_1 \equiv I_y = 2\,518\,754 \, mm^4$$

$$I_2 \equiv I_z = 1\,273\,906 \, mm^4$$

Berechnung der Gewichtskraft des Profilträgers

$$G = m \cdot g = \rho \cdot V \cdot g = \rho \cdot A \cdot a \cdot g$$

$$= 0,00778 \, kg/cm^3 \cdot 27,75 \, cm^2 \cdot 400 \, cm \cdot 9,81 \, m/s^2 = 847,2 \, N$$

Berechnung der maximalen Biegemomente (am Einspannquerschnitt) in Richtung der y-Achse sowie der z-Achse

$$M_{by} = G \cdot \frac{a}{2} + F_1 \cdot a = 847,2 \, N \cdot 2\,000 \, mm + 1500 \, N \cdot 4\,000 \, mm = 7\,694\,344 \, Nmm$$

$$M_{bz} = F_2 \cdot b = 4000 \, N \cdot 2\,500 \, mm = 10\,000\,000 \, Nmm$$

Berechnung des Winkels α zwischen der a-Achse und dem resultierenden Biegemomentenvektor

$$\alpha = \arctan\left(\frac{M_{bz}}{M_{by}}\right) = \arctan\left(\frac{10\,000\,000\,\text{Nmm}}{7\,694\,344\,\text{Nmm}}\right) = 52,42°$$

Berechnung des Winkels β zwischen der a-Achse und der Nulllinie

$$\beta = \arctan\left(\frac{I_1}{I_2}\cdot\tan\alpha\right) = \arctan\left(\frac{2\,518\,754\,\text{mm}^4}{1\,273\,906\,\text{mm}^4}\cdot\tan 52,42°\right) = 68,74°$$

Die maximalen Biegespannungen befinden sich an denjenigen Orten der Querschnittfläche, die einen maximalen Abstand zur Nulllinie haben, hier also am Profileckpunkt A.

Berechnung der Biegespannung am Profileckpunkt A der Querschnittfläche (maximale Zugspannung)

$$\sigma_{xA} = \frac{M_{by}}{I_1}\cdot b_1 - \frac{M_{bz}}{I_2}\cdot a_1$$

$$= \frac{7\,694\,344\,\text{Nmm}}{2\,518\,754\,\text{mm}^4}\cdot 30,47\,\text{mm}$$

$$- \frac{10\,000\,000\,\text{Nmm}}{1\,273\,906\,\text{mm}^4}\cdot(-50\,\text{mm})$$

$$= 485,58\,\text{N/mm}^2$$

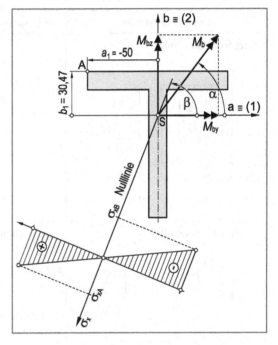

Berechnung der Sicherheit gegen Fließen am Profileckpunkt A

Festigkeitsbedingung:

$$\sigma_{xA} \leq \sigma_{zul}$$

$$\sigma_{xA} = \frac{R_e}{S_F}$$

$$S_F = \frac{R_e}{|\sigma_{xA}|} = \frac{600\,\text{N/mm}^2}{485,58\,\text{N/mm}^2} = \mathbf{1,24}\quad\text{(ausreichend, da } S_F > 1,20)$$

10 Schubspannungen durch Querkräfte bei Biegung

10.1 Formelsammlung zum Querkraftschub

Grundgleichung

$$\tau_l(z) = \tau_q(z) = \frac{Q \cdot H_y(z)}{b(z) \cdot I_y}$$

Grundgleichung zur Ermittlung der Schubspannungen durch Querkräfte bei Biegung

Schubspannungsverteilung durch Querkraftschub ausgewählter Querschnitte

Querschnittsfläche	Schubspannungsverteilung	Maximale Schubspannung
Rechteckquerschnitt 	$\tau_q(z) = \dfrac{3}{2} \cdot \dfrac{Q}{b \cdot h}\left(1 - \dfrac{4 \cdot z^2}{h^2}\right)$	$\tau_{q\,max} = \dfrac{3}{2} \cdot \dfrac{Q}{b \cdot h} = \dfrac{3}{2} \cdot \tau_m$ mit $\tau_m = \dfrac{Q}{A}$
Vollkreisquerschnitt 	Vertikalkomponente: $\tau_q(z) = \dfrac{4}{3} \cdot \dfrac{Q}{\pi \cdot r^2}\left(1 - \dfrac{z^2}{r^2}\right)$ Resultierende Randschub-spannung: $\tau_r(z) = \dfrac{4}{3} \cdot \dfrac{Q}{\pi \cdot r^2} \cdot \sqrt{1 - \dfrac{z^2}{r^2}}$	$\tau_{q\,max} = \dfrac{4}{3} \cdot \dfrac{Q}{\pi \cdot r^2} = \dfrac{4}{3} \cdot \tau_m$ mit $\tau_m = \dfrac{Q}{A}$
Kreisring (dünnwandig) 	$\tau(\varphi) = \dfrac{Q}{\pi \cdot r \cdot t} \cdot \cos\varphi$	$\tau_{max} = \dfrac{Q}{\pi \cdot r \cdot t} = 2 \cdot \tau_m$ mit $\tau_m = \dfrac{Q}{A}$

Anwendung auf dünnwandige Profilträger

C-Profil	Horizontale Schubspannungen im Flansch

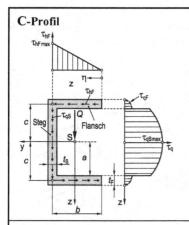

$$\tau_{hF}(\eta) = \frac{Q \cdot c}{I_y} \cdot \eta \qquad\qquad \tau_{hF\,max} = \frac{Q \cdot b}{I_y} \cdot \eta$$

Vertikale Schubspannungen im Steg $(-a \le z \le a)$

$$\tau_{qS}(z) = \frac{Q}{I_y} \cdot \left[b \cdot c \cdot \frac{t_F}{t_S} \right. \qquad \tau_{qS\,max} = \frac{Q}{I_y} \cdot \left[b \cdot c \cdot \frac{t_F}{t_S} + \frac{a^2}{2} \right]$$

$$\left. + \frac{a^2}{2} \cdot \left(1 - \frac{z^2}{a^2} \right) \right]$$

I-Profil	Horizontale Schubspannungen im Flansch $(0 \le \eta \le b/2)$

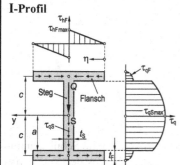

$$\tau_{hF}(\eta) = \frac{Q \cdot c}{I_y} \cdot \eta \qquad\qquad \tau_{hF\,max} = \frac{Q \cdot c}{I_y} \cdot \frac{b}{2}$$

Vertikale Schubspannungen im Steg $(-a \le z \le a)$

$$\tau_{qS}(z) = \frac{Q}{I_y} \cdot \left[b \cdot c \cdot \frac{t_F}{t_S} \right. \qquad \tau_{qS}(z) = \frac{Q}{I_y} \cdot \left[b \cdot c \cdot \frac{t_F}{t_S} + \frac{a^2}{2} \right]$$

$$\left. + \frac{a^2}{2} \cdot \left(1 - \frac{z^2}{a^2} \right) \right]$$

Anwendung auf genietete Träger

$$\tau_{N\,max} = \frac{4}{3 \cdot n} \cdot \frac{Q \cdot H_y(z) \cdot t}{I_y \cdot \pi \, r^2}$$

Maximale Schubspannung in den Gurtnieten eines Profilträgers unter Querkraftschub (gilt nur für die in der Abbildung dargestellten geometrischen Verhältnisse)

$H_y(z)$ Flächenmoment 1. Ordnung (statisches Moment) der Restfläche A_R bezüglich der y-Achse durch den Flächenschwerpunkt

I_y Axiales Flächenmoment der *gesamten* Querschnittsfläche bezüglich der y-Achse durch den Flächenschwerpunkt

n Anzahl paralleler Nieten

r Radius des Niets

t Nietteilung

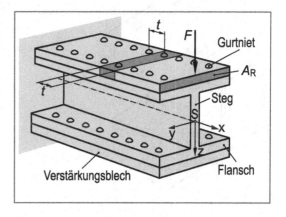

Verstärkungsblech

Anwendung auf geschweißte Träger

$$\tau_S = \frac{Q \cdot H_y(z)}{2\,a \cdot I_y} \cdot \frac{t}{l_S}$$

Schubspannung in der Schweißnaht zwischen Gurt- und Stegblech eines Profilträgers unter Querkraftschub (zwei parallele Schweißnähte)

$H_y(z)$ Flächenmoment 1. Ordnung (statisches Moment) der Restfläche A_R bezüglich der y-Achse durch den Flächenschwerpunkt

I_y Axiales Flächenmoment der *gesamten* Querschnittsfläche bezüglich der y-Achse durch den Flächenschwerpunkt

Vergleichsspannung in der Schweißnaht zwischen Gurt- und Stegblech eines Profilträgers unter Querkraftschub (zwei parallele Schweißnähte)

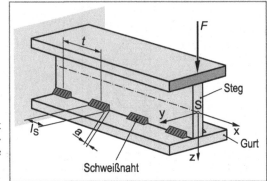

$$\sigma_{V\,GEH} = \sqrt{\sigma_b^2 + 3 \cdot \tau_s^2}$$

mit $\sigma_b = \dfrac{M_b}{I} \cdot z$ und $\tau_S = \dfrac{Q \cdot H_y(z)}{2\,a \cdot I_y} \cdot \dfrac{t}{l_S}$

Schubmittelpunkt

In dünnwandigen, offenen Profilen (z. B. Abkantprofile aus Blech) können die Schubspannungen im Flansch (τ_{hF}) eine Verdrehung um die Längsachse bewirken. Die aus den Schubspannungen im Flansch (Abbildung a) resultierenden Flansch-Schubkräfte bewirken ein Kräftepaar, die eine Verdrehung des Profils um die Längsachse verursachen (Abbildung b). Diese Verdrehung kann verhindert werden, sofern die Wirkungslinie der Kraft F durch den Schubmittelpunkt M geht und dadurch ein den Flansch-Schubkräften entgegengesetzt wirkendes Drehmoment erzeugt (Abbildung c).

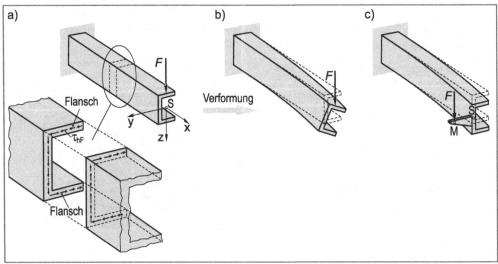

10.2 Aufgaben

Aufgabe 10.1   ○○●●●

Der dargestellte kurze Freiträger mit Rechteckquerschnitt der Breite b und der Höhe h wird an seinem rechten Ende durch die Einzelkraft F beansprucht. Berechnen Sie die Spannungsverteilung $\tau(z)$ durch Querkraftschub in Abhängigkeit der Koordinate z und vergleichen Sie Ihr Ergebnis mit Tabelle 10.1.

Kerbwirkung an der Einspannstelle ist zu vernachlässigen.

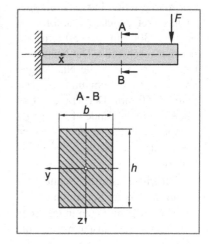

Aufgabe 10.2   ○○●●●

Der dargestellte kurze Freiträger mit Vollkreisquerschnitt (Durchmesser d) wird an seinem rechten Ende durch die Einzelkraft F beansprucht. Berechnen Sie die Spannungsverteilung $\tau_q(z)$ durch Querkraftschub in Abhängigkeit der Koordinate z und vergleichen Sie Ihr Ergebnis mit Tabelle 10.1.

Kerbwirkung an der Einspannstelle ist zu vernachlässigen.

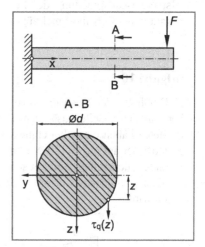

Aufgabe 10.3   ○○●●●

Das dargestellte dünnwandige Kreisrohr (Außendurchmesser d_a, Wandstärke s) wird an seinem rechten Ende durch die Einzelkraft F beansprucht. Berechnen Sie die Spannungsverteilung $\tau(\varphi)$ durch Querkraftschub in Abhängigkeit der Koordinate φ und vergleichen Sie Ihr Ergebnis mit Tabelle 10.1.

Kerbwirkung an der Einspannstelle ist zu vernachlässigen.

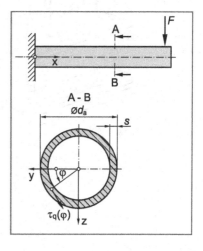

Aufgabe 10.4   ○●●●●

Der dargestellte kurze Freiträger
ist aus drei gleichen Stahlblechen
($h = b = 300$ mm, $s = 30$ mm) zu-
sammengeschweißt. Die Nahtdicke
beträgt $a = 7$ mm, die Nahtlängen
jeweils $l_S = 30$ mm und die Teilung $t = 50$ mm. Der Träger ist an
seinem linken Ende fest eingespannt und an seinem rechten
Ende durch die Kraft $F = 100$ kN
belastet.

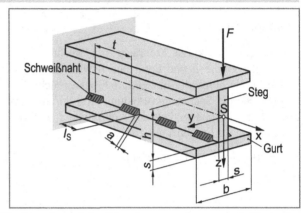

a) Berechnen Sie die Schubspannung τ_S in der Schweißnaht.

Normalspannungen in der Schweißnaht aufgrund der Biegebeanspruchung sowie Kerbwirkung an der Einspannstelle sollen vernachlässigt werden.

b) Ist die Beanspruchung der Schweißnaht noch zulässig, falls die Schubspannung in der
Naht $\tau_{zul} = 85$ N/mm² nicht überschreiten darf?

Aufgabe 10.5   ○●●●●

Zur Erhöhung der Beanspruchbarkeit eines einseitig eingespannten Trägers werden an der
Ober- und Unterseite zusätzliche Verstärkungsbleche (250 mm x 20 mm) aufgenietet. Die
Gurtnieten haben einen Durchmesser von $d_N = 12$ mm. Die zulässige Spannung für den Nietwerkstoff beträgt $\tau_{zul} = 120$ N/mm². Der Träger wird entsprechend der Abbildung durch die
konstante Querkraft $F = 60$ kN sowie die konstante Streckenlast $q = 25$ kN/m belastet. Ermitteln Sie die mindestens erforderliche Nietteilung t, damit ein Abscheren der Gurtnieten vermieden wird.

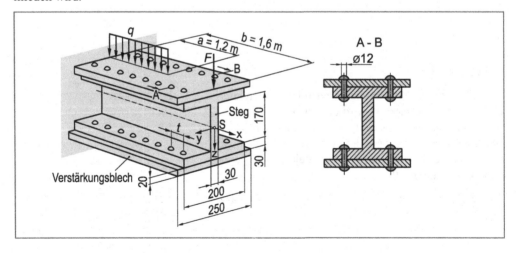

Aufgabe 10.6 ●●●●●

Zum Bau einer Stahlbrücke sollen Träger entsprechend der Abbildung eingesetzt werden. Die zulässige Kraft F soll auf 150 kN begrenzt werden.

Die Gurtplatten (300 x 20 mm) und die Stahlwinkel (60 x 60 x 10 mm) sind fest miteinander verschweißt. Die Stahlwinkel sollen hingegen mit dem Stegblech (200 x 30 mm) vernietet werden. Der Nietdurchmesser wurde mit $d = 15$ mm festgelegt.

Die zulässige Schubspannung des Nietwerkstoffs beträgt $\tau_{zul} = 150$ N/mm^2.

Berechnen Sie die erforderliche Teilung t der Stegnieten, damit ein Abscheren ausgeschlossen werden kann.

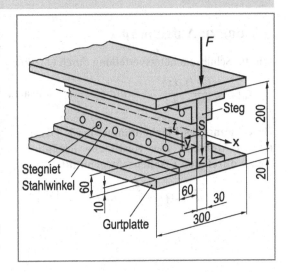

Aufgabe 10.7 ○○●●●

Für eine einfache Dachkonstruktion sollen zwei Bretter (250 x 30 mm) T-förmig miteinander verleimt werden. Die hieraus entstehenden T-Profile werden auf ihrer linken Hälfte durch die Streckenlast $q = 100$ kN/m belastet (siehe Abbildung).

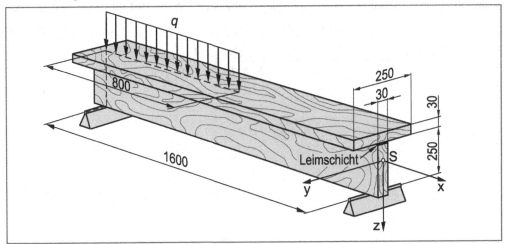

a) Ermitteln Sie die Lage des Flächenschwerpunktes des T-Profils.

b) Berechnen Sie das axiale Flächenmoment zweiter Ordnung bezüglich der y-Achse durch den Flächenschwerpunkt des T-Profils.

c) Überprüfen Sie, ob die Belastung zulässig ist, falls die Schubspannung in der Leimschicht $\tau = 25$ N/mm^2 nicht überschreiten darf.

10.3 Lösungen

Lösung zu Aufgabe 10.1

Für die Schubspannungsverteilung durch Querkraftschub gilt:

$$\tau_q(z) = \frac{Q \cdot H_y(z)}{b(z) \cdot I_y} \qquad \text{mit } b(z) = b = \text{konstant}$$

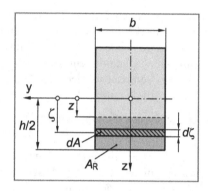

Berechnung des Flächenmomentes 1. Ordnung (statisches Moment) der Restfläche bezüglich der y-Achse durch den Flächenschwerpunkt

$$H_y(z) = \int\limits_{A_R} \zeta \cdot dA = \int\limits_{z}^{h/2} \zeta \cdot b \cdot d\zeta = \frac{b}{2} \cdot \left[\zeta^2\right]_z^{h/2}$$

$$= \frac{b}{2} \cdot \left(\frac{h^2}{4} - z^2\right)$$

Berechnung des axialen Flächenmomentes 2. Ordnung des Gesamtquerschnitts bezüglich der y-Achse durch den Flächenschwerpunkt

$$I_y = \frac{b \cdot h^3}{12}$$

Damit folgt für die Schubspannungsverteilung (siehe auch Tabelle 10.1 im Lehrbuch):

$$\tau_q(z) = \frac{Q \cdot H_y(z)}{b \cdot I_y} = \frac{Q \cdot \dfrac{b}{2} \cdot \left(\dfrac{h^2}{4} - z^2\right)}{b \cdot \dfrac{b \cdot h^3}{12}} = \frac{3}{2} \cdot \frac{Q}{b \cdot h}\left(1 - \frac{4 \cdot z^2}{h^2}\right)$$

Lösung zu Aufgabe 10.2

Für die Schubspannungsverteilung durch Querkraft-schub gilt:

$$\tau_q(z) = \frac{Q \cdot H_y(z)}{b(z) \cdot I_y}$$

Berechnung des Flächenmomentes 1. Ordnung der Restfläche bezüglich der y-Achse durch den Flächenschwerpunkt in Abhängigkeit der Koordinate φ

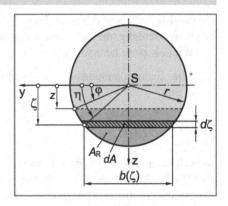

$$H_y = \int\limits_{A_R} \zeta \cdot dA = \int\limits_{A_R} \zeta \cdot b(\zeta) \cdot d\zeta$$

mit $\zeta = r \cdot \sin\eta$; $d\zeta = r \cdot \cos\eta \cdot d\eta$ und $b(\zeta) = 2 \cdot r \cdot \cos\eta$ folgt:

$$H_y(\varphi) = 2 \cdot r^3 \int\limits_{\varphi}^{\pi/2} \sin\eta \cdot \cos^2 \eta \, d\eta = -\frac{2}{3} \cdot r^3 \cdot \left[\cos^3 \eta\right]_{\varphi}^{\pi/2} = \frac{2}{3} \cdot r^3 \cdot \cos^3 \varphi$$

Berechnung des axialen Flächenmomentes 2. Ordnung des Gesamtquerschnitts bezüglich der y-Achse durch den Flächenschwerpunkt

$$I_y = \frac{\pi}{64} \cdot d^4 = \frac{\pi}{4} \cdot r^4$$

Damit folgt für die Schubspannungsverteilung $\tau_q(\varphi)$ in Abhängigkeit der Koordinate φ:

$$\tau_q(\varphi) = \frac{Q \cdot H_y(\varphi)}{b(\varphi) \cdot I_y} = \frac{Q \cdot \frac{2}{3} \cdot r^3 \cdot \cos^3 \varphi}{b(\varphi) \cdot \frac{\pi}{4} \cdot r^4} = \frac{Q \cdot \frac{2}{3} \cdot r^3 \cdot \cos^3 \varphi}{2 \cdot r \cos\varphi \cdot \frac{\pi}{4} \cdot r^4} = \frac{4}{3} \cdot \frac{Q}{\pi \cdot r^2} \cdot \cos^2 \varphi$$

Berechnung der Schubspannungsverteilung $\tau_q(\varphi)$ in Abhängigkeit der Koordinate z

Es gilt $z = r \cdot \sin\varphi$ und damit $z^2 = r^2 \cdot \sin^2 \varphi$. Mit $\sin^2 \varphi = 1 - \cos^2 \varphi$ folgt:

$$z^2 = r^2 \cdot \left(1 - \cos^2 \varphi\right)$$

und damit:

$$\cos^2 \varphi = 1 - \frac{z^2}{r^2}$$

Damit erhält man schließlich für die Schubspannungsverteilung in Abhängigkeit der Koordinate z (siehe auch Tabelle 10.1 im Lehrbuch):

$$\tau_q(z) = \frac{4}{3} \cdot \frac{Q}{\pi \cdot r^2} \cdot \cos^2 \varphi = \frac{4}{3} \cdot \frac{Q}{\pi \cdot r^2} \cdot \left(1 - \frac{z^2}{r^2}\right)$$

Lösung zu Aufgabe 10.3

Da es sich um einen dünnwandigen Kreisring handelt, ist es zweckmäßig, die Schubspannung in Abhängigkeit des Winkels φ zu berechnen.

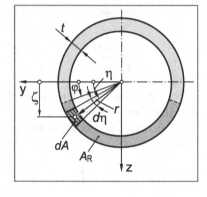

Für die Schubspannungsverteilung durch Querkraftschub gilt:

$$\tau(\varphi) = \frac{Q \cdot H_y(\varphi)}{b(\varphi) \cdot I_y}$$

Berechnung des Flächenmomentes 1. Ordnung der Restfläche bezüglich der y-Achse durch den Flächenschwerpunkt in Abhängigkeit der Koordinate φ

$$H_y = \int_{A_R} \zeta \cdot dA$$

mit $dA = t \cdot r \cdot d\eta$ und $\zeta = r \cdot \sin\eta$ folgt:

$$H_y(\varphi) = t \cdot r^2 \int_{A_R} \sin\eta \cdot d\eta$$

Da die Verteilung der Schubspannungen symmetrisch zur z-Achse ist, darf nur zwischen den Grenzen $\eta = \varphi$ und $\eta = \pi/2$ integriert werden:

$$H_y(\varphi) = t \cdot r^2 \int_{\varphi}^{\pi/2} \sin\eta \cdot d\eta = t \cdot r^2 \cdot \left[-\cos\eta\right]_{\varphi}^{\pi/2} = t \cdot r^2 \cdot \cos\varphi$$

Berechnung des axialen Flächenmomentes 2. Ordnung des Gesamtquerschnitts bezüglich der y-Achse durch den Flächenschwerpunkt

$$I_y = \int_A \zeta^2 \cdot dA = \int_{A_R} (r \cdot \sin\eta)^2 \cdot t \cdot r \cdot d\eta = r^3 \cdot t \int_0^{2\pi} \sin^2\eta \cdot d\eta$$

$$= r^3 \cdot t \cdot \left[\frac{1}{2} \cdot \eta - \frac{1}{4} \cdot \sin 2\eta\right]_0^{2\pi} = r^3 \cdot t \cdot (\pi - 0) = \pi \cdot r^3 \cdot t$$

Berechnung der Schubspannungsverteilung in Abhängigkeit der Koordinate φ

$$\tau(\varphi) = \frac{Q \cdot H_y(\varphi)}{b(\varphi) \cdot I_y} = \frac{Q \cdot t \cdot r^2 \cdot \cos\varphi}{b(\varphi) \cdot \pi \cdot r^3 \cdot t} = \frac{Q}{\pi \cdot r \cdot b(\varphi)} \cdot \cos\varphi$$

mit $b(\varphi) = t = $ konstant, folgt schließlich (siehe auch Tabelle 10.1 im Lehrbuch):

$$\boldsymbol{\tau(\varphi) = \frac{Q}{\pi \cdot r \cdot t} \cdot \cos\varphi}$$

Lösung zu Aufgabe 10.4

a) Berechnung der Schubspannung im Nahtbereich

$$\tau(z) = \frac{Q \cdot H_y(z)}{b(z) \cdot I_y} \quad \text{mit } Q = F$$

Berechnung des Flächenmomentes 1. Ordnung der Restfläche (Gurtfläche A_R) bezüglich der y-Achse durch den Flächenschwerpunkt

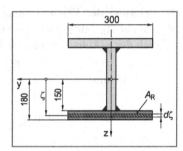

$$H_y(150\,\text{mm}) = \int_{A_R} \zeta \cdot dA = \int_{150}^{180} \zeta \cdot b \cdot d\zeta = \frac{b}{2} \cdot \left[\zeta^2\right]_{150}^{180}$$

$$= \frac{300\,\text{mm}}{2} \cdot \left(180^2 - 150^2\right)\text{mm}^2$$

$$= 1485\,000\,\text{mm}^3$$

Berechnung des axialen Flächenmomentes des Gesamtquerschnitts bezüglich der y-Achse durch den Flächenschwerpunkt

$$I_y = 2 \cdot \left(I_{y1} + z_{S1}^2 \cdot A_1\right) + I_{y2}$$

$$= 2 \cdot \left(\frac{300\,\text{mm} \cdot (30\,\text{mm})^3}{12} + (165\,\text{mm})^2 \cdot 300\,\text{mm} \cdot 30\,\text{mm}\right) + \frac{30\,\text{mm} \cdot (300\,\text{mm})^3}{12}$$

$$= 558\,900\,000\,\text{mm}^4$$

Berechnung der Schubspannung im Teilungsbereich zwischen Gurt- und Stegblech

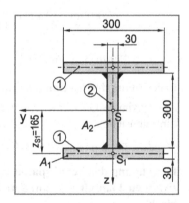

$$\tau(150\,\text{mm}) = \tau = \frac{F \cdot H_y(150\,\text{mm})}{b(150\,\text{mm}) \cdot I_y}$$

$$= \frac{100\,000\,\text{N} \cdot 1485\,000\,\text{mm}^3}{300\,\text{mm} \cdot 558\,900\,000\,\text{mm}^4} = 0{,}8857\,\text{N/mm}^2$$

Berechnung der Längsschubkraft F_t in der Teilungsebene

$$F_t = \tau \cdot b \cdot t$$

Die Längsschubkraft muss von den Schweißnähten auf das Stegblech übertragen werden. In den Schweißnähten entsteht dadurch die Spannung:

$$\tau_S = \frac{F_t}{2 \cdot A_S} = \frac{\tau \cdot b \cdot t}{2 \cdot a \cdot l_S} = \frac{0{,}8857\,\text{N/mm}^2 \cdot 300\,\text{mm} \cdot 50\,\text{mm}}{2 \cdot 7\,\text{mm} \cdot 30\,\text{mm}} = \textbf{31,6 N/mm}^2$$

Ergänzende Hinweise: 1. Für durchgehende Nähte ist $t = l_S$.

2. Die Spannung in der Schweißnaht τ_S kann auch direkt aus Gleichung 10.31 (siehe Lehrbuch) berechnet werden.

b) $\tau_S < \tau_{zul} = 85$ N/mm^2. Die Beanspruchung in der Schweißnaht ist **zulässig**.

Lösung zu Aufgabe 10.5

Schubspannungen im Teilungsbereich zwischen Flanschblech des I-Trägers und dem aufgenieteten Verstärkungsblech

$$\tau(z) = \frac{Q \cdot H_y(z)}{b(z) \cdot I_y}$$

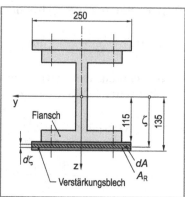

Berechnung des Flächenmomentes 1. Ordnung der Restfläche A_R (aufgenietetes Verstärkungsblech) bezüglich der y-Achse durch den Flächenschwerpunkt

$$H_y(115\,\text{mm}) = \int_{A_R} \zeta \cdot dA = \int_{115}^{135} \zeta \cdot b_2 \cdot d\zeta = \frac{b_2}{2} \cdot \left[\zeta^2\right]_{115}^{135}$$

$$= \frac{250\,\text{mm}}{2} \cdot \left(135^2 - 115^2\right)\text{mm}^2 = 625\,000\,\text{mm}^3$$

Berechnung des axialen Flächenmomentes des Gesamtquerschnitts bezüglich der y-Achse durch den Flächenschwerpunkt

$$I_y = 2 \cdot \left(I_{y1} + z_{S1}^2 \cdot A_1\right) + 2 \cdot \left(I_{y2} + z_{S2}^2 \cdot A_2\right) + I_{y3}$$

$$= 2 \cdot \left(\frac{250\,\text{mm} \cdot (20\,\text{mm})^3}{12} + (125\,\text{mm})^2 \cdot 250\,\text{mm} \cdot 20\,\text{mm}\right)$$

$$+ 2 \cdot \left(\frac{200\,\text{mm} \cdot (30\,\text{mm})^3}{12} + (100\,\text{mm})^2 \cdot 200\,\text{mm} \cdot 30\,\text{mm}\right) + \frac{30\,\text{mm} \cdot (170\,\text{mm})^3}{12}$$

$$= 289\,765\,833\,\text{mm}^4$$

Berechnung der maximalen Querkraft

Die maximale Querkraft Q_{max} herrscht im Bereich der Einspannstelle:

$$Q_{max} = F + q \cdot a = 60\,\text{kN} + 25\,\text{kN/m} \cdot 1{,}2\,\text{m} = 90\,\text{kN}$$

Berechnung der Schubspannung im Teilungsbereich zwischen Flansch und aufgenietetem Verstärkungsblech

$$\tau(115\,\text{mm}) = \tau = \frac{Q_{max} \cdot H_y(115\,\text{mm})}{b_2 \cdot I_y}$$

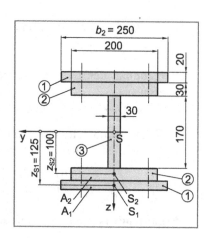

Die Schubspannung τ erzeugt in der Teilungsebene innerhalb der Teilungslänge t die Längsschubkraft F_t:

$$F_t = \tau \cdot b_2 \cdot t$$

Die Längsschubkraft muss von jeweils einem Paar paralleler Nieten auf den I-Träger übertragen werden. Jede der beiden einschnittig auf Abscherung beanspruchten Nieten erfährt damit die Längsschubkraft $F_N = F_t/2$. Diese Schubkraft F_N erzeugt im Nietquerschnitt (Vollkreisquerschnitt) die maximale Schubspannung $\tau_{N\,max}$ (siehe Tabelle 10.1 im Lehrbuch)

$$\tau_{N\,max} = \frac{4}{3} \cdot \frac{F_N}{A_N} \quad \text{mit } A_N = \frac{\pi}{4} \cdot d_N^2$$

Festigkeitsbedingung

$$\tau_{N\,max} \leq \tau_{zul}$$

Damit folgt letztlich für die Nietteilung t:

$$\frac{4}{3} \cdot \frac{F_N}{A_N} = \tau_{zul}$$

$$\frac{4}{3} \cdot \frac{F_t/2}{A_N} = \tau_{zul}$$

$$\frac{2}{3} \cdot \frac{\tau \cdot b_2 \cdot t}{A_N} = \tau_{zul}$$

$$\frac{2}{3 \cdot A_N} \cdot \frac{Q \cdot H_y(115\,\text{mm})}{b_2 \cdot I_y} \cdot b_2 \cdot t = \tau_{zul}$$

$$t = \frac{3 \cdot A_N \cdot I_y}{2 \cdot Q \cdot H_y(115\,\text{mm})} \cdot \tau_{zul} = \frac{3 \cdot \pi \cdot d_N^2 \cdot I_y}{8 \cdot Q \cdot H_y(115\,\text{mm})} \cdot \tau_{zul}$$

$$t = \frac{3 \cdot \pi \cdot (12\,\text{mm})^2 \cdot 289\,765\,833\,\text{mm}^4}{8 \cdot 90\,000\,\text{N} \cdot 625\,000\,\text{mm}^3} \cdot 120\,\text{N/mm}^2 = \mathbf{104{,}9\,mm}$$

Anmerkung: Dasselbe Ergebnis hätte man auch aus Gleichung 10.29 (siehe Lehrbuch) mit $\tau_{Nmax} = \tau_{zul}$ und Auflösung nach der Nietteilung t erhalten.

Lösung zu Aufgabe 10.6

Schubspannungen im Teilungsbereich zwischen Stahlwinkel und Stegblech

$$\tau(z) = \frac{Q \cdot H_y(z)}{b(z) \cdot I_y} \quad \text{mit } Q = F$$

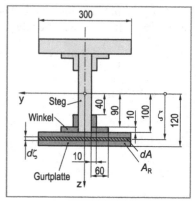

Berechnung des Flächenmomentes 1. Ordnung der Restfläche A_R bezüglich der y-Achse durch den Flächenschwerpunkt

Die Restfläche besteht aus Gurtblech *und* zwei Stahlwinkeln, daher gilt:

$$H_y = H_{y\,\text{Gurt}} + 2 \cdot H_{y\,\text{Winkel}}$$

Berechnung des Flächenmomentes 1. Ordnung des Gurtbleches bezüglich der y-Achse durch den Flächenschwerpunkt (siehe Aufgabe 10.5):

$$H_{y\,\text{Gurt}} = \frac{300\,\text{mm}}{2} \cdot \left(120^2 - 100^2\right)\text{mm}^2 = 660\,000\,\text{mm}^3$$

Berechnung des Flächenmomentes 1. Ordnung des Stahlwinkels bezüglich der y-Achse durch den Flächenschwerpunkt:

$$H_{y\,\text{Winkel}} = \frac{60\,\text{mm}}{2} \cdot \left(100^2 - 90^2\right)\text{mm}^2 + \frac{10\,\text{mm}}{2} \cdot \left(90^2 - 40^2\right)\text{mm}^2$$

$$= 57\,000\,\text{mm}^3 + 32\,500\,\text{mm}^3 = 89\,500\,\text{mm}^3$$

Damit folgt für das Flächenmoment 1. Ordnung der Restfläche A_R bezüglich der y-Achse durch den Flächenschwerpunkt:

$$H_y = H_{y\,\text{Gurt}} + 2 \cdot H_{y\,\text{Winkel}} = 660\,000\,\text{mm}^3 + 2 \cdot 89\,500\,\text{mm}^3 = 839\,000\,\text{mm}^3$$

Berechnung der axialen Flächenmomente der Teilflächen bezüglich der y-Achse

$$I_{y1} = \frac{300 \cdot 20^3}{12}\,\text{mm}^4 + \left(110\,\text{mm}\right)^2 \cdot 6\,000\,\text{mm}^2 = 72\,800\,000\,\text{mm}^4$$

$$I_{y2a} = \frac{60 \cdot 10^3}{12}\,\text{mm}^4 + \left(95\,\text{mm}\right)^2 \cdot 600\,\text{mm}^2 = 5\,420\,000\,\text{mm}^4$$

$$I_{y2b} = \frac{10 \cdot 50^3}{12}\,\text{mm}^4 + \left(65\,\text{mm}\right)^2 \cdot 500\,\text{mm}^2 = 2\,216\,667\,\text{mm}^4$$

$$I_{y3} = \frac{30 \cdot 200^3}{12}\,\text{mm}^4 = 20\,000\,000\,\text{mm}^4$$

Berechnung des axialen Flächenmomentes der Gesamtfläche

$$I_y = 2 \cdot I_{y1} + 4 \cdot \left(I_{y2a} + I_{y2b}\right) + I_{y3}$$

$$= 2 \cdot 72\,800\,000\,\text{mm}^4 + 4 \cdot \left(5\,420\,000\,\text{mm}^4 + 2\,216\,667\,\text{mm}^4\right) + 20\,000\,000\,\text{mm}^4$$

$$= 196\,146\,668\,\text{mm}^4$$

Berechnung der von den Stegnieten zu übertragenden Längsschubkraft

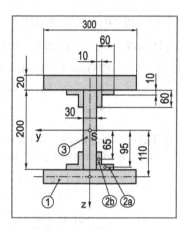

$$F_t = \tau \cdot A = \tau \cdot b \cdot t = \frac{F \cdot H_y}{b \cdot I_y} \cdot b \cdot t = \frac{F \cdot H_y}{I_y} \cdot t$$

Die Längsschubkraft F_t muss von einer zweischnittig auf Abscherung beanspruchten Stegniete übertragen werden. In jeder Schnittfläche herrscht die Schubkraft $F_N = F_t / 2$.

Festigkeitsbedingung

$$\tau_{N\,max} \leq \tau_{zul}$$

$$\frac{4}{3} \cdot \frac{F_N}{A_N} = \tau_{zul}$$

$$\frac{4}{3} \cdot \frac{F_t/2}{\frac{\pi}{4} \cdot d_N^2} = \tau_{zul}$$

$$\frac{8 \cdot F \cdot H_y \cdot t}{3 \cdot \pi \cdot d_N^2 \cdot I_y} = \tau_{zul}$$

$$t = \tau_{zul} \cdot \frac{3 \cdot \pi \cdot d_N^2 \cdot I_y}{8 \cdot F \cdot H_y} = 150 \text{ N/mm}^2 \cdot \frac{3 \cdot \pi \cdot (15 \text{ mm})^2 \cdot 196146668 \text{ mm}^4}{8 \cdot 150000 \text{ N} \cdot 839000 \text{ mm}^3} = \mathbf{61,97 \text{ mm}}$$

Lösung zu Aufgabe 10.7

a) **Berechnung der Lage des Flächenschwerpunktes (Teilschwerpunktsatz)**

$$z_S = \frac{125 \text{ mm} \cdot (250 \cdot 30) \text{ mm}^2 + 265 \text{ mm} \cdot (250 \cdot 30) \text{ mm}^2}{(250 \cdot 30) \text{ mm}^2 + (250 \cdot 30) \text{ mm}^2}$$

$$= 195 \text{ mm}$$

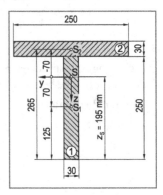

b) **Berechnung des axialen Flächenmomentes 2. Ordnung bezüglich der y-Achse**

$$I_y = \frac{30 \text{ mm} \cdot (250 \text{ mm})^3}{12} + (70 \text{ mm})^2 \cdot 30 \text{ mm} \cdot 250 \text{ mm}$$

$$+ \frac{250 \text{ mm} \cdot (30 \text{ mm})^3}{12} + (-70 \text{ mm})^2 \cdot 250 \text{ mm} \cdot 30 \text{ mm}$$

$$= 75\,812\,500 \text{ mm}^4 + 37\,312\,500 \text{ mm}^4$$

$$= 113\,125\,000 \text{ mm}^4$$

c) **Berechnung der Lagerkraft F_B**

$$\Sigma M_A = 0:$$

$$F_B \cdot l = F \cdot \frac{l}{4}$$

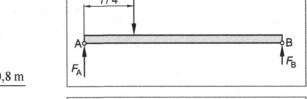

$$F_B = \frac{F}{4} = \frac{q \cdot \dfrac{l}{2}}{4} = \frac{100\,000 \text{ N/m} \cdot 0,8 \text{ m}}{4}$$

$$= 20\,000 \text{ N}$$

Berechnung der maximalen Querkraft

$$Q_{max} = -F_B + \frac{l}{2} \cdot q$$

$$= -20\,000 \text{ N} + 0,8 \text{ m} \cdot 100\,000 \text{ N/m}$$

$$= 60\,000 \text{ N}$$

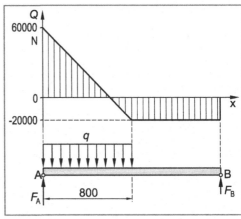

Schubspannungen im Teilungsbereich zwischen den Brettern (in der Leimschicht bei $z = -55$ mm)

$$\tau(z) = \frac{Q_{max} \cdot H_y(z)}{b(z) \cdot I_y}$$

Berechnung des Flächenmomentes 1. Ordnung der Restfläche A_R bezüglich der y-Achse durch den Flächenschwerpunkt

$$H_y(-55 \text{ mm}) = \frac{250 \text{ mm}}{2} \cdot (85^2 - 55^2) \text{ mm}^2 = 525\,000 \text{ mm}^3$$

Berechnung der Schubspannung im Teilungsbereich zwischen den beiden Brettern

$$\tau(-55\ \text{mm}) = \tau = \frac{Q_{max} \cdot H_y(-55\ \text{mm})}{b_1 \cdot I_y}$$

$$= \frac{60\,000\ \text{N} \cdot 525\,000\ \text{mm}^3}{250\ \text{mm} \cdot 113\,125\,000\ \text{mm}^4}$$

$$= 1{,}114\ \text{N/mm}^2$$

Die Schubspannung τ erzeugt im Teilungsbereich zwischen den beiden Brettern (in der Leimschicht) die Längsschubkraft F_t:

$$F_t = \tau \cdot b_1 \cdot l$$

Die Längsschubkraft muss von der Leimschicht übertragen werden. In der Leimschicht entsteht dabei die Schubspannung:

$$\tau_{Leim} = \frac{F_t}{A} = \frac{\tau \cdot b_1 \cdot l}{b_2 \cdot l} = 1{,}114\ \text{N/mm}^2 \cdot \frac{250\ \text{mm}}{30\ \text{mm}} = \textbf{9{,}28 N/mm}^2$$

Da $\tau_{Leim} < 25\ \text{N/mm}^2$ ist die Beanspruchung ist **zulässig**.

11 Torsion nicht kreisförmiger Querschnitte

11.1 Formelsammlung zur Torsion nicht kreisförmiger Querschnitte

Torsion dünnwandiger, geschlossener Hohlprofile

$$\tau_{max} = \tau_t = \frac{M_t}{2 \cdot A_m \cdot t_{min}}$$ 1. Bredtsche Formel

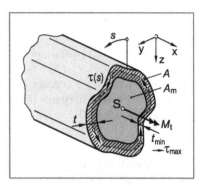

Torsion dünnwandiger, offener Hohlprofile

Torsionsflächenmoment (Drillwiderstand) eines aus schmalen Rechtecken zusammengesetzten offenen Hohlprofils

$$I_t = \frac{1}{3} \cdot \sum_i h_i \cdot t_i^3$$

Maximale Schubspannung bei Torsion eines aus schmalen Rechtecken zusammengesetzten offenen Hohlprofils

$$\tau_{max} = \tau_t = \frac{M_t}{W_t} = \frac{3 \cdot t_{max}}{\sum_i h_i \cdot t_i^3} \cdot M_t$$

Grundgleichungen zur Torsion ausgewählter Querschnitte

$$\tau_{max} = \tau_t = \frac{M_t}{W_t}$$ Maximale Torsionsschubspannung in einem geraden prismatischen Stab mit beliebiger Querschnittform

Beispiel

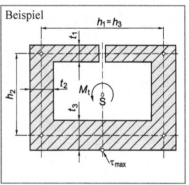

Torsionsflächenmomente I_t und Torsionswiderstandsmomente W_t bedeutsamer Querschnittflächen

Profil	Torsionsflächenmoment I_t	Torsionswiderstandsmoment W_t
Vollkreis τ_{max} ød	$I_t = I_p = \frac{\pi}{32} \cdot d^4$	$W_t = \frac{\pi}{16} \cdot d^3$
Kreisring [1] τ_{max} ød øD	$I_t = I_p = \frac{\pi}{32} \cdot \left(D^4 - d^4\right)$	$W_t = \frac{\pi}{16} \cdot \frac{D^4 - d^4}{D}$

.[1] dickwandig

Torsionsflächenmomente I_t und Torsionswiderstandsmomente W_t bedeutsamer Querschnittflächen

Profil	Torsionsflächenmoment I_t	Torsionswiderstandsmoment W_t
Rechteck	$I_t = c_1 \cdot h \cdot b^3$ mit $c_1 = \dfrac{1}{3} \cdot \left(1 - \dfrac{0,630}{h/b} + \dfrac{0,052}{(h/b)^5}\right)$ und $c_2 = 1 - \dfrac{0,650}{1+(h/b)^3}$	$W_t = \dfrac{c_1}{c_2} \cdot h \cdot b^2$
Quadrat	$I_t = 0,141 \cdot a^4$	$W_t = 0,208 \cdot a^3$
Ellipse	$I_t = \dfrac{\pi}{16} \cdot \dfrac{a^3 \cdot b^3}{a^2 + b^2}$	$W_t = \dfrac{\pi}{16} \cdot a \cdot b^2$
Gleichseitiges Dreieck	$I_t = \dfrac{a^4}{46,2}$	$W_t = \dfrac{a^3}{20}$
Dünnwandiges, geschlossenes Kreisrohr (t = konst.)	$I_t = \dfrac{\pi}{4} \cdot d_m^3 \cdot t$	$W_t = \dfrac{\pi}{2} \cdot d_m^2 \cdot t$
Dünnwandige offene Hohlquerschnitte [1]	$I_t = \dfrac{1}{3} \cdot \displaystyle\sum_i h_i \cdot t_i^3$	$W_t = \dfrac{1}{3 \cdot t_{max}} \cdot \displaystyle\sum_i h_i \cdot t_i^3$

[1] aus schmalen Rechteckquerschnitten zusammengesetzt

Torsionsflächenmomente I_t und Torsionswiderstandsmomente W_t bedeutsamer Querschnittflächen

Profil	Torsionsflächenmoment I_t	Torsionswiderstandsmoment W_t
Dünnwandige, geschlossene Hohlquerschnitte mit veränderlicher Wanddicke [1]	$$I_t = \frac{4 \cdot A_m^2}{\oint \dfrac{ds}{t(s)}}$$	$$W_t = 2 \cdot A_m \cdot t_{min}$$
Dünnwandige, geschlossene Hohlquerschnitte mit konstanter Wanddicke [2]	$$I_t = \frac{4 \cdot A_m^2 \cdot t}{U_m}$$	$$W_t = 2 \cdot A_m \cdot t$$

[1] $\oint ds / t(s)$ ist das Linienintegral längs der Profilmittellinie.

[2] U_m ist die Länge der Mittellinie.

11.2 Aufgaben

Aufgabe 11.1

Der dargestellte Kastenträger aus dem unlegierten Baustahl S235JR (R_e = 240 N/mm²; R_m = 440 N/mm²) hat einen dünnwandigen Rechteckquerschnitt und wird durch das Torsionsmoment M_t = 500 Nm um die Stabachse statisch beansprucht.

Berechnen Sie das Maß a, damit Fließen mit einer Sicherheit von S_F = 1,5 ausgeschlossen werden kann.

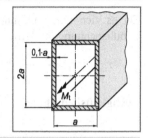

Aufgabe 11.2

Der dünnwandige Kastenträger aus Aufgabe 11.1 (Werkstoff S235JR; R_e = 240 N/mm²; R_m = 440 N/mm²) erhält einen schmalen, durchgehenden seitlichen Schlitz (siehe Abbildung). Das statisch wirkende Torsionsmoment M_t = 500 Nm um die Stabachse soll unverändert bleiben.

Berechnen Sie für diese Variante das Maß a, damit Fließen mit einer Sicherheit von S_F = 1,5 ausgeschlossen werden kann.

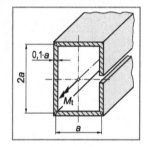

Aufgabe 11.3

Das dargestellte dünnwandige, geschlossene Trapezprofil aus EN AW-Al Zn5Mg3Cu -T6 ($R_{p0,2}$ = 500 N/mm²; R_m = 680 N/mm²) wird durch das statisch wirkende Torsionsmoment M_t = 250 kNm um die Stabachse beansprucht.

Berechnen Sie das Maß a, damit Fließen mit einer Sicherheit von S_F = 1,5 ausgeschlossen werden kann.

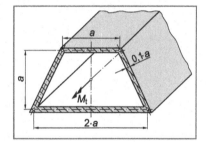

Aufgabe 11.4

Zwei dünnwandige Stahlrohre mit Kreisringquerschnitt (Werkstoff S355J0) werden durch die um die Stabachse wirkenden Momente M_{t1} und M_{t2} auf Torsion beansprucht (siehe Abbildung). Während eines der beiden Stahlrohre einen durchgehenden Schlitz hat, ist das andere Stahlrohr geschlossen.

Berechnen Sie das Verhältnis M_{t2} / M_{t1} der übertragbaren Torsionsmomente, so dass kein Fließen eintritt.

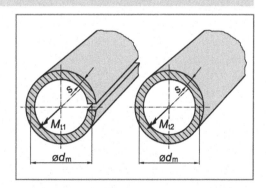

11.3 Lösungen

Lösung zu Aufgabe 11.1

Da es sich um ein dünnwandiges, geschlossenes Hohlprofil handelt, kann die maximale Schubspannung mit Hilfe der 1. Bredtschen Formel berechnet werden.

$$\tau_{max} \equiv \tau_t = \frac{M_t}{2 \cdot A_m \cdot t_{min}} = \frac{M_t}{2 \cdot 2a \cdot a \cdot 0,1 \cdot a} = \frac{M_t}{0,4 \cdot a^3}$$

Festigkeitsbedingung

$$\tau_t \leq \tau_{t\,zul}$$

$$\frac{M_t}{0,4 \cdot a^3} = \frac{\tau_{tF}}{S_F} = \frac{R_e}{2 \cdot S_F}$$

$$a = \sqrt[3]{\frac{2,5 \cdot M_t \cdot S_F}{R_e / 2}} = \sqrt[3]{\frac{2,5 \cdot 500\,000\,\text{Nmm} \cdot 1,5}{240\,\text{N/mm}^2 / 2}} = \mathbf{25\,mm}$$

Lösung zu Aufgabe 11.2

Die maximale Schubspannung eines dünnwandigen, offenen Hohlprofils berechnet sich gemäß:

$$\tau_{max} \equiv \tau_t = \frac{M_t}{W_t} = \frac{3 \cdot t_{max}}{\sum_i h_i \cdot t_i^3} \cdot M_t$$

mit: $t_{max} = 0,1 \cdot a$

und $\sum_i h_i \cdot t_i^3 = 2 \cdot 2a \cdot (0,1 \cdot a)^3 + 2 \cdot a \cdot (0,1 \cdot a)^3 = 0,004 \cdot a^4 + 0,002 \cdot a^4 = 0,006 \cdot a^4$

folgt für die maximale Schubspannung:

$$\tau_t = \frac{3 \cdot 0,1 \cdot a}{0,006 \cdot a^4} \cdot M_t = 50 \cdot \frac{M_t}{a^3}$$

Festigkeitsbedingung

$$\tau_t \leq \tau_{t\,zul}$$

$$50 \cdot \frac{M_t}{a^3} = \frac{\tau_{tF}}{S_F} = \frac{R_e}{2 \cdot S_F}$$

$$a = \sqrt[3]{\frac{50 \cdot M_t \cdot S_F}{R_e / 2}} = \sqrt[3]{\frac{50 \cdot 500\,000\,\text{Nmm} \cdot 1,5}{240\,\text{N/mm}^2 / 2}} = \mathbf{67,9\ mm}$$

Ein Vergleich der Ergebnisse von Aufgabe 11.1 und 11.2 zeigt, dass offene Hohlprofile zur Übertragung von Drehmomenten ungeeignet sind.

Lösung zu Aufgabe 11.3

Da es sich um ein dünnwandiges, geschlossenes Hohlprofil handelt, kann die maximale Schubspannung mit Hilfe der 1. Bredtschen Formel berechnet werden.

$$\tau_{max} = \tau_t = \frac{M_t}{2 \cdot A_m \cdot t_{min}}$$

mit: $t_{min} = 0,1 \cdot a$

$$A_m = a \cdot a + 2 \cdot \frac{1}{2} \cdot \frac{a}{2} \cdot a = a^2 + \frac{a^2}{2} = \frac{3}{2} \cdot a^2$$

Damit folgt für die maximale Schubspannung:

$$\tau_t = \frac{M_t}{2 \cdot A_m \cdot t_{min}} = \frac{M_t}{2 \cdot \frac{3}{2} \cdot a^2 \cdot 0,1a} = \frac{M_t}{0,3 \cdot a^3}$$

Festigkeitsbedingung

$$\tau_t \leq \tau_{t\,zul}$$

$$\frac{M_t}{0,3 \cdot a^3} = \frac{\tau_{tF}}{S_F} = \frac{R_{p0,2}}{2 \cdot S_F}$$

$$a = \sqrt[3]{\frac{2 \cdot M_t \cdot S_F}{0,3 \cdot R_{p0,2}}} = \sqrt[3]{\frac{2 \cdot 250\,000\,000\,\text{Nmm} \cdot 1,5}{0,3 \cdot 500\,\text{N/mm}^2}} = \mathbf{171\,mm}$$

Lösung zu Aufgabe 11.4

Berechnung der maximalen Schubspannung für das dünnwandige, offene Stahlrohr

$$\tau_{max1} = \tau_{t1} = \frac{3 \cdot t_{max}}{\sum_i h_i \cdot t_i^3} \cdot M_{t1} = \frac{3 \cdot s}{\pi \cdot d_m \cdot s^3} \cdot M_{t1} = \frac{3 \cdot M_{t1}}{\pi \cdot d_m \cdot s^2}$$

Festigkeitsbedingung (Fließen):

$$\tau_{t1} \le \tau_{tF}$$

$$\frac{3 \cdot M_{t1}}{\pi \cdot d_m \cdot s^2} = \tau_{tF}$$

$$M_{t1} = \frac{\pi}{3} \cdot \tau_{tF} \cdot d_m \cdot s^2$$

Berechnung der maximalen Schubspannung für das dünnwandige, geschlossene Stahlrohr (1. Bredtsche Formel)

$$\tau_{max2} = \tau_{t2} = \frac{M_{t2}}{2 \cdot A_m \cdot t_{min}} = \frac{M_{t2}}{2 \cdot \frac{\pi}{4} \cdot d_m^2 \cdot s} = \frac{2 \cdot M_{t2}}{\pi \cdot d_m^2 \cdot s}$$

Festigkeitsbedingung (Fließen):

$$\tau_{t2} \le \tau_{tF}$$

$$\frac{2 \cdot M_{t2}}{\pi \cdot d_m^2 \cdot s} = \tau_{tF}$$

$$M_{t2} = \frac{\pi}{2} \cdot \tau_{tF} \cdot d_m^2 \cdot s$$

Berechnung des Verhältnisses der übertragbaren Torsionsmomente

$$\frac{M_{t2}}{M_{t1}} = \frac{\frac{\pi}{2} \cdot \tau_{tF} \cdot d_m^2 \cdot s}{\frac{\pi}{3} \cdot \tau_{tF} \cdot d_m \cdot s^2} = \frac{3}{2} \cdot \frac{d_m}{s}$$

12 Behälter unter Innen- und Außendruck

12.1 Formelsammlung zu Behältern unter Innen- und Außendruck

Dünnwandige Behälter unter Innendruck

$$\sigma_t = p_i \cdot \frac{d_i}{2 \cdot s}$$

Tangentialspannung eines dünnwandigen Behälters unter Innendruck

$$\sigma_a = p_i \cdot \frac{d_i}{4 \cdot s} = \frac{\sigma_t}{2}$$

Axialspannung eines dünnwandigen Behälters unter Innendruck

$$\sigma_r = -\frac{p_i}{2}$$

Radialspannung eines dünnwandigen Behälters unter Innendruck (Mittelwert)

$$\sigma_{V\,SH} = p_i \cdot \frac{d_m}{2 \cdot s}$$

Vergleichsspannung eines dünnwandigen Behälters unter Innendruck unter Anwendung der Schubspannungshypothese

Dünnwandige Behälter unter Außendruck

$$\sigma_t = -p_a \cdot \frac{d_a}{2 \cdot s}$$

Tangentialspannung eines dünnwandigen Behälters unter Außendruck

$$\sigma_a = -p_a \cdot \frac{d_a}{4 \cdot s}$$

Axialspannung eines dünnwandigen Behälters unter Außendruck (Mittelwert)

$$\sigma_r = -\frac{p_a}{2}$$

Radialspannung eines dünnwandigen Behälters unter Außendruck

Dünnwandige Hohlkugel unter Innen- bzw. Außendruck

$$\sigma_t = p_i \cdot \frac{d_i}{4 \cdot s}$$

Tangentialspannung einer dünnwandigen Hohlkugel unter Innendruck

$$\sigma_t = -p_a \cdot \frac{d_a}{4 \cdot s}$$

Tangentialspannung einer dünnwandigen Hohlkugel unter Außendruck

Dünnwandige Behälter mit elliptischer Unrundheit

Biegespannung in der Wand eines unrunden, dünnwandigen Behälters

$$\sigma_b = \pm \frac{3}{4} \cdot p_i \cdot \left(\frac{d_i}{s}\right)^2 \cdot \kappa \cdot f$$

mit $\quad \kappa = \dfrac{2 \cdot (d_{max} - d_{min})}{d_{max} + d_{min}}$

und $\quad f = \dfrac{1}{1 + \dfrac{1 - \mu^2}{2 \cdot E} \cdot p_i \cdot \left(\dfrac{d_i}{s}\right)^3}$

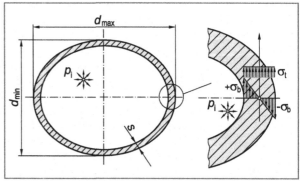

Die Biegespannung σ_b überlagert sich der Tangentialspannung σ_t.

Berechnungsformeln für den dickwandigen Behälter

Elastischer Zustand unter Innen- und Außendruck

Spannungsverläufe	Spannungen am Innenrand ($r = r_i$)	Spannungen am Außenrand ($r = r_a$)
Tangentialspannung	$\sigma_t = p_i \cdot \dfrac{r_i^2}{r_a^2 - r_i^2} \cdot \left(\dfrac{r_a^2}{r^2} + 1\right) - p_a \cdot \dfrac{r_a^2}{r_a^2 - r_i^2} \cdot \left(1 + \dfrac{r_i^2}{r^2}\right)$	$\sigma_{ti} = p_i \cdot \dfrac{r_a^2 + r_i^2}{r_a^2 - r_i^2} - p_a \cdot \dfrac{2 \cdot r_a^2}{r_a^2 - r_i^2}$	$\sigma_{ta} = p_i \cdot \dfrac{2 \cdot r_i^2}{r_a^2 - r_i^2} - p_a \cdot \dfrac{r_a^2 + r_i^2}{r_a^2 - r_i^2}$
Axialspannung	$\sigma_a = \dfrac{p_i \cdot r_i^2 - p_a \cdot r_a^2}{r_a^2 - r_i^2}$	$\sigma_{ai} = \dfrac{p_i \cdot r_i^2 - p_a \cdot r_a^2}{r_a^2 - r_i^2}$	$\sigma_{aa} = \dfrac{p_i \cdot r_i^2 - p_a \cdot r_a^2}{r_a^2 - r_i^2}$
Radialspannung	$\sigma_r = -p_i \cdot \dfrac{r_i^2}{r_a^2 - r_i^2} \cdot \left(\dfrac{r_a^2}{r^2} - 1\right) - p_a \cdot \dfrac{r_a^2}{r_a^2 - r_i^2} \cdot \left(1 - \dfrac{r_i^2}{r^2}\right)$	$\sigma_{ri} = -p_i$	$\sigma_{ra} = -p_a$

Teilplastischer Zustand unter Innendruck - vollplastischer Innenring ($r_i \leq r \leq c$)

Innendruck bei Fließbeginn: $p_{FB} = R_e \cdot \dfrac{r_a^2 - r_i^2}{\sqrt{3} \cdot r_a^2}$	Spannungen am Innenrand ($r = r_i$)	Spannungen am Außenrand ($r = c$)
Tangentialspannung	$\sigma_t = \dfrac{R_e}{\sqrt{3}} \cdot \left(\ln\left(\dfrac{r}{c}\right)^2 + \left(\dfrac{c}{r_a}\right)^2 + 1\right)$	$\sigma_{ti} = \dfrac{R_e}{\sqrt{3}} \cdot \left(\ln\left(\dfrac{r_i}{c}\right)^2 + \left(\dfrac{c}{r_a}\right)^2 + 1\right)$	$\sigma_{ta} = \dfrac{R_e}{\sqrt{3}} \cdot \left(\left(\dfrac{c}{r_a}\right)^2 + 1\right)$
Axialspannung	$\sigma_a = \dfrac{R_e}{\sqrt{3}} \cdot \left(\ln\left(\dfrac{r}{c}\right)^2 + \left(\dfrac{c}{r_a}\right)^2\right)$	$\sigma_{ai} = \dfrac{R_e}{\sqrt{3}} \cdot \left(\ln\left(\dfrac{r_i}{c}\right)^2 + \left(\dfrac{c}{r_a}\right)^2\right)$	$\sigma_{aa} = \dfrac{R_e}{\sqrt{3}} \cdot \left(\dfrac{c}{r_a}\right)^2$
Radialspannung	$\sigma_r = \dfrac{R_e}{\sqrt{3}} \cdot \left(\ln\left(\dfrac{r}{c}\right)^2 + \left(\dfrac{c}{r_a}\right)^2 - 1\right)$	$\sigma_{ri} = \dfrac{R_e}{\sqrt{3}} \cdot \left(\ln\left(\dfrac{r_i}{c}\right)^2 + \left(\dfrac{c}{r_a}\right)^2 - 1\right)$	$\sigma_{ra} = \dfrac{R_e}{\sqrt{3}} \cdot \left(\left(\dfrac{c}{r_a}\right)^2 - 1\right)$

Fortsetzung: Berechnungsformeln für den dickwandigen Behälter

Teilplastischer Zustand unter Innendruck - elastischer Außenring ($c < r \leq r_a$)

Zusammenhang zwischen Innendruck und Grenzradius c:

$$p_{ic} = \frac{R_e}{\sqrt{3}} \cdot \left(\ln\left(\frac{c}{r_i}\right)^2 - \left(\frac{c}{r_a}\right)^2 + 1 \right)$$

		Spannungen am Innenrand ($r = c$)	Spannungen am Außenrand ($r = r_a$)
Tangentialspannung	$\sigma_t = \frac{R_e}{\sqrt{3}} \cdot \frac{c^2}{r_a^2} \cdot \left(\frac{r_a^2}{r^2} + 1\right)$	$\sigma_{ti} = \frac{R_e}{\sqrt{3}} \cdot \frac{c^2}{r_a^2} \cdot \left(\frac{r_a^2}{c^2} + 1\right)$	$\sigma_{ta} = 2 \cdot \frac{R_e}{\sqrt{3}} \cdot \frac{c^2}{r_a^2}$
Axialspannung	$\sigma_a = \frac{R_e}{\sqrt{3}} \cdot \frac{c^2}{r_a^2}$	$\sigma_{ai} = \frac{R_e}{\sqrt{3}} \cdot \frac{c^2}{r_a^2}$	$\sigma_{aa} = \frac{R_e}{\sqrt{3}} \cdot \frac{c^2}{r_a^2}$
Radialspannung	$\sigma_r = -\frac{R_e}{\sqrt{3}} \cdot \frac{c^2}{r_a^2} \cdot \left(\frac{r_a^2}{r^2} - 1\right)$	$\sigma_{ri} = -\frac{R_e}{\sqrt{3}} \cdot \frac{c^2}{r_a^2} \cdot \left(\frac{r_a^2}{c^2} - 1\right)$	$\sigma_{ra} = 0$

Vollplastischer Zustand unter Innendruck

Innendruck mit Erreichen des vollplastischen Zustandes:

$$p_{i,VPL} = \frac{2}{\sqrt{3}} \cdot R_e \cdot \ln\left(\frac{r_a}{r_i}\right)$$

		Spannungen am Innenrand ($r = r_i$)	Spannungen am Außenrand ($r = r_a$)
Tangentialspannung	$\sigma_t = \frac{2}{\sqrt{3}} \cdot R_e \cdot \left(1 - \ln\left(\frac{r_a}{r}\right)\right)$	$\sigma_{ti} = \frac{2}{\sqrt{3}} \cdot R_e \cdot \left(1 - \ln\left(\frac{r_a}{r_i}\right)\right)$	$\sigma_{ta} = \frac{2}{\sqrt{3}} \cdot R_e$
Axialspannung	$\sigma_a = \frac{R_e}{\sqrt{3}} \cdot \left(1 - 2 \cdot \ln\left(\frac{r_a}{r}\right)\right)$	$\sigma_{ai} = \frac{R_e}{\sqrt{3}} \cdot \left(1 - 2 \cdot \ln\left(\frac{r_a}{r_i}\right)\right)$	$\sigma_{aa} = \frac{R_e}{\sqrt{3}}$
Radialspannung	$\sigma_r = -\frac{2}{\sqrt{3}} \cdot R_e \cdot \ln\left(\frac{r_a}{r}\right)$	$\sigma_{ri} = -\frac{2}{\sqrt{3}} \cdot R_e \cdot \ln\left(\frac{r_a}{r_i}\right)$	$\sigma_{ra} = 0$

12.2 Aufgaben

Aufgabe 12.1 ○○○○●

Ein Hochdruck-Hydraulikzylinder (Außendurchmesser d_a = 50 mm; Wandstärke s = 2,5 mm) aus 42CrMo4 ist für einen maximalen statischen Innendruck von p_i = 25 MPa ausgelegt. Berechnen Sie die Spannungskomponenten in der Zylinderwand.

Aufgabe 12.2 ○○○●●

Ein Druckspeichergefäß mit einem Innendurchmesser von d_i = 150 mm und einer Wandstärke von s = 10 mm soll in eine hydraulische Anlage eingebaut werden.

a) Berechnen Sie den zulässigen statischen Innendruck p_i, falls der Zylinder aus:

    1. der unlegierten Baustahlsorte P295GH (Berechnung gegen Fließen; S_F = 1,5)

    2. der Graugusssorte EN-GJL-200 (Berechnung gegen Bruch; S_B = 4,0)

    gefertigt werden soll.

b) Ermitteln Sie für beide Werkstoffvarianten jeweils die mittlere Aufweitung des Behälters, d. h. die Vergrößerung des mittleren Behälterdurchmessers.

Werkstoffkennwerte P295GH:

    R_e = 310 N/mm^2

    R_m = 550 N/mm^2

    E = 210000 N/mm^2

    μ = 0,30

Werkstoffkennwerte EN-GJL-200:

    R_m = 200 N/mm^2

    E = 100000 N/mm^2

    μ = 0,25

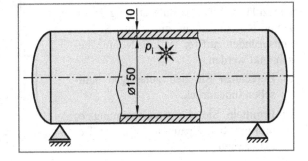

Aufgabe 12.3 ○○○●●

An einem beidseitig verschlossenen Rohr aus der unlegierten Stahlsorte C45E+QT mit einem Innendurchmesser von d_i = 140 mm und einer Wandstärke von s = 5 mm werden in Tangentialrichtung und in Axialrichtung Dehnungsmessungen durchgeführt.

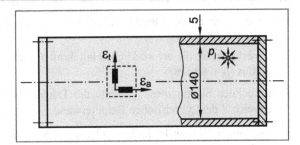

Werkstoffkennwerte C45E+QT:

    $R_{p0,2}$ = 420 N/mm^2

    R_m = 750 N/mm^2

    E = 210000 N/mm^2

    μ = 0,30

a) Berechnen Sie den Innendruck p_1, falls mit Hilfe der Dehnungsmessstreifen in Tangential-richtung eine Dehnung von $\varepsilon_{t1} = 0,8095$ ‰ und in Axialrichtung $\varepsilon_{a1} = 0,1905$ ‰ ermittelt wird.

b) Zusätzlich zum Innendruck p_1 soll eine statische Zugkraft F_1 in Axialrichtung des Rohres wirken. Berechnen Sie die zulässige statische Zugkraft F_1, falls Fließen mit einer Sicher-heit von $S_F = 1,5$ ausgeschlossen werden soll.

c) Bei einem zweiten Versuch wird der Druckbehälter durch einen unbekannten Innendruck p_2 und eine unbekannte Längskraft F_2 statisch beansprucht. Berechnen Sie den Innendruck und die Längskraft für eine Dehnungsanzeige von $\varepsilon_{t2} = 0,2524$ ‰ und $\varepsilon_{a2} = 0,5743$ ‰.

Aufgabe 12.4   ○○○●●

Ein zylindrischer Druckbehälter mit ei-nem Innendurchmesser von $d_i = 500$ mm und einer Wandstärke von $s = 8$ mm aus der Stahlsorte P355GH ($R_e = 355$ N/mm²; $R_m = 620$ N/mm²; $E = 210000$ N/mm²; $\mu = 0,30$) wird durch den Innendruck p_i statisch beansprucht (Abbildung a).

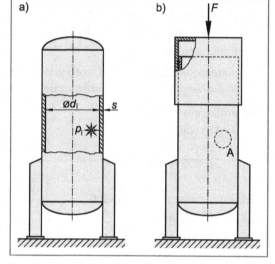

Die zulässige Tangentialspannung σ_t im zylindrischen Mantel muss aus Sicher-heitsgründen auf $\sigma_t = 250$ N/mm² be-schränkt werden.

a) Berechnen Sie den zulässigen stati-schen Innendruck.

b) Ermitteln Sie die Axialspannung σ_a und die Radialspannung σ_r in der Be-hälterwand.

c) Berechnen Sie die Aufweitung des Druckbehälters am Außenrand, d. h. die Vergrößerung des äußeren Zylinderdurchmessers.

d) Überprüfen Sie, ob eine ausreichende Sicherheit gegen Fließen vorliegt.

Bei einer Variante des Druckbehälters wird ein axial beweglicher, druckdichter Deckel ver-wendet (Abbildung b).

e) Berechnen Sie die erforderliche Haltekraft F, damit der Deckel keine axiale Verschiebung erfährt ($p_i = 8$ MPa).

f) Berechnen Sie für diese Variante die Tangential-, die Axial- und die Radialspannung im Bereich A der zylindrischen Behälterwand.

g) Bestimmen Sie mit Hilfe des Mohr'schen Spannungskreises die maximale Schubspannung in der von σ_t und σ_a aufgespannten Ebene (Zylindermantelfläche) für den geschlossenen Behälter sowie für den Behälter mit Deckel.

Aufgabe 12.5

Ein beidseitig verschlossenes Rohrstück einer Hochdruck-Dampfleitung aus der warmfesten Stahlsorte 16Mo3 wird für eine Materialuntersuchung durch einen statischen Innendruck p_i beansprucht.

Der Innendurchmesser des Rohres beträgt $d_i = 240$ mm, die Wandstärke $s = 16$ mm und die Länge $l = 2500$ mm.

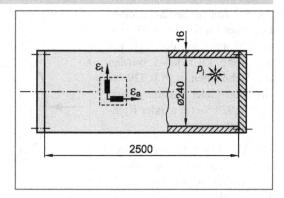

An der Außenoberfläche des Rohres werden die Dehnungen $\varepsilon_t = 0{,}4048$ ‰ (in tangentialer Richtung) und $\varepsilon_a = 0{,}0952$ ‰ (in axialer Richtung) gemessen.

Werkstoffkennwerte 16Mo3:

$R_{p0,2} = 280$ N/mm^2
$R_m = 570$ N/mm^2
$E = 210000$ N/mm^2
$\mu = 0{,}30$

a) Berechnen Sie aus den experimentell ermittelten Dehnungswerten (ε_t und ε_a) die Tangentialspannung σ_t und die Axialspannung σ_a.

b) Ermitteln Sie den wirkenden statischen Innendruck p_i.

c) Berechnen Sie den zulässigen Innendruck, falls eine Sicherheit gegen Fließen von $S_F = 1{,}6$ gefordert wird.

Für eine zusätzliche Druckzuführung muss das Rohr mit einer Querbohrung mit $t = 24$ mm Durchmesser versehen werden.

d) Berechnen für einen statischen Innendruck von $p_i = 10$ MPa jeweils für die höchst beanspruchte Stelle:

   1. die Sicherheit gegen Fließen,

   2. die Sicherheit gegen das Erreichen einer plastischen Dehnung von $\varepsilon_{pl} = 0{,}30$ %.

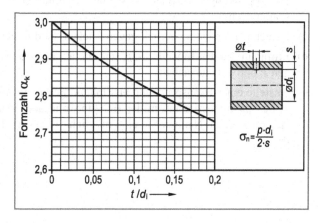

Aufgabe 12.6   ○○●●●

An der Außenoberfläche eines Druckbehälters (d_i = 400 mm; s = 10 mm) aus der legierten Stahlsorte 13CrMo4-5 werden die Dehnungen ε_t = 0,929 ‰ (in tangentialer Richtung) und ε_a = -0,929 ‰ (in axialer Richtung) gemessen.

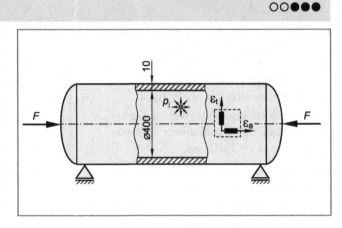

Der Druckbehälter wird durch einen unbekannten Innendruck p_i und eine unbekannte axiale Druckkraft F statisch beansprucht.

Werkstoffkennwerte 13CrMo4-5:

$R_{p0,2}$ = 380 N/mm^2
R_m = 620 N/mm^2
E = 210000 N/mm^2
μ = 0,30

a) Berechnen Sie aus den experimentell ermittelten Dehnungswerten (ε_t und ε_a) die Tangentialspannung σ_t und die Axialspannung σ_a.

b) Zeichnen Sie den Mohr'schen Spannungskreis für die durch σ_t und σ_a aufgespannte Ebene (Zylindermantelfläche). Ermitteln Sie diejenigen Schnittflächen dieser Ebene, die keine Schubspannungen beinhalten. Welche Schnittflächen enthalten hingegen keine Normalspannungen?

c) Berechnen Sie die Sicherheit gegen Fließen. Ist die Sicherheit ausreichend?

d) Ermitteln Sie den Innendruck p_i und die axiale Druckkraft F, die gemeinsam die Dehnungen ε_t und ε_a verursachen.

e) Anstelle einer Beanspruchung aus Innendruck p_i mit überlagerter Druckkraft F, kann derselbe Spannungszustand in der Behälterwand auch durch eine andere Beanspruchungsart erzeugt werden. Nennen Sie eine mögliche Beanspruchung und berechnen Sie deren Größe.

Aufgabe 12.7   ○●●●●

Die Abbildung zeigt einen beidseitig verschlossenen, dünnwandigen Hochdruckbehälter aus der unlegierten Vergütungsstahlsorte C45E ($E = 210000$ N/mm^2, $\mu = 0{,}30$). Der Außendurchmesser des Druckbehälters beträgt $d_a = 160$ mm und die Wandstärke $s = 10$ mm. An der markierten Stelle ("X") des Druckbehälters wird eine 0°-45°-90° DMS-Rosette appliziert. Der Behälter wird auf unterschiedliche Weise beansprucht.

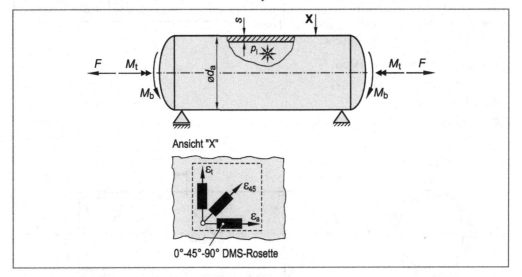

Ansicht "X"

0°-45°-90° DMS-Rosette

Bei einem ersten Versuch wird der (drucklose) Behälter mit einer statischen Zugkraft von $F = 500$ kN belastet.

a) Ermitteln Sie die Dehnungen in Axial-, Tangential- und in 45°-Richtung.

b) Zeichnen Sie für die Beanspruchung durch die Zugkraft F den Mohr'schen Spannungskreis sowie den Mohr'schen Verformungskreis.

Bei einem zweiten Versuch wird der Hochdruckbehälter mit einem statischen Innendruck von $p_i = 15$ MPa beaufschlagt.

c) Ermitteln Sie die Dehnungen in Axial-, Tangential- und in 45°-Richtung.

d) Zeichnen Sie für die Beanspruchung durch den Innendruck p_i den Mohr'schen Spannungskreis sowie den Mohr'schen Verformungskreis.

Bei einem dritten Versuch wird der Behälter mit einem statisch wirkenden Biegemoment von $M_b = 13500$ Nm belastet.

e) Ermitteln Sie die Dehnungen in Axial-, Tangential- und in 45°-Richtung.

f) Zeichnen Sie für die Beanspruchung durch das Biegemoment M_b den Mohr'schen Spannungskreis sowie den Mohr'schen Verformungskreis.

Bei einem vierten Versuch wird der Behälter schließlich mit einem statischen Torsionsmoment von $M_t = 15000$ Nm belastet.

g) Ermitteln Sie die Dehnungen in Axial-, Tangential- und in 45°-Richtung.

h) Zeichnen Sie für die Beanspruchung durch das Torsionsmoment M_t den Mohr'schen Spannungskreis sowie den Mohr'schen Verformungskreis.

Aufgabe 12.8

Am Umfang eines dünnwandigen, beidseitig verschlossenen Hohlzylinders aus Werkstoff 34CrNiMo6 wurden an vier jeweils um 90° zueinander versetzten Stellen Dehnungsmessstreifen in gleicher Weise appliziert (siehe Abbildung). Der Hohlzylinder wird durch den Innendruck p_i, das Biegemoment M_b und das Torsionsmoment M_t statisch beansprucht.

Messstelle		1	2 und 4	3
ε_a	[‰]	0,449	0,146	-0,156
ε_t	[‰]	0,531	0,622	0,713
ε_{45}	[‰]	0,785	0,679	0,573

Werkstoffkennwerte 34CrNiMo6:

R_e = 270 N/mm^2

R_m = 420 N/mm^2

E = 205000 N/mm^2

μ = 0,30

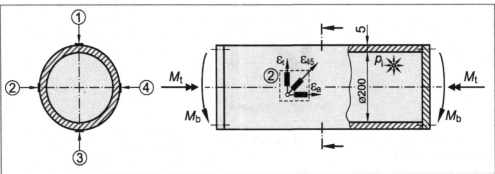

Berechnen Sie aus den Messergebnissen (siehe Tabelle) den Innendruck p_i, das Biegemoment M_b und das Torsionsmoment M_t.

Aufgabe 12.9

Ein dickwandiges, an beiden Enden verschlossenes Rohrstück aus dem niedrig legierten Vergütungsstahl 20MnMoNi5-5 wird durch einen statischen Innendruck beansprucht.

Zur Überwachung des Innendrucks sind auf der Außenoberfläche des Rohres zwei Dehnungsmessstreifen in der dargestellten Weise appliziert worden (siehe Abbildung).

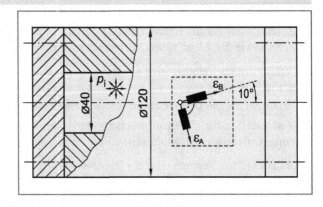

Werkstoffkennwerte 20MnMoNi5-5:

$R_{p0,2}$ = 340 N/mm^2

R_m = 650 N/mm^2

E = 210000 N/mm^2

μ = 0,30

a) Berechnen Sie den statisch wirkenden Innendruck, falls an der Außenoberfläche die Dehnungen ε_A = 0,158 ‰ und ε_B = 0,042 ‰ gemessen werden. Bestimmen Sie außerdem die Hauptnormalspannungen sowie die Hauptspannungsrichtungen. Das Rohrstück kann zunächst als elastisch beansprucht angesehen werden.

b) Ermitteln Sie den Innendruck p_{iFB} bei Fließbeginn des Rohres.

c) Um das Rohr höher auszunutzen, wird ein plastischer Bereich bis zum Radius c = 30 mm zugelassen. Berechnen Sie den nunmehr zulässigen Innendruck p_{ic}. Es kann ein linear-elastisch ideal-plastisches Werkstoffverhalten angenommen werden.

d) Ermitteln Sie die Messwerte der Dehnungsmessstreifen an der Außenoberfläche ($\overset{*}{\varepsilon}_A$ und $\overset{*}{\varepsilon}_B$) sofern der Innendruck p_{ic} aus Aufgabenteil c) wirkt.

e) Skizzieren Sie mit Hilfe der Spannungswerte am Innenrand, am Radius c und am Außenrand, maßstäblich den Verlauf der Tangential-, Axial- und Radialspannung über der Wanddicke bei der Beanspruchung mit p_{ic}.

f) Berechnen Sie die Eigenspannungen nach dem Entlasten an der Innenseite sowie an der Außenseite des Rohres.

Aufgabe 12.10   ●●●●●

Ein dickwandiger Druckbehälter aus Werkstoff 30CrNiMo8 wird durch einen unbekannten statischen Innendruck p_i und ein unbekanntes statisches Torsionsmoment M_t belastet. Zur Ermittlung der Belastung wird eine 0°-45°-90° DMS-Rosette unter 45° zur Rohrachse appliziert (siehe Abbildung). Nach dem Aufbringen der Belastung (p_i und M_t) werden die folgenden Dehnungen ermittelt:

DMS A: ε_A = 0,1496 ‰

DMS B: ε_B = 1,1657 ‰

DMS C: ε_C = 1,2904 ‰

Werkstoffkennwerte 30CrNiMo8:

$R_{p0,2}$ = 980 N/mm^2

R_m = 1450 N/mm^2

E = 210000 N/mm^2

μ = 0,30

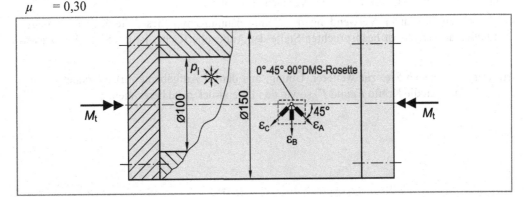

a) Berechnen Sie aus den experimentell ermittelten Dehnungen den Innendruck p_i und das Torsionsmoment M_t unter der Voraussetzung eines elastisch beanspruchten Druckbehälters.

b) Überprüfen Sie, unter Zugrundelegung der Gestaltänderungsenergiehypothese, ob bei der Belastung gemäß Aufgabenteil a), der Behälter überhaupt noch vollelastisch beansprucht war. Führen Sie den Nachweis für die Innen- und die Außenoberfläche des Rohres durch.

Der Druckbehälter wird in einer zweiten Versuchsreihe nur noch durch einen statisch wirkenden Innendruck p_i beaufschlagt. Das Torsionsmoment M_t wirkt nicht mehr ($M_t = 0$)

c) Ermitteln Sie den Innendruck $p_{i\,FB}$ der zum Fließen des Druckbehälters führt. Verwenden Sie für Ihre Berechnung die Gestaltänderungsenergiehypothese.

d) Bestimmen Sie den Innendruck p_{ic} der erforderlich ist, um den inneren Teil der Behälterwand bis in eine Tiefe von 10 mm ($c = 60$ mm) zu plastifizieren. Es kann ein linear-elastisches ideal-plastisches Werkstoffverhalten angenommen werden.

e) Bestimmen Sie für den Innendruck p_{ic} (siehe Aufgabenteil d) die Dehnungsanzeigen von DMS A, DMS B und DMS C.

Aufgabe 12.11   ○○●●●

Ein Druckbehälter mit $d_i = 600$ mm und $s = 12$ mm aus dem legierten Vergütungsstahl 50CrMo4 wird im Betrieb durch den statisch wirkenden Innendruck $p_i = 20$ MPa sowie durch die statisch wirkenden Kräfte $F_1 = 900$ kN und $F_2 = 1500$ kN belastet.

Im Rahmen einer experimentellen Spannungsanalyse werden vier Dehnungsmessstreifen appliziert. Die Messebenen von DMS B und DMS C fallen hierbei mit der neutralen Faser zusammen (siehe Abbildung).

Werkstoffkennwerte 50CrMo4:

$R_{p0,2}$ = 870 N/mm²
R_m = 1080 N/mm²
E = 210000 N/mm²
μ = 0,30

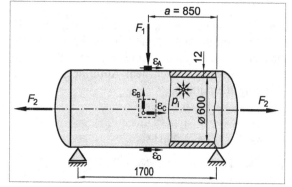

a) Berechnen Sie die Dehnungsanzeigen der vier Dehnungsmessstreifen, falls der Druckbehälter durch den Innendruck p_i sowie durch die Kräfte F_1 und F_2 beansprucht wird. Schubspannungen durch Querkräfte sollen vernachlässigt werden.

b) Berechnen Sie, unter Verwendung der Schubspannungshypothese, die Sicherheit gegen Fließen an der höchst beanspruchten Stelle der Außenoberfläche. Ist die Sicherheit ausreichend?

Hinweis: Versuchen Sie, zur weiteren Übung, aus den in Aufgabenteil a) errechneten Dehnungen die Kräfte F_1 und F_2 sowie den Innendruck p_i zu berechnen.

Aufgabe 12.12   ○○●●●

Zur Ermittlung des unbekannten Innendrucks p_i werden an einem dünnwandigen Hochdruckbehälter (d_i = 450 mm; s = 15 mm) aus Werkstoff P355GH zwei Dehnungsmessstreifen appliziert (siehe Abbildung).

Ermitteln Sie den statisch wirkenden Innendruck p_i für die folgenden Dehnungswerte:

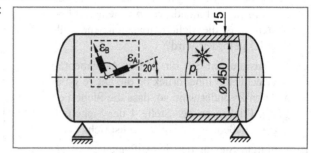

DMS A: ε_A = 0,1972 ‰
DMS B: ε_B = 0,5528 ‰

Werkstoffkennwerte P355GH:

$R_{p0,2}$ = 400 N/mm^2
R_m = 630 N/mm^2
E = 210000 N/mm^2
μ = 0,30

Aufgabe 12.13   ○●●●●

Ein Druckbehälter aus Werkstoff 16Mo3 (d_i = 300 mm; s = 15 mm) wird durch einen unbekannten Innendruck p_i und ein zusätzliches, unbekanntes Torsionsmoment M_t beansprucht.

Ermitteln Sie den Innendruck p_i sowie den Betrag und die Wirkungsrichtung des Torsionsmomentes M_t, falls die auf der Behälteroberfläche applizierte DMS-Rosette (siehe Abbildung) die folgenden Messwerte liefert:

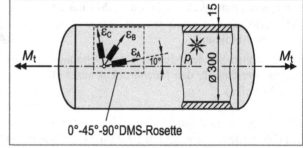

ε_A = 0,2011 ‰
ε_B = 0,5715 ‰
ε_C = 0,3989 ‰

Werkstoffkennwerte 16Mo3:

$R_{p0,2}$ = 275 N/mm^2
R_m = 510 N/mm^2
E = 210000 N/mm^2
μ = 0,30

0°-45°-90°DMS-Rosette

Aufgabe 12.14   ○●●●●

Für den Teleskopzylinder einer Aufzugsanlage soll ein Festigkeitsnachweis für die Stellen 1 bis 4 (siehe Abbildung) erbracht werden.

Der Teleskopzylinder besteht im Wesentlichen aus zwei ineinander geführten Stahlrohren aus Werkstoff 42CrMo4 (d_{i1} = 60 mm; s_1 = 5 mm; d_{i2} = 80 mm). Reibung sowie radiale Druckkräfte im Bereich der Dichtstellen können vernachlässigt werden. Außerdem soll das Eigengewicht vernachlässigt werden.

Werkstoffkennwerte 42CrMo4:

$R_{p0,2}$ =   780 N/mm^2
R_m = 1090 N/mm^2
E = 208000 N/mm^2
μ = 0,30

a) Berechnen Sie den erforderlichen Innendruck p_i, um die Last F = 150 kN in einer Höhe von h = 500 mm im Gleichgewicht zu halten.

b) Ermitteln Sie unter Verwendung der Schubspannungshypothese die Sicherheit gegen Fließen (S_F) in der Zylinderwand an der Stelle 1 für den Innendruck p_i (siehe Aufgabenteil a). Ist die Sicherheit ausreichend, falls $S_F \geq 1{,}5$ gefordert wird?

c) Dimensionieren Sie für den in Aufgabenteil a) errechneten Innendruck p_i, die Dicke s_2 der äußeren Zylinderwand so, dass die Sicherheit gegen Fließen an der Stelle 4 der Sicherheit gegen Fließen an der Stelle 1 entspricht.

d) Ermitteln Sie für den in Aufgabenteil a) errechneten Innendruck p_i und die in Aufgabenteil c) berechnete Wanddicke s_2 die Sicherheit gegen Versagen an der Stelle 3 des äußeren Zylinders.

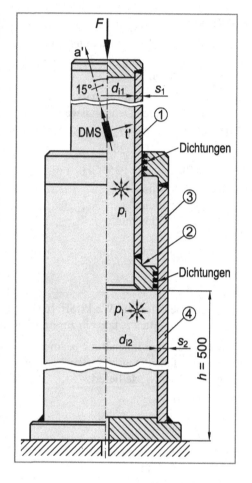

Zur Kontrolle des Innendrucks wird auf der Außenoberfläche des inneren Zylinders ein Dehnungsmessstreifen (DMS) appliziert. Durch eine Montageungenauigkeit schließt der DMS mit der Zylinderlängsachse einen Winkel von α = 15° ein (siehe Abbildung).

e) Berechnen Sie den Messwert des Dehnungsmessstreifens für den Innendruck p_i aus Aufgabenteil a).

Der maximale Innendruck wird durch ein Überdruckventil auf p_{max} = 40 MPa begrenzt. Die Wanddicke des äußeren Zylinders wird zu s_2 = 6 mm gewählt.

f) Berechnen Sie für den Innendruck p_{max} = 40 MPa und eine Last von F = 150 kN die Sicherheiten gegen Fließen an den Stellen 1 und 4. Sind die Sicherheiten ausreichend, falls $S_F \geq 1{,}50$ gefordert wird?

  Hinweis: Berücksichtigen Sie bei der Berechnung der Sicherheiten gegen Fließen die neue Position des inneren Zylinders und die mögliche Auswirkung auf die Spannungskomponenten.

Für den Radius an der Stelle 2 kann eine Formzahl von α_k = 2,25 angenommen werden, die sich außerdem nur auf die Axialspannung überhöhend auswirken soll.

g) Überprüfen Sie, ob für den Innendruck p_{max} = 40 MPa an der Kerbstelle 2 noch eine ausreichende Sicherheit gegen Fließen gegeben ist.

Aufgabe 12.15   ○○○●●

Weisen Sie rechnerisch für die Außenoberfläche eines dünnwandigen Druckbehälters aus einem duktilen Werkstoff (Streckgrenze R_e) unter Innendruck nach, dass Fließen erst eintritt, falls die Tangentialspannung das 1,155-fache der Streckgrenze des Behälterwerkstoffs erreicht.

12.3 Lösungen

Lösung zu Aufgabe 12.1

Berechnung des Durchmesserverhältnisses

$$\frac{d_a}{d_i} = \frac{50\,\text{mm}}{45\,\text{mm}} = 1,11 < 1,20 \quad \text{(dünnwandig)}$$

Berechnung der Spannungskomponenten

Tangentialspannung:

$$\sigma_t = p_i \cdot \frac{d_i}{2 \cdot s} = 25\,\text{N/mm}^2 \cdot \frac{45\,\text{mm}}{2 \cdot 2,5\,\text{mm}} = \mathbf{225\,N/mm^2}$$

Axialspannung:

$$\sigma_a = p_i \cdot \frac{d_i}{4 \cdot s} = \frac{\sigma_t}{2} = \frac{225\,\text{N/mm}^2}{2} = \mathbf{112,5\,N/mm^2}$$

Radialspannung (Mittelwert):

$$\sigma_r = -\frac{p_i}{2} = \mathbf{-12,5\,N/mm^2}$$

Lösung zu Aufgabe 12.2

a) **Berechnung des Durchmesserverhältnisses**

$$\frac{d_a}{d_i} = \frac{170\,mm}{150\,mm} = 1,13 < 1,20 \quad (\text{dünnwandig})$$

Berechnung des zulässigen Innendrucks für P295GH

Festigkeitsbedingung:

$$\sigma_{VSH} \le \frac{R_e}{S_F}$$

$$\sigma_1 - \sigma_3 = \frac{R_e}{S_F}$$

$$\frac{p_i \cdot d_i}{2 \cdot s} - \left(-\frac{p_i}{2}\right) = \frac{R_e}{S_F}$$

$$p_i = \frac{2 \cdot s}{d_i + s} \cdot \frac{R_e}{S_F} = \frac{2 \cdot 10\,mm}{150\,mm + 10\,mm} \cdot \frac{310\,N/mm^2}{1,5} = 25,83\,N/mm^2 = 25,83\,MPa$$

Berechnung des zulässigen Innendrucks für EN-GJL-200

Festigkeitsbedingung:

$$\sigma_{VNH} \le \frac{R_m}{S_B}$$

$$\sigma_1 = \frac{R_m}{S_B}$$

$$\frac{p_i \cdot d_i}{2 \cdot s} = \frac{R_m}{S_B}$$

$$p_i = \frac{2 \cdot s}{d_i} \cdot \frac{R_m}{S_B} = \frac{2 \cdot 10\,mm}{150\,mm} \cdot \frac{200\,N/mm^2}{4,0} = 6,67\,N/mm^2 = 6,67\,MPa$$

b) **Berechnung der Vergrößerung des mittleren Zylinderdurchmessers für P295GH**

Hookesches Gesetz für den dreiachsigen Spannungszustand:

$$\varepsilon_t = \frac{1}{E} \cdot \left(\sigma_t - \mu \cdot (\sigma_a + \sigma_r)\right) = \frac{1}{E} \cdot \left(\frac{p_i \cdot d_i}{2 \cdot s} - \mu \cdot \left(\frac{p_i \cdot d_i}{4 \cdot s} - \frac{p_i}{2}\right)\right)$$

$$= \frac{p_i}{E} \cdot \left(\frac{d_i}{2 \cdot s} - \mu \cdot \left(\frac{d_i}{4 \cdot s} - \frac{1}{2}\right)\right)$$

$$= \frac{25,83\,N/mm^2}{210\,000\,N/mm^2} \cdot \left(\frac{150\,mm}{2 \cdot 10\,mm} - 0,30 \cdot \left(\frac{150\,mm}{4 \cdot 10\,mm} - \frac{1}{2}\right)\right) = 0,000803$$

$$\varepsilon_t = \frac{\Delta U_m}{U_m} = \frac{\pi \cdot \Delta d_m}{\pi \cdot d_m} = \frac{\Delta d_m}{d_m}$$

$$\Delta d_m = \varepsilon_t \cdot d_m = \varepsilon_t \cdot (d_i + s) = 0,000803 \cdot (150\,mm + 10\,mm) = 0,128\,mm$$

Berechnung der Vergrößerung des mittleren Zylinderdurchmessers für EN-GJL-200

$$\varepsilon_t = \frac{p_i}{E} \cdot \left(\frac{d_i}{2 \cdot s} - \mu \cdot \left(\frac{d_i}{4 \cdot s} - \frac{1}{2} \right) \right)$$

$$= \frac{6{,}67 \text{ N/mm}^2}{100\,000 \text{ N/mm}^2} \cdot \left(\frac{150 \text{ mm}}{2 \cdot 10 \text{ mm}} - 0{,}25 \cdot \left(\frac{150 \text{ mm}}{4 \cdot 10 \text{ mm}} - \frac{1}{2} \right) \right) = 0{,}000446$$

$$\Delta d_m = \varepsilon_t \cdot d_m = \varepsilon_t \cdot \left(d_i + s \right) = 0{,}000446 \cdot \left(150 \text{ mm} + 10 \text{ mm} \right) = \mathbf{0{,}071 \text{ mm}}$$

Lösung zu Aufgabe 12.3

a) **Berechnung des Durchmesserverhältnisses**

$$\frac{d_a}{d_i} = \frac{150\,\text{mm}}{140\,\text{mm}} = 1,07 < 1,20 \quad \text{(dünnwandig)}$$

Berechnung der Spannungen in Tangential- und Axialrichtung durch Anwendung des Hookeschen Gesetzes (zweiachsiger Spannungszustand, da Außenoberfläche)

$$\sigma_{t1} = \frac{E}{1-\mu^2} \cdot (\varepsilon_t + \mu \cdot \varepsilon_a) = \frac{210\,000\,\text{N/mm}^2}{1-0,30^2} \cdot (0,8095 + 0,30 \cdot 0,1905) \cdot 10^{-3}$$

$$= 200\,\text{N/mm}^2$$

Berechnung des Innendrucks p_1

$$\sigma_{t1} = p_1 \cdot \frac{d_i}{2 \cdot s}$$

$$p_1 = \frac{2 \cdot s}{d_i} \cdot \sigma_{t1} = \frac{2 \cdot 5\,\text{mm}}{140\,\text{mm}} \cdot 200\,\text{N/mm}^2 = 14,29\,\text{N/mm}^2 = \mathbf{14,29\,MPa}$$

b) **Berechnung der Axial- und Radialspannung**

$$\sigma_{a1} = \frac{\sigma_t}{2} = \frac{200\,\text{N/mm}^2}{2} = 100\,\text{N/mm}^2$$

$$\sigma_{r1} = -\frac{p_i}{2} = -\frac{14,29\,\text{N/mm}^2}{2} = -7,14\,\text{N/mm}^2$$

Die Zugspannung $\sigma_z = F_1 / A$ aus der Zugkraft F_1 überlagert sich linear der Axialspannung aus Innendruck, so dass die gesamte Axialspannung größer wird, im Vergleich zur Tangentialspannung (Annahme). Es folgt also für die Hauptnormalspannungen:

$$\sigma_{a\,ges} = \sigma_{a1} + \frac{F_1}{A} \equiv \sigma_1$$

$$\sigma_{r1} \equiv \sigma_3$$

Festigkeitsbedingung:

$$\sigma_{VSH} \leq \frac{R_{p0,2}}{S_F}$$

$$\sigma_1 - \sigma_3 = \frac{R_{p0,2}}{S_F}$$

$$\sigma_{a1} + \frac{F_1}{A} - \sigma_{r1} = \frac{R_{p0,2}}{S_F}$$

$$F_1 = A \cdot \left(\frac{R_{p0,2}}{S_F} + \sigma_{r1} - \sigma_{a1} \right)$$

$$= \frac{\pi}{4} \cdot \left(150^2 - 140^2\right) \text{mm}^2 \cdot \left(\frac{420 \text{ N/mm}^2}{1,5} - 7,14 \text{ N/mm}^2 - 100 \text{ N/mm}^2 \right)$$

$$= 393\,709 \text{ N} = \textbf{393,7 kN}$$

c) **Berechnung der Spannungen in Tangential- und Axialrichtung durch Anwendung des Hookeschen Gesetzes** (zweiachsiger Spannungszustand, da Außenoberfläche)

$$\sigma_{t2} = \frac{E}{1 - \mu^2} \cdot \left(\varepsilon_{t2} + \mu \cdot \varepsilon_{a2} \right) = \frac{210\,000 \text{ N/mm}^2}{1 - 0,30^2} \cdot \left(0,2524 + 0,30 \cdot 0,5743 \right) \cdot 10^{-3}$$

$$= 98 \text{ N/mm}^2$$

$$\sigma_{a2} = \frac{E}{1 - \mu^2} \cdot \left(\varepsilon_{a2} + \mu \cdot \varepsilon_{t2} \right) = \frac{210\,000 \text{ N/mm}^2}{1 - 0,30^2} \cdot \left(0,5743 + 0,30 \cdot 0,2524 \right) \cdot 10^{-3}$$

$$= 150 \text{ N/mm}^2$$

Berechnung des Innendrucks p_2

$$\sigma_{t2} = p_2 \cdot \frac{d_i}{2 \cdot s}$$

$$p_2 = \frac{2 \cdot s}{d_i} \cdot \sigma_{t1} = \frac{2 \cdot 5 \text{ mm}}{140 \text{ mm}} \cdot 98 \text{ N/mm}^2 = 7 \text{ N/mm}^2 = \textbf{7 MPa}$$

Berechnung der Zugkraft F_2

$$\sigma_{a2} = p_2 \cdot \frac{d_i}{4 \cdot s} + \frac{F_2}{A}$$

$$F_2 = A \cdot \left(\sigma_{a2} - p_2 \cdot \frac{d_i}{4 \cdot s} \right)$$

$$= \frac{\pi}{4} \cdot \left(150^2 - 140^2\right) \text{mm}^2 \cdot \left(150 \text{ N/mm}^2 - 7 \text{ N/mm}^2 \cdot \frac{140 \text{ mm}}{4 \cdot 5 \text{ mm}} \right)$$

$$= 230\,037 \text{ N} = \textbf{230 kN}$$

Lösung zu Aufgabe 12.4

a) **Berechnung des Durchmesserverhältnisses**

$$\frac{d_a}{d_i} = \frac{516\,\text{mm}}{500\,\text{mm}} = 1{,}03 < 1{,}20 \quad (\text{dünnwandig})$$

Berechnung des Innendrucks p_i

$$\sigma_t = p_i \cdot \frac{d_i}{2 \cdot s}$$

$$p_i = \frac{2 \cdot s}{d_i} \cdot \sigma_t = \frac{2 \cdot 8\,\text{mm}}{500\,\text{mm}} \cdot 250\,\text{N/mm}^2 = 8\,\text{N/mm}^2 = \mathbf{8\,MPa}$$

b) **Berechnung der Axial- und Radialspannung**

$$\sigma_a = \frac{\sigma_t}{2} = \frac{250\,\text{N/mm}^2}{2} = \mathbf{125\,N/mm^2}$$

$$\sigma_r = -\frac{p_i}{2} = -\frac{8\,\text{N/mm}^2}{2} = \mathbf{-4\,N/mm^2}$$

c) **Berechnung der Vergrößerung des mittleren Zylinderdurchmessers** (zweiachsiger Spannungszustand an der Behälteroberfläche)

$$\varepsilon_t = \frac{1}{E} \cdot (\sigma_t - \mu \cdot \sigma_a) = \frac{250\,\text{N/mm}^2 - 0{,}30 \cdot 125\,\text{N/mm}^2}{210\,000\,\text{N/mm}^2} = 0{,}00101$$

$$\varepsilon_t = \frac{\Delta U_a}{U_a} = \frac{\pi \cdot \Delta d_a}{\pi \cdot d_a} = \frac{\Delta d_a}{d_a}$$

$$\Delta d_a = \varepsilon_t \cdot d_a = 0{,}00101 \cdot 516\,\text{mm} = \mathbf{0{,}522\,mm}$$

d) **Berechnung der Sicherheiten gegen Fließen und Bruch**
Festigkeitsbedingung (Fließen)

$$\sigma_{V\,SH} \leq \frac{R_e}{S_F}$$

$$\sigma_1 - \sigma_3 = \frac{R_e}{S_F}$$

$$\sigma_t - \sigma_r = \frac{R_e}{S_F}$$

$$S_F = \frac{R_e}{\sigma_t - \sigma_r} = \frac{355\,\text{N/mm}^2}{250\,\text{N/mm}^2 - (-4\,\text{N/mm}^2)} = \mathbf{1{,}40} \quad (\text{ausreichend, da } S_F > 1{,}20)$$

e) **Berechnung der Haltekraft F**

$$p_i = \frac{F}{A} = \frac{F}{\frac{\pi}{4} \cdot d_a^2}$$

$$F = \frac{\pi}{4} \cdot d_a^2 \cdot p_i = \frac{\pi}{4} \cdot (516 \text{ mm})^2 \cdot 8 \text{ N/mm}^2 = 1\,672\,939 \text{ N} = \mathbf{1\,672{,}9 \text{ kN}}$$

f) **Ermittlung der Spannungskomponenten**

$\sigma_t = \mathbf{250 \text{ N/mm}^2}$ (unverändert)

$\sigma_a = \mathbf{0}$

$\sigma_r = \mathbf{-4 \text{ N/mm}^2}$ (unverändert)

g) **Mohrsche Spannungskreise und maximale Schubspannungen**

Die Schnittflächen mit den Flächennormalen in Tangential- und Axialrichtung enthalten keine Schubspannungen (nur Innendruck). Die Normalspannungen in diesen Schnittebenen sind dementsprechend Hauptnormalspannungen. Die Bildpunkte P_t und P_a welche die Spannungen in diesen Schnittebenen repräsentieren, fallen dementsprechend mit der σ-Achse zusammen und der Mohrsche Spannungskreis lässt sich auf einfache Weise konstruieren.

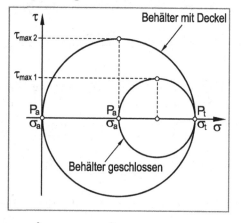

Für die maximalen Schubspannungen erhält man:

Geschlossener Behälter: $\tau_{\max 1} = \dfrac{\sigma_t - \sigma_a}{2} = \dfrac{250 \text{ N/mm}^2 - 125 \text{ N/mm}^2}{2} = \mathbf{62{,}5 \text{ N/mm}^2}$

Behälter mit Deckel: $\tau_{\max 2} = \dfrac{\sigma_t - \sigma_a}{2} = \dfrac{\sigma_t - 0}{2} = \dfrac{\sigma_t}{2} = \mathbf{125 \text{ N/mm}^2}$

Lösung zu Aufgabe 12.5

a) **Berechnung des Durchmesserverhältnisses**

$$\frac{d_a}{d_i} = \frac{272\,\text{mm}}{240\,\text{mm}} = 1{,}13 < 1{,}20 \quad \text{(dünnwandig)}$$

Berechnung der Spannungen in Tangential- und Axialrichtung durch Anwendung des Hookeschen Gesetzes (zweiachsiger Spannungszustand, da Außenoberfläche)

$$\sigma_t = \frac{E}{1-\mu^2} \cdot (\varepsilon_t + \mu \cdot \varepsilon_a) = \frac{210\,000\,\text{N/mm}^2}{1-0{,}30^2} \cdot (0{,}4048 + 0{,}30 \cdot 0{,}0952) \cdot 10^{-3}$$

$$= 100\,\text{N/mm}^2$$

$$\sigma_a = \frac{E}{1-\mu^2} \cdot (\varepsilon_a + \mu \cdot \varepsilon_t) = \frac{210\,000\,\text{N/mm}^2}{1-0{,}30^2} \cdot (0{,}0952 + 0{,}30 \cdot 0{,}4048) \cdot 10^{-3}$$

$$= 50\,\text{N/mm}^2$$

b) **Berechnung des Innendrucks p_i**

$$\sigma_t = p_i \cdot \frac{d_i}{2 \cdot s}$$

$$p_i = \frac{2 \cdot s}{d_i} \cdot \sigma_t = \frac{2 \cdot 16\,\text{mm}}{240\,\text{mm}} \cdot 100\,\text{N/mm}^2 = 13{,}33\,\text{N/mm}^2 = \mathbf{13{,}33\,MPa}$$

c) **Berechnung des zulässigen Innendrucks**

Festigkeitsbedingung (Fließen):

$$\sigma_{VSH} \le \frac{R_{p0,2}}{S_F}$$

$$\sigma_1 - \sigma_3 = \frac{R_{p0,2}}{S_F}$$

$$\frac{p_i \cdot d_i}{2 \cdot s} - \left(-\frac{p_i}{2} \right) = \frac{R_{p0,2}}{S_F}$$

$$p_i \cdot \frac{d_i + s}{2 \cdot s} = \frac{R_{p0,2}}{S_F}$$

$$p_i = \frac{R_{p0,2}}{S_F} \cdot \frac{2 \cdot s}{d_i + s} = \frac{280\,\text{N/mm}^2}{1{,}6} \cdot \frac{2 \cdot 16\,\text{mm}}{240\,\text{mm} + 16\,\text{mm}} = 21{,}88\,\text{N/mm}^2 = \mathbf{21{,}88\,MPa}$$

d1) Ermittlung der Formzahl

$$\frac{t}{d_i} = \frac{24\,\text{mm}}{240\,\text{mm}} = 0{,}1$$

aus Formzahldiagramm abgelesen: $\alpha_k = 2{,}84$

Festigkeitsbedingung:

$$\sigma_{max} = \frac{R_{p0,2}}{S_F}$$

$$\sigma_n \cdot \alpha_k = \frac{R_{p0,2}}{S_F}$$

$$\frac{p \cdot d_i}{2 \cdot s} \cdot \alpha_k = \frac{R_{p0,2}}{S_F}$$

$$S_F = \frac{2 \cdot s \cdot R_{p0,2}}{p \cdot d_i \cdot \alpha_k} = \frac{2 \cdot 16\,\text{mm} \cdot 280\,\text{N/mm}^2}{10\,\text{N/mm}^2 \cdot 240\,\text{mm} \cdot 2{,}84} = \mathbf{1{,}31} \quad \text{(ausreichend, da } S_F > 1{,}20\text{)}$$

d2) Berechnung der plastischen Stützziffer n_{pl}

$$n_{pl} = \sqrt{1 + \frac{\varepsilon_{pl}}{\varepsilon_F}} = \sqrt{1 + \frac{\varepsilon_{pl}}{R_{p0,2}/E}} = \sqrt{1 + \frac{0{,}003}{280\,\text{N/mm}^2 / 210000\,\text{N/mm}^2}} = 1{,}80$$

Berechnung des Innendrucks bei Fließbeginn (p_F)

Fließbedingung:

$$\sigma_{max} = R_{p0,2}$$

$$\sigma_n \cdot \alpha_k = R_{p0,2}$$

$$\frac{p_F \cdot d_i}{2 \cdot s} \cdot \alpha_k = R_{p0,2}$$

$$p_F = \frac{2 \cdot s \cdot R_{p0,2}}{d_i \cdot \alpha_k} = \frac{2 \cdot 16\,\text{mm} \cdot 280\,\text{N/mm}^2}{240\,\text{mm} \cdot 2{,}84} = 13{,}15\,\text{N/mm}^2$$

Berechnung des Innendrucks p_{pl} mit Erreichen einer Dehnung von $\varepsilon_{pl} = 0{,}3\%$

$$n_{pl} = \frac{p_{pl}}{p_F}$$

$$p_{pl} = n_{pl} \cdot p_F = 1{,}80 \cdot 13{,}15\,\text{N/mm}^2 = 23{,}698\,\text{N/mm}^2$$

Damit folgt für die Sicherheit gegen das Erreichen der Dehnung ε_{pl}:

$$S_{pl} = \frac{p_{pl}}{p_i} = \frac{23{,}698\,\text{N/mm}^2}{10\,\text{N/mm}^2} = \mathbf{2{,}37}$$

Lösung zu Aufgabe 12.6

a) **Berechnung des Durchmesserverhältnisses**

$$\frac{d_a}{d_i} = \frac{420\,\text{mm}}{400\,\text{mm}} = 1{,}05 < 1{,}20 \quad \text{(dünnwandig)}$$

Berechnung der Spannungen in Tangential- und Axialrichtung durch Anwendung des Hookeschen Gesetzes (zweiachsiger Spannungszustand, da Außenoberfläche)

$$\sigma_t = \frac{E}{1-\mu^2} \cdot \left(\varepsilon_t + \mu \cdot \varepsilon_a\right) = \frac{210\,000\,\text{N/mm}^2}{1 - 0{,}30^2} \cdot \left(0{,}929 + 0{,}30 \cdot \left(-0{,}929\right)\right) \cdot 10^{-3}$$

$$= 150{,}1\,\text{N/mm}^2$$

$$\sigma_a = \frac{E}{1-\mu^2} \cdot \left(\varepsilon_a + \mu \cdot \varepsilon_t\right) = \frac{210\,000\,\text{N/mm}^2}{1 - 0{,}30^2} \cdot \left(\left(-0{,}929\right) + 0{,}30 \cdot 0{,}929\right) \cdot 10^{-3}$$

$$= -150{,}1\,\text{N/mm}^2$$

b) **Mohrscher Spannungskreis und maximale Schubspannungen**

Die Schnittflächen mit den Flächennormalen in Tangential- und Axialrichtung enthalten keine Schubspannungen. Die Normalspannungen in diesen Schnittebenen sind dementsprechend Hauptnormalspannungen.

Die Bildpunkte P_t ($\sigma_t \mid 0$) und P_a ($\sigma_a \mid 0$) welche die Spannungen in diesen Schnittebenen repräsentieren, fallen dementsprechend mit der σ-Achse zusammen und der Mohrsche Spannungskreis lässt sich auf einfache Weise konstruieren.

- Ebene 1 und Ebene 2 sind schubspannungsfrei.
- Ebene 3 und Ebene 4 sind frei von Normalspannungen.

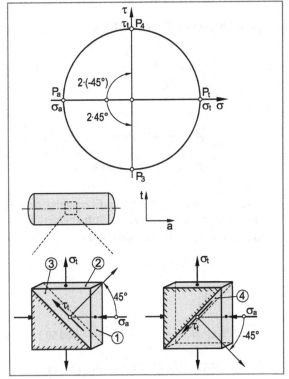

c) **Berechnung der Sicherheit gegen Fließen**

Festigkeitsbedingung (Fließen):

$$\sigma_{VSH} \le \frac{R_{p0,2}}{S_F}$$

$$\sigma_1 - \sigma_3 = \frac{R_{p0,2}}{S_F}$$

$$\sigma_t - \sigma_a = \frac{R_{p0,2}}{S_F}$$

$$S_F = \frac{R_{p0,2}}{\sigma_t - \sigma_a} = \frac{380 \text{ N/mm}^2}{150,1 \text{ N/mm}^2 - (-150,1 \text{ N/mm}^2)} = \mathbf{1,27} \quad \text{(ausreichend, da } S_F > 1,20)$$

d) **Berechnung des Innendrucks** p_i

$$\sigma_t = p_i \cdot \frac{d_i}{2 \cdot s}$$

$$p_i = \frac{2 \cdot s}{d_i} \cdot \sigma_t = \frac{2 \cdot 10 \text{ mm}}{400 \text{ mm}} \cdot 150,1 \text{ N/mm}^2 = 7,50 \text{ N/mm}^2 = \mathbf{7,50 \ MPa}$$

Berechnung der Druckkraft F

$$\sigma_a = p_i \cdot \frac{d_i}{4 \cdot s} + \frac{F}{A} = \frac{\sigma_t}{2} + \frac{F}{A}$$

$$F = A \cdot \left(\sigma_a - \frac{\sigma_t}{2} \right)$$

$$= \frac{\pi}{4} \cdot \left(420^2 - 400^2 \right) \text{mm}^2 \cdot \left(-150,1 \text{ N/mm}^2 - \frac{150,1 \text{ N/mm}^2}{2} \right)$$

$$= -2\,899\,457 \text{ N} = \mathbf{-2\,899,5 \ kN}$$

e) Mögliche Beanspruchung zur Erzeugung desselben Spannungszustandes: **Torsion** (siehe Mohrscher Spannungskreis in Aufgabenteil b)

Berechnung des Torsionsmomentes

$$\tau_t = \sigma_t = 150,1 \text{ N/mm}^2 \quad \text{(siehe Mohrscher Spannungskreis)}$$

$$\frac{M_t}{W_t} = \tau_t$$

$$M_t = \tau_t \cdot W_t = \tau_t \cdot \frac{\pi}{16} \cdot \left(\frac{d_a^4 - d_i^4}{d_a} \right) = 150,1 \text{ N/mm}^2 \cdot \frac{\pi}{16} \cdot \left(\frac{420^4 - 400^4}{420} \right) \text{mm}^3$$

$$= 387\,054\,473 \text{ Nmm} = \mathbf{387,1 \ kNm}$$

Lösung zu Aufgabe 12.7

a) Berechnung des Durchmesserverhältnisses

$$\frac{d_a}{d_i} = \frac{160\,\text{mm}}{140\,\text{mm}} = 1,14 < 1,20 \quad \text{(dünnwandig)}$$

Berechnung der Spannungskomponenten für Zugbeanspruchung
Axialspannung:

$$\sigma_a \equiv \sigma_z = \frac{F}{A} = \frac{F}{\frac{\pi}{4}\cdot\left(d_a^2 - d_i^2\right)} = \frac{500\,000\,\text{N}}{\frac{\pi}{4}\cdot\left(160^2 - 140^2\right)\text{mm}^2} = 106,1\,\text{N/mm}^2$$

Tangentialspannung:

$$\sigma_t = 0$$

Berechnung der Dehnungen mit Hilfe des Hookeschen Gesetzes (zweiachsiger Spannungszustand)

$$\varepsilon_a = \frac{1}{E}\cdot(\sigma_a - \mu\cdot\sigma_t) = \frac{106,1\,\text{N/mm}^2 - 0,30\cdot 0\,\text{N/mm}^2}{210\,000\,\text{N/mm}^2} = 0,000505 = \mathbf{0,505\,\text{‰}}$$

$$\varepsilon_t = \frac{1}{E}\cdot(\sigma_t - \mu\cdot\sigma_a) = \frac{0 - 0,30\cdot 106,1\,\text{N/mm}^2}{210\,000\,\text{N/mm}^2} = -0,000152 = \mathbf{-0,152\,\text{‰}}$$

$$\varepsilon_{45} = \frac{\varepsilon_a + \varepsilon_t}{2} = \frac{0,505\,\text{‰} + (-0,152\,\text{‰})}{2} = \mathbf{0,177\,\text{‰}} \quad \text{(vgl. Mohrscher Verformungskreis)}$$

b) Mohrscher Spannungs- und Verformungskreis bei Zugbeanspruchung

Die Schnittflächen mit den Flächennormalen in Tangential- und Axialrichtung enthalten keine Schubspannungen. Die Normalspannungen in diesen Schnittebenen sind dementsprechend Hauptnormalspannungen. Die Bildpunkte P_t (0 | 0) und P_a (σ_z | 0) welche die Spannungen in diesen Schnittebenen repräsentieren, fallen dementsprechend mit der σ-Achse zusammen. Der Mohrsche Spannungskreis lässt sich damit auf einfache Weise konstruieren. Entsprechendes gilt für die Konstruktion des Mohrschen Verformungskreises.

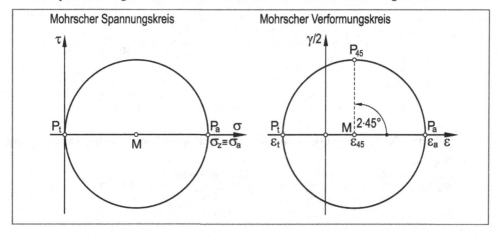

c) **Berechnung der Spannungskomponenten bei Beanspruchung durch Innendruck**

Axialspannung:

$$\sigma_a = p_i \cdot \frac{d_i}{4 \cdot s} = 15 \text{ N/mm}^2 \cdot \frac{140 \text{ mm}}{4 \cdot 10 \text{ mm}} = 52{,}5 \text{ N/mm}^2$$

Tangentialspannung:

$$\sigma_t = p_i \cdot \frac{d_i}{2 \cdot s} = 15 \text{ N/mm}^2 \cdot \frac{140 \text{ mm}}{2 \cdot 10 \text{ mm}} = 105 \text{ N/mm}^2$$

Berechnung der Dehnungen mit Hilfe des Hookeschen Gesetzes (zweiachsiger Spannungszustand)

$$\varepsilon_a = \frac{1}{E} \cdot \left(\sigma_a - \mu \cdot \sigma_t\right) = \frac{52{,}5 \text{ N/mm}^2 - 0{,}30 \cdot 105 \text{ N/mm}^2}{210\,000 \text{ N/mm}^2} = 0{,}0001 = \mathbf{0{,}1 \text{ ‰}}$$

$$\varepsilon_t = \frac{1}{E} \cdot \left(\sigma_t - \mu \cdot \sigma_a\right) = \frac{105 - 0{,}30 \cdot 52{,}5 \text{ N/mm}^2}{210\,000 \text{ N/mm}^2} = 0{,}000425 = \mathbf{0{,}425 \text{ ‰}}$$

$$\varepsilon_{45} = \frac{\varepsilon_a + \varepsilon_t}{2} = \frac{0{,}100 \text{ ‰} + 0{,}425 \text{ ‰}}{2} = \mathbf{0{,}263 \text{ ‰}} \quad \text{(siehe Mohrscher Verformungskreis)}$$

d) **Mohrscher Spannungs- und Verformungskreis bei Beanspruchung durch Innendruck**

Die Schnittflächen mit den Flächennormalen in Tangential- und Axialrichtung enthalten keine Schubspannungen. Die Normalspannungen in diesen Schnittebenen sind dementsprechend Hauptspannungen. Die Bildpunkte P_t (σ_t | 0) und P_a (σ_a | 0) welche die Spannungskomponenten in diesen Schnittebenen repräsentieren, fallen dementsprechend mit der σ-Achse zusammen. Der Mohrsche Spannungskreis lässt sich damit auf einfache Weise konstruieren. Entsprechendes gilt für die Konstruktion des Mohrschen Verformungskreises.

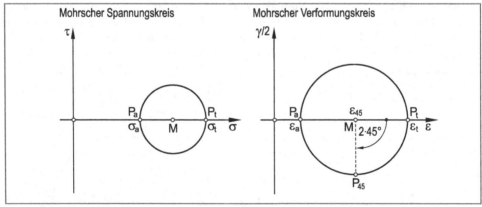

e) **Berechnung der Spannungskomponenten bei Beanspruchung durch gerade Biegung**

Axialspannung:

$$\sigma_a \equiv \sigma_b = \frac{M_b}{W_b} = \frac{M_b}{\dfrac{\pi}{32} \cdot \dfrac{d_a^4 - d_i^4}{d_a}} = \frac{13\,500\,000 \text{ Nmm}}{\dfrac{\pi}{32} \cdot \dfrac{160^4 - 140^4}{160} \text{ mm}^3} = 81{,}13 \text{ N/mm}^2$$

Tangentialspannung:

$$\sigma_t = 0$$

Berechnung der Dehnungen mit Hilfe des Hookeschen Gesetzes (zweiachsiger Spannungszustand)

$$\varepsilon_a = \frac{1}{E} \cdot (\sigma_a - \mu \cdot \sigma_t) = \frac{81{,}13 \text{ N/mm}^2 - 0{,}30 \cdot 0 \text{ N/mm}^2}{210\,000 \text{ N/mm}^2} = 0{,}000386 = \mathbf{0{,}386\ ‰}$$

$$\varepsilon_t = \frac{1}{E} \cdot (\sigma_t - \mu \cdot \sigma_a) = \frac{0 - 0{,}30 \cdot 81{,}13 \text{ N/mm}^2}{210\,000 \text{ N/mm}^2} = -0{,}000116 = \mathbf{-0{,}116\ ‰}$$

$$\varepsilon_{45} = \frac{\varepsilon_a + \varepsilon_t}{2} = \frac{0{,}386\ ‰ + (-0{,}116\ ‰)}{2} = \mathbf{0{,}135\ ‰} \quad \text{(vgl. Mohr'scher Verformungskreis)}$$

f) **Mohrscher Spannungs- und Verformungskreis bei Beanspruchung durch (gerade) Biegung**

Die Schnittflächen mit den Flächennormalen in Tangential- und Axialrichtung enthalten keine Schubspannungen. Die Normalspannungen in diesen Schnittebenen sind dementsprechend Hauptnormalspannungen. Die Bildpunkte P_t (0 | 0) und P_a (σ_a | 0) welche die Spannungen in diesen Schnittebenen repräsentieren, fallen dementsprechend mit der σ-Achse zusammen. Der Mohrsche Spannungskreis lässt sich damit auf einfache Weise konstruieren. Entsprechendes gilt für die Konstruktion des Mohrschen Verformungskreises.

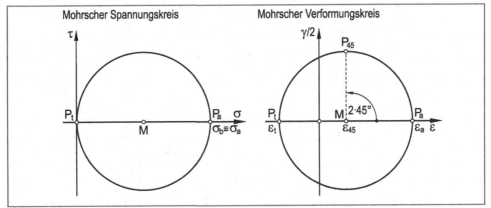

g) **Berechnung der Spannungskomponenten bei Beanspruchung durch Torsion**

Berechnung des Torsionsmomentes:

$$\tau_t = \frac{M_t}{W_t} = \frac{M_t}{\dfrac{\pi}{16} \cdot \dfrac{d_a^4 - d_i^4}{d_a}} = \frac{15\,000\,000 \text{ Nmm}}{\dfrac{\pi}{16} \cdot \dfrac{160^4 - 140^4}{160} \text{ mm}^3} = 45{,}07 \text{ N/mm}^2$$

Tangentialspannung:

$$\sigma_t = 0$$

Axialspannung:

$$\sigma_a = 0$$

Berechnung der Dehnungen mit Hilfe des Hookeschen Gesetzes

$$\varepsilon_a = 0$$

$$\varepsilon_t = 0$$

$$\gamma_{at} = \frac{\tau_{at}}{G} = \frac{\tau_t}{G} = \frac{\tau_t}{\dfrac{E}{2 \cdot (1 + \mu)}} = \frac{2 \cdot (1 + \mu) \cdot \tau_t}{E} = \frac{2 \cdot (1 + 0{,}30)}{210\,000 \text{ N/mm}^2} \cdot 45{,}07 \text{ N/mm}^2$$

$$= 0{,}558 \text{ ‰}$$

$$\varepsilon_{45} = \frac{\gamma_{at}}{2} = 0{,}000279 = \mathbf{0{,}279 \text{ ‰}}$$

h) **Mohrscher Spannungs- und Verformungskreis bei Beanspruchung durch Torsion**

Die Schnittflächen mit den Flächennormalen in Tangential- und Axialrichtung enthalten nur Schubspannungen. Die Bildpunkte P_t (τ_t | 0) und P_a (-τ_t | 0) welche die Spannungen in diesen Schnittebenen repräsentieren, fallen dementsprechend mit der τ-Achse zusammen. Der Mohrsche Spannungskreis lässt sich damit auf einfache Weise konstruieren.

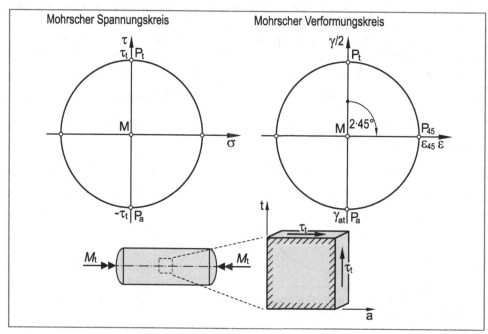

Lösung zu Aufgabe 12.8

Berechnung des Durchmesserverhältnisses

$$\frac{d_a}{d_i} = \frac{210\,\text{mm}}{200\,\text{mm}} = 1,05 < 1,20 \quad \text{(dünnwandig)}$$

Für die Berechnung des Innendrucks sowie des Torsionsmomentes wird zunächst Messstelle 2 (neutrale Faser) gewählt.

Berechnung der Tangetial- und Axialspannung (Hookesches Gesetz für den zweiachsigen Spannungszustand)

Tangentialspannung (Messstelle 2):

$$\sigma_{t2} = \frac{E}{1-\mu^2} \cdot (\varepsilon_{t2} + \mu \cdot \varepsilon_{a2}) = \frac{205\,000\,\text{N/mm}^2}{1 - 0,30^2} \cdot (0,622 + 0,30 \cdot 0,146) \cdot 10^{-3}$$

$$= 149,99\,\text{N/mm}^2$$

Berechnung des Innendrucks

Die Tangentialspannung σ_{t2} kann nur durch die Beanspruchung aus Innendruck p_i hervorgerufen werden. Daher gilt:

$$\sigma_{t2} = p_i \cdot \frac{d_i}{2 \cdot s}$$

$$p_i = \frac{2 \cdot s}{d_i} \cdot \sigma_{t2} = \frac{2 \cdot 5\,\text{mm}}{200\,\text{mm}} \cdot 149,99\,\text{N/mm}^2 = 7,5\,\text{N/mm}^2 = \mathbf{7,5\,MPa}$$

Berechnung des Torsionsmomentes

An der Messstelle 2 liegt eine 0°-45°-90° DMS-Rosette vor. Daher kann der Mohrsche Verformungskreis entsprechend Kapitel 4.4.2 (siehe Lehrbuch) auf einfache Weise konstruiert werden (siehe Abbildung).

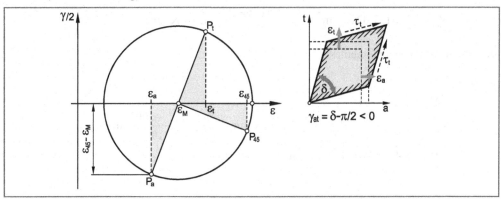

Berechnung der Schiebung γ_{at}:

$$\frac{\gamma_{at}}{2} = -(\varepsilon_{45} - \varepsilon_M) = -\left(\varepsilon_{45} - \frac{\varepsilon_a + \varepsilon_t}{2}\right) = -\left(0,679\,\text{‰} - \frac{0,146\,\text{‰} + 0,622\,\text{‰}}{2}\right) = -0,295\,\text{‰}$$

$$\gamma_{at} = -0,590\,\text{‰}$$

Berechnung der Schubspannung unter Verwendung des Elastizitätsgesetzes für Schubbeanspruchung:

$$\tau_{at} \equiv \tau_t = G \cdot \gamma_{at} = \frac{E}{2 \cdot (1 + \mu)} \cdot \gamma_{at} = \frac{205\,000\ \text{N/mm}^2}{2 \cdot (1 + 0,30)} \cdot (-0,590) \cdot 10^{-3} = -46,52\ \text{N/mm}^2$$

Berechnung des Torsionsmomentes:

$$\tau_t = \frac{M_t}{W_t}$$

$$M_t = |\tau_t| \cdot W_t = |\tau_t| \cdot \frac{\pi}{16} \cdot \frac{d_a^4 - d_i^4}{d_a} = 46,52\ \text{N/mm}^2 \cdot \frac{\pi}{16} \cdot \frac{210^4 - 200^4}{210}\ \text{mm}^3$$

$$= 14\,997\,642\ \text{Nmm} = \mathbf{14\,998\ Nm}$$

Das Torsionsmoment wirkt entsprechend der Darstellung in der Aufgabenstellung.

Berechnung der Biegespannung

Messstelle 1 (oder 3) befindet sich außerhalb der neutralen Faser, so dass dort Spannungen aus Innendruck, Torsion und Biegung auftreten. Es genügt an der Messstelle 1 (oder 3) die Axialspannung zu betrachten.

Berechnung der Axialspannung (Messstelle 1):

$$\sigma_{a1} = \frac{E}{1 - \mu^2} \cdot (\varepsilon_{a1} + \mu \cdot \varepsilon_{t1}) = \frac{205\,000\ \text{N/mm}^2}{1 - 0,30^2} \cdot (0,449 + 0,30 \cdot 0,531) \cdot 10^{-3}$$

$$= 137,03\ \text{N/mm}^2$$

Die Axialspannung an der Messstelle 1 ergibt sich durch Überlagerung der Axialspannung aus Innendruck und der Biegespannung, also:

$$\sigma_{a1} = p_i \cdot \frac{d_i}{4 \cdot s} + \sigma_b = \frac{\sigma_t}{2} + \sigma_b$$

$$\sigma_b = \sigma_{a1} - \frac{\sigma_t}{2} = 137,03\ \text{N/mm}^2 - \frac{149,99\ \text{N/mm}^2}{2} = 62,04\ \text{N/mm}^2$$

Berechnung des Biegemomentes:

$$\sigma_b = \frac{M_b}{W_b}$$

$$M_b = \sigma_b \cdot W_b = \sigma_b \cdot \frac{\pi}{32} \cdot \frac{d_a^4 - d_i^4}{d_a} = 62,04\ \text{N/mm}^2 \cdot \frac{\pi}{32} \cdot \frac{210^4 - 200^4}{210}\ \text{mm}^3$$

$$= 10\,000\,849\ \text{Nmm} = \mathbf{10\,000\ Nm}$$

Lösung zu Aufgabe 12.9

a) Berechnung des Durchmesserverhältnisses

$$\frac{d_a}{d_i} = \frac{120\,\text{mm}}{40\,\text{mm}} = 3 > 1{,}20 \quad \text{(dickwandig)}$$

Berechnung der Spannungen in Messrichtung der DMS (Anwendung des Hookesches Gesetz für den zweiachsigen Spannungszustand)

$$\sigma_A = \frac{E}{1-\mu^2} \cdot (\varepsilon_A + \mu \cdot \varepsilon_B) = \frac{210\,000\,\text{N/mm}^2}{1-0{,}30^2} \cdot (0{,}158 + 0{,}30 \cdot 0{,}042) \cdot 10^{-3}$$

$$= 39{,}37\,\text{N/mm}^2$$

$$\sigma_B = \frac{E}{1-\mu^2} \cdot (\varepsilon_B + \mu \cdot \varepsilon_A) = \frac{210\,000\,\text{N/mm}^2}{1-0{,}30^2} \cdot (0{,}042 + 0{,}30 \cdot 0{,}158) \cdot 10^{-3}$$

$$= 20{,}63\,\text{N/mm}^2$$

Die Schnittflächen mit den Flächennormalen in Tangential- und Axialrichtung enthalten keine Schubspannungen. Die Normalspannungen in diesen Schnittebenen sind dementsprechend Hauptnormalspannungen. Die Bildpunkte P_t und P_a welche die Spannungen in diesen Schnittebenen repräsentieren, fallen dementsprechend mit der σ-Achse zusammen und der Mohrsche Verformungskreis lässt sich damit auf einfache Weise konstruieren.

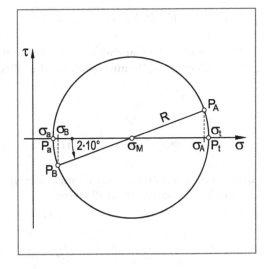

Die Bildpunkte P_B und P_A erhält man durch Abtragen des Richtungswinkels ($2\cdot 10°$ bzw. $2\cdot 10° + 180°$) ausgehend von der nunmehr bekannten Axialrichtung (gleicher Drehsinn zum Lageplan).

Berechnung von Mittelpunkt und Radius des Mohrschen Spannungskreises

$$\sigma_M = \frac{\sigma_A + \sigma_B}{2} = \frac{39{,}37\,\text{N/mm}^2 + 20{,}63\,\text{N/mm}^2}{2} = 30\,\text{N/mm}^2$$

$$R = \frac{\sigma_A - \sigma_B}{2} \cdot \frac{1}{\cos(2 \cdot \varphi)} = \frac{39{,}37\,\text{N/mm}^2 - 20{,}63\,\text{N/mm}^2}{2} \cdot \frac{1}{\cos(2 \cdot 10°)} = 9{,}97\,\text{N/mm}^2$$

$$\sigma_t \equiv \sigma_1 = \sigma_M + R = 30\,\text{N/mm}^2 + 9{,}97\,\text{N/mm}^2 = \mathbf{39{,}97\ N/mm^2}$$

$$\sigma_a \equiv \sigma_2 = \sigma_M - R = 30\,\text{N/mm}^2 - 9{,}97\,\text{N/mm}^2 = \mathbf{20{,}03\ N/mm^2}$$

$$\sigma_r \equiv \sigma_3 = \mathbf{0}$$

Für die Tangentialspannung in einem elastisch beanspruchten, dickwandigen Behälter (dickwandiges, beidseitig verschlossenes Rohr) unter Innendruck ($p_a = 0$) gilt:

$$\sigma_t = p_i \cdot \frac{r_i^2}{r_a^2 - r_i^2} \cdot \left(\frac{r_a^2}{r^2} + 1 \right)$$

Am Außenrand ergibt sich mit $r = r_a$:

$$\sigma_t = p_i \cdot \frac{2 \cdot r_i^2}{r_a^2 - r_i^2}$$

Damit folgt für den Innendruck p_i:

$$p_i = \sigma_t \cdot \frac{r_a^2 - r_i^2}{2 \cdot r_i^2} = 39,97 \text{ N/mm}^2 \cdot \frac{\left(60^2 - 20^2\right)\text{mm}^2}{2 \cdot (20 \text{ mm})^2} = 159,88 \text{ N/mm}^2 = \mathbf{159,88 \text{ MPa}}$$

b) **Berechnung des Innendrucks bei Fließbeginn des Rohres**

$$p_{i\,FB} = R_{p0,2} \cdot \frac{r_a^2 - r_i^2}{\sqrt{3} \cdot r_a^2} = 340 \text{ N/mm}^2 \cdot \frac{\left(60^2 - 20^2\right)\text{mm}^2}{\sqrt{3} \cdot 60^2 \ \text{mm}^2}$$

$$= 174,49 \text{ N/mm}^2 = \mathbf{174,49 \text{ MPa}}$$

c) **Berechnung des Innendrucks bei einer zulässigen Plastifizierung des Innenrings bis zum Radius $c = 30$ mm (teilplastischer Zustand)**

$$p_{ic} = \frac{R_{p0,2}}{\sqrt{3}} \cdot \left(\ln\left(\frac{c}{r_i}\right)^2 - \left(\frac{c}{r_a}\right)^2 + 1 \right) = \frac{340 \text{ N/mm}^2}{\sqrt{3}} \cdot \left(\ln\left(\frac{30 \text{ mm}}{20 \text{ mm}}\right)^2 - \left(\frac{30 \text{ mm}}{60 \text{ mm}}\right)^2 + 1 \right)$$

$$= 306,41 \text{ N/mm}^2 = \mathbf{306,41 \text{ MPa}}$$

d) **Berechnung der Tangential- und Axialspannung an der Außenoberfläche ($r = r_a$) des Behälters (elastischer Außenring)**

Am Außenrand ergibt sich mit ($r = r_a$):

$$\sigma_t = \frac{R_{p0,2}}{\sqrt{3}} \cdot \frac{c^2}{r_a^2} \cdot \left(\frac{r_a^2}{r^2} + 1 \right) = \frac{R_{p0,2}}{\sqrt{3}} \cdot \frac{c^2}{r_a^2} \cdot 2 = \frac{2}{\sqrt{3}} \cdot \left(\frac{30 \text{ mm}}{60 \text{ mm}} \right)^2 \cdot 340 \text{ N/mm}^2$$

$$= 98,15 \text{ N/mm}^2$$

$$\sigma_a = \frac{R_{p0,2}}{\sqrt{3}} \cdot \frac{c^2}{r_a^2} = \frac{340 \text{ N/mm}^2}{\sqrt{3}} \cdot \left(\frac{30 \text{ mm}}{60 \text{ mm}} \right)^2 = 49,07 \text{ N/mm}^2$$

Berechnung der Spannungen in Messrichtung der Dehnungsmessstreifen

$$\sigma_A = \frac{\sigma_t + \sigma_a}{2} + \frac{\sigma_t - \sigma_a}{2} \cdot \cos 2\varphi$$

$$= \frac{98,15 \text{ N/mm}^2 + 49,07 \text{ N/mm}^2}{2} + \frac{98,15 \text{ N/mm}^2 - 49,07 \text{ N/mm}^2}{2} \cdot \cos(2 \cdot 10°)$$

$$\sigma_A = 96,67 \text{ N/mm}^2$$

$$\sigma_B = \frac{\sigma_t + \sigma_a}{2} - \frac{\sigma_t - \sigma_a}{2} \cdot \cos 2\varphi$$

$$= \frac{98{,}15\,\text{N/mm}^2 + 49{,}07\,\text{N/mm}^2}{2} - \frac{98{,}15\,\text{N/mm}^2 - 49{,}07\,\text{N/mm}^2}{2} \cdot \cos(2 \cdot 10°)$$

$$= 50{,}55\,\text{N/mm}^2$$

Berechnung der Dehnungen in Messrichtung der Dehnungsmessstreifen (Anwendung des Hookeschen Gesetzes für den zweiachsigen Spannungszustand)

$$\varepsilon_A^* = \frac{1}{E} \cdot (\sigma_A - \mu \cdot \sigma_B) = \frac{96{,}67\,\text{N/mm}^2 - 0{,}30 \cdot 50{,}55\,\text{N/mm}^2}{210\,000\,\text{N/mm}^2} = 0{,}000388 = \mathbf{0{,}388\,‰}$$

$$\varepsilon_B^* = \frac{1}{E} \cdot (\sigma_B - \mu \cdot \sigma_A) = \frac{50{,}55\,\text{N/mm}^2 - 0{,}30 \cdot 96{,}67\,\text{N/mm}^2}{210\,000\,\text{N/mm}^2} = 0{,}000103 = \mathbf{0{,}103\,‰}$$

e) Berechnung der Spannungen am Innenrand ($r_i = 20$ mm), am Radius $c = 30$ mm und am Außenrand ($r_a = 60$ mm)

Spannungsverlauf im vollplastischen Innenring ($r_i < r < c$)

- Tangentialspannung: $\quad \sigma_t = \dfrac{R_{p0{,}2}}{\sqrt{3}} \cdot \left(\ln\left(\dfrac{r}{c}\right)^2 + \left(\dfrac{c}{r_a}\right)^2 + 1 \right)$

- Axialspannung: $\quad \sigma_a = \dfrac{R_{p0{,}2}}{\sqrt{3}} \cdot \left(\ln\left(\dfrac{r}{c}\right)^2 + \left(\dfrac{c}{r_a}\right)^2 \right)$

- Radialspannung: $\quad \sigma_r = \dfrac{R_{p0{,}2}}{\sqrt{3}} \cdot \left(\ln\left(\dfrac{r}{c}\right)^2 + \left(\dfrac{c}{r_a}\right)^2 - 1 \right)$

Spannungsverlauf im elastischen Außenring ($c < r < r_a$)

- Tangentialspannung: $\quad \sigma_t = \dfrac{R_{p0{,}2}}{\sqrt{3}} \cdot \dfrac{c^2}{r_a^2} \cdot \left(\dfrac{r_a^2}{r^2} + 1 \right)$

- Axialspannung: $\quad \sigma_a = \dfrac{R_{p0{,}2}}{\sqrt{3}} \cdot \dfrac{c^2}{r_a^2}$

- Radialspannung: $\quad \sigma_r = -\dfrac{R_{p0{,}2}}{\sqrt{3}} \cdot \dfrac{c^2}{r_a^2} \cdot \left(\dfrac{r_a^2}{r^2} - 1 \right)$

Spannungskomponente	vollplastischer Innenring		elastischer Außenring	
	$r = r_i = 20$ mm	$r = c = 30$ mm	$r = c = 30$ mm	$r = r_a = 60$ mm
Tangentialspannung	86,19 N/mm^2	245,37 N/mm^2	245,37 N/mm^2	98,15 N/mm^2
Axialspannung	-110,11 N/mm^2	49,07 N/mm^2	49,07 N/mm^2	49,07 N/mm^2
Radialspannung	-306,41 N/mm^2	-147,22 N/mm^2	-147,22 N/mm^2	0 N/mm^2

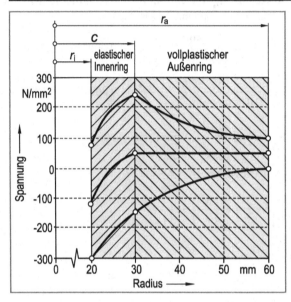

f) **Spannungskomponenten am Innenrand, falls der gesamte Behälter elastisch verformt wäre (ideelle Spannungen)**

$$\sigma_{t\,id} = p_i \cdot \frac{r_i^2}{r_a^2 - r_i^2} \cdot \left(\frac{r_a^2}{r^2} + 1\right) = p_i \cdot \frac{r_a^2 + r_i^2}{r_a^2 - r_i^2} = 306,41 \text{ N/mm}^2 \cdot \frac{(60 \text{ mm})^2 + (20 \text{ mm})^2}{(60 \text{ mm})^2 - (20 \text{ mm})^2}$$

$$= 383,01 \text{ N/mm}$$

$$\sigma_{a\,id} = \frac{p_i \cdot r_i^2}{r_a^2 - r_i^2} = \frac{306,41 \text{ N/mm}^2 \cdot (20 \text{ mm})^2}{(60 \text{ mm})^2 - (20 \text{ mm})^2} = 38,30 \text{ N/mm}^2$$

$$\sigma_{r\,id} = -p_i \cdot \frac{r_i^2}{r_a^2 - r_i^2} \cdot \left(\frac{r_a^2}{r^2} - 1\right) = -p_i \cdot \frac{r_i^2}{r_a^2 - r_i^2} \cdot \left(\frac{r_a^2}{r_i^2} - 1\right) = -p_i = -306,41 \text{ N/mm}^2$$

Tatsächlich wirkende Spannungen am Innenrand (aus Aufgabenteil e)

$\sigma_t = 86,19$ N/mm

$\sigma_a = -110,11$ N/mm

$\sigma_r = -306,41$ N/mm

Eigenspannungen am Innenrand

$$\sigma_{t\,ei} = \sigma_t - \sigma_{t\,id} = 86,19 \text{ N/mm}^2 - 383,01 \text{ N/mm}^2 = \mathbf{-296,86 \text{ N/mm}^2}$$

$$\sigma_{a\,ei} = \sigma_a - \sigma_{a\,id} = -110,11 \text{ N/mm}^2 - 38,30 \text{ N/mm}^2 = \mathbf{-148,41 \text{ N/mm}^2}$$

$$\sigma_{r\,ei} = \sigma_r - \sigma_{r\,id} = -306,41 \text{ N/mm}^2 - (-306,41) \text{ N/mm}^2 = \mathbf{0}$$

Spannungskomponenten am Außenrand, falls der gesamte Behälter elastisch verformt wäre (ideelle Spannungen)

$$\sigma_{t\,id} = p_i \cdot \frac{r_i^2}{r_a^2 - r_i^2} \cdot \left(\frac{r_a^2}{r^2} + 1 \right) = p_i \cdot \frac{2 \cdot r_i^2}{r_a^2 - r_i^2} = 306,41 \text{ N/mm}^2 \cdot \frac{2 \cdot (20 \text{ mm})^2}{(60 \text{ mm})^2 - (20 \text{ mm})^2}$$

$$= 76,60 \text{ N/mm}$$

$$\sigma_{a\,id} = \frac{p_i \cdot r_i^2}{r_a^2 - r_i^2} = \frac{306,41 \text{ N/mm}^2 \cdot (20 \text{ mm})^2}{(60 \text{ mm})^2 - (20 \text{ mm})^2} = 38,30 \text{ N/mm}^2$$

$$\sigma_{r\,id} = 0$$

Tatsächlich wirkende Spannungen am Außenrand (aus Aufgabenteil e)

$$\sigma_t = 98,15 \text{ N/mm}$$

$$\sigma_a = 49,07 \text{ N/mm}$$

$$\sigma_r = 0 \text{ N/mm}$$

Eigenspannungen am Außenrand

$$\sigma_{t\,ei} = \sigma_t - \sigma_{t\,id} = 98,15 \text{ N/mm}^2 - 76,60 \text{ N/mm}^2 = \mathbf{21,55 \text{ N/mm}^2}$$

$$\sigma_{a\,ei} = \sigma_a - \sigma_{a\,id} = 49,07 \text{ N/mm}^2 - 38,30 \text{ N/mm}^2 = \mathbf{10,77 \text{ N/mm}^2}$$

$$\sigma_{r\,ei} = \sigma_r - \sigma_{r\,id} = 0 - 0 = \mathbf{0}$$

Lösung zu Aufgabe 12.10

a) Es liegt eine 0°-45°-90° DMS-Rosette vor. Daher kann der Mohrsche Verformungskreis entsprechend Kapitel 4.4.2 (siehe Lehrbuch) auf einfache Weise konstruiert werden (siehe Abbildung).

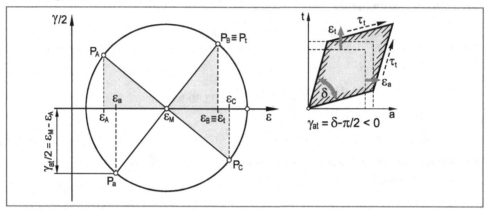

Berechnung der Dehnungen in Tangential- und Axialrichtung (ε_t und ε_a) sowie der Schiebung γ_t mit der Axialrichtung als Bezug

$$\varepsilon_M = \frac{\varepsilon_A + \varepsilon_C}{2} = \frac{0,1496\,\text{‰} + 1,2904\,\text{‰}}{2} = 0,720\,\text{‰}$$

$$\varepsilon_t \equiv \varepsilon_B = 1,1657\,\text{‰}$$

$$\varepsilon_a \equiv \varepsilon_M - (\varepsilon_B - \varepsilon_M) = 0,720\,\text{‰} - (1,1657\,\text{‰} - 0,720\,\text{‰}) = 0,2743\,\text{‰}$$

$$\frac{\gamma_{at}}{2} = \varepsilon_M - \varepsilon_A = 0,720\,\text{‰} - 0,1496\,\text{‰} = 0,5704\,\text{‰}$$

$$\gamma_{at} = 1,1408\,\text{‰}$$

Berechnung des Innendrucks

Berechnung der Tangentialspannung unter Anwendung des Hookeschen Gesetzes für den zweiachsigen Spannungszustand. Annahme: Behälter ist elastisch beansprucht.

$$\sigma_t = \frac{E}{1-\mu^2} \cdot (\varepsilon_t + \mu \cdot \varepsilon_a) = \frac{210\,000\,\text{N/mm}^2}{1-0,30^2} \cdot (1,1657 + 0,30 \cdot 0,2743) \cdot 10^{-3}$$

$$= 288\,\text{N/mm}^2$$

Tangentialspannung am Außenrand ($r = r_a$) eines dickwandigen Behälters unter Innendruck:

$$\sigma_t = p_i \cdot \frac{r_i^2}{r_a^2 - r_i^2} \cdot \left(\frac{r_a^2}{r^2} + 1\right) = p_i \cdot \frac{2 \cdot r_i^2}{r_a^2 - r_i^2}$$

$$p_i = \sigma_t \cdot \frac{r_a^2 - r_i^2}{2 \cdot r_i^2} = 288\,\text{N/mm}^2 \cdot \frac{(75\,\text{mm})^2 - (50\,\text{mm})^2}{2 \cdot (50\,\text{mm})^2} = 180\,\text{N/mm}^2 = \mathbf{180\,MPa}$$

Berechnung des Torsionsmomentes

Elastizitätsgesetz für Schubspannungen:

$$\tau_{at} \equiv \tau_t = G \cdot \gamma_{at} = \frac{E}{2 \cdot (1 + \mu)} \cdot \gamma_{at} = \frac{210\,000 \text{ N/mm}^2}{2 \cdot (1 + 0,30)} \cdot 1,1408 \cdot 10^{-3} = 92,14 \text{ N/mm}^2$$

Berechnung des Torsionsmomentes:

$$\tau_t = \frac{M_t}{W_t}$$

$$M_t = \tau_t \cdot W_t = \tau_t \cdot \frac{\pi}{16} \cdot \frac{d_a^4 - d_i^4}{d_a} = 92,14 \text{ N/mm}^2 \cdot \frac{\pi}{16} \cdot \frac{150^4 - 100^4}{150} \text{ mm}^3$$

$$= 48\,999\,028 \text{ Nmm} = \textbf{49 000 Nm}$$

b) **Innenrand des Behälters**

Berechnung der Spannungskomponenten am Innenrand ($r = r_i = 50$ mm)

Tangentialspannung:

$$\sigma_t = p_i \cdot \frac{r_i^2}{r_a^2 - r_i^2} \cdot \left(\frac{r_a^2}{r^2} + 1 \right) = p_i \cdot \frac{r_a^2 + r_i^2}{r_a^2 - r_i^2}$$

$$= 180 \text{ N/mm}^2 \cdot \frac{(75 \text{ mm})^2 + (50 \text{ mm})^2}{(75 \text{ mm})^2 - (50 \text{ mm})^2} = 468 \text{ N/mm}^2$$

Axialspannung:

$$\sigma_a = \frac{p_i \cdot r_i^2}{r_a^2 - r_i^2} = \cdot \frac{180 \text{ N/mm}^2 \cdot (50 \text{ mm})^2}{(75 \text{ mm})^2 - (50 \text{ mm})^2} = 144 \text{ N/mm}^2$$

Radialspannung:

$$\sigma_r = -p_i \cdot \frac{r_i^2}{r_a^2 - r_i^2} \cdot \left(\frac{r_a^2}{r^2} - 1 \right) = -p_i = -180 \text{ N/mm}^2$$

Schubspannung am Innenrand (Strahlensatz):

$$\tau_{ti} = \tau_{ta} \cdot \frac{r_i}{r_a} = 92,14 \text{ N/mm}^2 \cdot \frac{50 \text{ mm}}{75 \text{ mm}} = 61,43 \text{ N/mm}^2$$

Berechnung der Hauptspannungen in der t-a-Ebene (Mantelfläche)

Mittelpunkt und Radius des Mohrschen Spannungskreises:

$$\sigma_M = \frac{\sigma_t + \sigma_a}{2} = \frac{468 \text{ N/mm}^2 + 144 \text{ N/mm}^2}{2} = 306 \text{ N/mm}^2$$

$$R = \sqrt{(\sigma_t - \sigma_M)^2 + \tau_t^2}$$

$$= \sqrt{(468 \text{ N/mm}^2 - 306 \text{ N/mm}^2)^2 + (61,43 \text{ N/mm}^2)^2} = 173,26 \text{ N/mm}^2$$

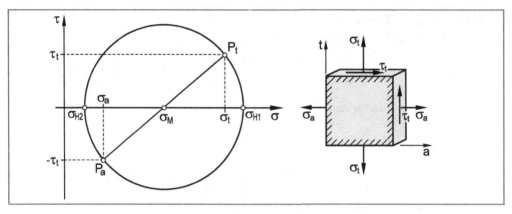

Damit folgt für die Hauptspannungen in der t-a-Ebene:

$$\sigma_{H1} = \sigma_M + R = 306 \text{ N/mm}^2 + 173{,}26 \text{ N/mm}^2 = 479{,}26 \text{ N/mm}^2$$

$$\sigma_{H2} = \sigma_M - R = 306 \text{ N/mm}^2 - 173{,}26 \text{ N/mm}^2 = 132{,}74 \text{ N/mm}^2$$

Ordnen der Hauptspannungen ergibt:

$$\sigma_1 \equiv \sigma_{H1} = 479{,}26 \text{ N/mm}^2$$

$$\sigma_2 \equiv \sigma_{H2} = 132{,}74 \text{ N/mm}^2$$

$$\sigma_3 \equiv \sigma_r \quad = \quad -180 \text{ N/mm}^2$$

Berechnung der Vergleichsspannung an der Innenoberfläche (Anwendung der Gestaltänderungsenergiehypothese)

$$\sigma_{VGEH} = \frac{1}{\sqrt{2}} \cdot \sqrt{(\sigma_1 - \sigma_2)^2 + (\sigma_2 - \sigma_3)^2 + (\sigma_3 - \sigma_1)^2}$$

$$\sigma_{VGEH} = \frac{1}{\sqrt{2}} \cdot \sqrt{(479{,}26 - 132{,}74)^2 + (132{,}74 + 180)^2 + (-180 - 479{,}26)^2} \text{ N/mm}^2$$

$$= \mathbf{571{,}19 \text{ N/mm}^2}$$

Es gilt: $\sigma_{V\,GEH} < R_{p0{,}2}$

Der Behälter ist damit am Innenrand noch elastisch beansprucht.

Außenrand des Behälters

Berechnung der Spannungskomponenten am Außenrand ($r = r_a = 75 \text{ mm}$)

Tangentialspannung:

$$\sigma_t = p_i \cdot \frac{r_i^2}{r_a^2 - r_i^2} \cdot \left(\frac{r_a^2}{r^2} + 1\right) = p_i \cdot \frac{2 \cdot r_i^2}{r_a^2 - r_i^2}$$

$$= 180 \text{ N/mm}^2 \cdot \frac{2 \cdot (50 \text{ mm})^2}{(75 \text{ mm})^2 - (50 \text{ mm})^2} = 288 \text{ N/mm}^2$$

Axialspannung:

$$\sigma_a = \frac{p_i \cdot r_i^2}{r_a^2 - r_i^2} = \frac{180 \text{ N/mm}^2 \cdot (50 \text{ mm})^2}{(75 \text{ mm})^2 - (50 \text{ mm})^2} = 144 \text{ N/mm}^2$$

Radialspannung:

$$\sigma_r = 0$$

Schubspannung am Außenrand:

$$\tau_{ta} = 92{,}14 \text{ N/mm}^2$$

Da an der Außenoberfläche ein zweiachsiger Spannungszustand vorliegt, kann die Vergleichsspannung nach der GEH auch direkt aus den Lastspannungen ermittelt werden (siehe Kapitel 6.4 im Lehrbuch):

$$\sigma_{VGEH} = \sqrt{\sigma_a^2 + \sigma_t^2 - \sigma_a \cdot \sigma_t + 3 \cdot \tau_t^2}$$

$$\sigma_{VGEH} = \sqrt{144^2 + 288^2 - 144 \cdot 288 + 3 \cdot 92{,}14^2} \text{ N/mm}^2$$

$$= \mathbf{296{,}10 \text{ N/mm}^2}$$

Es gilt: $\sigma_{V\,GEH} < R_{p0,2}$

Der Behälter ist damit am Außenrand ebenfalls noch elastisch beansprucht.

Anmerkung: Wie zu erwarten, ist die Vergleichsspannung am Außenrand niedriger im Vergleich zum Innenrand, da der Innenrand eines durch Innendruck beanspruchten Behälters stets die höchst beanspruchte Stelle darstellt.

c) **Berechnung des Innendrucks bei Fließbeginn des Rohres**

$$p_{i\,FB} = R_{p0,2} \cdot \frac{r_a^2 - r_i^2}{\sqrt{3} \cdot r_a^2} = 980 \text{ N/mm}^2 \cdot \frac{(75^2 - 50^2) \text{ mm}^2}{\sqrt{3} \cdot 75^2 \text{ mm}^2}$$

$$= 314{,}3 \text{ N/mm}^2 = \mathbf{314{,}4 \text{ MPa}}$$

d) **Berechnung des Innendrucks bei einer zulässigen Plastifizierung bis $c = 60$ mm**

$$p_{ic} = \frac{R_{p0,2}}{\sqrt{3}} \cdot \left(\ln\left(\frac{c}{r_i}\right)^2 - \left(\frac{c}{r_a}\right)^2 + 1 \right) = \frac{980 \text{ N/mm}^2}{\sqrt{3}} \cdot \left(\ln\left(\frac{60 \text{ mm}}{50 \text{ mm}}\right)^2 - \left(\frac{60 \text{ mm}}{75 \text{ mm}}\right)^2 + 1 \right)$$

$$= 410{,}0 \text{ N/mm}^2 = \mathbf{410{,}0 \text{ MPa}}$$

e) **Berechnung der Tangential- und Axialspannung an der Außenoberfläche ($r = r_a$) des Behälters (elastischer Außenring)**

$$\sigma_t = \frac{R_{p0,2}}{\sqrt{3}} \cdot \frac{c^2}{r_a^2} \cdot \left(\frac{r_a^2}{r^2} + 1\right) = \frac{R_{p0,2}}{\sqrt{3}} \cdot \frac{c^2}{r_a^2} \cdot 2$$

$$= \frac{2}{\sqrt{3}} \cdot \left(\frac{60 \text{ mm}}{75 \text{ mm}}\right)^2 \cdot 980 \text{ N/mm}^2 = 724{,}23 \text{ N/mm}^2$$

$$\sigma_a = \frac{R_{p0,2}}{\sqrt{3}} \cdot \frac{c^2}{r_a^2} = \frac{980 \text{ N/mm}^2}{\sqrt{3}} \cdot \left(\frac{60 \text{ mm}}{75 \text{ mm}}\right)^2 = 362,11 \text{ N/mm}^2$$

Berechnung der Dehnungen in Tangential- und Axialrichtung unter Anwendung des Hookeschen Gesetzes (zweiachsiger Spannungszustand)

$$\varepsilon_t = \frac{1}{E} \cdot \left(\sigma_t - \mu \cdot \sigma_a\right) = \frac{724,23 \text{ N/mm}^2 - 0,30 \cdot 362,11 \text{ N/mm}^2}{210\,000 \text{ N/mm}^2} = 0,0029314 = 2,9314 \text{ ‰}$$

$$\varepsilon_a = \frac{1}{E} \cdot \left(\sigma_a - \mu \cdot \sigma_t\right) = \frac{362,11 \text{ N/mm}^2 - 0,30 \cdot 724,23 \text{ N/mm}^2}{210\,000 \text{ N/mm}^2} = 0,0006897 = 0,6897 \text{ ‰}$$

Da voraussetzungsgemäß kein Torsionsmoment mehr wirkt, sind die Schnittflächen mit den Flächennormalen in Axial- und Tangentialrichtung schubspannungsfrei. Daher erfährt ein achsparalleles Flächenelement keine Schiebung (Winkelverzerrung). Die Bildpunkte P_a und P_t, welche die Verformungen mit der Axial- bzw. Tangentialrichtung als Bezugsrichtung repräsentieren, fallen daher mit der ε-Achse zusammen, d. h. die Axial- und die Tangentialrichtung sind gleichzeitig Hauptdehnungsrichtungen. Der Mohrsche Verformungskreis lässt sich damit auf einfache Weise konstruieren (siehe Abbildung).

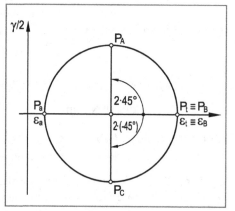

Die Bildpunkte P_A und P_C, welche die Verformungen mit der A- bzw. C-Richtung als Bezugsrichtung repräsentieren, erhält man durch Abtragen der Richtungswinkel $2 \cdot 45°$ bzw. $2 \cdot 45°$ $+180°$ ausgehend von der nunmehr bekannten Tangentialrichtung (gleicher Drehsinn zum Lageplan). Damit erhält man für die Dehnungen in A- und C-Richtung:

$$\varepsilon_A = \varepsilon_C = \frac{\varepsilon_t + \varepsilon_a}{2} = \frac{2,9314 \text{ ‰} + 0,6897 \text{ ‰}}{2} = \mathbf{1,8106 \text{ ‰}}$$

Die Dehnung in B-Richtung ist identisch mit der Dehnung in Tangentialrichtung. Es gilt daher:

$$\varepsilon_B = \varepsilon_t = \mathbf{2,9314 \text{ ‰}}$$

Lösung zu Aufgabe 12.11

Berechnung des Durchmesserverhältnisses

$$\frac{d_a}{d_i} = \frac{624\,\text{mm}}{600\,\text{mm}} = 1,04 < 1,20 \quad \text{(dünnwandig)}$$

Berechnung der Spannungskomponenten an der Außenseite (Messstellen der DMS)

Spannungskomponenten aus Innendruck

Tangentialspannung:

$$\sigma_t = p_i \cdot \frac{d_i}{2 \cdot s} = 20\,\text{N/mm}^2 \cdot \frac{600\,\text{mm}}{2 \cdot 12\,\text{mm}} = 500\,\text{N/mm}^2$$

Axialspannung:

$$\sigma_a = p_i \cdot \frac{d_i}{4 \cdot s} = \frac{d_t}{2} = \frac{500\,\text{N/mm}^2}{2} = 250\,\text{N/mm}^2$$

Radialspannung:

$$\sigma_r = 0$$

Spannungskomponenten aus Biegebeanspruchung

$$\sigma_b = \frac{M_b}{W_b} = \frac{\dfrac{F_1}{2} \cdot a}{\dfrac{\pi}{32} \cdot \dfrac{d_a^4 - d_i^4}{d_a}} = \frac{\dfrac{900\,000\,\text{N}}{2} \cdot 850\,\text{mm}}{\dfrac{\pi}{32} \cdot \dfrac{624^4 - 600^4}{624}\,\text{mm}^3} = 110,44\,\text{N/mm}^2$$

Spannungskomponenten aus Zugbeanspruchung

$$\sigma_z = \frac{F_2}{A} = \frac{F_2}{\dfrac{\pi}{4} \cdot \left(d_a^2 - d_i^2\right)} = \frac{1\,500\,000\,\text{N}}{\dfrac{\pi}{4} \cdot \left(624^2 - 600^2\right)\text{mm}^2} = 65,01\,\text{N/mm}^2$$

Berechnung der Dehnungsanzeigen der DMS (zweiachsiger Spannungszustand)

$$\varepsilon_C = \frac{1}{E} \cdot \left(\sigma_z + \sigma_a - \mu \cdot \sigma_t\right)$$

$$= \frac{65,01\,\text{N/mm}^2 + 250\,\text{N/mm}^2 - 0,30 \cdot 500\,\text{N/mm}^2}{210\,000\,\text{N/mm}^2} = 0,0007858 = \mathbf{0,7858\,‰}$$

$$\varepsilon_B = \frac{1}{E} \cdot \left(\sigma_t - \mu \cdot \left(\sigma_z + \sigma_a\right)\right)$$

$$= \frac{500\,\text{N/mm}^2 - 0,30 \cdot \left(65,01\,\text{N/mm}^2 + 250\,\text{N/mm}^2\right)}{210\,000\,\text{N/mm}^2} = 0,0019309 = \mathbf{1,9309\,‰}$$

$$\varepsilon_A = \frac{1}{E} \cdot \left(\sigma_z + \sigma_a - \sigma_b - \mu \cdot \sigma_t\right)$$

$$= \frac{65,01\,\text{N/mm}^2 + 250\,\text{N/mm}^2 - 110,44\,\text{N/mm}^2 - 0,30 \cdot 500\,\text{N/mm}^2}{210\,000\,\text{N/mm}^2}$$

$$= 0{,}0002599 = \mathbf{0{,}2599\ \permil}$$

$$\varepsilon_D = \frac{1}{E} \cdot \left(\sigma_z + \sigma_a + \sigma_b - \mu \cdot \sigma_t \right)$$

$$= \frac{65{,}01\ \text{N/mm}^2 + 250\ \text{N/mm}^2 + 110{,}44\ \text{N/mm}^2 - 0{,}30 \cdot 500\ \text{N/mm}^2}{210\,000\ \text{N/mm}^2}$$

$$= 0{,}0013117 = \mathbf{1{,}3117\ \permil}$$

b) Die höchst beanspruchte Stelle befindet sich an der Messstelle von DMS D. Da keine Schubspannungen auftreten, sind die Normalspannungen gleichzeitig Hauptnormalspannungen.

Spannungen an der Messstelle von DMS D

$$\sigma_{H1} = \sigma_a + \sigma_z + \sigma_b = 250\ \text{N/mm}^2 + 65{,}01\ \text{N/mm}^2 + 110{,}44\ \text{N/mm}^2 = 425{,}45\ \text{N/mm}^2$$

$$\sigma_{H2} = \sigma_t = 500\ \text{N/mm}^2$$

$$\sigma_{H3} = \sigma_r = 0$$

Ordnen der Hauptspannungen:

$$\sigma_1 = \sigma_{H2} = 500\ \text{N/mm}^2$$

$$\sigma_2 = \sigma_{H1} = 425{,}45\ \text{N/mm}^2$$

$$\sigma_3 = \sigma_{H3} = 0$$

Festigkeitsbedingung (Verwendung der Schubspannungshypothese)

$$\sigma_{VSH} \leq \sigma_{zul} = \frac{R_{p0,2}}{S_F}$$

$$\sigma_1 - \sigma_3 = \frac{R_{p0,2}}{S_F}$$

$$S_F = \frac{R_{p0,2}}{\sigma_1 - \sigma_3} = \frac{870\ \text{N/mm}^2}{500\ \text{N/mm}^2 - 0} = \mathbf{1{,}74} \quad \text{(ausreichend, da } S_F > 1{,}20\text{)}$$

Lösung zu Aufgabe 12.12

Berechnung des Durchmesserverhältnisses

$$\frac{d_a}{d_i} = \frac{480\,\text{mm}}{450\,\text{mm}} = 1,07 < 1,20 \quad \text{(dünnwandig)}$$

Die Schnittflächen mit der Axial- und Tangentialrichtung als Normale sind schubspannungsfrei (nur Innendruck). Daher erfährt ein achsparalleles Flächenelement auch keine Schiebung (Winkelverzerrung). Die Bildpunkte P_a und P_t, welche die Verformungen mit der Axial- bzw. Tangentialrichtung als Bezugsrichtung repräsentieren, fallen daher mit der ε-Achse zusammen, d. h. die Axial- und die Tangentialrichtung sind gleichzeitig Hauptdehnungsrichtungen. Der Mohrsche Verformungskreis lässt sich damit entsprechend der Abbildung auf einfache Weise konstruieren.

Die Bildpunkte P_A und P_B, welche die Verformungen mit der A- bzw. B-Richtung als Bezugsrichtung repräsentieren, erhält man durch Abtragen der Richtungswinkel $2\cdot20°$ bzw. $2\cdot20°+180°$ ausgehend von der nunmehr bekannten Axialrichtung (gleicher Drehsinn zum Lageplan).

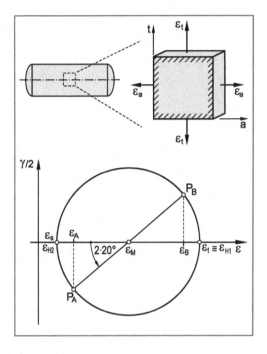

Berechnung von Mittelpunkt und Radius des Mohrschen Verformungskreises

$$\varepsilon_M = \frac{\varepsilon_A + \varepsilon_B}{2} = \frac{0,1972\,\text{‰} + 0,5528\,\text{‰}}{2} = 0,375\,\text{‰}$$

$$R = \frac{\varepsilon_M - \varepsilon_A}{\cos 2\alpha} = \frac{0,375\,\text{‰} - 0,1972\,\text{‰}}{\cos(2\cdot20°)} = 0,2321\,\text{‰}$$

Berechnung der Dehnungen in Tangential- und Axialrichtung (ε_t und ε_a)

$$\varepsilon_t = \varepsilon_M + R = 0,375\,\text{‰} + 0,2321\,\text{‰} = 0,6071\,\text{‰}$$

$$\varepsilon_a = \varepsilon_M - R = 0,375\,\text{‰} - 0,2321\,\text{‰} = 0,1429\,\text{‰}$$

Berechnung der Spannungen in Tangentialrichtung durch Anwendung des Hookeschen Gesetzes (zweiachsiger Spannungszustand)

$$\sigma_t = \frac{E}{1-\mu^2}\cdot\left(\varepsilon_t + \mu\cdot\varepsilon_a\right) = \frac{210\,000\,\text{N/mm}^2}{1-0,30^2}\cdot\left(0,6071\,\text{‰} + 0,30\cdot0,1429\,\text{‰}\right)\cdot10^{-3}$$

$$= 150\,\text{N/mm}^2$$

Berechnung des Innendrucks p_i

$$\sigma_t = p_i \cdot \frac{d_i}{2 \cdot s}$$

$$p_i = \sigma_t \cdot \frac{2 \cdot s}{d_i} = 150 \text{ N/mm}^2 \cdot \frac{2 \cdot 15 \text{ mm}}{450 \text{ mm}} = 10 \text{ N/mm}^2 = \textbf{10 MPa}$$

Lösung zu Aufgabe 12.13

Berechnung des Durchmesserverhältnisses

$$\frac{d_a}{d_i} = \frac{330\,\text{mm}}{300\,\text{mm}} = 1,1 < 1,20 \quad \text{(dünnwandig)}$$

Es liegt eine 0°-45°-90° DMS-Rosette vor. Daher kann der Mohrsche Verformungskreis entsprechend Kapitel 4.4.2 (siehe Lehrbuch) auf einfache Weise konstruiert werden (siehe Abbildung).

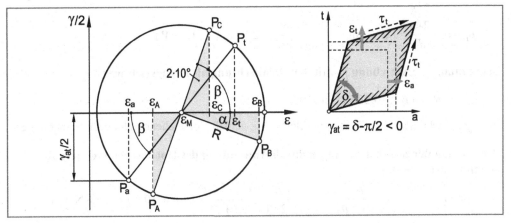

Berechnung von Mittelpunkt und Radius des Mohrschen Verformungskreises

$$\varepsilon_M = \frac{\varepsilon_A + \varepsilon_C}{2} = \frac{0,2011\,\text{‰} + 0,3989\,\text{‰}}{2} = 0,3\,\text{‰}$$

$$R = \sqrt{(\varepsilon_B - \varepsilon_M)^2 + (\varepsilon_M - \varepsilon_A)^2}$$
$$= \sqrt{(0,5715\,\text{‰} - 0,3\,\text{‰})^2 + (0,3\,\text{‰} - 0,2011\,\text{‰})^2} = 0,2890\,\text{‰}$$

Berechnung des Winkels α zwischen der Messrichtung von DMS B und der Hauptdehnungsrichtung ε_{H1}

$$\alpha = \arctan\left(\frac{\varepsilon_M - \varepsilon_A}{\varepsilon_B - \varepsilon_M}\right) = \arctan\left(\frac{0,3\,\text{‰} - 0,2011\,\text{‰}}{0,5715\,\text{‰} - 0,3\,\text{‰}}\right) = \arctan 0,364 = 20°$$

Damit folgt für den Richtungswinkel β:

$$\beta = 90° - \alpha - 2 \cdot 10° = 50°$$

Berechnung der Dehnungen in Tangential- und Axialrichtung

$$\varepsilon_t = \varepsilon_M + R \cdot \cos\beta = 0,3\,\text{‰} + 0,289\,\text{‰} \cdot \cos 50° = 0,4858\,\text{‰}$$
$$\varepsilon_a = \varepsilon_M - R \cdot \cos\beta = 0,3\,\text{‰} - 0,289\,\text{‰} \cdot \cos 50° = 0,1142\,\text{‰}$$

Berechnung der Normalspannung in Tangentialrichtung (σ_t) durch Anwendung des Hookeschen Gesetzes (zweiachsiger Spannungszustand)

$$\sigma_t = \frac{E}{1-\mu^2} \cdot (\varepsilon_t + \mu \cdot \varepsilon_a) = \frac{210\,000\,\text{N/mm}^2}{1-0{,}3^2} \cdot (0{,}4858 + 0{,}3 \cdot 0{,}1142) \cdot 10^{-3}$$

$$= 120\,\text{N/mm}^2$$

Berechnung des Innendrucks p_i

$$\sigma_t = p_i \cdot \frac{d_i}{2 \cdot s}$$

$$p_i = \sigma_t \cdot \frac{2 \cdot s}{d_i} = 120\,\text{N/mm}^2 \cdot \frac{2 \cdot 15\,\text{mm}}{300\,\text{mm}} = 12\,\text{N/mm}^2 = \mathbf{12\,MPa}$$

Berechnung der Schiebung γ_{at} mit der Axialrichtung als Bezugsrichtung

$$\frac{\gamma_{at}}{2} = -R \cdot \sin\beta = -0{,}289\,\text{‰} \cdot \sin 50° = -0{,}2213\,\text{‰}$$

$$\gamma_{at} = -0{,}4426\,\text{‰} \qquad \text{(Winkelverkleinerung gemäß Vorzeichenregelung für Schiebungen)}$$

Berechnung der Schubspannung τ_t durch Anwendung des Hookeschen Gesetzes für Schubbeanspruchung

$$\tau_{at} \equiv \tau_t = G \cdot \gamma_{at} = \frac{E}{2 \cdot (1+\mu)} \cdot \gamma_{at} = \frac{210\,000\,\text{N/mm}^2}{2 \cdot (1+0{,}30)} \cdot \left(-0{,}4426 \cdot 10^{-3}\right) = -35{,}8\,\text{N/mm}^2$$

Berechnung des Torsionsmomentes

$$\tau_t = \frac{M_t}{W_t}$$

$$M_t = |\tau_t| \cdot W_t = \tau_t \cdot \frac{\pi}{16} \cdot \frac{d_a^4 - d_i^4}{d_a} = 35{,}8\,\text{N/mm}^2 \cdot \frac{\pi}{16} \cdot \frac{330^4 - 300^4}{330}\,\text{mm}^3$$

$$= 80\,000\,000\,\text{Nmm} = \mathbf{80\,000\,Nm}$$

Das Torsionsmoment wirkt entgegen der in der Aufgabenstellung eingezeichneten Richtung.

Lösung zu Aufgabe 12.14

a) Berechnung des Innendrucks

$$p_i = \frac{F}{A} = \frac{F}{\frac{\pi}{4} \cdot d_{i2}^2} = \frac{150\,000 \text{ N}}{\frac{\pi}{4} \cdot (80 \text{ mm})^2} = 29{,}84 \text{ N/mm}^2 = \mathbf{29{,}84 \text{ MPa}}$$

b) Berechnung des Durchmesserverhältnisses

$$\frac{d_{a1}}{d_{i1}} = \frac{70 \text{ mm}}{60 \text{ mm}} = 1{,}17 < 1{,}20 \quad \text{(dünnwandig)}$$

Berechnung der Spannungskomponenten an der Stelle 1

Tangentialspannung:

$$\sigma_t = p_i \cdot \frac{d_{i1}}{2 \cdot s_1} = 29{,}84 \text{ N/mm}^2 \cdot \frac{60 \text{ mm}}{2 \cdot 5 \text{ mm}} = 179{,}05 \text{ N/mm}^2$$

Axialspannung (erhält man durch Freischneiden des Deckels, siehe Abbildung):

$$\sigma_a = \frac{-F + p_i \cdot \frac{\pi}{4} \cdot d_{i1}^2}{\frac{\pi}{4} \cdot \left(d_{a1}^2 - d_{i1}^2\right)}$$

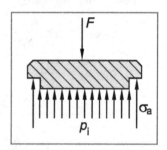

$$= \frac{-150\,000 \text{ N} + 29{,}84 \text{ N/mm}^2 \cdot \frac{\pi}{4} \cdot (60 \text{ mm})^2}{\frac{\pi}{4} \cdot \left(70^2 - 60^2\right) \text{mm}^2}$$

$$= -64{,}27 \text{ N/mm}^2$$

Radialspannung:

$$\sigma_r = -\frac{p_i}{2} = -14{,}92 \text{ N/mm}^2$$

Hauptspannungen

$$\sigma_1 = \sigma_t = 179{,}05 \text{ N/mm}^2$$

$$\sigma_2 = \sigma_r = -14{,}92 \text{ N/mm}^2$$

$$\sigma_3 = \sigma_a = -64{,}27 \text{ N/mm}^2$$

Festigkeitsbedingung

$$\sigma_{VSH} \leq \sigma_{zul} = \frac{R_{p0{,}2}}{S_F}$$

$$\sigma_1 - \sigma_3 = \frac{R_{p0{,}2}}{S_F}$$

$$S_F = \frac{R_{p0{,}2}}{\sigma_1 - \sigma_3} = \frac{780 \text{ N/mm}^2}{179{,}05 \text{ N/mm}^2 - (-64{,}27 \text{ N/mm}^2)} = \mathbf{3{,}21} \quad \text{(ausreichend, da } S_F > 1{,}50)$$

Bemerkung: Für Druckbehälterberechnungen wählt man aufgrund des Gefährdungspoten-
ziales in der Regel einen höheren Sicherheitsbeiwert gegen plastische Verformung ($S_F \geq 1{,}50$).

c) **Berechnung der Spannungskomponenten an der Stelle 4**

Annahme: der äußere Zylinder ist dünnwandig.

Tangentialspannung:

$$\sigma_t = p_i \cdot \frac{d_{i2}}{2 \cdot s_2}$$

Axialspannung:

$$\sigma_a = 0 \quad \text{(keine Reibung)}$$

Radialspannung:

$$\sigma_r = -\frac{p_i}{2}$$

Festigkeitsbedingung

$$\sigma_{VSH} \leq \sigma_{zul} = \frac{R_{p0,2}}{S_F}$$

$$\sigma_1 - \sigma_3 = \frac{R_{p0,2}}{S_F}$$

$$p_i \cdot \frac{d_{i2}}{2 \cdot s_2} - \left(-\frac{p_i}{2}\right) = \frac{R_{p0,2}}{S_F}$$

$$p_i \cdot \left(\frac{d_{i2}}{2 \cdot s_2} + \frac{1}{2}\right) = \frac{R_{p0,2}}{S_F}$$

$$\frac{d_{i2}}{2 \cdot s_2} + \frac{1}{2} = \frac{R_{p0,2}}{p_i \cdot S_F}$$

$$s_2 = \frac{d_{i2}}{2 \cdot \left(\dfrac{R_{p0,2}}{p_i \cdot S_F} - \dfrac{1}{2}\right)} = \frac{80 \text{ mm}}{2 \cdot \left(\dfrac{780 \text{ N/mm}^2}{29{,}84 \text{ N/mm}^2 \cdot 3{,}21} - \dfrac{1}{2}\right)} = \mathbf{5{,}23\,mm}$$

Überprüfung, ob der Behälter tatsächlich dünnwandig ist

$$\frac{d_{a2}}{d_{i2}} = \frac{90{,}45 \text{ mm}}{80 \text{ mm}} = 1{,}13 < 1{,}20 \quad \text{(dünnwandig)}$$

d) An der Stelle 3 herrscht kein Innendruck (Dichtungen), daher sind dort keine Spannungskomponenten aus Innendruck vorhanden. Da voraussetzungsgemäß außerdem keine Reibung auftritt, liegen auch keine Axialspannungen vor. Die Stelle 3 ist also **spannungsfrei**,
d. h. $\sigma_V = 0$. Die Sicherheit gegen Fließen ist dementsprechend **unendlich**.

e) Konstruktion des Mohrschen Spannungskreises

Die Schnittflächen mit den Flächennormalen in Tangential- und Axialrichtung enthalten keine Schubspannungen (nur Innendruck). Die Normalspannungen in diesen Schnittebenen sind dementsprechend Hauptspannungen. Die Bildpunkte P_t und P_a welche die Spannungen in diesen Schnittebenen repräsentieren, fallen dementsprechend mit der σ-Achse zusammen und der Mohrsche Verformungskreis lässt sich auf einfache Weise konstruieren.

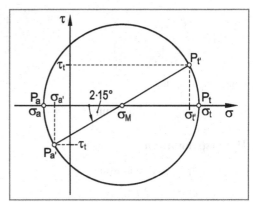

Die Bildpunkte $P_{a'}$ (Schnittfläche mit Flächennormale in a'-Richtung) und $P_{t'}$ erhält man durch Abtragen des Richtungswinkels ($2 \cdot 15°$ bzw. $2 \cdot 15° + 180°$) ausgehend von der nunmehr bekannten Axial- oder Tangentialrichtung (gleicher Drehsinn zum Lageplan).

Berechnung der Spannungen $\sigma_{a'}$ und $\sigma_{t'}$

$$\sigma_{a'} = \frac{\sigma_t + \sigma_a}{2} - \frac{\sigma_t - \sigma_a}{2} \cdot \cos$$

$$= \frac{179{,}05 \,\text{N/mm}^2 + \left(-64{,}27 \,\text{N/mm}^2\right)}{2} - \frac{179{,}05 \,\text{N/mm}^2 - \left(-64{,}27 \,\text{N/mm}^2\right)}{2} \cdot \cos(2 \cdot 15°)$$

$$= -47{,}98 \,\text{N/mm}^2$$

$$\sigma_{t'} = \frac{\sigma_t + \sigma_a}{2} + \frac{\sigma_t - \sigma_a}{2} \cdot \cos 2\alpha$$

$$= \frac{179{,}05 \,\text{N/mm}^2 + \left(-64{,}27 \,\text{N/mm}^2\right)}{2} + \frac{179{,}05 \,\text{N/mm}^2 - \left(-64{,}27 \,\text{N/mm}^2\right)}{2} \cdot \cos(2 \cdot 15°)$$

$$= 162{,}75 \,\text{N/mm}^2$$

Berechnung der Dehnung in Messrichtung des Dehnungsmessstreifens

$$\varepsilon_{a'} \equiv \varepsilon_{DMS} = \frac{1}{E} \cdot \left(\sigma_{a'} - \mu \cdot \sigma_{t'}\right)$$

$$= \frac{-47{,}98 \,\text{N/mm}^2 - 0{,}30 \cdot 162{,}75 \,\text{N/mm}^2}{208\,000 \,\text{N/mm}^2} = -0{,}000465 = -\mathbf{0{,}465 \,‰}$$

f) Bei einem Innendruck von $p_{max} = 40$ MPa ist der innere Zylinder voll ausgefahren, d. h. in beiden Zylindern tritt zusätzlich eine Axialspannung aus Innendruck auf.

Berechnung der Spannungskomponenten an der Stelle 1

Tangentialspannung:

$$\sigma_t = p_{max} \cdot \frac{d_{i1}}{2 \cdot s_1} = 40 \,\text{N/mm}^2 \cdot \frac{60 \,\text{mm}}{2 \cdot 5 \,\text{mm}} = 240 \,\text{N/mm}^2$$

Axialspannung:

$$\sigma_a = \frac{-F + p_{max} \cdot \frac{\pi}{4} \cdot d_{i1}^2}{\frac{\pi}{4} \cdot \left(d_{a1}^2 - d_{i1}^2\right)} = \frac{-150\,000\ \text{N} + 40\ \text{N/mm}^2 \cdot \frac{\pi}{4} \cdot \left(60\ \text{mm}\right)^2}{\frac{\pi}{4} \cdot \left(70^2 - 60^2\right)\text{mm}^2} = -36{,}14\ \text{N/mm}^2$$

Radialspannung:

$$\sigma_r = -\frac{p_{max}}{2} = -20\ \text{N/mm}^2$$

Hauptspannungen

$$\sigma_1 = \sigma_t = \quad 240\ \text{N/mm}^2$$

$$\sigma_2 = \sigma_r = \quad -20\ \text{N/mm}^2$$

$$\sigma_3 = \sigma_a = -36{,}14\ \text{N/mm}^2$$

Festigkeitsbedingung

$$\sigma_{VSH} \le \sigma_{zul} = \frac{R_{p0,2}}{S_F}$$

$$\sigma_1 - \sigma_3 = \frac{R_{p0,2}}{S_F}$$

$$S_F = \frac{R_{p0,2}}{\sigma_1 - \sigma_3} = \frac{780\ \text{N/mm}^2}{240\ \text{N/mm}^2 - (-36{,}14\ \text{N/mm}^2)} = 2{,}83 \quad \text{(ausreichend, da } S_F > 1{,}50\text{)}$$

Berechnung der Spannungskomponenten an der Stelle 4

Tangentialspannung:

$$\sigma_t = p_{max} \cdot \frac{d_{i2}}{2 \cdot s_2} = 40\ \text{N/mm}^2 \cdot \frac{80\ \text{mm}}{2 \cdot 6\ \text{mm}} = 266{,}67\ \text{N/mm}^2$$

Axialspannung:

$$\sigma_a = \frac{-F + p_{max} \cdot \frac{\pi}{4} \cdot d_{i2}^2}{\frac{\pi}{4} \cdot \left(d_{a2}^2 - d_{i2}^2\right)} = \frac{-150\,000\ \text{N} + 40\ \text{N/mm}^2 \cdot \frac{\pi}{4} \cdot \left(80\ \text{mm}\right)^2}{\frac{\pi}{4} \cdot \left(92^2 - 80^2\right)\text{mm}^2} = 31{,}50\ \text{N/mm}^2$$

Radialspannung:

$$\sigma_r = -\frac{p_{max}}{2} = -20\ \text{N/mm}^2$$

Hauptspannungen

$$\sigma_1 = \sigma_t = 266{,}67\ \text{N/mm}^2$$

$$\sigma_2 = \sigma_r = \quad 31{,}50\ \text{N/mm}^2$$

$$\sigma_3 = \sigma_a = \quad -20\ \text{N/mm}^2$$

Festigkeitsbedingung

$$\sigma_{VSH} \leq \sigma_{zul} = \frac{R_{p0,2}}{S_F}$$

$$\sigma_1 - \sigma_3 = \frac{R_{p0,2}}{S_F}$$

$$S_F = \frac{R_{p0,2}}{\sigma_1 - \sigma_3} = \frac{780 \text{ N/mm}^2}{266,67 \text{ N/mm}^2 - (-20 \text{ N/mm}^2)} = 2,72 \quad (\text{ausreichend, da } S_F > 1,50)$$

g) **Spannungskomponenten an der Kerbstelle 2**

Tangentialspannung:

$$\sigma_t = 240 \text{ N/mm}^2$$

Axialspannung:

$$\sigma_{a \, max} = \alpha_k \cdot \sigma_{an} = \alpha_k \cdot \sigma_a = 2,25 \cdot \left(-36,14 \text{ N/mm}^2\right) = -81,32 \text{ N/mm}^2$$

Radialspannung:

$$\sigma_r = -\frac{p_{max}}{2} = -20 \text{ N/mm}^2$$

Hauptspannungen

$$\sigma_1 = \sigma_t = \quad 240 \text{ N/mm}^2$$

$$\sigma_2 = \sigma_r = \quad -20 \text{ N/mm}^2$$

$$\sigma_3 = \sigma_a = -81,32 \text{ N/mm}^2$$

Festigkeitsbedingung

$$\sigma_{VSH} \leq \sigma_{zul} = \frac{R_{p0,2}}{S_F}$$

$$\sigma_1 - \sigma_3 = \frac{R_{p0,2}}{S_F}$$

$$S_F = \frac{R_{p0,2}}{\sigma_1 - \sigma_3} = \frac{780 \text{ N/mm}^2}{240 \text{ N/mm}^2 - (-81,32 \text{ N/mm}^2)} = 2,43 \quad (\text{ausreichend, da } S_F > 1,50)$$

Lösung zu Aufgabe 12.15

Beim dünnwandigen Behälter unter Innendruck gilt für die Hauptnormalspannungen:

$$\sigma_1 \equiv \sigma_t$$

$$\sigma_2 \equiv \sigma_a = \frac{\sigma_t}{2}$$

$$\sigma_3 \approx 0$$

Berechnung der Vergleichsspannung nach der Gestaltänderungsenergiehypothese

$$\sigma_{VGEH} = \frac{1}{\sqrt{2}} \cdot \sqrt{(\sigma_1 - \sigma_2)^2 + (\sigma_2 - \sigma_3)^2 + (\sigma_3 - \sigma_1)^2}$$

$$= \frac{1}{\sqrt{2}} \cdot \sqrt{(\sigma_t - \sigma_a)^2 + \sigma_a^2 + \sigma_t^2}$$

$$= \frac{1}{\sqrt{2}} \cdot \sqrt{2 \cdot \sigma_t^2 + 2 \cdot \sigma_t \cdot \sigma_a + 2 \cdot \sigma_a^2}$$

$$= \sqrt{\sigma_t^2 + \sigma_t \cdot \sigma_a + \sigma_a^2}$$

mit $\sigma_a = 0{,}5 \cdot \sigma_t$ folgt:

$$\sigma_{VGEH} = \sqrt{\sigma_t^2 + \frac{\sigma_t^2}{2} + \frac{\sigma_t^2}{4}} = \sqrt{\frac{3}{4} \cdot \sigma_t^2} = \frac{\sqrt{3}}{2} \cdot \sigma_t$$

Fließen tritt ein, sobald gilt:

$$\sigma_{VGEH} = R_e$$

$$\frac{\sqrt{3}}{2} \cdot \sigma_t = R_e$$

$$\sigma_t = \frac{2}{\sqrt{3}} \cdot R_e = 1{,}155 \cdot R_e$$

13 Werkstoffermüdung und Schwingfestigkeit

13.1 Formelsammlung Werkstoffermüdung und Schwingfestigkeit

$$\sigma_m = \frac{\sigma_o + \sigma_u}{2}$$ Mittelspannung

$$\sigma_a = \frac{\sigma_o - \sigma_u}{2}$$ Spannungsamplitude

$$R = \frac{\sigma_u}{\sigma_o}$$ Spannungsverhältnis

$$N = f \cdot \Delta t$$ Schwingspielzahl

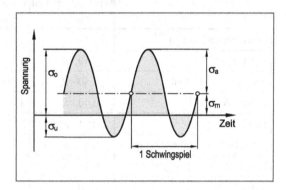

Wöhlerkurve

• Bereich der quasi-statischen Festigkeit

Zum Bruch führende Spannungsamplitude

$$\sigma_{A\,max} = R_m \cdot \frac{1-R}{2}$$

• Zeitfestigkeitsbereich

Gleichung der Wöhlerkurve im Zeitfestigkeitsbereich

$$\sigma_A = \sigma_{A1} \cdot \left(\frac{N}{N_1}\right)^{-\frac{1}{k}}$$

$$N = N_1 \cdot \left(\frac{\sigma_A}{\sigma_{A1}}\right)^{-k}$$

Neigungsexponent

$$k = -\frac{\lg\left(\dfrac{N_1}{N_2}\right)}{\lg\left(\dfrac{\sigma_{A1}}{\sigma_{A2}}\right)}$$

$$k = \tan\alpha$$

• Bereich der Dauerfestigkeit

$$\sigma_{AD} = \text{konstant}$$

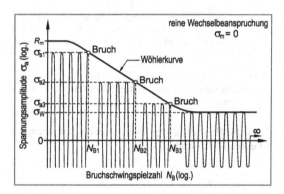

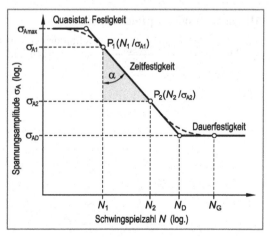

Dauerfestigkeitskennwerte unter rein wechselnder Beanspruchung

Werkstoffsorte / Werkstoffgruppe	Dauerfestigkeitskennwert [1]			
	Zug-Druck-Wechselfestigkeit σ_{zdW} [2]	Biege-wechselfestigkeit σ_{bW} [7][8]	Schub-wechselfestigkeit τ_{sW} [2]	Torsions-wechselfestigkeit τ_{tW} [7][8][9]
Walzstahl, allgemein [3][4]	$0{,}45 \cdot R_m$	$1{,}1 \dots 1{,}3 \cdot \sigma_{zdW}$	$0{,}577 \cdot \sigma_{zdW}$	$0{,}577 \cdot \sigma_{bW}$
Einsatzstahl [4]	$0{,}40 \cdot R_m$ [5]	$1{,}1 \dots 1{,}3 \cdot \sigma_{zdW}$	$0{,}577 \cdot \sigma_{zdW}$ [5]	$0{,}577 \cdot \sigma_{bW}$
Nichtrostender Stahl	$0{,}40 \cdot R_m$ [6]	$1{,}1 \dots 1{,}3 \cdot \sigma_{zdW}$	$0{,}577 \cdot \sigma_{zdW}$	$0{,}577 \cdot \sigma_{bW}$
Schmiedestahl [4]	$0{,}40 \cdot R_m$ [6]	$1{,}1 \dots 1{,}3 \cdot \sigma_{zdW}$	$0{,}577 \cdot \sigma_{zdW}$	$0{,}577 \cdot \sigma_{bW}$
Stahlguss	$0{,}34 \cdot R_m$	$1{,}15 \cdot \sigma_{zdW}$	$0{,}577 \cdot \sigma_{zdW}$	k. A.
Gusseisen mit Lamellengraphit	$0{,}30 \cdot R_m$	$1{,}50 \cdot \sigma_{zdW}$	$0{,}850 \cdot \sigma_{zdW}$	$0{,}8 \dots 0{,}9 \cdot \sigma_{zdW}$
Gusseisen mit Kugelgraphit	$0{,}34 \cdot R_m$	$1{,}30 \cdot \sigma_{zdW}$	$0{,}650 \cdot \sigma_{zdW}$	k. A.
Temperguss	$0{,}30 \cdot R_m$	$1{,}40 \cdot \sigma_{zdW}$	$0{,}750 \cdot \sigma_{zdW}$	k. A.
Al-*Knet*legierungen	$0{,}30 \cdot R_m$	$1{,}1 \dots 1{,}3 \cdot \sigma_{zdW}$	$0{,}577 \cdot \sigma_{zdW}$	k. A.
Al-*Guss*legierungen	$0{,}30 \cdot R_m$	k. A.	$0{,}750 \cdot \sigma_{zdW}$	k. A.

[1] Werkstoffkennwerte sind in N/mm² einzusetzen. Anhaltswerte für ungekerbte Proben mit polierter Oberfläche.
[2] Werte nach [2]. Für $N = 10^6$ Schwingspiele.
[3] Außer Einsatzstahl, nichtrostender Stahl und Schmiedestahl.
[4] Nach DIN 743-3: $\sigma_{zdW} \approx 0{,}4 \cdot R_m$; $\sigma_{bW} \approx 0{,}5 \cdot R_m$; $\tau_{tW} \approx 0{,}3 \cdot R_m$ (Torsionswechselfestigkeit).
[5] Blindgehärtet. Der Einfluss einer Einsatzhärtung wird durch den Randschichtfaktor (Tabelle 13.4) berücksichtigt.
[6] Vorläufiger Wert.
[7] Anhaltswerte für zähe Werkstoffe.
[8] $0{,}577 = 1/\sqrt{3}$ (Gestaltänderungsenergiehypothese).
[9] Experimentelle Ergebnisse deuten eher auf ein Verhältnis von $\tau_{tW} = 0{,}62 \cdot \sigma_{bW}$ hin.
k. A. = keine Angabe

Festigkeitsbedingung für ungekerbte Bauteile mit polierter Oberfläche unter reiner Wechselbeanspruchung

$$\sigma_a \leq \sigma_{a\,zul} = \frac{\sigma_W}{S_D}$$

Mittelspannungsempfindlichkeit

$$M = \tan\alpha = \frac{\sigma_W - \sigma_{Sch}/2}{\sigma_{Sch}/2}$$

Definition der Mittel-spannungsempfind-lichkeit

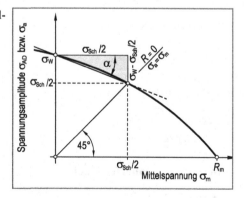

Mittelspannungsempfindlichkeit unter der Wirkung von Normalspannungen

- Stahl: [1] $M_\sigma = 0,00035 \cdot R_m - 0,10$
- Stahlguss: $M_\sigma = 0,00035 \cdot R_m + 0,05$
- GJL: [2] $M_\sigma = 0,5$
- GJS: [3] $M_\sigma = 0,00035 \cdot R_m + 0,08$
- Temperguss: $M_\sigma = 0,00035 \cdot R_m + 0,13$
- Al-Knetlegierungen $M_\sigma = 0,001 \cdot R_m - 0,04$
- Al-Gusslegierungen $M_\sigma = 0,001 \cdot R_m + 0,20$

Mittelspannungsempfindlichkeit unter der Wirkung von Schubspannungen

- Stahl [1] $M_\tau = 0,577 \cdot M_\sigma$
- Stahlguss: $M_\tau = 0,577 \cdot M_\sigma$
- GJL: [2] $M_\tau = 0,85 \cdot M_\sigma$
- GJS: [3] $M_\tau = 0,65 \cdot M_\sigma$
- Temperguss: $M_\tau = 0,75 \cdot M_\sigma$
- Al-Knetlegierungen $M_\tau = 0,577 \cdot M_\sigma$
- Al-Gusslegierungen $M_\tau = 0,75 \cdot M_\sigma$

Dauerfestigkeitsschaubild nach Haigh (modifiziert) für duktile Werkstoffe

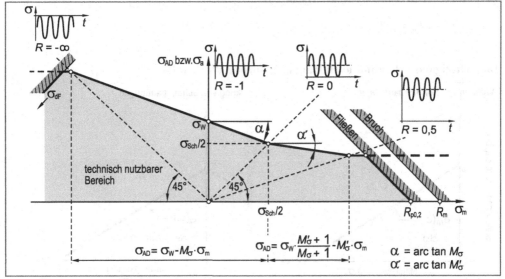

$$\sigma_{AD} = \sigma_W - M_\sigma \cdot \sigma_m \qquad \sigma_{AD} = \sigma_W \cdot \frac{M_\sigma' + 1}{M_\sigma + 1} - M_\sigma' \cdot \sigma_m$$

$$\alpha = \arctan M_\sigma$$
$$\alpha' = \arctan M_\sigma'$$

Für $\dfrac{\sigma_W}{M_\sigma - 1} < \sigma_m \leq \dfrac{\sigma_W}{M_\sigma + 1}$:

$$\sigma_{AD} = \sigma_W - M_\sigma \cdot \sigma_m$$

---

[1] auch für nichtrostende Stähle
[2] GJL: Gusseisen mit Lamellengraphit
[3] GJS: Gusseisen mit Kugelgraphit

Für $\dfrac{\sigma_W}{M_\sigma + 1} < \sigma_m \leq \dfrac{3 \cdot \sigma_W}{3 \cdot M'_\sigma + 1} \cdot \dfrac{M'_\sigma + 1}{M_\sigma + 1}$:

$$\sigma_{AD} = \sigma_W \cdot \dfrac{M'_\sigma + 1}{M_\sigma + 1} - M'_\sigma \cdot \sigma_m$$

Für $\dfrac{3 \cdot \sigma_W}{3 \cdot M'_\sigma + 1} \cdot \dfrac{M'_\sigma + 1}{M_\sigma + 1} < \sigma_m < \infty$:

$$\sigma_{AD} = \dfrac{\sigma_W}{3 \cdot M'_\sigma + 1} \cdot \dfrac{M'_\sigma + 1}{M_\sigma + 1}$$

Für $-\infty < \sigma_m < \dfrac{\sigma_W}{M_\sigma - 1}$:

$$\sigma_{AD} = \dfrac{\sigma_W}{1 - M_\sigma}$$

Grenzkurve für plastische Verformung im DFS nach Haigh

$$\sigma_a(\sigma_m) = R_{p0,2} - \sigma_m$$

Grenzkurve für Bruch im DFS nach Haigh

$$\sigma_a(\sigma_m) = R_m - \sigma_m$$

Dauerfestigkeitsschaubild nach Haigh für spröde Werkstoffe

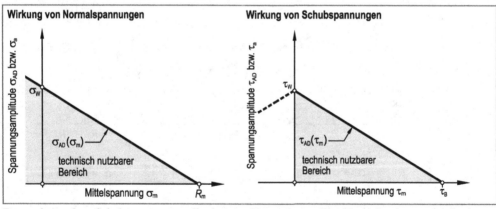

Dauernd ertragbare Schubspannungsamplitude
für spröde Werkstoffe

$$\sigma_{AD} = \sigma_W \cdot \left(1 - \dfrac{\sigma_m}{R_m}\right)$$

Dauernd ertragbare Normalspannungsamplitude
für spröde Werkstoffe

$$\tau_{AD} = \tau_W \cdot \left(1 - \dfrac{|\tau_m|}{\tau_B}\right)$$

Festigkeitsbedingung unter Schwingbeanspruchung ungekerbter Bauteile mit polierter Oberfläche unter der Wirkung einer von Null verschiedenen Mittelspannung

$$\sigma_a \le \sigma_{a\,zul} = \frac{\sigma_{AD}}{S_D}$$

Einfluss der Oberflächenrauigkeit unter der Wirkung von Normalspannungen

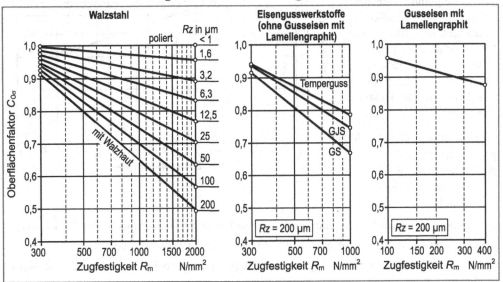

Einfluss der Oberflächenrauigkeit unter der Wirkung von Schubspannungen

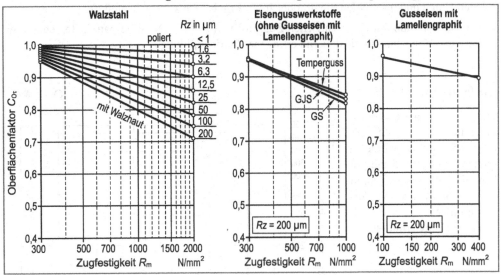

GJS: Gusseisen mit Kugelgraphit
GS:　Stahlguss

13.2 Aufgaben

Aufgabe 13.1   ○○○●●

Die Abbildung zeigt die Wöhlerkurve eines glatten, polierten Rundstabes aus der Vergütungsstahlsorte 25CrMo4 mit Vollkreisquerschnitt ($d = 10$ mm) für eine Ausfallwahrscheinlichkeit von $P_A = 50\%$. Der Rundstab unterliegt einer Zug-Druck-Wechselbeanspruchung.

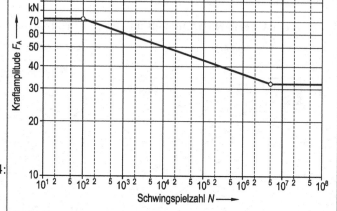

Werkstoffkennwerte 25CrMo4:

$R_{p0,2} = 700$ N/mm^2
$R_m = 900$ N/mm^2
$E = 208000$ N/mm^2
$\mu = 0,30$

a) Ermitteln Sie anhand der Wöhlerkurve die Zug-Druck-Wechselfestigkeit des Werkstoffs.

b) Berechnen Sie den Neigungsexponenten k (k-Faktor) der Wöhlerkurve.

c) Berechnen Sie die dauernd ertragbare Kraftamplitude F_{AD1} bei reiner Zugschwellbeanspruchung.

d) Konstruieren Sie aus den gegebenen Daten das weiterentwickelte Dauerfestigkeitsschaubild nach Haigh und überprüfen Sie graphisch das Ergebnis aus Aufgabenteil c).

e) Der Stab sei nun mit einer statischen Zugkraft von $F = 20$ kN vorgespannt. Berechnen Sie für diese Vorspannung die dauernd ertragbare Kraftamplitude F_{AD2}.

Aufgabe 13.2   ○○○●●

Für die unlegierte Vergütungsstahlsorte C45E+QT ($R_m = 850$ N/mm^2) wurde an glatten, polierten Rundproben mit Vollkreisquerschnitt ($d = 10$ mm) eine Wöhlerkurve unter reiner Wechselbeanspruchung ermittelt.

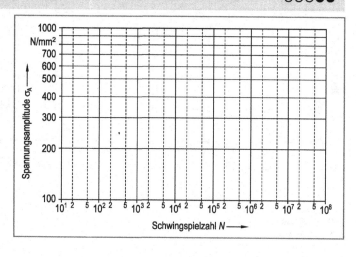

Eine statistische Auswertung ergab für eine Ausfallwahrscheinlichkeit von $P_A = 50\%$ die folgenden Werte:

$\sigma_{zdW} = 350 \text{ N/mm}^2$
$k \quad = 12,5$
$N_D \quad = 3 \cdot 10^6$

a) Konstruieren Sie aus den gegebenen Zahlenwerten die Wöhlerkurve in das vorbereitete Diagramm.

b) Berechnen Sie für eine Spannungsamplitude von $\sigma_A = 450 \text{ N/mm}^2$ und eine Prüffrequenz von $f = 15$ Hz die erforderliche Versuchsdauer bis zum Ausfall von 50% der bei dieser Beanspruchung geprüften Proben.

c) Berechnen Sie die dauernd ertragbare Spannungsamplitude für eine statisch wirkende Mittelspannung von $\sigma_m = 150 \text{ N/mm}^2$.

Aufgabe 13.3   ○○○○○●

Nennen Sie je ein Beispiel aus der technischen Praxis, für die nachfolgend genannten Beanspruchungsarten.

a) Zug-Schwellbeanspruchung ($\sigma_u > 0$).

b) Reine Zug-Schwellbeanspruchung ($\sigma_u = 0$).

c) Reine Wechselbeanspruchung ($\sigma_u = -\sigma_o$).

d) Druck-Schwellbeanspruchung ($\sigma_o < 0$).

e) Reine Druck-Schwellbeanspruchung ($\sigma_o = 0$)

Aufgabe 13.4   ○○○○●●

In einem dünnwandigen Gashochdruckbehälter ($d_i = 800$ mm, $s = 10$ mm) aus Werkstoff S620QL herrscht ein zeitlich veränderlicher Innendruck p_i (siehe Abbildung).

Werkstoffkennwerte S620QL:
$R_{p0,2} = 620 \text{ N/mm}^2$
$R_m \quad = 870 \text{ N/mm}^2$
$E \quad = 210000 \text{ N/mm}^2$
$\mu \quad = 0,30$

a) Berechnen Sie für die Tangential-, für die Axial- und für die Radialspannungskomponente jeweils die Oberspannung σ_o und die Unterspannung σ_u.

b) Berechnen Sie für die Tangentialspannung σ_t:
   • die Spannungsamplitude σ_{ta}
   • die Mittelspannung σ_{tm}
   • das Spannungsverhältnis R

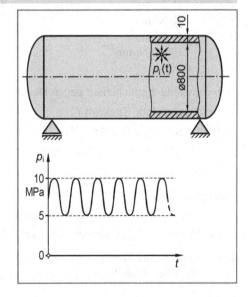

c) Zeichnen Sie ein σ_a-σ_m- Diagramm und kennzeichnen Sie dort die Orte mit:
- $R = -1$
- $R = -0,5$
- $R = 0$
- $R = 0,5$
- $R = 1$
- $R = \infty$

Aufgabe 13.5   ○○○●●

Ein einseitig eingespannter Rundstab mit Vollkreisquerschnitt ($d = 25$ mm) und einer Länge von $l = 500$ mm aus der legierten Vergütungsstahlsorte 37Cr4 kann auf unterschiedliche Weise beansprucht werden.

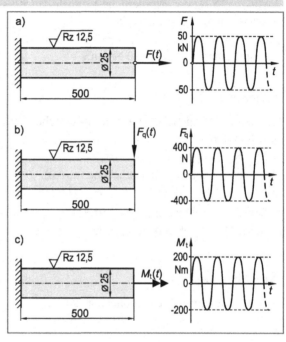

Die Oberfläche des Rundstabes ist gedreht ($Rz = 12,5$ µm). Kerbwirkung an der Einspannstelle, Schubspannungen durch Querkräfte (Aufgabenteil b) sowie ein Einfluss der Bauteilgröße auf die Schwingfestigkeit dürfen vernachlässigt werden.

Werkstoffkennwerte 37Cr4:

$R_{p0,2}$ = 820 N/mm²
R_m = 950 N/mm²
σ_{zdW} = 415 N/mm²
σ_{bW} = 480 N/mm²
τ_{tW} = 240 N/mm²
E = 212000 N/mm²
μ = 0,30

Berechnen Sie die Sicherheit gegen Dauerbruch (S_D) für die nachfolgenden Lastfälle.

a) Rein wechselnde Zugkraft F.

b) Rein wechselnde Querkraft F_q.

c) Rein wechselndes Torsionsmoment M_t.

Aufgabe 13.6   ○○○●●

Ein einseitig eingespannter Rundstab mit Vollkreisquerschnitt ($d = 30$ mm) aus der unlegierten Baustahlsorte S275JR unterliegt einer zeitlich veränderlichen Beanspruchung.

Die Oberfläche der Welle ist gedreht ($Rz = 6,3$ µm). Kerbwirkung an der Einspannstelle sowie ein Einfluss der Bauteilgröße auf die Schwingfestigkeit dürfen vernachlässigt werden.

Werkstoffkennwerte S275JR:

$R_{p0,2}$ = 290 N/mm²
R_m = 540 N/mm²
σ_{zdW} = 240 N/mm²
E = 210000 N/mm²
μ = 0,30

a) Berechnen Sie die dauernd ertragbare Kraftamplitude F_{A1} für eine Schwingbeanspruchung mit einer statisch wirkenden Vorspannkraft von F_m = 150 kN (Abbildung a).

b) Berechnen Sie die dauernd ertragbare Kraftamplitude F_{A2} für eine reine Zugschwellbeanspruchung (Abbildung b).

c) Berechnen Sie die dauernd ertragbare Kraftamplitude F_{A3} für eine reine Druckschwellbeanspruchung (Abbildung c).

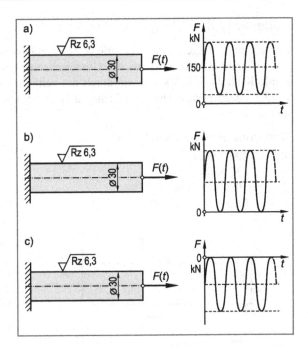

Aufgabe 13.7   ○○○●●

Eine Dehnschraube aus der warmfesten, legierten Stahlsorte 13CrMo4-4 mit Vollkreisquerschnitt und geschliffener Oberfläche (Rz = 4 µm) steht im Zylinderblock eines Motors unter einer statischen Vorspannung von F_1 = 12000 N. Bei jedem Arbeitstakt wird die Dehnschraube zusätzlich schwellend mit F_2 = 25000 N belastet.

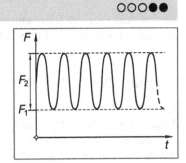

Werkstoffkennwerte 13CrMo4-4:

$R_{p0,2}$ = 300 N/mm²
R_m = 560 N/mm²
σ_{zdW} = 250 N/mm²
E = 209000 N/mm²
μ = 0,30

a) Berechnen Sie den erforderlichen Durchmesser d der Dehnschraube, falls eine Sicherheit gegen Fließen von S_F = 1,20 gefordert wird.

b) Ermitteln Sie den notwendigen Durchmesser d, falls eine Sicherheit von S_D = 2,80 gegen Dauerbruch gefordert wird.

Aufgabe 13.8   ○○●●●

Ein einseitig eingespannter Freiträger (l = 200 mm) mit rechteckiger Querschnittsfläche (a = 25 mm; b = 50 mm) aus der Gusseisensorte EN-GJL-350 wird durch die statisch wirkende Kraft F_1 = 120 kN sowie durch die zeitlich veränderliche, rein wechselnd wirkendee Kraft F_2 beansprucht. Die Oberflächenrauigkeit des Stabes kann mit Rz = 200 µm angenommen werden.

Werkstoffkennwerte EN-GJL-350:

R_m = 400 N/mm^2
σ_{bW} = 130 N/mm^2
E = 108000 N/mm^2
μ = 0,25

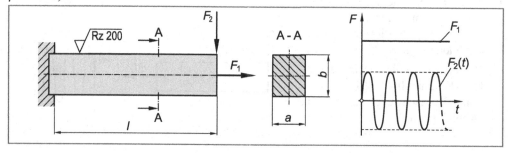

Berechnen Sie die dauernd ertragbare Kraftamplitude F_2 damit kein Dauerbruch eintritt. Es wird eine Sicherheit von S_D = 5,0 gefordert.

Kerbwirkung an der Einspannstelle, Schubspannungen durch Querkräfte sowie ein Einfluss der Bauteilgröße auf die Schwingfestigkeit dürfen vernachlässigt werden.

Aufgabe 13.9   ○○●●●

Eine statisch vorgespannte, abgesetzte Torsionsfeder mit gedrehter Oberfläche (Rz = 25 µm) aus der Federstahlsorte 61SiCr7 wird im Betrieb durch ein zeitlich veränderliches Torsionsmoment beansprucht (siehe Abbildung). Ein Einfluss der Bauteilgröße auf die Schwingfestigkeit muss nicht berücksichtigt werden.

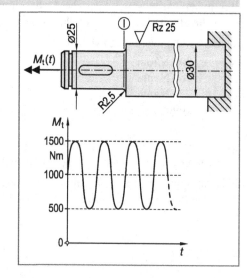

Werkstoffkennwerte 61SiCr7:

$R_{p0,2}$ = 1400 N/mm^2
R_m = 1830 N/mm^2
τ_{tW} = 490 N/mm^2
E = 211000 N/mm^2
μ = 0,30

Hat die Torsionsfeder im Bereich des Absatzes (Querschnitt I) eine ausreichende Sicherheit gegenüber Dauerbruch?

Aufgabe 13.10   ○○●●●

Der abgebildete, abgesetzte Bolzen aus der Feinkornbaustahlsorte S890QL mit polierter Oberfläche ($D = 50$ mm; $d = 25$ mm) wird einer Zug-Druck-Wechselbeanspruchung ausgesetzt.

a) Berechnen Sie den erforderlichen Radius R so, dass die Formzahl $\alpha_k = 2{,}0$ wird.

b) Ermitteln Sie die zulässige, rein wechselnd wirkende Zugkraft F_W so, dass ein Dauerbruch mit einer Sicherheit von $S_D = 2{,}50$ ausgeschlossen werden kann.

Werkstoffkennwerte S890QL:

R_m =   1050 N/mm^2
$R_{p0,2}$ =   920 N/mm^2
σ_{zdW} =   480 N/mm^2

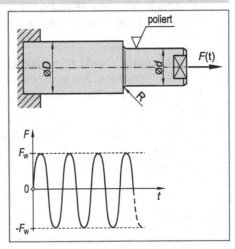

c) Berechnen Sie die zulässige Zugkraft F_W, falls der baugleiche Bolzen aus der Gusseisensorte EN-GJL-300 hergestellt wurde. Es wird eine Sicherheit gegenüber Dauerbruch von $S_D = 4{,}0$ gefordert. Die Oberfläche des Bolzens sei poliert.

Werkstoffkennwerte EN-GJL-300:

R_m = 320 N/mm^2
σ_{zdW} = 100 N/mm^2

Aufgabe 13.11   ○○●●●

Der abgebildete Hebel mit Vollkreisquerschnitt aus einem schweißgeeigneten Feinkornbaustahl (S890QL) und gedrehter Oberfläche ($Rz = 10$ µm) ist auf der einen Seite mit einer dickwandigen Stahlplatte verschweißt. An seinem freien, rechten Ende wurde eine symmetrische Querlasche angebracht. Der Hebel kann durch die Querkraft F_1 sowie durch das Kräftepaar F_2 beansprucht werden. Es sind unterschiedliche Lastfälle zu untersuchen.

Werkstoffkennwerte S890QL:

$R_{p0,2}$ =   900 N/mm^2
R_m = 1050 N/mm^2
σ_{bW} =   480 N/mm^2
τ_{tW} =   275 N/mm^2
E = 212000 N/mm^2
μ = 0,30

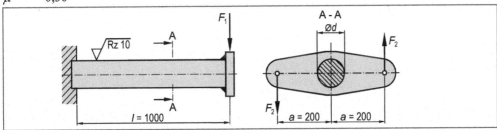

a) Die Kraft F_1 wirkt rein schwellend zwischen 0 und 10 kN. Das Kräftepaar F_2 wirkt zunächst nicht ($F_2 = 0$). Berechnen Sie den mindestens erforderlichen Durchmesser d des Stabes, damit ein Dauerbruch mit einer Sicherheit von $S_D = 2,5$ ausgeschlossen werden kann.

b) Das Kräftepaar F_2 wirkt rein wechselnd mit $F_2 = \pm 15$ kN. Die Querkraft F_1 wirkt nicht ($F_1 = 0$). Berechnen Sie auch für diese Beanspruchung den mindestens erforderlichen Durchmesser d des Stabes, damit ein Dauerbruch mit einer Sicherheit von $S_D = 3,0$ nicht auftritt.

c) Die Kräfte F_1 und F_2 wirken statisch und treten gemeinsam auf, wobei stets gilt $F_1 = F_2$. Berechnen Sie die zulässigen Kräfte $F_1 = F_2$, damit bei einem Stab mit $d = 60$ mm kein Fließen eintritt ($S_F = 1,20$).

Aufgabe 13.12   ○○●●●

Eine einseitig eingespannte Blattfeder mit Rechteckquerschnitt (Breite $b = 25$ mm; Dicke $t = 8$ mm) und einer Länge von $l = 1000$ mm aus der vergüteten Federstahlsorte 54SiCr6 wird unter Einwirkung der Kraft F rein wechselnd beansprucht.

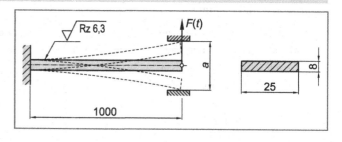

Die maximale Durchbiegung der Feder wird durch zwei Anschläge (Abstand a) begrenzt. Die Oberfläche der Feder ist geschliffen ($Rz = 6,3$ μm).

Werkstoffkennwerte 54SiCr6:

$R_{p0,2}$ = 1300 N/mm²
R_m = 1550 N/mm²
σ_{bW} = 750 N/mm²
E = 207000 N/mm²
μ = 0,30

Berechnen Sie den maximal zulässigen Abstand a der Anschläge, so dass die Blattfeder dauerfest ist ($S_D = 2,5$).

Hinweis: Die Durchbiegung f eines einseitig eingespannten Balkens berechnet sich zu:

$$f = \frac{F \cdot l^3}{3 \cdot E \cdot I}$$

Aufgabe 13.13 ○○●●●

Eine Torsionsfeder aus der legierten Federstahlsorte 51CrV4 mit geschliffener Oberfläche ($Rz = 4$ μm) hat einen Kreisringquerschnitt. Der Außendurchmesser beträgt $d_a = 25$ mm, die Wandstärke $s = 2,5$ mm die Länge $l = 1000$ mm. Kerbwirkung an der Einspannstelle kann vernachlässigt werden.

Werkstoffkennwerte 51CrV4:

$R_{p0,2}$ = 1250 N/mm²
R_m = 1620 N/mm²
τ_{tW} = 420 N/mm²
E = 211000 N/mm²
μ = 0,30

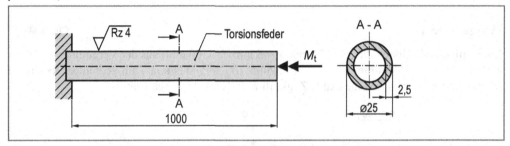

a) Berechnen Sie das maximal zulässige statische Torsionsmoment M_t, damit kein Fließen eintritt ($S_F = 1,5$).

b) Berechnen Sie das maximal zulässige, rein wechselnd wirkende Torsionsmoment (M_{ta}) damit ein Dauerbruch mit einer Sicherheit von $S_D = 2,2$ ausgeschlossen werden kann. Ein Einfluss der Bauteilgröße auf die Schwingfestigkeit kann vernachlässigt werden.

c) Berechnen Sie für die in Aufgabenteil a) und b) ermittelten Torsionsmomente die jeweiligen Verdrehwinkel φ der Torsionsfeder.

Aufgabe 13.14 ○○●●●

Ein Welle mit Vollkreisquerschnitt aus der Vergütungsstahlsorte 42CrMo4 mit geschliffener Oberfläche ($Rz = 3,2$ μm) und einem Durchmesser von $d = 50$ mm ist im Betrieb durch die statisch wirkende, außermittig angreifende Querkraft $F_Q = 10$ kN beansprucht. Weiterhin kann eine horizontale Zugkraft F_H auftreten. Schubspannungen durch Querkräfte sowie ein Einfluss der Bauteilgröße auf die Schwingfestigkeit können vernachlässigt werden.

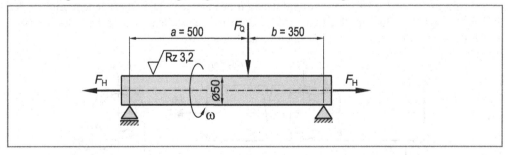

Werkstoffkennwerte 42CrMo4:

$R_{p0,2}$ = 980 N/mm²

R_m = 1070 N/mm²

σ_{bW} = 530 N/mm²

a) Skizzieren Sie den Beanspruchungs-Zeit-Verlauf für die höchst beanspruchte Stelle bei umlaufender Welle. Berechnen Sie außerdem die maximale Spannungsamplitude. Die horizontale Zugkraft F_H wirkt zunächst nicht ($F_H = 0$).

b) Überprüfen Sie, ob die Welle dauerfest ist, falls ein Sicherheitsfaktor gegen Dauerbruch (S_D) von mindestens 3,50 gefordert wird ($F_H = 0$).

c) Berechnen Sie die Sicherheit gegen Dauerbruch (S_D), falls die umlaufende Welle zusätzlich mit einer horizontalen Zugkraft von $F_H = 350$ kN vorgespannt ist.

Aufgabe 13.15

Eine umlaufende Hohlwelle ($d_a = 70$ mm; $s = 5$ mm; $l = 500$ mm) aus der Vergütungsstahlsorte 42CrMo4 ($R_m = 1180$ N/mm²; $R_{p0,2} = 810$ N/mm² ; $\sigma_{bW} = 590$ N/mm²) mit gedrehter Oberfläche ($Rz = 12,5$ µm) wird durch die axiale Zugkraft $F_1 = 100$ kN statisch beansprucht.

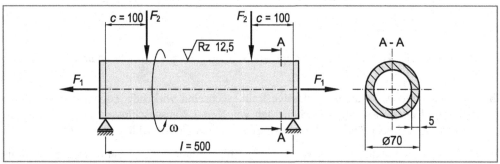

Ermitteln Sie den maximal zulässigen Betrag zweier zusätzlicher, im Abstand $c = 100$ mm von den Lagerstellen wirkenden Querkräfte F_2, damit ein Dauerbruch mit Sicherheit vermieden wird ($S_D = 2,50$). Schubspannungen durch Querkräfte sowie ein Einfluss der Bauteilgröße auf die Schwingfestigkeit können vernachlässigt werden.

Aufgabe 13.16

Ein Rohr (Durchmesser $D = 40$ mm; Wandstärke $s = 5$ mm) mit Querbohrung ($d_B = 5$ mm) aus der Gusseisensorte EN-GJL-300 wird auf Torsion beansprucht. Die Oberflächenrauigkeit des Rohres beträgt $Rz = 200$ µm. Kerbwirkung an der Einspannstelle sowie ein Einfluss der Bauteilgröße auf die Schwingfestigkeit können vernachlässigt werden.

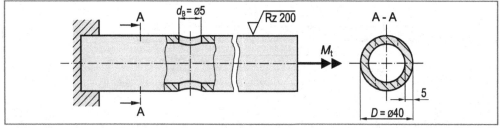

Werkstoffkennwerte EN-GJL-300:

$R_m = 320 \text{ N/mm}^2$

$\tau_{tW} = 80 \text{ N/mm}^2$

a) Ermitteln Sie das zulässige Torsionsmoment M_t bei statischer Beanspruchung ($S_B = 4{,}0$).

b) Berechnen Sie das zulässige Torsionsmoment M_{ta} bei einer rein wechselnden Beanspruchung, so dass kein Dauerbruch eintritt ($S_D = 2{,}50$).

Aufgabe 13.17

Die Welle einer Werkzeugmaschine aus Werkstoff 38Cr2 wird durch die beiden Querkräfte F_Q in der dargestellten Weise belastet. In der Mitte der Welle befindet sich ein halbkreisförmiger Einstich. Die Oberfläche der Welle ist gedreht ($Rz = 25 \, \mu m$). Ein Einfluss der Bauteilgröße auf die Schwingfestigkeit sowie Schubspannungen durch Querkräfte müssen nicht berücksichtigt werden.

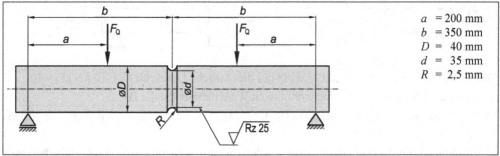

$a = 200$ mm
$b = 350$ mm
$D = 40$ mm
$d = 35$ mm
$R = 2{,}5$ mm

Werkstoffkennwerte 38Cr2 (vergütet):

$R_{p0,2} = 550 \text{ N/mm}^2$

$R_m = 780 \text{ N/mm}^2$

$\sigma_{bW} = 390 \text{ N/mm}^2$

Die Welle steht still. Die beiden statisch wirkenden Querkräfte betragen jeweils $F_Q = 3900$ N.

a) Skizzieren Sie den Verlauf des Biegemomentes M_b und berechnen Sie das maximale Biegemoment $M_{b\,max}$.

b) Berechnen Sie die Sicherheit gegen Fließen (S_F) an der höchst beanspruchten Stelle. Ist die Sicherheit ausreichend?

Die Welle läuft um. Die Kräfte F_Q wirken statisch.

c) Auf welche Weise kann die Welle nunmehr versagen?

d) Berechnen Sie die Kerbwirkungszahl β_{kb}.

e) Skizzieren Sie qualitativ den zeitlichen Verlauf der Biegespannung für die höchst beanspruchte Stelle.

f) Berechnen Sie den zulässigen Betrag der Querkraft F_Q, damit ein Versagen durch Dauerbruch mit Sicherheit ausgeschlossen werden kann ($S_D = 2{,}50$)

Aufgabe 13.18

Die dargestellte abgesetzte Antriebswelle aus der Feinkornbaustahlsorte S460M mit geschliffener Oberfläche ($Rz = 12{,}5$ µm) kann durch die beiden statisch wirkenden Kräfte F_1 und F_2 belastet werden. Ein Einfluss der Bauteilgröße auf die Schwingfestigkeit sowie Schubspannungen durch Querkräfte müssen nicht berücksichtigt werden.

Werkstoffkennwerte S460M:

R_e = 460 N/mm²
R_m = 530 N/mm²
σ_{bW} = 280 N/mm²
E = 207000 N/mm²
μ = 0,30

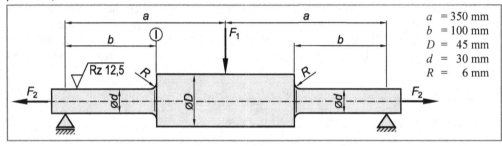

a = 350 mm
b = 100 mm
D = 45 mm
d = 30 mm
R = 6 mm

Die Welle steht zunächst still und es wirkt nur die statische Querkraft $F_1 = 10$ kN ($F_2 = 0$).

a) Berechnen Sie das Biegemoment am linken Wellenabsatz (Stelle I).

b) Ermitteln Sie für den Wellenabsatz (Stelle I) die Formzahlen für Zug- und für Biegebeanspruchung (α_{kz} und α_{kb}).

c) Bestimmen Sie die Sicherheit gegen Fließen (S_F) am Wellenabsatz. Ist die Sicherheit ausreichend?

d) Berechnen Sie die maximal mögliche, zusätzliche, statisch wirkende Zugkraft F_2 so dass Fließen am Wellenabsatz gerade noch nicht eintritt.

Die Welle läuft um. Es wirkt nur die statische Querkraft $F_1 = 10$ kN ($F_2 = 0$).

e) Berechnen Sie die Kerbwirkungszahl β_{kb} für den Wellenabsatz (Stelle I).

f) Skizzieren Sie quantitativ den zeitlichen Verlauf der Biegespannung am Wellenabsatz.

g) Berechnen Sie die Sicherheit gegen Dauerbruch (S_D). Ist die Sicherheit ausreichend?

Aufgabe 13.19

Der abgebildete Bolzen mit Vollkreisquerschnitt aus der Vergütungsstahlsorte 25CrMo4 hat eine geschliffene Oberfläche ($Rz = 6{,}3$ µm) und ist am linken Ende fest eingespannt. Am rechten Ende kann der Bolzen durch die Kräfte F_1 und F_2 sowie durch das Torsionsmoment M_t beansprucht werden.

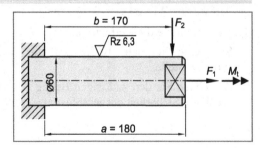

Kerbwirkung an der Einspannstelle sowie Schubspannungen durch Querkräfte sind zu vernachlässigen. Ein Einfluss der Bauteilgröße auf die Schwingfestigkeit muss nicht berücksichtigt werden.

Werkstoffkennwerte 25CrMo4 (vergütet):

$R_{p0,2}$ = 620 N/mm^2

R_m = 920 N/mm^2

σ_{bW} = 450 N/mm^2

E = 210000 N/mm^2

μ = 0,30

a) Es wirkt zunächst nur die statische Zugkraft F_1 = 700 kN.

   1. Berechnen Sie die Zugspannung im Bolzen.
   2. Ermitteln Sie die Verlängerung des Bolzens infolge der Zugkraft F_1.
   3. Berechnen Sie die Sicherheit gegen Fließen (S_F). Ist die Sicherheit ausreichend?

b) Es wirkt die rein wechselnde Kraft F_2 = ± 12,5 kN. Ermitteln Sie für die höchst beanspruchte Stelle die Sicherheit gegen Dauerbruch (S_D). Ist die Sicherheit ausreichend?

c) Es wirken nunmehr gleichzeitig die statische Kraft F_1 = 700 kN und die rein wechselnde Kraft F_2 = ± 12,5 kN. Berechnen Sie die Sicherheiten gegen Fließen (S_F) und gegen Dauerbruch (S_D).

d) Es wirkt nur das statische Torsionsmoment M_t.

   1. Berechnen Sie das zulässige Torsionsmoment M_t damit Fließen des Bolzens an der höchst beanspruchten Stelle nicht eintritt.
   2. Ermitteln Sie für das Torsionsmoment M_t den Verdrehwinkel φ des Bolzens.

e) Es wirken gleichzeitig die statische Kraft F_1 = 700 kN und ein statisches Torsionsmoment M_t. Auf welchen Wert ist M_t zu begrenzen, falls eine Sicherheit gegen Fließen von S_F = 1,5 gefordert wird?

Für eine Konstruktionsvariante erhält der Bolzen an seinem rechten Ende einen Absatz.

f) Es wirkt nur die statische Kraft F_2 = 12,5 kN. Mit welchem Radius R muss der Absatz ausgeführt werden, damit die maximalen Spannungen in den Querschnitten I und II gleich groß werden?

g) Es soll nun eine rein wechselnde Biegekraft F_3 = ± 12,5 kN wirken. Berechnen Sie für den Querschnitt II die Sicherheit gegen Dauerbruch, falls der Absatz mit einem Radius von R = 2,5 mm ausgeführt wird.

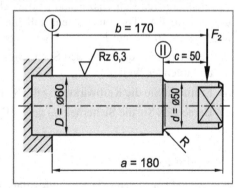

Aufgabe 13.20

Eine Antriebswelle mit geschliffener Oberfläche ($Rz = 12,5$ µm) aus der legierten Vergütungsstahlsorte 51CrV4 ist im Hinblick auf eine sichere Dimensionierung unter statischer und schwingender Beanspruchung an der Kerbstelle I zu überprüfen (siehe Abbildung). Ein Einfluss der Bauteilgröße auf die Schwingfestigkeit sowie Schubspannungen durch Querkräfte müssen nicht berücksichtigt werden.

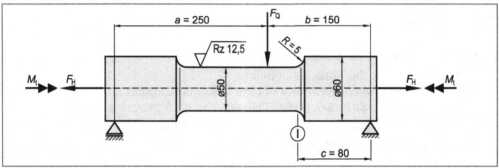

Werkstoffkennwerte 51CrV4:
$R_{p0,2}$ = 930 N/mm^2
R_m = 1150 N/mm^2
σ_{bW} = 570 N/mm^2

Die Welle steht zunächst still. An der Welle greifen die statisch wirkenden Kräfte $F_Q = 50$ kN und $F_H = 100$ kN an (siehe Abbildung).

a) Berechnen Sie das Biegemoment an der Kerbstelle I.

b) Berechnen Sie das zusätzlich übertragbare statische Torsionsmoment M_t (bei gleichzeitiger Einwirkung der beiden Kräfte F_Q und F_H), damit Fließen im Kerbquerschnitt I mit Sicherheit ($S_F = 1,50$) ausgeschlossen werden kann.

In einem anderen Betriebszustand ist die Schwingfestigkeit der *umlaufenden* Antriebswelle zu überprüfen. Das Torsionsmoment soll hierbei vernachlässigt werden ($M_t = 0$). Die beiden Kräfte $F_Q = 50$ kN und $F_H = 100$ kN bleiben hingegen unverändert.

c) Skizzieren Sie qualitativ den Spannungsverlauf in Abhängigkeit der Zeit im Kerbgrund bei umlaufender Welle.

d) Ermitteln Sie die Kerbwirkungszahl β_{kb} für die Biegebeanspruchung.

e) Berechnen Sie die Sicherheit S_D gegen Dauerbruch. Ist die Sicherheit ausreichend?

Aufgabe 13.21

Eine an beiden Enden gelagerte, umlaufende Antriebswelle aus der legierten Vergütungsstahlsorte 36NiCrMo16 ($D = 100$ mm; $a = 1000$ mm) wird im Betrieb durch die statisch wirkenden Kräfte $F_1 = 70$ kN und $F_2 = 480$ kN belastet (siehe Abbildung). Die Welle hat eine gedrehte Oberfläche ($Rz = 25$ µm). Die Querbohrung sei zunächst (Aufgabenteile a und b) nicht vorhanden. Schubspannungen durch Querkräfte sowie ein Einfluss der Bauteilgröße auf die Schwingfestigkeit muss nicht berücksichtigt werden.

Werkstoffkennwerte 36NiCrMo16:

$R_{p0,2}$ = 900 N/mm^2
R_m = 1420 N/mm^2
σ_{bW} = 710 N/mm^2
E = 211000 N/mm^2
μ = 0,30

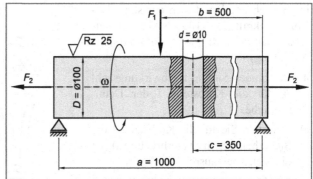

a) Skizzieren Sie quantitativ den zeitlichen Verlauf der Spannung an der höchst beanspruchten Stelle (um-laufende Welle).

b) Berechnen Sie die Sicherheiten gegen Fließen und gegen Dauerbruch für die umlaufende Welle. Sind die Sicherheiten ausreichend?

Für eine Konstruktionsvariante erhält die Welle eine Querbohrung (d = 10 mm) an der in der Abbildung dargestellten Stelle. Die beiden Kräfte F_1 = 70 kN und F_2 = 480 kN bleiben unverändert.

c) Ermitteln Sie die Kerbwirkungszahl β_{kb} für die Welle mit Querbohrung.

d) Berechnen Sie die Sicherheit gegen Dauerbruch (S_D) an der höchst beanspruchten Stelle. Ist die Sicherheit ausreichend?

Aufgabe 13.22

Zur Befestigung von Lagerdeckeln an Pleuelstangen sollen Dehnschrauben aus der Vergütungsstahlsorte 34CrNiMo6 verwendet werden. Für die Erprobung wird ein Dehnungsmessstreifen (DMS) am zylindrischen Schaft der Dehnschraube appliziert. Der Dehnungsmessstreifen schließt mit der Schraubenlängsachse einen Winkel von 12° ein (siehe Abbildung). Ein Torsionsmoment durch das Anziehen der Schraube soll zunächst nicht auftreten.

Werkstoffkennwerte 34CrNiMo6:

$R_{p0,2}$ = 1050 N/mm^2
R_m = 1400 N/mm^2
σ_{zdW} = 630 N/mm^2
E = 210000 N/mm^2
μ = 0,30

a) Berechnen Sie die Dehnung in Messrichtung des DMS (ε_{DMS}) bei einer statischen Vorspannkraft von F_V = 100 kN.

b) Berechnen Sie den Betrag der zu F_V zusätzlich wirksamen Betriebskraft F_B bei einer Dehnung von ε_{DMS} = 2,500 ‰ in Messrichtung des DMS.

c) Die Vorspannkraft F_V = 100 kN soll weiterhin wirken. Ermitteln Sie die zusätzlich mögliche Betriebskraft F_{B1} damit im Kerbquerschnitt I keine plastischen Verformungen auftreten.

Im Betrieb überlagert sich der statischen Vorspannkraft F_V = 100 kN eine schwellende Betriebskraft F_{B2} = 50 kN (siehe Abbildung).

d) Bestimmen Sie die Kerbwirkungszahl β_k für die Kerbstelle I der Dehnschraube.

e) Ermitteln Sie für die Kerbstelle I die Sicherheit gegen Dauerbruch (S_D). Ist die Sicherheit ausreichend?

   Die Oberfläche sei gedreht (Rz = 6,3 μm). Der Lagerdeckel kann als ideal starr angenommen werden. Ein Einfluss der Bauteilgröße auf die Schwingfestigkeit muss nicht berücksichtigt werden.

Im Rahmen eines statischen Festigkeitsnachweises für die Dehnschraube soll zur Vorspannkraft F_V = 100 kN ein zusätzliches Torsionsmoment M_t = 63 Nm (beide statisch wirkend) aufgebracht werden.

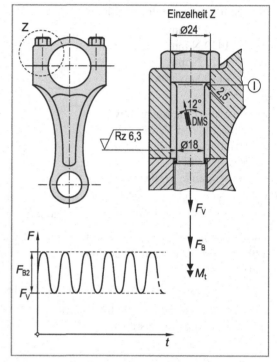

f) Berechnen Sie die zulässige (zusätzlich zur Vorspannkraft wirkende) statische Betriebskraft F_{B3}, damit Fließen an der Kerbstelle I der Dehnschraube mit Sicherheit (S_F = 1,20) ausgeschlossen werden kann.

Aufgabe 13.23   ○●●●●

Die dargestellte Antriebswelle mit gedrehter Oberfläche (Rz = 4 μm) aus der legierten Vergütungsstahlsorte 34Cr4 wird durch die statisch wirkende Zugkraft F_1 und das statische Antriebsmoment M_t belastet. Außerdem kann im Betrieb noch eine Querkraft F_2 auftreten (siehe Abbildung). Um eine Überbeanspruchung der Welle zu vermeiden, werden am zylindrischen Teil des Schaftes zwei Dehnungsmessstreifen (DMS A und DMS B) in der abgebildeten Weise appliziert.

Werkstoffkennwerte 34Cr4:
$R_{p0,2}$ = 690 N/mm²
R_m = 870 N/mm²
σ_{bW} = 430 N/mm²
E = 210000 N/mm²
μ = 0,30

a) Während eines Probebetriebs betrug die statische Zugkraft F_1 = 50 kN und das statische Torsionsmoment M_{t1} = 500 Nm. Eine Querkraft F_2 trat zunächst nicht auf (F_2 = 0). Berechnen Sie die Dehnungen in Messrichtung der beiden Dehnungsmessstreifen (DMS A und DMS B).

b) Ermitteln Sie für die Kerbstelle I (durchgehende Querbohrung) die Formzahlen für Zugbeanspruchung (α_{kz}) und für Torsionsbeanspruchung (α_{kt}).

c) Berechnen Sie das zulässige, statisch wirkende Antriebsmoment M_{t2}, damit bei der gegebenen statischen Zugkraft ($F_1 = 50$ kN) an der Kerbstelle I plastische Verformungen mit Sicherheit ($S_F = 1{,}20$) ausgeschlossen werden können ($F_2 = 0$).

In einem anderen Betriebszustand wird die umlaufende Welle durch die statisch wirkenden Kräfte $F_1 = 50$ kN und $F_2 = 2{,}5$ kN beansprucht. Das Antriebsmoment kann vernachlässigt werden ($M_t = 0$).

d) Ermitteln Sie die Kerbwirkungszahl β_{kb} für die Biegebeanspruchung.

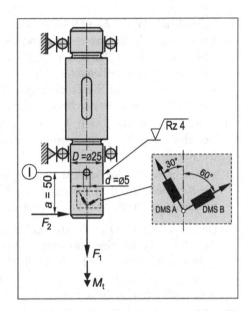

e) Berechnen Sie die Sicherheit gegen Dauerbruch (S_D). Ist die Sicherheit ausreichend? Schubspannungen durch Querkräfte sowie ein Einfluss der Bauteilgröße auf die Schwingfestigkeit muss nicht berücksichtigt werden.

Aufgabe 13.24   ○●●●●

Eine Welle aus der unlegierten Baustahlsorte E335 mit polierter Oberfläche kann durch die beiden Kräfte F_1 und F_2 beansprucht werden (siehe Abbildung). Zu untersuchen sind unterschiedliche Belastungsfälle.

Werkstoffkennwerte E335:
R_e = 340 N/mm^2
R_m = 600 N/mm^2
σ_{bW} = 300 N/mm^2
E = 210000 N/mm^2
μ = 0,30

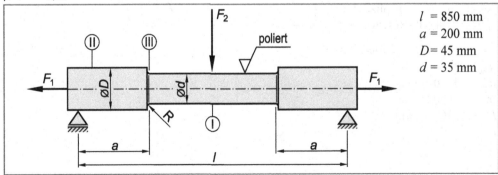

a) Stillstehende Welle, $F_1 = 50$ kN (statisch), $F_2 = 0$.
   - Berechnen Sie die Spannungen und Dehnungen in den Querschnitten I und II.
   - Ermitteln Sie den Betrag der Verlängerung der Welle (ohne Berücksichtigung der Kerbwirkung an den Wellenabsätzen).
   - Bestimmen Sie die Sicherheit gegen Fließen in den Querschnitten I und II. Sind die Sicherheiten jeweils ausreichend?

b) Stillstehende Welle, $F_1 = 0$, $F_2 = 5$ kN (statisch).
   Berechnen Sie die Spannungen im Querschnitt I sowie die Nennspannung im Querschnitt III (Kerbgrund).

c) Ermitteln Sie für die Beanspruchung gemäß Aufgabenteil b) den erforderlichen Radius R der Kerbstelle so, dass die maximale Spannung an der Kerbstelle (Querschnitt III), die Spannung im Querschnitt I nicht übersteigt.

d) Umlaufende Welle, $F_1 = 50$ kN (statisch).
   Berechnen Sie für eine umlaufende Welle die zulässige, statisch wirkende Querkraft F_2, sodass an der Kerbstelle (Querschnitt III) kein Dauerbruch eintritt ($S_D = 3,0$). Schubspannungen durch Querkräfte sowie ein Einfluss der Bauteilgröße auf die Schwingfestigkeit muss nicht berücksichtigt werden.

Aufgabe 13.25   ●●●●●

Die Dimensionierung eines abgesetzten Bolzens mit geschliffener Oberfläche ($Rz = 6,3$ μm) und Vollkreisquerschnitt aus der legierten Vergütungsstahlsorte 30NiCrMo8 soll überprüft werden.

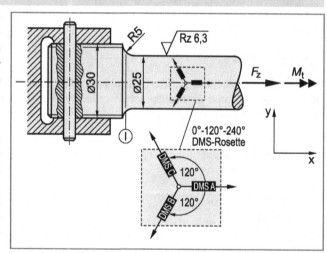

Um die Beanspruchung durch die Zugkraft F_Z und das Torsionsmoment M_t zu ermitteln, wurden drei Dehnungsmessstreifen in hinreichender Entfernung von der Kerbstelle I in der dargestellten Weise appliziert (0°-120°-240°-DMS-Rosette).

Werkstoffkennwerte 30NiCrMo8:
$R_{p0,2} = 1180$ N/mm²
$R_m = 1520$ N/mm²
$\sigma_{zdW} = 690$ N/mm²
$E = 210000$ N/mm²
$\mu = 0,30$

a) Zur Überprüfung der Dehnungsmessstreifen wird eine statische Belastung von $F_{z1} = 170$ kN und $M_{t1} = 500$ Nm aufgebracht. Ermitteln Sie die Dehnungsanzeigen von DMS A, DMS B und DMS C.

b) Im Betrieb wird der Bolzen einer unbekannten Betriebsbeanspruchung aus einer Zugkraft (F_{z2}) und einem unbekannten Torsionsmoment (M_{t2}) ausgesetzt. Es werden dabei die folgenden Dehnungen gemessen:

ε_A = 1,798 ‰
ε_C = 0,816 ‰

DMS B fiel leider aus und lieferte keine Messwerte. Ermitteln Sie aus den beiden verbliebenen Dehnungsmesswerten die Zugkraft F_{z2} sowie Betrag und Drehrichtung des Torsionsmomentes M_{t2}.

c) Ermitteln Sie für die Beanspruchung gemäß Aufgabenteil b) an der Kerbstelle I die Sicherheit gegen Fließen (S_F). Ist die Sicherheit ausreichend?

Bei einer anderen Betriebsbeanspruchung tritt nur noch eine zeitlich veränderliche Zugkraft F_{z3}, jedoch kein Torsionsmoment mehr auf ($M_t = 0$). Eine Messung ergab den in der Abbildung dargestellten, sinusförmigen Dehnungs-Zeit-Verlauf am Dehnungsmessstreifen A.

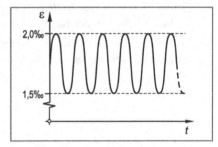

d) Überprüfen Sie, ob der Bolzen bei dieser Belastung im Bereich der Kerbstelle I eine ausreichende Dauerfestigkeit hat, falls $S_D > 3,0$ wird gefordert wird. Ein Einfluss der Bauteilgröße auf die Schwingfestigkeit muss nicht berücksichtigt werden.

Aufgabe 13.26 ○●●●●

Die Abbildung zeigt eine umlaufende Antriebswelle ($\varnothing 50$ mm) mit Querbohrung ($\varnothing 10$ mm) aus Werkstoff 34CrMo4. Die Welle hat eine gedrehte Oberfläche ($Rz = 12,5$ µm). Es soll überprüft werden, ob die Antriebswelle gegenüber unzulässiger plastischer Verformung und gegenüber Dauerbruch ausreichend dimensioniert ist. Während des Betriebs (umlaufende Welle) wirken die Kräfte $F_Q = 15$ kN und $F_H = 250$ kN (siehe Abbildung).

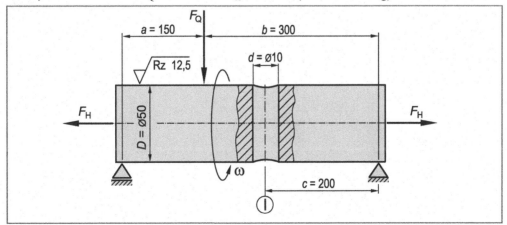

Werkstoffkennwerte 34CrMo4:

$R_{p0,2}$ = 820 N/mm²
R_m = 1050 N/mm²
σ_{bW} = 520 N/mm²
E = 210000 N/mm²
μ = 0,30

a) Berechnen Sie für die Kerbstelle I (Querbohrung) die Sicherheit gegen Fließen (S_F). Ist die Sicherheit ausreichend?

b) Berechnen Sie für die Kerbstelle I (Querbohrung) die Sicherheit gegen Dauerbruch (S_D). Ist die Sicherheit ausreichend? Ein Einfluss der Bauteilgröße auf die Schwingfestigkeit sowie Schubspannungen durch Querkräfte müssen nicht berücksichtigt zu werden.

c) Ermitteln Sie die Querkraft F_{Q1}, damit bei einer gleich bleibenden Zugkraft von F_H = 250 kN kein Fließen an der Kerbstelle eintritt (stillstehende Welle in der dargestellten Lage).

d) Bestimmen Sie die Zugkraft F_{H1}, damit bei einer gleich bleibenden Querkraft von F_Q = 15 kN kein Fließen an der Kerbstelle eintritt (stillstehende Welle in der dargestellten Lage).

13.3 Lösungen

Lösung zu Aufgabe 13.1

a) **Berechnung der Zug-Druck-Wechselfestigkeit**

$$\sigma_{zdW} = \frac{F_W}{A} = \frac{32000 \text{ N}}{\frac{\pi}{4} \cdot (10 \text{ mm})^2} = \textbf{407,4 N/mm}^2$$

b) **Wahl zweier Stützpunkte im Zeitfestigkeitsbereich der Wöhlerkurve**

P_1: $N_1 = 10^2$ und $\sigma_{A1} = R_m = 900 \text{ N/mm}^2$
P_2: $N_2 = 5 \cdot 10^6$ und $F_{A2} = 32 \text{ kN}$

Damit folgt für die zugehörigen Spannungsamplituden:

$$\sigma_{A2} = \frac{F_{A2}}{\frac{\pi}{4} \cdot d^2} = \frac{32000 \text{ N}}{\frac{\pi}{4} \cdot (10 \text{ mm})^2} = 407,4 \text{ N/mm}^2$$

Berechnung des Neigungsexponenten k

$$k = -\frac{\lg\left(\dfrac{N_1}{N_2}\right)}{\lg\left(\dfrac{\sigma_{A1}}{\sigma_{A2}}\right)} = -\frac{\lg\left(\dfrac{10^2}{5 \cdot 10^6}\right)}{\lg\left(\dfrac{900,0 \text{ N/mm}^2}{407,4 \text{ N/mm}^2}\right)} = \textbf{13,65}$$

c) **Ermittlung der Mittelspannungsempfindlichkeit M_σ**

$$M_\sigma = 0,00035 \cdot R_m - 0,1 = 0,00035 \cdot 900 \text{ N/mm}^2 - 0,1 = 0,215$$

Berechnung der dauernd ertragbaren Amplitude (Mittelspannungstransformation)

$$\sigma_{AD} = \sigma_{zdW} - M_\sigma \cdot \sigma_m$$

Mit $\sigma_{AD1} = \sigma_m$ (reine Zugschwellbeanspruchung) folgt:

$$\sigma_{AD1} = \sigma_{zdW} - M_\sigma \cdot \sigma_{AD1}$$

$$\sigma_{AD1} = \frac{\sigma_{zdW}}{M_\sigma + 1} = \frac{407,4 \text{ N/mm}^2}{0,215 + 1} = 335,30 \text{ N/mm}^2$$

Damit folgt schließlich für die dauernd ertragbare Kraftamplitude:

$$F_{AD1} = \sigma_{AD1} \cdot \frac{\pi}{4} \cdot d^2 = 335,30 \text{ N/mm}^2 \cdot \frac{\pi}{4} \cdot (10 \text{ mm})^2 = \textbf{26337 N}$$

d)

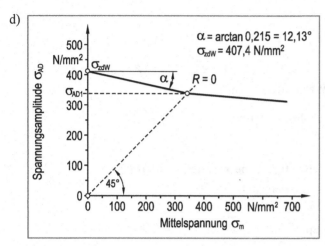

Abgelesen: $\sigma_{AD1} = 340$ N/mm^2

Damit folgt:

$$F_{AD1} = \sigma_{AD1} \cdot \frac{\pi}{4} \cdot d^2 = 340 \text{ N/mm}^2 \cdot \frac{\pi}{4} \cdot (10 \text{ mm})^2 = \mathbf{26704 \text{ N}}$$

e) Berechnung der Mittelspannung σ_m

$$\sigma_m = \frac{F}{\frac{\pi}{4} \cdot d^2} = \frac{20000 \text{ N}}{\frac{\pi}{4} \cdot (10 \text{ mm})^2} = 254{,}65 \text{ N/mm}^2$$

Berechnung der dauernd ertragbaren Amplitude (Mittelspannungstransformation)

$$\sigma_{AD2} = \sigma_{zdW} - M_\sigma \cdot \sigma_m \quad \text{da } \sigma_m < \frac{\sigma_W}{M_\sigma + 1}$$

$$\sigma_{AD2} = 407{,}4 \text{ N/mm}^2 - 0{,}215 \cdot 254{,}65 \text{ N/mm}^2 = 352{,}69 \text{ N/mm}^2$$

Damit folgt schließlich für die dauernd ertragbare Kraftamplitude F_{AD2}:

$$F_{AD2} = \sigma_{AD2} \cdot \frac{\pi}{4} \cdot d^2 = 352{,}69 \text{ N/mm}^2 \cdot \frac{\pi}{4} \cdot (10 \text{ mm})^2 = \mathbf{27700 \text{ N}}$$

Lösung zu Aufgabe 13.2

a) Darstellung der Wöhlerkurve

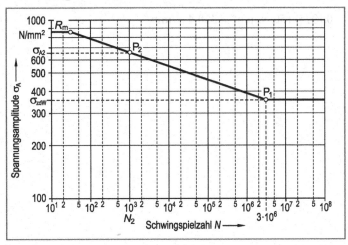

Stützpunkte für die Zeitfestigkeitsgerade

Punkt P_1: $N_1 = N_D = 3 \cdot 10^6$

$\qquad \sigma_{A1} = \sigma_{zdW} = \textbf{350 N/mm}^2$

Punkt P_2: $N_2 = 10^3$ (gewählt)

$$\sigma_{A2} = \sigma_{A1} \cdot \left(\frac{N_2}{N_1} \right)^{-\frac{1}{k}} = 350 \text{ N/mm}^2 \cdot \left(\frac{10^3}{3 \cdot 10^6} \right)^{-\frac{1}{12,5}} = \textbf{664,12 N/mm}^2$$

Anmerkung:

Zum Einzeichnen der Zeitfestigkeitsgeraden kann anstelle der Verwendung des Stützpunktes P_1 (10^3 / 664,12 N/mm^2) auch der Winkel α (siehe Bild 13.20 im Lehrbuch) verwendet werden (α = arctan 12,5 = 85,43°). Beim Einzeichnen ist jedoch auf gleiche Achsteilung von Ordinate und Abszisse zu achten, d. h. die Achslänge einer Dekade auf der Abszisse und der Ordinate müssen gleich sein (in obiger Abbildung aus Platzgründen nicht der Fall).

b) Berechnung der ertragbaren Schwingspielzahl für σ_A = 450 N/mm^2

$$N = N_1 \cdot \left(\frac{\sigma_A}{\sigma_{A1}} \right)^{-k} = 3 \cdot 10^6 \cdot \left(\frac{450 \text{ N/mm}^2}{350 \text{ N/mm}^2} \right)^{-12,5} = 129\,663 \text{ Lastwechsel}$$

Berechnung der erforderlichen Versuchsdauer

$$t = \frac{N}{f} = \frac{129\,663}{15 \text{ 1/s}} = 8\,644,2 \text{ s} = \textbf{2,40 h}$$

c) Ermittlung der Mittelspannungsempfindlichkeit M_σ

$$M_\sigma = 0,00035 \cdot R_m - 0,1 = 0,00035 \cdot 850 \text{ N/mm}^2 - 0,1 = 0,1975$$

Berechnung der dauernd ertragbaren Amplitude (Mittelspannungstransformation)

$$\sigma_{AD} = \sigma_{zdW} - M_\sigma \cdot \sigma_m \quad \text{da } \sigma_m < \frac{\sigma_{zdW}}{M_\sigma + 1}$$

$$\sigma_{AD} = 350 \text{ N/mm}^2 - 0{,}1975 \cdot 150 \text{ N/mm}^2 = \mathbf{320{,}4 \text{ N/mm}^2}$$

Lösung zu Aufgabe 13.3

a) Die Zylinderkopfschrauben eines Motors erfahren infolge statischer Vorspannung und rein schwellendem Arbeitsdruck eine Zugschwellbeanspruchung.

b) Ein rein schwellender Innendruck führt in einem Behälter in axialer, tangentialer und radialer Richtung zu einer reinen Zugschwellbeanspruchung (z. B. Befüll- und Entleerungsvorgänge einer Gasflasche).

c) Eine umlaufende, durch eine statische Radialkraft beanspruchte Welle unterliegt einer reinen Wechselbeanspruchung, sofern keine statische Vorspannung wirkt (Umlaufbiegung).

d) Ein Brückenpfeiler erfährt durch das Eigengewicht der Brücke und die zusätzliche, zeitlich veränderliche Verkehrsbelastung eine Druckschwellbeanspruchung.

e) Die Kolbenstange eines einseitig wirkenden Hydraulikzylinders unterliegt einer reinen Druckschwellbeanspruchung, sofern bei jedem Lastwechsel der Innendruck p_i zu Null wird.

Lösung zu Aufgabe 13.4

a) **Berechnung der Ober- und Unterspannungen**
   - Minimaler Druck (aus Diagramm) $p_{iu} = 5$ MPa
   - Maximaler Druck (aus Diagramm) $p_{io} = 10$ MPa

Damit folgt für die Unter- und Oberspannung der jeweiligen Spannungskomponenten:

Spannungs-komponente	Ober-spannung σ_o	Unter-spannung σ_u
$\sigma_t = p_i \cdot \dfrac{d_i}{2 \cdot s}$	400 N/mm²	200 N/mm²
$\sigma_a = p_i \cdot \dfrac{d_i}{4 \cdot s}$	200 N/mm²	100 N/mm²
$\sigma_r = - p_i$ [1)]	-10 N/mm²	-5 N/mm²

[1)] am Innenrand

b) **Berechnung von Spannungsamplitude, Mittelspannung und Spannungsverhältnis für die Tangentialspannungskomponente**

$$\sigma_{ta} = \frac{\sigma_{to} - \sigma_{tu}}{2} = \frac{400 \text{ N/mm}^2 - 200 \text{ N/mm}^2}{2} = \mathbf{100 \text{ N/mm}^2}$$

$$\sigma_{tm} = \frac{\sigma_{to} + \sigma_{tu}}{2} = \frac{400 \text{ N/mm}^2 + 200 \text{ N/mm}^2}{2} = \mathbf{300 \text{ N/mm}^2}$$

$$R = \frac{\sigma_{tu}}{\sigma_{to}} = \frac{200 \text{ N/mm}^2}{400 \text{ N/mm}^2} = \mathbf{0{,}5}$$

c)

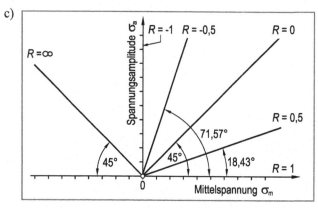

Geradengleichung für konstantes Spannungsverhältnis R

$$\sigma_a = \frac{1 - R}{1 + R} \cdot \sigma_m \quad \text{bzw.} \quad \sigma_m = \frac{1 + R}{1 - R} \cdot \sigma_a$$

für $R = -1$ folgt:

$\sigma_m = 0$ (Ordinate)

für $R = -0,5$ folgt:

$\sigma_a = 3 \cdot \sigma_m$ $(\alpha = 71,57°)$

für $R = 0$ folgt:

$\sigma_a = \sigma_m$ (erste Winkelhalbierende)

für $R = 0,5$ folgt:

$\sigma_a = \dfrac{1}{3} \cdot \sigma_m$ $(\alpha = 18,43°)$

für $R = 1$ folgt:

$\sigma_a = 0$ (Abszisse, d. h. statische Beanspruchung)

für $R = \propto$ folgt:

$\sigma_a = -\sigma_m$

Lösung zu Aufgabe 13.5

a) **Ermittlung des Oberflächenfaktors $C_{O\sigma}$ für Normalspannungen**

$C_{O\sigma} = 0{,}83$ aus Diagramm für $Rz = 12{,}5\ \mu\text{m}$ und $R_\text{m} = 950\ \text{N/mm}^2$

Berechnung der korrigierten Zug-Druck-Wechselfestigkeit

$\sigma_\text{zdW}^* = C_{O\sigma} \cdot \sigma_\text{zdW} = 0{,}83 \cdot 415\ \text{N/mm}^2 = 344{,}45\ \text{N/mm}^2$

Berechnung der Sicherheit gegen Dauerbruch

Festigkeitsbedingung:

$\sigma_\text{a} \le \sigma_\text{a zul}$

$$\frac{F}{\dfrac{\pi}{4} \cdot d^2} = \frac{\sigma_\text{AD}^*}{S_\text{D}} = \frac{\sigma_\text{zdW}^*}{S_\text{D}}$$

$$S_\text{D} = \frac{\sigma_\text{zdW}^* \cdot \pi \cdot d^2}{4 \cdot F} = \frac{344{,}45\ \text{N/mm}^2 \cdot \pi \cdot (25\ \text{mm})^2}{4 \cdot 50\,000\ \text{N}}$$

$S_\text{D} = \mathbf{3{,}38}$ (ausreichend, da $S_\text{D} > 2{,}50$)

b) **Berechnung der korrigierten Biege-Wechselfestigkeit**

$\sigma_\text{bW}^* = C_{O\sigma} \cdot \sigma_\text{bW} = 0{,}83 \cdot 480\ \text{N/mm}^2 = 398{,}4\ \text{N/mm}^2$

Berechnung der Sicherheit gegen Dauerbruch

Festigkeitsbedingung:

$\sigma_\text{ba} \le \sigma_\text{ba zul}$

$$\frac{M_\text{b}}{\dfrac{\pi}{32} \cdot d^3} = \frac{\sigma_\text{AD}^*}{S_\text{D}} = \frac{\sigma_\text{bW}^*}{S_\text{D}}$$

$$S_\text{D} = \frac{\sigma_\text{bW}^* \cdot \pi \cdot d^3}{32 \cdot F_\text{q} \cdot l} = \frac{398{,}4\ \text{N/mm}^2 \cdot \pi \cdot (25\ \text{mm})^3}{32 \cdot 400\ \text{N} \cdot 500\ \text{mm}}$$

$S_\text{D} = \mathbf{3{,}06}$ (ausreichend, da $S_\text{D} > 2{,}50$)

c) **Berechnung des Oberflächenfaktors $C_{O\tau}$ für Schubbeanspruchung**

$C_{O\tau} = 0{,}91$ aus Diagramm für $Rz = 12{,}5\ \mu\text{m}$ und $R_\text{m} = 950\ \text{N/mm}^2$

Berechnung der korrigierten Torsionswechselfestigkeit

$\tau_\text{tW}^* = C_{O\tau} \cdot \tau_\text{tW} = 0{,}91 \cdot 240\ \text{N/mm}^2 = 218{,}4\ \text{N/mm}^2$

Festigkeitsbedingung:

$\tau_\text{ta} \le \tau_\text{ta zul}$

$$\frac{M_\text{t}}{\dfrac{\pi}{16} \cdot d^3} = \frac{\tau_\text{AD}^*}{S_\text{D}} = \frac{\tau_\text{tW}^*}{S_\text{D}}$$

$$S_D = \frac{\tau_{tW}^* \cdot \pi \cdot d^3}{16 \cdot M_t} = \frac{218{,}4 \text{ N/mm}^2 \cdot \pi \cdot (25 \text{ mm})^3}{16 \cdot 200\,000 \text{ Nmm}}$$

$$= \mathbf{3{,}35} \quad (\text{ausreichend, da } S_D > 2{,}50)$$

Lösung zu Aufgabe 13.6

a) Berechnung der Mittelspannung

$$\sigma_m = \frac{F_m}{A} = \frac{150000 \text{ N}}{\frac{\pi}{4} \cdot (30 \text{ mm})^2} = 212,21 \text{ N/mm}^2$$

Ermittlung des Oberflächenfaktors $C_{O\sigma}$ für Normalspannungen

$C_{O\sigma} = 0,93$ aus Diagramm für $Rz = 6,3 \text{ μm}$ und $R_m = 540 \text{ N/mm}^2$

Berechnung der korrigierten Zug-Druck-Wechselfestigkeit

$$\sigma_{zdW}^* = C_{O\sigma} \cdot \sigma_{zdW} = 0,93 \cdot 240 \text{ N/mm}^2 = 223,2 \text{ N/mm}^2$$

Ermittlung der Mittelspannungsempfindlichkeit M_σ

$$M_\sigma = 0,00035 \cdot R_m - 0,1 = 0,00035 \cdot 540 \text{ N/mm}^2 - 0,1 = 0,089$$
$$M_\sigma' = 0,089 / 3 = 0,03 \quad \text{(nach FKM – Richtlinie)}$$

Berechnung der dauernd ertragbaren Amplitude (Mittelspannungstransformation)

$$\sigma_{AD}^* = \sigma_{zdW}^* \cdot \frac{M_\sigma' + 1}{M_\sigma + 1} - M_\sigma' \cdot \sigma_m \quad \text{da} \quad \frac{\sigma_{zdW}^*}{M_\sigma + 1} < \sigma_m < \frac{3 \cdot \sigma_{zdW}^*}{3 \cdot M_\sigma' + 1} \cdot \frac{M_\sigma' + 1}{M_\sigma + 1}$$

$$\sigma_{AD}^* = 223,3 \text{ N/mm}^2 \cdot \frac{0,03 + 1}{0,089 + 1} - 0,03 \cdot 212,21 \text{ N/mm}^2 = 204,55 \text{ N/mm}^2$$

Berechnung der dauernd ertragbaren Kraftamplitude

Festigkeitsbedingung:

$$\sigma_a = \sigma_{AD}^*$$
$$\sigma_a = 204,55 \text{ N/mm}^2$$

Damit folgt für die dauernd ertragbare Kraftamplitude:

$$F_{A1} = \sigma_a \cdot A = 204,55 \text{ N/mm}^2 \cdot \frac{\pi}{4} \cdot (30 \text{ mm})^2 = 144586 \text{ N} = \textbf{144,6 kN}$$

Anmerkung:
Berechnung der Oberspannung

$$\sigma_o = \frac{F_m + F_{A1}}{A} = \frac{150000 \text{ N} + 144586 \text{ N}}{\frac{\pi}{4} \cdot (30 \text{ mm})^2} = 416,75 \text{ N/mm}^2$$

Berechnung der Sicherheit gegen Fließen

$$S_F = \frac{R_{p0,2}}{\sigma_o} = \frac{290 \text{ N/mm}^2}{416,75 \text{ N/mm}^2} = 0,7$$

Damit versagt das Bauteil nicht durch Schwingbruch, sondern durch Fließen.

b) Berechnung der dauernd ertragbaren Kraftamplitude

Da $\sigma_a = \sigma_m$ muss für σ_{AD}^* gelten (siehe Abbildung):

$$\sigma_{AD}^* = \sigma_{zdW}^* - M_\sigma \cdot \sigma_m$$

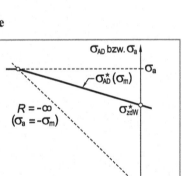

Festigkeitsbedingung

$$\sigma_a = \sigma_{AD}^*$$

$$\sigma_a = \sigma_{zdW}^* - M_\sigma \cdot \sigma_m$$

Mit $\sigma_m = \sigma_a$ (reine Zugschwellbeanspruchung) folgt:

$$\sigma_a = \frac{\sigma_{zdW}^*}{M_\sigma + 1} = \frac{223{,}2 \ \text{N/mm}^2}{1 + 0{,}089} = 204{,}96 \ \text{N/mm}^2$$

Damit folgt für die dauernd ertragbare Kraftamplitude:

$$F_{A2} = \sigma_a \cdot A = 204{,}96 \ \text{N/mm}^2 \cdot \frac{\pi}{4} \cdot (30 \ \text{mm})^2 = 144\,877 \ \text{N} = \mathbf{144{,}9 \ kN}$$

Anmerkung:
Berechnung der Oberspannung

$$\sigma_o = \sigma_m + \sigma_a = 2 \cdot 204{,}96 \ \text{N/mm}^2 = 409{,}92 \ \text{N/mm}^2$$

Berechnung der Sicherheit gegen Fließen

$$S_F = \frac{R_{p0{,}2}}{\sigma_o} = \frac{290 \ \text{N/mm}^2}{409{,}92 \ \text{N/mm}^2} = 0{,}71$$

Damit versagt das Bauteil nicht durch Schwingbruch, sondern durch Fließen.

c) Berechnung der dauernd ertragbaren Kraftamplitude

Da $\sigma_a = -\sigma_m$ muss für σ_{AD}^* gelten (siehe Abbildung):

$$\sigma_{AD}^* = \sigma_{zdW}^* - M_\sigma \cdot \sigma_m$$

Festigkeitsbedingung

$$\sigma_a = \sigma_{AD}^*$$

$$\sigma_a = \sigma_{zdW}^* - M_\sigma \cdot \sigma_m$$

Mit $\sigma_m = -\sigma_a$ (reine Druckschwellbeanspruchung) folgt:

$$\sigma_a = \frac{\sigma_{zdW}^*}{1 - M_\sigma} = \frac{223{,}2 \ \text{N/mm}^2}{1 - 0{,}089} = 245{,}01 \ \text{N/mm}^2$$

Damit folgt für die dauernd ertragbare Kraftamplitude:

$$F_{A3} = \sigma_{AD} \cdot A = 245{,}01 \text{ N/mm}^2 \cdot \frac{\pi}{4} \cdot (30 \text{ mm})^2$$

$$= 173184 \text{ N} = \textbf{173,2 kN}$$

Anmerkung:

Berechnung der Unterspannung

$$\sigma_u = \sigma_m + \sigma_a = 490{,}01 \text{ N/mm}^2$$

Berechnung der Sicherheit gegen Fließen

$$S_F = \frac{\sigma_{dF}}{\sigma_u} \approx \frac{R_{p0,2}}{\sigma_u} = \frac{290 \text{ N/mm}^2}{490{,}01 \text{ N/mm}^2} = 0{,}59$$

Damit versagt das Bauteil nicht durch Schwingbruch, sondern durch Fließen.

Lösung zu Aufgabe 13.7

a) **Festigkeitsbedingung (Fließen)**

$$\sigma_o \leq \sigma_{zul}$$

$$\frac{F_1 + F_2}{\frac{\pi}{4} \cdot d^2} = \frac{R_{p0,2}}{S_F}$$

$$d = \sqrt{\frac{4 \cdot (F_1 + F_2)}{\pi} \cdot \frac{S_F}{R_{p0,2}}} = \sqrt{\frac{4 \cdot (12\,000\ \text{N} + 25\,000\ \text{N})}{\pi} \cdot \frac{1,20}{300\ \text{N/mm}^2}} = \mathbf{13{,}73\ mm}$$

b) **Berechnung von Spannungsamplitude und Mittelspannung**

$$\sigma_a = \frac{F_a}{A} = \frac{\dfrac{F_2}{2}}{\dfrac{\pi}{4} \cdot d^2} = \frac{2 \cdot F_2}{\pi \cdot d^2}$$

$$\sigma_m = \frac{F_m}{A} = \frac{F_1 + \dfrac{F_2}{2}}{\dfrac{\pi}{4} \cdot d^2} = \frac{4 \cdot F_1 + 2 \cdot F_2}{\pi \cdot d^2}$$

Ermittlung des Oberflächenfaktors $C_{O\sigma}$ unter der Wirkung von Normalspannungen

$$C_{O\sigma} = 0{,}94 \quad \text{aus Diagramm für } Rz = 4\ \mu\text{m} \ \text{ und } \ R_m = 560\ \text{N/mm}^2$$

Berechnung der korrigierten Zug-Druck-Wechselfestigkeit

$$\sigma_{zdW}^* = C_{O\sigma} \cdot \sigma_{zdW} = 0{,}94 \cdot 250\ \text{N/mm}^2 = 235\ \text{N/mm}^2$$

Ermittlung der Mittelspannungsempfindlichkeit M_σ

$$M_\sigma = 0{,}00035 \cdot R_m - 0{,}1 = 0{,}00035 \cdot 560\ \text{N/mm}^2 - 0{,}1 = 0{,}096$$

Zur Berechnung der dauernd ertragbaren Amplitude muss zunächst bekannt sein, ob

$$\sigma_m \leq \frac{\sigma_{zdW}^*}{M_\sigma + 1} \quad \text{oder}$$

$$\sigma_m > \frac{\sigma_{zdW}^*}{M_\sigma + 1} \quad \text{ist.}$$

Berechnung des Durchmessers d, so dass gilt:

$$\sigma_m = \frac{\sigma_{zdW}^*}{M_\sigma + 1}$$

$$\frac{4 \cdot F_1 + 2 \cdot F_2}{\pi \cdot d^2} = \frac{\sigma_{zdW}^*}{M_\sigma + 1}$$

$$d = \sqrt{\frac{M_\sigma + 1}{\sigma_{zdW}^*} \cdot \frac{4 \cdot F_1 + 2 \cdot F_2}{\pi}} = \sqrt{\frac{0{,}096 + 1}{235 \ \text{N/mm}^2} \cdot \frac{4 \cdot 12\,000 \ \text{N} + 2 \cdot 25\,000 \ \text{N}}{\pi}} = 12{,}06 \ \text{mm}$$

Für $d = 12{,}06$ mm beträgt die Spannungsamplitude:

$$\sigma_a = \frac{2 \cdot F_2}{\pi \cdot d^2} = \frac{2 \cdot 25\,000 \ \text{N}}{\pi \cdot (12{,}06 \ \text{mm})^2} = 109{,}39 \ \text{N/mm}^2$$

und die dauernd ertragbare Amplitude:

$$\sigma_{AD}^* = \sigma_m = \frac{\sigma_{zdW}^*}{M_\sigma + 1} = \frac{235 \ \text{N/mm}^2}{0{,}096 + 1} = 214{,}42 \ \text{N/mm}^2$$

Berechnung der Sicherheit gegen Dauerbruch (für $d = 12{,}06$ mm)

$$S_D = \frac{\sigma_{AD}^*}{\sigma_a} = \frac{214{,}42 \ \text{N/mm}^2}{109{,}39 \ \text{N/mm}^2} = 1{,}96$$

Da $S_D = 2{,}80$ gefordert wird, muss der Durchmesser $d > 12{,}06$ mm sein. Damit errechnet sich die dauernd ertragbare Amplitude σ_{AD}^* zu:

$$\sigma_{AD}^* = \sigma_{zdW}^* - M_\sigma \cdot \sigma_m$$

Aus der Festigkeitsbedingung folgt:

$$\sigma_a \le \frac{\sigma_{AD}^*}{S_D}$$

$$\sigma_a = \frac{\sigma_{zdW}^* - M_\sigma \cdot \sigma_m}{S_D}$$

$$\frac{2 \cdot F_2}{\pi \cdot d^2} = \frac{\sigma_{zdW}^* - M_\sigma \cdot \dfrac{4 \cdot F_1 + 2 \cdot F_2}{\pi \cdot d^2}}{S_D}$$

$$\frac{2 \cdot F_2}{\pi \cdot d^2} \cdot S_D = \sigma_{zdW}^* - M_\sigma \cdot \frac{4 \cdot F_1 + 2 \cdot F_2}{\pi \cdot d^2}$$

$$d = \sqrt{\frac{2 \cdot F_2 \cdot S_D + M_\sigma \cdot (4 \cdot F_1 + 2 \cdot F_2)}{\pi \cdot \sigma_{zdW}^*}}$$

$$= \sqrt{\frac{2 \cdot 25\,000 \ \text{N} \cdot 2{,}80 + 0{,}096 \cdot (4 \cdot 12\,000 \ \text{N} + 2 \cdot 25\,000 \ \text{N})}{\pi \cdot 235 \ \text{N/mm}^2}} = \mathbf{14{,}23 \ mm}$$

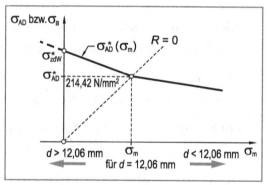

Lösung zu Aufgabe 13.8

Berechnung der Mittelspannung

$$\sigma_m = \frac{F_1}{A} = \frac{F_1}{a \cdot b} = \frac{120000 \text{ N}}{25 \text{ mm} \cdot 50 \text{ mm}} = 96 \text{ N/mm}^2$$

Berechnung der Spannungsamplitude

$$\sigma_{ba} = \frac{M_{ba}}{W_b} = \frac{F_2 \cdot l}{\dfrac{a \cdot b^2}{6}} = \frac{6 \cdot F_2 \cdot l}{a \cdot b^2}$$

Ermittlung des Oberflächenfaktors $C_{O\sigma}$ unter der Wirkung von Normalspannungen

$C_{O\sigma} = 0{,}88$ aus Diagramm für $R_m = 400 \text{ N/mm}^2$ und Grauguss

Berechnung der korrigierten Biegewechselfestigkeit

$$\sigma_{bW}^* = C_{O\sigma} \cdot \sigma_{bW} = 0{,}88 \cdot 130 \text{ N/mm}^2 = 114{,}4 \text{ N/mm}^2$$

Berechnung der dauernd ertragbaren Spannungsamplitude (spröder Werkstoff!)

$$\sigma_{AD}^* = \sigma_{bW}^* \cdot \left(1 - \frac{\sigma_m}{R_m}\right) = 114{,}4 \text{ N/mm}^2 \cdot \left(1 - \frac{96 \text{ N/mm}^2}{400 \text{ N/mm}^2}\right) = 86{,}94 \text{ N/mm}^2$$

Festigkeitsbedingung (Dauerbruch)

$$\sigma_{ba} \leq \sigma_{ba\,zul}$$

$$\frac{6 \cdot F_2 \cdot l}{a \cdot b^2} = \frac{\sigma_{AD}^*}{S_D}$$

$$F_2 = \frac{a \cdot b^2}{6 \cdot l} \cdot \frac{\sigma_{AD}^*}{S_D} = \frac{25 \text{ mm} \cdot (50 \text{ mm})^2}{6 \cdot 200 \text{ mm}} \cdot \frac{86{,}94 \text{ N/mm}^2}{5{,}0} = \mathbf{905{,}7 \text{ N}}$$

Anmerkung:

Berechnung der Oberspannung

$$\sigma_o = \sigma_m + \frac{6 \cdot F_2 \cdot l}{a \cdot b^2} = 96 \text{ N/mm}^2 + \frac{6 \cdot 905{,}7 \text{ N} \cdot 200 \text{ mm}}{25 \text{ mm} \cdot (50 \text{ mm})^2} = 113{,}39 \text{ N/mm}^2$$

Berechnung der Sicherheit gegen Bruch

$$S_B = \frac{R_m}{\sigma_o} = \frac{400 \text{ N/mm}^2}{113{,}39 \text{ N/mm}^2} = 3{,}52$$

Damit wird die erforderliche Sicherheit gegen Bruch ($S_B \geq 4{,}0$) geringfügig unterschritten.

Lösung zu Aufgabe 13.9

Ermittlung der Formzahl α_k

$$\frac{D}{d} = \frac{30 \text{ mm}}{25 \text{ mm}} = 1,2$$

$$\frac{R}{d} = \frac{2,5 \text{ mm}}{25 \text{ mm}} = 0,1$$

Damit entnimmt man einem geeigneten Formzahldiagramm:

$$\alpha_{kt} = 1,30$$

Berechnung der Nennspannungen sowie der maximalen Mittelspannung

Spannungsamplitude (Nennspannung)

$$\tau_{\text{ta n}} = \frac{M_{\text{ta}}}{W_{\text{tn}}} = \frac{M_{\text{ta}}}{\frac{\pi}{16} \cdot d^3} = \frac{500\,000 \text{ Nmm}}{\frac{\pi}{16} \cdot (25 \text{ mm})^3} = 162,98 \text{ N/mm}^2$$

Mittelspannung (Nennspannung und maximale Spannung):

$$\tau_{\text{tm n}} = \frac{M_{\text{tm}}}{W_{\text{tn}}} = \frac{M_{\text{tm}}}{\frac{\pi}{16} \cdot d^3} = \frac{1\,000\,000 \text{ Nmm}}{\frac{\pi}{16} \cdot (25 \text{ mm})^3} = 325,95 \text{ N/mm}^2$$

$$\tau_{\text{tm max}} = \tau_{\text{tm n}} \cdot \alpha_{kt} = 325,95 \text{ N/mm}^2 \cdot 1,30 = 423,73 \text{ N/mm}^2$$

Bestimmung der Kerbwirkungszahl β_{kt} für Torsionsbeanspruchung

Formzahl: $\alpha_k = 1,30$

Berechnung des bezogenen Spannungsgefälles:

$$\chi^+ = \frac{4}{D+d} + \frac{1}{R} = \frac{4}{30 \text{ mm} + 25 \text{ mm}} + \frac{1}{2,5 \text{ mm}} = 0,47 \text{ mm}^{-1}$$

Ermittlung der dynamischen Stützziffer n_χ aus Bild 13.51 im Lehrbuch ($R_{p0,2} = 1400$ N/mm^2):

$$n_\chi = 1,01$$

Berechnung der Kerbwirkungszahl β_{kt}:

$$\beta_{kt} = \frac{\alpha_{kt}}{n_\chi} = \frac{1,30}{1,01} = 1,29$$

Ermittlung des Oberflächenfaktors $C_{O\tau}$ unter der Wirkung von Schubspannungen

$$C_{O\tau} = 0,82 \quad \text{aus Diagramm für } Rz = 25 \text{ μm} \text{ und } R_m = 1830 \text{ N/mm}^2$$

Berechnung der korrigierten Torsionswechselfestigkeit

$$\tau_{tW}^* = C_{O\tau} \cdot \tau_{tW} = 0,82 \cdot 490 \text{ N/mm}^2 = 401,8 \text{ N/mm}^2$$

Ermittlung der Mittelspannungsempfindlichkeit M_σ

$$M_\tau = 0{,}577 \cdot M_\sigma = 0{,}577 \cdot (0{,}00035 \cdot R_m - 0{,}1) = 0{,}577 \cdot (0{,}00035 \cdot 1830 \text{ N/mm}^2 - 0{,}1) = 0{,}31$$

$$M'_\tau = 0{,}31/3 = 0{,}10 \quad \text{(nach FKM – Richtlinie)}$$

Berechnung der dauernd ertragbaren Amplitude (Mittelspannungstransformation)

$$\overset{*}{\tau}_{AD} = \overset{*}{\tau}_{tW} \cdot \frac{M'_\tau + 1}{M_\tau + 1} - M'_\tau \cdot \tau_{tm\,max} \quad \text{da} \quad \frac{\overset{*}{\tau}_{tW}}{M_\tau + 1} < \tau_{tm} < \frac{3 \cdot \overset{*}{\tau}_{tW}}{3 \cdot M'_\tau + 1} \cdot \frac{M'_\tau + 1}{M_\tau + 1}$$

$$\overset{*}{\tau}_{AD} = 401{,}8 \text{ N/mm}^2 \cdot \frac{0{,}10 + 1}{0{,}31 + 1} - 0{,}10 \cdot 423{,}73 \text{ N/mm}^2 = 294{,}1 \text{ N/mm}^2$$

Berechnung der Sicherheit gegen Dauerbruch

Festigkeitsbedingung:

$$\tau_{ta\,max} \leq \tau_{ta\,zul}$$

$$\tau_{ta\,n} \cdot \beta_{kt} = \frac{\overset{*}{\tau}_{AD}}{S_D}$$

$$S_D = \frac{\overset{*}{\tau}_{AD}}{\tau_{ta\,n} \cdot \beta_{kt}} = \frac{294{,}1 \text{ N/mm}^2}{162{,}98 \text{ N/mm}^2 \cdot 1{,}29} = \mathbf{1{,}40} \quad \text{(nicht ausreichend, da } S_D < 2{,}50)$$

Lösung zu Aufgabe 13.10

a) **Berechnung des erforderlichen Radius R**

$$\frac{D}{d} = 2{,}0$$

$$\alpha_k = 2{,}0$$

Damit entnimmt man einem geeigneten Formzahldiagramm:

$$\frac{R}{d} = 0{,}1$$

$$R = 0{,}1 \cdot d = 0{,}1 \cdot 25 \text{ mm} = \textbf{2,5 mm}$$

b) **Berechnung der Kerbwirkungszahl β_k für den Wellenabsatz (S890QL)**

Formzahl: $\alpha_k = 2{,}0$

Berechnung des bezogenen Spannungsgefälles:

$$\chi^+ = \frac{2}{R} = \frac{2}{2{,}5 \text{ mm}} = 0{,}8 \text{ mm}^{-1}$$

Ermittlung der dynamischen Stützziffer n_χ aus Bild 13.51 im Lehrbuch ($R_{p0,2} = 920$ N/mm^2):

$$n_\chi = 1{,}03$$

Berechnung der Kerbwirkungszahl β_k:

$$\beta_k = \frac{\alpha_k}{n_\chi} = \frac{2{,}00}{1{,}03} = 1{,}94$$

Festigkeitsbedingung (Dauerbuch)

$$\sigma_{a\,max} \leq \sigma_{a\,zul}$$

$$\sigma_{an} \cdot \beta_k = \frac{\sigma_{AD}^*}{S_D}$$

$$\sigma_{an} \cdot \beta_k = \frac{\sigma_{zdW}}{S_D}$$

$$\sigma_{an} = \frac{\sigma_{zdW}}{S_D \cdot \beta_k} = \frac{480 \text{ N/mm}^2}{2{,}50 \cdot 1{,}94} = 98{,}97 \text{ N/mm}^2$$

Berechnung der zulässigen Kraftamplitude F_W

$$F_W = \sigma_{an} \cdot A_n = \sigma_{an} \cdot \frac{\pi}{4} \cdot d^2 = 98{,}97 \text{ N/mm}^2 \cdot \frac{\pi}{4} \cdot (25 \text{ mm})^2 = 48581 \text{ N} = \textbf{48,6 kN}$$

c) **Berechnung der Kerbwirkungszahl β_k für den Wellenabsatz (EN-GJL-300)**

Ermittlung der dynamischen Stützziffer n_χ aus Bild 13.51 im Lehrbuch ($R_m = 320$ N/mm^2):

$$n_\chi = 1{,}30$$

Berechnung der Kerbwirkungszahl β_k:

$$\beta_k = \frac{\alpha_k}{n_\chi} = \frac{2,00}{1,30} = 1,54$$

Festigkeitsbedingung (Dauerbuch)

$$\sigma_{a\,max} \leq \sigma_{a\,zul}$$

$$\sigma_{an} \cdot \beta_k = \frac{\sigma_{AD}^*}{S_D}$$

$$\sigma_{an} \cdot \beta_k = \frac{\sigma_{zdW}}{S_D}$$

$$\sigma_{an} = \frac{\sigma_{zdW}}{S_D \cdot \beta_k} = \frac{100 \text{ N/mm}^2}{4,0 \cdot 1,54} = 16,23 \text{ N/mm}^2$$

Berechnung der zulässigen Kraftamplitude F_W

$$F_W = \sigma_{an} \cdot A_n = \sigma_{an} \cdot \frac{\pi}{4} \cdot d^2 = 16,23 \text{ N/mm}^2 \cdot \frac{\pi}{4} \cdot (25 \text{ mm})^2 = 7969 \text{ N} = \textbf{7,97 kN}$$

Lösung zu Aufgabe 13.11

a) Berechnung der Spannungsamplitude

$$\sigma_{ba} = \frac{M_{ba}}{W_b} = \frac{\frac{F_1}{2} \cdot l}{\frac{\pi}{32} \cdot d^3} = \frac{16 \cdot F_1 \cdot l}{\pi \cdot d^3} \quad \text{(reine Zugschwellbeanspruchung)}$$

$$\sigma_{bm} = \sigma_{ba} \qquad\qquad\qquad\qquad \text{(reine Zugschwellbeanspruchung)}$$

Ermittlung des Oberflächenfaktors $C_{O\sigma}$ unter der Wirkung von Normalspannungen

$$C_{O\sigma} = 0{,}85 \quad \text{aus Diagramm für } Rz = 10 \ \mu\text{m und } R_m = 1050 \ \text{N/mm}^2$$

Berechnung der korrigierten Zug-Druck-Wechselfestigkeit

$$\sigma_{bW}^* = C_{O\sigma} \cdot \sigma_{bW} = 0{,}85 \cdot 480 \ \text{N/mm}^2 = 408 \ \text{N/mm}^2$$

Ermittlung der Mittelspannungsempfindlichkeit M_σ

$$M_\sigma = 0{,}00035 \cdot R_m - 0{,}1 = 0{,}00035 \cdot 1050 \ \text{N/mm}^2 - 0{,}1 = 0{,}27$$

Berechnung der dauernd ertragbaren Amplitude (Mittelspannungstransformation)

Da $\sigma_a = \sigma_m$ muss für σ_{AD}^* gelten (siehe Abbildung):

$$\sigma_{AD}^* = \sigma_{bW}^* - M_\sigma \cdot \sigma_{bm}$$

Festigkeitsbedingung (Dauerbruch)

$$\sigma_{ba} \leq \sigma_{ba\,zul}$$

$$\sigma_{ba} = \frac{\sigma_{AD}^*}{S_D}$$

$$\sigma_{ba} = \frac{\sigma_{bW}^* - M_\sigma \cdot \sigma_{bm}}{S_D}$$

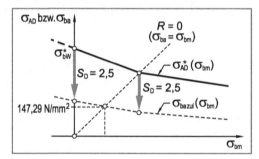

Mit $\sigma_{bm} = \sigma_{ba}$ (reine Zugschwellbeanspruchung) folgt:

$$\sigma_{ba} = \frac{\sigma_{bW}^* - M_\sigma \cdot \sigma_{ba}}{S_D}$$

$$\sigma_{ba} = \frac{\sigma_{bW}^*}{S_D + M_\sigma} = \frac{408 \ \text{N/mm}^2}{2{,}50 + 0{,}27} = 147{,}29 \ \text{N/mm}^2$$

Berechnung des erforderlichen Durchmessers d

$$\sigma_{ba} = \frac{16 \cdot F_1 \cdot l}{\pi \cdot d^3}$$

$$d = \sqrt[3]{\frac{16 \cdot F_1 \cdot l}{\sigma_{ba} \cdot \pi}} = \sqrt[3]{\frac{16 \cdot 10000 \ \text{N} \cdot 1000 \ \text{mm}}{147{,}29 \ \text{N/mm}^2 \cdot \pi}} = \mathbf{70{,}19 \ mm}$$

b) **Berechnung der Spannungsamplitude**

$$\tau_{\text{ta}} = \frac{M_{\text{ta}}}{W_{\text{t}}} = \frac{2 \cdot F_2 \cdot a}{\frac{\pi}{16} \cdot d^3} = \frac{32 \cdot F_2 \cdot a}{\pi \cdot d^3} \quad \text{(reine Torsionswechselbeanspruchung)}$$

Ermittlung des Oberflächenfaktors $C_{\text{O}\tau}$ unter der Wirkung von Schubspannungen

$C_{\text{O}\tau} = 0,92$ aus Diagramm für $Rz = 10 \ \mu\text{m}$ und $R_{\text{m}} = 1050 \ \text{N/mm}^2$

Berechnung der korrigierten Torsionswechselfestigkeit:

$$\tau_{\text{tW}}^* = C_{\text{O}\tau} \cdot \tau_{\text{tW}} = 0,92 \cdot 275 \ \text{N/mm}^2 = 253 \ \text{N/mm}^2$$

Festigkeitsbedingung (Dauerbruch)

$$\tau_{\text{ta}} \leq \tau_{\text{ta zul}}$$

$$\tau_{\text{ta}} = \frac{\tau_{\text{AD}}^*}{S_{\text{D}}} = \frac{\tau_{\text{tW}}^*}{S_{\text{D}}} = \frac{253 \ \text{N/mm}^2}{3,0} = 84,3 \ \text{N/mm}^2$$

Berechnung des erforderlichen Durchmessers d

$$\tau_{\text{ta}} = \frac{32 \cdot F_2 \cdot a}{\pi \cdot d^3}$$

$$d = \sqrt[3]{\frac{32 \cdot F_2 \cdot a}{\tau_{\text{ta}} \cdot \pi}} = \sqrt[3]{\frac{32 \cdot 15\,000 \ \text{N} \cdot 200 \ \text{mm}}{84,3 \ \text{N/mm}^2 \cdot \pi}} = 71,30 \ \text{mm}$$

c) **Berechnung der Biegespannung**

$$\sigma_{\text{b}} = \frac{M_{\text{b}}}{W_{\text{b}}} = \frac{F_1 \cdot l}{\frac{\pi}{32} \cdot d^3} = \frac{32 \cdot F_1 \cdot l}{\pi \cdot d^3}$$

Berechnung der Schubspannung aus Torsion

$$\tau_{\text{t}} = \frac{M_{\text{t}}}{W_{\text{t}}} = \frac{2 \cdot F_2 \cdot a}{\frac{\pi}{16} \cdot d^3} = \frac{32 \cdot F_2 \cdot a}{\pi \cdot d^3}$$

Berechnung der Vergleichsspannung

Die Vergleichsspannung nach der Schubspannungshypothese (SH) kann unmittelbar aus den Lastspannungen σ_{b} und τ_{t} (Biegebeanspruchung mit überlagerter Torsion) errechnet werden:

$$\sigma_{\text{VSH}} = \sqrt{\sigma_{\text{b}}^2 + 4 \cdot \tau_{\text{t}}^2}$$

Festigkeitsbedingung

$$\sigma_{\text{VSH}} \leq \frac{R_{\text{p0,2}}}{S_{\text{F}}}$$

$$\sqrt{\sigma_b^2 + 4 \cdot \tau_t^2} = \frac{R_{p0,2}}{S_F}$$

$$\sqrt{\left(\frac{32 \cdot F_1 \cdot l}{\pi \cdot d^3}\right)^2 + 4 \cdot \left(\frac{32 \cdot F_2 \cdot a}{\pi \cdot d^3}\right)^2} = \frac{R_{p0,2}}{S_F}$$

Mit $F_1 = F_2 = F$ folgt:

$$F \cdot \sqrt{\left(\frac{32 \cdot l}{\pi \cdot d^3}\right)^2 + 4 \cdot \left(\frac{32 \cdot a}{\pi \cdot d^3}\right)^2} = \frac{R_{p0,2}}{S_F}$$

$$F = \frac{R_{p0,2}}{S_F \cdot \sqrt{\left(\dfrac{32 \cdot l}{\pi \cdot d^3}\right)^2 + 4 \cdot \left(\dfrac{32 \cdot a}{\pi \cdot d^3}\right)^2}} = \frac{\pi \cdot d^3 \cdot R_{p0,2}}{32 \cdot S_F \cdot \sqrt{l^2 + 4 \cdot a^2}}$$

$$= \frac{\pi \cdot (60 \text{ mm})^3 \cdot 900 \text{ N/mm}^2}{32 \cdot 1{,}20 \cdot \sqrt{(1000 \text{ mm})^2 + 4 \cdot (200 \text{ mm})^2}} = 14767 \text{ N} = \textbf{14,8 kN}$$

Lösung zu Aufgabe 13.12

Berechnung der Spannungsamplitude σ_{ba}

Maximale Durchbiegung:

$$f_{max} = \frac{a}{2} - \frac{t}{2} = \frac{a-t}{2}$$

Berechnung der Kraftamplitude mit Erreichen der maximalen Durchbiegung

$$F_a = f_{max} \cdot \frac{3 \cdot E \cdot I}{l^3}$$

Berechnung der maximalen Biegespannung (im Einspannquerschnitt) mit Erreichen der maximalen Durchbiegung

$$\sigma_{ba} = \frac{M_{ba}}{W_b} = \frac{F_a \cdot l}{W_b} = f_{max} \cdot \frac{3 \cdot E \cdot I}{l^3} \cdot \frac{l}{W_b}$$

$$\sigma_{ba} = f_{max} \cdot \frac{3 \cdot E}{l^2} \cdot \frac{t}{2} \quad \text{da} \quad \frac{I}{W_b} = \frac{t}{2}$$

$$\sigma_{ba} = \frac{a-t}{2} \cdot \frac{3 \cdot E}{l^2} \cdot \frac{t}{2} = \frac{3}{4} \cdot (a-t) \cdot \frac{E \cdot t}{l^2}$$

Ermittlung der Oberflächenfaktors $C_{O\sigma}$ unter der Wirkung von Normalspannungen

$$C_{O\sigma} = 0{,}85 \quad \text{aus Diagramm für } Rz = 6{,}3 \text{ μm und } R_m = 1550 \text{ N/mm}^2$$

Berechnung der korrigierten Biegewechselfestigkeit

$$\sigma_{bW}^* = C_{O\sigma} \cdot \sigma_{bW} = 0{,}85 \cdot 750 \text{ N/mm}^2 = 637{,}5 \text{ N/mm}^2$$

Festigkeitsbedingung

$$\sigma_{ba} \leq \sigma_{ba\,zul}$$

$$\sigma_{ba} = \frac{\sigma_{bW}^*}{S_D}$$

$$\frac{3}{4} \cdot (a-t) \cdot \frac{E \cdot t}{l^2} = \frac{\sigma_{bW}^*}{S_D}$$

$$a = \frac{4}{3} \cdot \frac{\sigma_{bW}^*}{S_D} \cdot \frac{l^2}{E \cdot t} + t$$

$$a = \frac{4}{3} \cdot \frac{637{,}5 \text{ N/mm}^2}{2{,}5} \cdot \frac{(1000 \text{ mm})^2}{207\,000 \text{ N/mm}^2 \cdot 8 \text{ mm}} + 8 \text{ mm} = \mathbf{213{,}3 \text{ mm}}$$

Lösung zu Aufgabe 13.13

a) Festigkeitsbedingung

$$\tau_t \le \tau_{t\,zul}$$

$$\frac{M_t}{W_t} = \frac{\tau_{tF}}{S_F}$$

$$\frac{M_t}{\dfrac{\pi}{16} \cdot \dfrac{d_a^4 - d_i^4}{d_a}} = \frac{R_{p0,2}}{2 \cdot S_F} \quad da \; \tau_{tF} = \frac{R_{p0,2}}{2}$$

$$M_t = \frac{\pi}{16} \cdot \frac{d_a^4 - d_i^4}{d_a} \cdot \frac{R_{p0,2}}{2 \cdot S_F}$$

$$= \frac{\pi}{16} \cdot \frac{25^4 - 20^4}{25} \, mm^3 \cdot \frac{1250 \; N/mm^2}{2 \cdot 1,5} = 754\,719 \; Nmm = \textbf{754,7 Nm}$$

b) Ermittlung der Oberflächenfaktors $C_{O\tau}$ für Schubbeanspruchung

$$C_{O\tau} = 0,94 \quad \text{aus Diagramm für } Rz = 4 \; \mu m \text{ und } R_m = 1620 \; N/mm^2$$

Berechnung der korrigierten Biegewechselfestigkeit

$$\tau_{tW}^* = C_{O\tau} \cdot \tau_{tW} = 0,94 \cdot 420 \; N/mm^2 = 394,8 \; N/mm^2$$

Festigkeitsbedingung

$$\tau_{ta} \le \tau_{ta\,zul}$$

$$\frac{M_{ta}}{W_t} = \frac{\tau_{AD}^*}{S_D} = \frac{\tau_{tW}^*}{S_D}$$

$$\frac{M_{ta}}{\dfrac{\pi}{16} \cdot \dfrac{d_a^4 - d_i^4}{d_a}} = \frac{\tau_{tW}^*}{S_D}$$

$$M_{ta} = \frac{\pi}{16} \cdot \frac{d_a^4 - d_i^4}{d_a} \cdot \frac{\tau_{tW}^*}{S_D}$$

$$M_{ta} = \frac{\pi}{16} \cdot \frac{25^4 - 20^4}{25} \cdot \frac{394,8 \; N/mm^2}{2,2} = 325\,050 \; Nmm = \textbf{325,1 Nm}$$

c) Berechnung des Verdrehwinkels für den Fall der statischen Beanspruchung

$$\varphi = \frac{M_t \cdot l}{G \cdot I_P} = \frac{M_t \cdot l}{\dfrac{E}{2 \cdot (1 + \mu)} \cdot \dfrac{\pi}{32} \cdot (d_a^4 - d_i^4)} = \frac{754\,719 \; Nmm \cdot 1000 \; mm}{\dfrac{211\,000 \; Nmm^2}{2 \cdot (1 + 0,3)} \cdot \dfrac{\pi}{32} \cdot (25^4 - 20^4) mm^4} = 0,411$$

$$\varphi(\text{in Grad}) = \frac{180°}{\pi} \cdot \varphi(\text{in rad}) = \frac{180°}{\pi} \cdot 0,411 = \textbf{23,53°}$$

Berechnung des Verdrehwinkels für den Fall der Schwingbeanspruchung

$$\varphi = \frac{M_t \cdot l}{G \cdot I_P} = \frac{M_t \cdot l}{\dfrac{E}{2 \cdot (1 + \mu)} \cdot \dfrac{\pi}{32} \cdot (d_a^4 - d_i^4)} = \frac{325\,050\ \text{Nmm} \cdot 1000\ \text{mm}}{\dfrac{211\,000\ \text{Nmm}^2}{2 \cdot (1 + 0,3)} \cdot \dfrac{\pi}{32} \cdot (25^4 - 20^4)\,\text{mm}^4} = 0,177$$

$$\varphi\,(\text{in Grad}) = \frac{180°}{\pi} \cdot \varphi\,(\text{in rad}) = \frac{180°}{\pi} \cdot 0,177 = \mathbf{10,14°}$$

Lösung zu Aufgabe 13.14

a) Beanspruchungs-Zeit-Verlauf
Umlaufbiegung führt zu einer reinen Zug-Druck-Wechselbeanspruchung

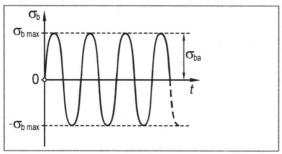

Berechnung des maximalen Biegemomentes

$$M_{b\,max} = \frac{a \cdot b}{a + b} \cdot F_Q = \frac{500 \text{ mm} \cdot 350 \text{ mm}}{500 \text{ mm} + 350 \text{ mm}} \cdot 10000 \text{ N} = 2058824 \text{ Nmm}$$

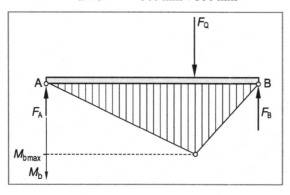

Berechnung der maximalen Spannungsamplitude

$$\sigma_{ba} = \sigma_{b\,max} = \frac{M_{b\,max}}{W_b} = \frac{M_{b\,max}}{\frac{\pi}{32} \cdot d^3} = \frac{2058824 \text{ Nmm}}{\frac{\pi}{32} \cdot (50 \text{ mm})^3} = \textbf{167,77 N/mm}^2$$

b) Ermittlung des Oberflächenfaktors $C_{O\sigma}$ unter der Wirkung von Normalspannungen

$$C_{O\sigma} = 0,92 \quad \text{aus Diagramm für } Rz = 3,2 \text{ μm und } R_m = 1070 \text{ N/mm}^2$$

Berechnung der korrigierten Biegewechselfestigkeit

$$\sigma_{bW}^* = C_{O\sigma} \cdot \sigma_{bW} = 0,92 \cdot 530 \text{ N/mm}^2 = 487,6 \text{ N/mm}^2$$

Berechnung der Sicherheit gegen Dauerbruch
Festigkeitsbedingung:

$$\sigma_{ba} \leq \sigma_{ba\,zul}$$

$$\sigma_{ba} = \frac{\sigma_{AD}^*}{S_D} = \frac{\sigma_{bW}^*}{S_D} \quad \text{(reine Biegewechselbeanspruchung)}$$

$$S_D = \frac{\sigma_{bW}^*}{\sigma_{ba}} = \frac{487,6 \text{ N/mm}^2}{167,77 \text{ N/mm}^2} = \mathbf{2,91} \quad \text{(nicht ausreichend, da } S_D > 3,5 \text{ gefordert)}$$

c) **Berechnung der Mittelspannung σ_m**

$$\sigma_m = \frac{F_H}{A} = \frac{F_H}{\frac{\pi}{4} \cdot d^2} = \frac{350\,000 \text{ N}}{\frac{\pi}{4} \cdot (50 \text{ mm})^2} = 178,25 \text{ N/mm}^2$$

Ermittlung der Mittelspannungsempfindlichkeit M_σ

$$M_\sigma = 0,00035 \cdot R_m - 0,1 = 0,00035 \cdot 1070 \text{ N/mm}^2 - 0,1 = 0,275$$

Berechnung der dauernd ertragbaren Amplitude (Mittelspannungstransformation)

$$\sigma_{AD}^* = \sigma_{bW}^* - M_\sigma \cdot \sigma_m \quad \text{da } \sigma_m < \frac{\sigma_{bW}^*}{M_\sigma + 1}$$

$$\sigma_{AD}^* = 487,6 \text{ N/mm}^2 - 0,275 \cdot 178,25 \text{ N/mm}^2 = 438,58 \text{ N/mm}^2$$

Berechnung der Sicherheit gegen Dauerbruch

Festigkeitsbedingung:

$$\sigma_{ba} \leq \sigma_{ba\,zul}$$

$$\sigma_{ba} = \frac{\sigma_{AD}^*}{S_D}$$

$$S_D = \frac{\sigma_{AD}^*}{\sigma_{ba}} = \frac{438,58 \text{ N/mm}^2}{167,77 \text{ N/mm}^2} = \mathbf{2,61} \quad \text{(ausreichend, da } S_D > 2,50)$$

Lösung zu Aufgabe 13.15

Berechnung der Mittelspannung

$$\sigma_m = \frac{F_1}{A} = \frac{F_1}{\frac{\pi}{4} \cdot \left(d_a^2 - d_i^2 \right)} = \frac{100\,000 \text{ N}}{\frac{\pi}{4} \cdot \left(70^2 - 60^2 \right) \text{mm}^2} = 97,94 \text{ N/mm}^2$$

Berechnung der Spannungsamplitude

$$\sigma_{ba} = \frac{M_{b\,max}}{W_b} = \frac{F_2 \cdot c}{\frac{\pi}{32} \cdot \frac{d_a^4 - d_i^4}{d_a}}$$

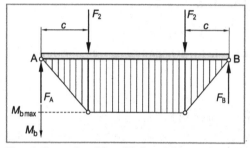

Ermittlung des Oberflächenfaktors $C_{O\sigma}$ unter der Wirkung von Normalspannungen

$C_{O\sigma} = 0,82$ aus Diagramm für $Rz = 12,5 \text{ μm}$ und $R_m = 1180 \text{ N/mm}^2$

Berechnung der korrigierten Biegewechselfestigkeit

$$\sigma_{bW}^* = C_{O\sigma} \cdot \sigma_{bW} = 0,82 \cdot 590 \text{ N/mm}^2 = 483,8 \text{ N/mm}^2$$

Ermittlung der Mittelspannungsempfindlichkeit M_σ

$$M_\sigma = 0,00035 \cdot R_m - 0,1 = 0,00035 \cdot 1180 \text{ N/mm}^2 - 0,1 = 0,313$$

Berechnung der dauernd ertragbaren Amplitude (Mittelspannungstransformation)

$$\sigma_{AD}^* = \sigma_{bW}^* - M_\sigma \cdot \sigma_m \quad \text{da } \sigma_m < \frac{\sigma_{bW}^*}{M_\sigma + 1}$$

$$\sigma_{AD}^* = 483,8 \text{ N/mm}^2 - 0,313 \cdot 97,94 \text{ N/mm}^2 = 453,14 \text{ N/mm}^2$$

Berechnung der Querkraft F_2

Festigkeitsbedingung (Dauerbruch):

$$\sigma_{ba} \leq \sigma_{ba\,zul}$$

$$\frac{F_2 \cdot c}{\frac{\pi}{32} \cdot \frac{d_a^4 - d_i^4}{d_a}} = \frac{\sigma_{AD}^*}{S_D}$$

$$F_2 = \frac{\sigma_{AD}^*}{S_D \cdot c} \cdot \frac{\pi}{32} \cdot \frac{d_a^4 - d_i^4}{d_a} = \frac{453,14 \text{ N/mm}^2}{2,50 \cdot 100 \text{ mm}} \cdot \frac{\pi}{32} \cdot \frac{70^4 - 60^4}{70} \text{mm}^3 = 28\,090 \text{ N} = \mathbf{28,1 \text{ kN}}$$

Lösung zu Aufgabe 13.16

a) **Ermittlung der Formzahl α_k**

$$\frac{d}{D} = \frac{30\ \text{mm}}{40\ \text{mm}} = 0,75$$

$$\frac{d_B}{D} = \frac{5\ \text{mm}}{40\ \text{mm}} = 0,125$$

Damit entnimmt man einem geeigneten Formzahldiagramm

$$\alpha_{kt} = 3,8$$

Festigkeitsbedingung

$$\tau_{t\,max} < \tau_{t\,zul}$$

$$\tau_t \cdot \alpha_{kt} = \frac{\tau_{tB}}{S_B}$$

$$\frac{M_t}{W_{tn}} \cdot \alpha_{kt} = \frac{\tau_{tB}}{S_B} = \frac{R_m}{S_B} \quad \text{da } \tau_{tB} = R_m \quad \text{für Grauguss}$$

$$M_t = \frac{W_{tn} \cdot R_m}{S_{B\cdot} \cdot \alpha_k} = \frac{\dfrac{\pi}{16} \cdot \dfrac{D^4 - d^4}{D} \cdot R_m}{S_{B\cdot} \cdot \alpha_k} = \frac{\dfrac{\pi}{16} \cdot \dfrac{40^4 - 30^4}{40}\ \text{mm}^3 \cdot 320\ \text{N/mm}^2}{4,0 \cdot 3,8}$$

$$= 180\,848\ \text{Nmm} = \mathbf{180,8\ Nm}$$

b) **Ermittlung des Oberflächenfaktors $C_{O\tau}$ unter der Wirkung von Schubspannungen**

$$C_{O\tau} = 0,90 \quad \text{aus Diagramm für Grauguss und } R_m = 320\ \text{N/mm}^2$$

Berechnung der korrigierten Schubwechselfestigkeit:

$$\tau_{tW}^* = C_{O\tau} \cdot \tau_{tW} = 0,90 \cdot 80\ \text{N/mm}^2 = 72\ \text{N/mm}^2$$

Bestimmung der Kerbwirkungszahl β_{kt}

Formzahl $\alpha_{kt} = 3,8$ (aus geeignetem Formzahldiagramm für $d_B/D = 0,125$ und $d/D = 0,75$)

Berechnung des bezogenes Spannungsgefälles:

$$\chi^+ = \frac{2}{D} + \frac{6}{d_B} = \frac{2}{40\ \text{mm}} + \frac{6}{5\ \text{mm}} = 1,25\ \text{mm}^{-1}$$

Ermittlung der dynamischen Stützziffer n_χ aus Bild 13.51 im Lehrbuch ($R_m = 320\ \text{N/mm}^2$):

$$n_\chi = 1,45$$

Berechnung der Kerbwirkungszahl β_{kt}:

$$\beta_k = \frac{\alpha_{kt}}{n_\chi} = \frac{3,8}{1,45} = 2,62$$

Festigkeitsbedingung

$$\tau_{\text{ta max}} \leq \tau_{\text{ta zul}}$$

$$\tau_{\text{ta}} \cdot \beta_{\text{kt}} = \frac{\tau^*_{\text{t AD}}}{S_{\text{D}}} = \frac{\tau^*_{\text{tW}}}{S_{\text{D}}}$$

$$\frac{M_{\text{ta}}}{W_{\text{tn}}} \cdot \beta_{\text{kt}} = \frac{\tau^*_{\text{tW}}}{S_{\text{D}}}$$

$$M_{\text{ta}} = \frac{\tau^*_{\text{tW}}}{S_{\text{D}} \cdot \beta_{\text{kt}}} \cdot \frac{\pi}{16} \cdot \frac{D^4 - d^4}{D} = \frac{72 \text{ N/mm}^2}{2{,}50 \cdot 2{,}62} \cdot \frac{\pi}{16} \cdot \frac{40^4 - 30^4}{40} \text{mm}^3$$

$$= 94\,428 \text{ Nmm} = \mathbf{94{,}4 \text{ Nm}}$$

Lösung zu Aufgabe 13.17

a) **Biegemomentenverlauf**

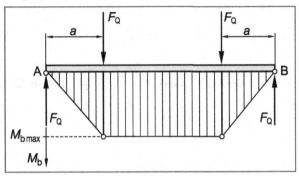

Berechnung des maximalen Biegemomentes

$$M_{b\,max} = F_Q \cdot a = 3900\ \text{N} \cdot 200\ \text{mm} = 780\,000\ \text{Nmm} = \mathbf{780\ Nm}$$

b) Die höchst beanspruchte Stelle befindet sich im Kerbgrund.

Ermittlung der Formzahl α_{kb}

$$\frac{D}{d} = \frac{40\ \text{mm}}{35\ \text{mm}} = 1{,}14$$

$$\frac{R}{d} = \frac{2{,}5\ \text{mm}}{35\ \text{mm}} = 0{,}07$$

Damit entnimmt man einem geeigneten Formzahldiagramm:

$$\alpha_{kb} = 2{,}1$$

Berechnung der Sicherheit gegen Fließen im Kerbgrund

Festigkeitsbedingung:

$$\sigma_{b\,max} \leq \sigma_{b\,zul}$$

$$\frac{M_{b\,max}}{W_{bn}} \cdot \alpha_{kb} = \frac{\sigma_{bF}}{S_F}$$

mit $\sigma_{bF} \approx R_{p0,2}$ folgt:

$$S_F = \frac{R_{p0,2}}{\alpha_{kb}} \cdot \frac{\pi}{32} \cdot d^3 \cdot \frac{1}{M_{b\,max}} = \frac{550\ \text{N/mm}^2}{2{,}1} \cdot \frac{\pi}{32} \cdot \frac{(35\ \text{mm})^3}{780\,000\ \text{Nmm}} = \mathbf{1{,}41} \quad \text{(ausreichend)}$$

c) Zusätzliche Versagensmöglichkeit: **Dauerbruch** infolge Umlaufbiegung.

d) **Ermittlung der Kerbwirkungszahl β_{kb}**

Berechnung des bezogenen Spannungsgefälles:

$$\chi^+ = \frac{2}{d} + \frac{2}{R} = \frac{2}{35\ \text{mm}} + \frac{2}{2{,}5\ \text{mm}} = 0{,}857\ \text{mm}^{-1}$$

Ermittlung der dynamischen Stützziffer n_χ aus Bild 13.51 im Lehrbuch ($R_{p0,2} = 550$ N/mm^2)

$n_\chi = 1{,}1$

Berechnung der Kerbwirkungszahl β_{kb}:

$$\beta_{kb} = \frac{\alpha_{kb}}{n_\chi} = \frac{2{,}1}{1{,}1} = \mathbf{1{,}91}$$

e) Zeitlicher Verlauf der Biegespannung an der Kerbstelle (Umlaufbiegung d. h. reine Biegewechselbeanspruchung)

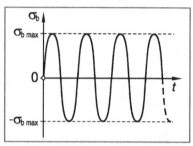

f) **Ermittlung des Oberflächenfaktors $C_{O\sigma}$ unter der Wirkung von Normalspannungen**

$C_{O\sigma} = 0{,}82$ aus Diagramm für $Rz = 25$ µm und $R_m = 780$ N/mm^2

Berechnung der korrigierten Biegewechselfestigkeit

$\sigma_{bW}^* = C_{O\sigma} \cdot \sigma_{bW} = 0{,}82 \cdot 390$ N/mm$^2 = 319{,}8$ N/mm^2

Berechnung der zulässigen Querkraft F_Q

Festigkeitsbedingung:

$\sigma_{a\,max} \leq \sigma_{a\,zul}$

$$\sigma_{an} \cdot \beta_{kb} = \frac{\sigma_{AD}^*}{S_D} = \frac{\sigma_{bW}^*}{S_D}$$

$$\frac{M_{ba}}{W_{bn}} \cdot \beta_{kb} = \frac{\sigma_{bW}^*}{S_D}$$

$$F_Q = \frac{\sigma_{bW}^*}{\beta_{kb} \cdot S_D \cdot a} \cdot \frac{\pi}{32} \cdot d^3 = \frac{319{,}8 \text{ N/mm}^2}{1{,}91 \cdot 2{,}50 \cdot 200 \text{ mm}} \cdot \frac{\pi}{32} \cdot (35 \text{ mm})^3 = \mathbf{1409{,}6 \text{ N}}$$

Lösung zu Aufgabe 13.18

a) **Berechnung des Biegemomentes am linken Wellenabsatz**

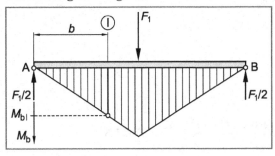

$$M_{bI} = \frac{F_1}{2} \cdot b = \frac{10000 \text{ N}}{2} \cdot 100 \text{ mm} = 500\,000 \text{ Nmm} = \mathbf{500\,Nm}$$

b) **Ermittlung der Formzahlen für Zugbeanspruchung (α_{kz}) und Biegung (α_{kb})**

$$\frac{D}{d} = \frac{45 \text{ mm}}{30 \text{ mm}} = 1,5$$

$$\frac{R}{d} = \frac{6 \text{ mm}}{30 \text{ mm}} = 0,2$$

Aus geeigneten Formzahldiagrammen entnimmt man:

$$\alpha_{kz} = \mathbf{1,55}$$

$$\alpha_{kb} = \mathbf{1,42}$$

c) **Berechnung der Sicherheit gegen Fließen am Wellenabsatz**

Festigkeitsbedingung (Fließen):

$$\sigma_{b\,max} \leq \sigma_{b\,zul}$$

$$\frac{M_{bI}}{W_{bn}} \cdot \alpha_{kb} = \frac{\sigma_{bF}}{S_F}$$

mit $\sigma_{bF} \approx R_e$ folgt:

$$S_F = \frac{R_e}{M_b \cdot \alpha_{kb}} \cdot \frac{\pi}{32} \cdot d^3$$

$$= \frac{460 \text{ N/mm}^2}{500\,000 \text{ Nmm} \cdot 1,42} \cdot \frac{\pi}{32} \cdot (30 \text{ mm})^3 = \mathbf{1,72} \quad \text{(ausreichend, da } S_F > 1,20\text{)}$$

d) **Berechnung der Biegenennspannung an der Kerbstelle I**

$$\sigma_{bn} = \frac{M_{bI}}{W_{bn}} = \frac{M_{bI}}{\frac{\pi}{32} \cdot d^3} = \frac{500000 \text{ Nmm}}{\frac{\pi}{32} \cdot (30 \text{ mm})^3} = 188,63 \text{ N/mm}^2$$

Berechnung der Zusatzkraft F_2

Festigkeitsbedingung:

$$\sigma_{b\,max} + \sigma_{z\,max} \leq \sigma_{bF} \quad \text{mit } \sigma_{bF} \approx R_e$$

$$\sigma_{bn} \cdot \alpha_{kb} + \sigma_{zn} \cdot \alpha_{kz} = R_e$$

$$\sigma_{zn} = \frac{R_e - \sigma_{bn} \cdot \alpha_{kb}}{\alpha_{kz}}$$

$$F_2 = \frac{\pi}{4} \cdot d^2 \cdot \frac{R_e - \sigma_{bn} \cdot \alpha_{kb}}{\alpha_{kz}}$$

$$= \frac{\pi}{4} \cdot (30\ \text{mm})^2 \cdot \frac{460\ \text{N/mm}^2 - 188{,}63\ \text{N/mm}^2 \cdot 1{,}42}{1{,}55} = \mathbf{87627\ N}$$

e) **Ermittlung der Kerbwirkungszahl β_{kb} für den Wellenabsatz**

Berechnung des bezogenen Spannungsgefälles:

$$\chi^+ = \frac{4}{D + d} + \frac{2}{R} = \frac{4}{45\ \text{mm} + 30\ \text{mm}} + \frac{2}{6\ \text{mm}} = 0{,}387\ \text{mm}^{-1}$$

Ermittlung der dynamischen Stützziffer n_χ aus Bild 13.51 im Lehrbuch ($R_e = 460\ \text{N/mm}^2$):

$$n_\chi = 1{,}05$$

Berechnung der Kerbwirkungszahl β_{kb}:

$$\beta_{kb} = \frac{\alpha_{kb}}{n_\chi} = \frac{1{,}42}{1{,}05} = \mathbf{1{,}35}$$

f) **Darstellung des Spannungs-Zeit-Verlaufes bei umlaufender Welle**

Berechnung der (schädigungswirksamen) maximalen Biegespannungsamplitude:

$$\sigma_{ba\,max} = \sigma_{ba\,n} \cdot \beta_{kb} = 188{,}63\ \text{N/mm}^2 \cdot 1{,}35 = \mathbf{254{,}22\ N/mm^2}$$

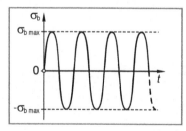

g) **Ermittlung des Oberflächenfaktors $C_{O\sigma}$ unter der Wirkung von Normalspannungen**

$$C_{O\sigma} = 0{,}90 \quad \text{aus Diagramm für } Rz = 12{,}5\ \mu\text{m} \text{ und } R_m = 530\ \text{N/mm}^2$$

Berechnung der korrigierten Biegewechselfestigkeit

$$\sigma_{bW}^* = C_{O\sigma} \cdot \sigma_{bW} = 0{,}90 \cdot 280\ \text{N/mm}^2 = 252\ \text{N/mm}^2$$

Festigkeitsbedingung

$$\sigma_{ba\,max} \leq \sigma_{a\,zul} = \frac{\sigma_{AD}^*}{S_D} = \frac{\sigma_{bW}^*}{S_D}$$

$$S_D = \frac{\sigma_{bW}^*}{\sigma_{ba\,max}} = \frac{252\ \text{N/mm}^2}{254{,}65\ \text{N/mm}^2} = \mathbf{0{,}99} \quad (\text{nicht ausreichend, da } S_D < 2{,}50)$$

Lösung zu Aufgabe 13.19

a) **Berechnung der Zugspannung**

$$\sigma_z = \frac{F_1}{A} = \frac{F_1}{\frac{\pi}{4} \cdot d^2} = \frac{700\,000 \text{ N}}{\frac{\pi}{4} \cdot (60 \text{ mm})^2} = \mathbf{247{,}57 \text{ N/mm}^2}$$

Berechnung der Verlängerung des Bolzens (Hookesches Gesetz für einachsigen Spannungszustand)

$$\varepsilon = \frac{\sigma_z}{E}$$

$$\frac{\Delta l}{l_0} = \frac{\sigma_z}{E}$$

$$\Delta l = \frac{\sigma_z}{E} \cdot l_0 = \frac{247{,}57 \text{ N/mm}^2}{210\,000 \text{ N/mm}^2} \cdot 180 \text{ mm} = \mathbf{0{,}2122 \text{ mm}}$$

Berechnung der Sicherheit gegen Fließen

Festigkeitsbedingung:

$$\sigma_z \le \sigma_{zul}$$

$$\sigma_z = \frac{R_{p0,2}}{S_F}$$

$$S_F = \frac{R_{p0,2}}{\sigma_z} = \frac{620 \text{ N/mm}^2}{247{,}57 \text{ N/mm}^2} = \mathbf{2{,}50} \quad \text{(ausreichend, da } S_F > 1{,}20\text{)}$$

b) Die höchst beanspruchte Stelle befindet sich am Einspannquerschnitt. Dort wirkt eine reine Biegewechselbeanspruchung.

Ermittlung des Oberflächenfaktors $C_{O\sigma}$ unter der Wirkung von Normalspannungen

$$C_{O\sigma} = 0{,}89 \quad \text{aus Diagramm für } Rz = 6{,}3 \text{ µm und } R_m = 920 \text{ N/mm}^2$$

Berechnung der korrigierten Biegewechselfestigkeit

$$\sigma_{bW}^* = C_{O\sigma} \cdot \sigma_{bW} = 0{,}89 \cdot 450 \text{ N/mm}^2 = 400{,}5 \text{ N/mm}^2$$

Berechnung der Spannungsamplitude

$$\sigma_{ba} = \frac{M_b}{W_b} = \frac{F_2 \cdot b}{\frac{\pi}{32} \cdot d^3} = \frac{12\,500 \text{ N} \cdot 170 \text{ mm}}{\frac{\pi}{32} \cdot (60 \text{ mm})^3} = 100{,}21 \text{ N/mm}^2$$

Festigkeitsbedingung

$$\sigma_{ba} \le \sigma_{ba\,zul}$$

$$\sigma_{ba} = \frac{\sigma_{AD}^*}{S_D} = \frac{\sigma_{bW}^*}{S_D}$$

$$S_D = \frac{\sigma_{bW}^*}{\sigma_{ba}} = \frac{400,5 \text{ N/mm}^2}{100,21 \text{ N/mm}^2} = \mathbf{4,0} \quad \text{(ausreichend, da } S_D > 2,50\text{)}$$

c) **Berechnung der Sicherheit gegen Fließen**

Festigkeitsbedingung:

$$\sigma_o \leq \sigma_{zul}$$

$$\sigma_z + \sigma_{ba} = \frac{R_{p0,2}}{S_F}$$

$$S_F = \frac{R_{p0,2}}{\sigma_z + \sigma_{ba}} = \frac{620 \text{ N/mm}^2}{247,57 \text{ N/mm}^2 + 100,21 \text{ N/mm}^2} = \mathbf{1,78} \quad \text{(ausreichend, da } S_F > 1,20\text{)}$$

Mittelspannung (aus Aufgabenteil a):

$$\sigma_m = \sigma_z = 247,57 \text{ N/mm}^2$$

Spannungsamplitude (aus Aufgabenteil b):

$$\sigma_{ba} = 100,21 \text{ N/mm}^2$$

Ermittlung der Mittelspannungsempfindlichkeit M_σ

$$M_\sigma = 0,00035 \cdot R_m - 0,1 = 0,00035 \cdot 920 \text{ N/mm}^2 - 0,1 = 0,222$$

Berechnung der dauernd ertragbaren Amplitude (Mittelspannungstransformation)

$$\sigma_{AD}^* = \sigma_{bW}^* - M_\sigma \cdot \sigma_m \quad \text{da } \sigma_m < \frac{\sigma_{bW}^*}{M_\sigma + 1}$$

$$\sigma_{AD}^* = 400,5 \text{ N/mm}^2 - 0,222 \cdot 247,57 \text{ N/mm}^2 = 345,54 \text{ N/mm}^2$$

Berechnung der Sicherheit gegen Dauerbruch

Festigkeitsbedingung:

$$\sigma_{ba} \leq \sigma_{a\,zul}$$

$$\sigma_{ba} = \frac{\sigma_{AD}^*}{S_D}$$

$$S_D = \frac{\sigma_{AD}^*}{\sigma_{ba}} = \frac{345,54 \text{ N/mm}^2}{100,2 \text{ N/mm}^2} = \mathbf{3,45} \quad \text{(ausreichend, da } S_D > 2,50\text{)}$$

d) **Berechnung des zulässigen Torsionsmomentes**

Festigkeitsbedingung (Fließen):

$$\tau_t \leq \tau_{tF}$$

$$\frac{M_t}{W_t} = \tau_{tF} \quad \text{mit } \tau_{tF} = R_{p0,2}/2 \text{ folgt}:$$

$$M_t = \frac{\pi}{16} \cdot d^3 \cdot \frac{R_{p0,2}}{2} = \frac{\pi}{16} \cdot (60 \text{ mm})^3 \cdot \frac{620 \text{ N/mm}^2}{2} = 13\,147\,565 \text{ Nmm} = \mathbf{13\,147,6 \text{ Nm}}$$

Berechnung des Verdrehwinkels

$$\varphi = \frac{M_{\mathrm{t}} \cdot l}{G \cdot I_{\mathrm{P}}}$$

mit $G = \dfrac{E}{2 \cdot (1 + \mu)}$ folgt :

$$\varphi = \frac{M_{\mathrm{t}} \cdot l}{\dfrac{E}{2 \cdot (1 + \mu)} \cdot \dfrac{\pi}{32} \cdot d^4} = \frac{13147565 \ \mathrm{Nmm} \cdot 180 \ \mathrm{mm}}{\dfrac{210000 \ \mathrm{N/mm^2}}{2 \cdot (1 + 0{,}30)} \cdot \dfrac{\pi}{32} \cdot (60 \ \mathrm{mm})^4} = 0{,}0230$$

$$\varphi \ (\text{in Grad}) = \frac{180°}{\pi} \cdot \varphi \ (\text{in rad}) = \frac{180°}{\pi} \cdot 0{,}0230 = \mathbf{1{,}32°}$$

e) **Berechnung des zulässigen Torsionsmomentes**

Die Vergleichsspannung nach der Schubspannungshypothese (SH) kann unmittelbar aus den Lastspannungen (Zugbeanspruchung mit überlagerter Torsion) errechnet werden:

$$\sigma_{\mathrm{VSH}} = \sqrt{\sigma_{\mathrm{z}}^2 + 4 \cdot \tau_{\mathrm{t}}^2}$$

Festigkeitsbedingung:

$$\sigma_{\mathrm{VSH}} \leq \frac{R_{\mathrm{p0,2}}}{S_{\mathrm{F}}}$$

$$\sqrt{\sigma_{\mathrm{z}}^2 + 4 \cdot \tau_{\mathrm{t}}^2} = \frac{R_{\mathrm{p0,2}}}{S_{\mathrm{F}}}$$

$$\tau_{\mathrm{t}} = \sqrt{\frac{\left(\dfrac{R_{\mathrm{p0,2}}}{S_{\mathrm{F}}}\right)^2 - \sigma_{\mathrm{z}}^2}{4}} = \sqrt{\frac{\left(\dfrac{620 \ \mathrm{N/mm^2}}{1{,}50}\right)^2 - \left(247{,}57 \ \mathrm{N/mm^2}\right)^2}{4}} = 165{,}49 \ \mathrm{N/mm^2}$$

$$M_{\mathrm{t}} = \tau_{\mathrm{t}} \cdot W_{\mathrm{t}} = \tau_{\mathrm{t}} \cdot \frac{\pi}{16} \cdot d^3$$

$$= 165{,}49 \ \mathrm{N/mm^2} \cdot \frac{\pi}{16} \cdot (60 \ \mathrm{mm})^3 = 7018864 \ \mathrm{Nmm} = \mathbf{7\,018{,}9 \ Nm}$$

f) **Berechnung der (Biege-)Spannung im Querschnitt I-I**

$$\sigma_{\mathrm{bI}} = \frac{M_{\mathrm{b}}}{W_{\mathrm{b}}} = \frac{F_2 \cdot b}{\dfrac{\pi}{32} \cdot D^3}$$

Berechnung der (Biege-)Spannung im Querschnitt II-II (Kerbgrund)

$$\sigma_{\mathrm{b\,max\,II}} = \sigma_{\mathrm{bn\,II}} \cdot \alpha_{\mathrm{kb}} = \frac{F_2 \cdot c}{\dfrac{\pi}{32} \cdot d^3} \cdot \alpha_{\mathrm{kb}}$$

Bedingung:

$$\sigma_{b\,I} = \sigma_{b\,max\,II}$$

$$\frac{F_2 \cdot b}{\dfrac{\pi}{32} \cdot D^3} = \frac{F_2 \cdot c}{\dfrac{\pi}{32} \cdot d^3} \cdot \alpha_k$$

$$\alpha_k = \frac{b}{c} \cdot \left(\frac{d}{D}\right)^3 = \frac{170 \text{ mm}}{50 \text{ mm}} \cdot \left(\frac{50 \text{ mm}}{60 \text{ mm}}\right)^3 = 1,968$$

Aus einem geeigneten Formzahldiagramm entnimmt man für $D/d = 1,2$ und $\alpha_{kb} = 1,968$:

$$R/d = 0,05$$

und damit für den Radius R:

$$R = \mathbf{2,5 \text{ mm}}$$

g) **Bestimmung der Kerbwirkungszahl β_k**

Formzahl $\alpha_k = 1,968$

Berechnung des bezogenen Spannungsgefälles:

$$\chi^+ = \frac{4}{D+d} + \frac{2}{R} = \frac{4}{60 \text{ mm} + 50 \text{ mm}} + \frac{2}{2,5 \text{ mm}} = 0,836 \text{ mm}^{-1}$$

Ermittlung der dyn. Stützziffer n_χ aus Bild 13.51 (Lehrbuch) mit $R_{p0,2} = 620 \text{ N/mm}^2$:

$$n_\chi = 1,07$$

Berechnung der Kerbwirkungszahl β_k:

$$\beta_k = \frac{\alpha_k}{n_\chi} = \frac{1,968}{1,07} = 1,84$$

Berechnung der Sicherheit gegen Dauerbruch

Festigkeitsbedingung:

$$\sigma_{ba\,max} \leq \sigma_{ba\,zul}$$

$$\sigma_{ba\,n} \cdot \beta_k = \frac{\sigma_{AD}^*}{S_D} = \frac{\sigma_{bW}^*}{S_D}$$

$$\frac{M_{ba}}{W_{bn}} \cdot \beta_k = \frac{\sigma_{bW}^*}{S_D}$$

$$S_D = \frac{\sigma_{bW}^*}{\beta_k \cdot F_2 \cdot c} \cdot \frac{\pi}{32} \cdot d^3$$

$$= \frac{400,5 \text{ N/mm}^2}{1,84 \cdot 12\,500 \text{ N} \cdot 50 \text{ mm}} \cdot \frac{\pi}{32} \cdot (50 \text{ mm})^3 = \mathbf{4,27} \quad \text{(ausreichend, da } S_D > 2,50\text{)}$$

Lösung zu Aufgabe 13.20

a) **Berechnung des Biegemomentes an der Kerbstelle I**
Berechnung der Biegespannung:

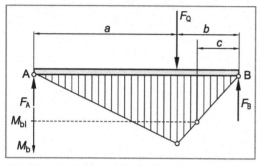

Berechnung der Lagerkraft F_B:

$$F_B \cdot (a+b) = F_Q \cdot a$$

$$F_B = F_Q \cdot \frac{a}{(a+b)} = 50\,000\,\text{N} \cdot \frac{250\,\text{mm}}{250\,\text{mm} + 150\,\text{mm}} = 31\,250\,\text{N}$$

Biegemoment an der Kerbstelle I:

$$M_{bI} = F_B \cdot c = 31\,250\,\text{N} \cdot 80\,\text{mm} = 2\,500\,000\,\text{Nmm} = \mathbf{2\,500\,Nm}$$

b) **Ermittlung der Formzahlen für Zug-, Biege- und Torsionsbeanspruchung**

$$\frac{D}{d} = \frac{60\,\text{mm}}{50\,\text{mm}} = 1,2$$

$$\frac{R}{d} = \frac{5\,\text{mm}}{50\,\text{mm}} = 0,1$$

Aus geeigneten Formzahldiagrammen entnimmt man:

$$\alpha_{kz} = 1,70$$
$$\alpha_{kb} = 1,62$$
$$\alpha_{kt} = 1,30$$

Berechnung der Nennspannungen

$$\sigma_{zn} = \frac{F_H}{A_n} = \frac{F_H}{\frac{\pi}{4} \cdot d^2} = \frac{100\,000\,\text{N}}{\frac{\pi}{4} \cdot (50\,\text{mm})^2} = 50,93\,\text{N/mm}^2$$

$$\sigma_{bn} = \frac{M_{bI}}{W_{bn}} = \frac{M_{bI}}{\frac{\pi}{32} \cdot d^3} = \frac{2\,500\,000\,\text{Nm}}{\frac{\pi}{32} \cdot (50\,\text{mm})^3} = 203,72\,\text{N/mm}^2$$

$$\tau_{tn} = \frac{M_t}{W_{tn}} = \frac{M_t}{\frac{\pi}{16} \cdot d^3} = \frac{16 \cdot M_t}{\pi \cdot d^3}$$

Berechnung der maximalen Spannungen

$$\sigma_{z\,max} = \sigma_{zn} \cdot \alpha_{kz} = 50{,}93 \text{ N/mm}^2 \cdot 1{,}70 = 86{,}58 \text{ N/mm}^2$$

$$\sigma_{b\,max} = \sigma_{bn} \cdot \alpha_{kb} = 203{,}72 \text{ N/mm}^2 \cdot 1{,}62 = 330{,}02 \text{ N/mm}^2$$

$$\tau_{t\,max} = \tau_{tn} \cdot \alpha_{kt} = \frac{16 \cdot M_t}{\pi \cdot d^3} \cdot \alpha_{kt}$$

Berechnung der Vergleichsspannung aus den Lastspannungen mit Hilfe der SH

$$\sigma_{V\,SH} = \sqrt{(\sigma_{z\,max} + \sigma_{b\,max})^2 + 4 \cdot \tau_{t\,max}^2}$$

Berechnung des zulässigen Torsionsmomentes

Festigkeitsbedingung:

$$\sigma_{V\,SH} \le \sigma_{zul}$$

$$\sqrt{(\sigma_{z\,max} + \sigma_{b\,max})^2 + 4 \cdot \tau_{t\,max}^2} = \frac{R_{p0,2}}{S_F}$$

$$\tau_{t\,max} = \frac{1}{2} \cdot \sqrt{\left(\frac{R_{p0,2}}{S_F}\right)^2 - (\sigma_{z\,max} + \sigma_{b\,max})^2}$$

$$= \frac{1}{2} \cdot \sqrt{\left(\frac{930 \text{ N/mm}^2}{1{,}50}\right)^2 - \left(86{,}58 \text{ N/mm}^2 + 330{,}02 \text{ N/mm}^2\right)^2} = 229{,}59 \text{ N/mm}^2$$

Damit folgt für das zulässige Torsionsmoment M_t:

$$M_t = \frac{\pi}{16} \cdot d^3 \cdot \frac{\tau_{t\,max}}{\alpha_{kt}} = \frac{\pi}{16} \cdot (50 \text{ mm})^3 \cdot \frac{229{,}59 \text{ N/mm}^2}{1{,}30} = 4\,334\,552 \text{ Nmm} = \mathbf{4334{,}6 \text{ Nm}}$$

c) **Beanspruchungs-Zeit-Verlauf**

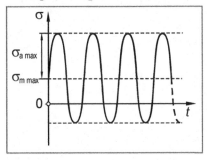

d) **Ermittlung der Kerbwirkungszahl β_{kb} für Biegebeanspruchung**

Berechnung des bezogenen Spannungsgefälles:

$$\chi^+ = \frac{4}{D+d} + \frac{2}{R} = \frac{4}{60 \text{ mm} + 50 \text{ mm}} + \frac{2}{5 \text{ mm}} = 0{,}436 \text{ mm}^{-1}$$

Ermittlung der dynamischen Stützziffer n_χ aus Bild 13.51 im Lehrbuch ($R_{p0,2} = 930$ N/mm^2)

$n_\chi = 1{,}02$

Berechnung der Kerbwirkungszahl β_{kb}:

$$\beta_{kb} = \frac{\alpha_{kb}}{n_\chi} = \frac{1{,}62}{1{,}02} = \mathbf{1{,}59}$$

e) **Ermittlung des Oberflächenfaktors $C_{O\sigma}$ unter der Wirkung von Normalspannungen**

$C_{O\sigma} = 0{,}82$ aus Diagramm für $Rz = 12{,}5$ µm und $R_m = 1150$ N/mm^2

Berechnung der korrigierten Biegewechselfestigkeit

$$\sigma_{bW}^* = C_{O\sigma} \cdot \sigma_{bW} = 0{,}82 \cdot 570 \text{ N/mm}^2 = 467{,}4 \text{ N/mm}^2$$

Ermittlung der Mittelspannungsempfindlichkeit M_σ

$$M_\sigma = 0{,}00035 \cdot R_m - 0{,}1 = 0{,}00035 \cdot 1150 \text{ N/mm}^2 - 0{,}1 = 0{,}30$$

Berechnung der dauernd ertragbaren Amplitude (Mittelspannungstransformation)

$$\sigma_{AD}^* = \sigma_{bW}^* - M_\sigma \cdot \sigma_{m\,max} \quad \text{da } \sigma_{m\,max} \leq \frac{\sigma_{bW}^*}{M_\sigma + 1}$$

$$\sigma_{AD}^* = 467{,}4 \text{ N/mm}^2 - 0{,}30 \cdot 86{,}58 \text{ N/mm}^2 = 441{,}43 \text{ N/mm}^2$$

Berechnung der Sicherheit gegen Dauerbruch

Festigkeitsbedingung:

$$\sigma_{ba\,max} \leq \sigma_{ba\,zul}$$

$$\sigma_{ba\,n} \cdot \beta_{kb} = \frac{\sigma_{AD}^*}{S_D}$$

$$S_D = \frac{\sigma_{AD}^*}{\sigma_{ba\,n} \cdot \beta_{kb}} = \frac{441{,}43 \text{ N/mm}^2}{203{,}72 \text{ N/mm}^2 \cdot 1{,}59} = \mathbf{1{,}36} \quad \text{(nicht ausreichend, da } S_D < 2{,}50)$$

Lösung zu Aufgabe 13.21

a) **Ermittlung des Spannungs-Zeit-Verlaufes an der höchst beanspruchten Stelle**

Berechnung der Biegespannung:

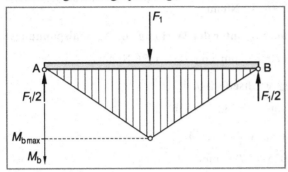

$$M_{b\,max} = \frac{F_1}{2} \cdot b = \frac{70000\,\text{N}}{2} \cdot 500\,\text{mm} = 17\,500\,000\,\text{Nmm} = 17\,500\,\text{Nm}$$

$$\sigma_b = \frac{M_{b\,max}}{W_b} = \frac{M_{b\,max}}{\frac{\pi}{32} \cdot d^3} = \frac{17\,500\,000\,\text{Nmm}}{\frac{\pi}{32} \cdot (100\,\text{mm})^3} = 178{,}25\,\text{N/mm}^2$$

Berechnung der Zugspannung:

$$\sigma_z = \frac{F_2}{A} = \frac{F_2}{\frac{\pi}{4} \cdot d^2} = \frac{480\,000\,\text{N}}{\frac{\pi}{4} \cdot (100\,\text{mm})^2} = 61{,}12\,\text{N/mm}^2$$

Mittelspannung (σ_m) und Spannungsamplitude (σ_a) der Schwingbeanspruchung:

$$\sigma_m \equiv \sigma_z = \textbf{61,12 N/mm}^2$$

$$\sigma_a \equiv \sigma_b = \textbf{178,25 N/mm}^2$$

Darstellung des Beanspruchungs-Zeit-Verlaufes:

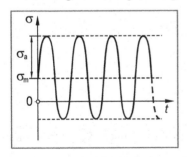

b) **Berechnung der Sicherheit gegen Fließen**

Festigkeitsbedingung (Fließen):

$$\sigma_o \leq \sigma_{zul}$$

$$\sigma_b + \sigma_z = \frac{R_{p0,2}}{S_F}$$

$$S_F = \frac{R_{p0,2}}{\sigma_b + \sigma_z} = \frac{900 \ \text{N/mm}^2}{178,25 \ \text{N/mm}^2 + 61,12 \ \text{N/mm}^2} = \mathbf{3,76} \quad (\text{ausreichend, da } S_F > 1,20)$$

Ermittlung des Oberflächenfaktors $C_{O\sigma}$ unter der Wirkung von Normalspannungen

$C_{O\sigma} = 0,75$ aus Diagramm für $Rz = 25 \ \mu\text{m}$ und $R_m = 1420 \ \text{N/mm}^2$

Berechnung der korrigierten Biegewechselfestigkeit

$$\sigma_{bW}^* = C_{O\sigma} \cdot \sigma_{bW} = 0,75 \cdot 710 \ \text{N/mm}^2 = 532,5 \ \text{N/mm}^2$$

Ermittlung der Mittelspannungsempfindlichkeit M_σ

$$M_\sigma = 0,00035 \cdot R_m - 0,1 = 0,00035 \cdot 1420 \ \text{N/mm}^2 - 0,1 = 0,40$$

Berechnung der dauernd ertragbaren Amplitude (Mittelspannungstransformation)

$$\sigma_{AD}^* = \sigma_{bW}^* - M_\sigma \cdot \sigma_m \quad \text{da } \sigma_m \leq \frac{\sigma_{bW}^*}{M_\sigma + 1}$$

$$\sigma_{AD}^* = 532,5 \ \text{N/mm}^2 - 0,40 \cdot 61,12 \ \text{N/mm}^2 = 508,05 \ \text{N/mm}^2$$

Berechnung der Sicherheit gegen Dauerbruch

Festigkeitsbedingung:

$$\sigma_a \leq \sigma_{a \, zul} = \frac{\sigma_{AD}^*}{S_D}$$

$$S_D = \frac{\sigma_{AD}^*}{\sigma_a} = \frac{508,05 \ \text{N/mm}^2}{178,25 \ \text{N/mm}^2} = \mathbf{2,85} \quad (\text{ausreichend, da } S_D > 2,50)$$

c) **Ermittlung der Kerbwirkungszahl β_{kb} für Biegebeanspruchung**

Ermittlung der Formzahl α_{kb} für die Biegebeanspruchung aus einem geeigneten Formzahl-diagramm

$$\frac{d}{D} = \frac{10 \text{mm}}{100 \text{mm}} = 0,1 \text{ und Biegebeanspruchung: } \alpha_{kb} = 2,35$$

Berechnung des bezogenen Spannungsgefälles:

$$\chi^+ = \frac{2}{D} + \frac{8}{d} = \frac{2}{100 \ \text{mm}} + \frac{8}{10 \ \text{mm}} = 0,82 \, \text{mm}^{-1}$$

Ermittlung der dynamischen Stützziffer n_χ aus Bild 13.51 im Lehrbuch ($R_{p0,2} = 900 \ \text{N/mm}^2$)

$n_\chi = 1,03$

Berechnung der Kerbwirkungszahl β_{kb}:

$$\beta_{kb} = \frac{\alpha_{kb}}{n_\chi} = \frac{2,35}{1,03} = \mathbf{2,28}$$

d) **Ermittlung der Formzahl α_{kz} für Zugbeanspruchung**

$\frac{d}{D} = 0,1$ und Zugbeanspruchung $\alpha_{kz} = 2,50$ (aus geeignetem Formzahldiagramm)

Berechnung der Biegenennspannung an der Kerbstelle (Querbohrung)

$$M_b = \frac{F_1}{2} \cdot c = \frac{70000 \text{ N}}{2} \cdot 350 \text{ mm} = 12\,250\,000 \text{ Nmm}$$

$$\sigma_{bn} \equiv \sigma_{ba} = \frac{M_b}{W_{bn}} = \frac{M_b}{\dfrac{\pi \cdot D^3}{32} - \dfrac{d \cdot D^2}{6}}$$

$$= \frac{12\,250\,000 \text{ Nmm}}{\dfrac{\pi \cdot (100 \text{ mm})^3}{32} - \dfrac{10 \text{ mm} \cdot (100 \text{ mm})^2}{6}} = 150,29 \text{ N/mm}^2$$

Berechnung der Zugnennspannung

$$\sigma_{zn} \equiv \sigma_{mn} = \frac{F_2}{A_n} = \frac{F_2}{\dfrac{\pi \cdot D^2}{4} - d \cdot D} = \frac{480\,000 \text{ N}}{\dfrac{\pi \cdot (100 \text{ mm})^2}{4} - 10 \text{ mm} \cdot 100 \text{ mm}} = 70,03 \text{ N/mm}^2$$

Berechnung der dauernd ertragbaren Amplitude (Mittelspannungstransformation)

$$\overset{*}{\sigma}_{AD} = \overset{*}{\sigma}_{bW} - M_\sigma \cdot \sigma_{m\,max} \quad \text{da } \sigma_{m\,max} \leq \frac{\overset{*}{\sigma}_{bW}}{M_\sigma + 1}$$

$$\overset{*}{\sigma}_{AD} = \overset{*}{\sigma}_{bW} - M_\sigma \cdot \sigma_{mn} \cdot \alpha_{kz}$$

$$\overset{*}{\sigma}_{AD} = 532,5 \text{ N/mm}^2 - 0,40 \cdot 70,03 \text{ N/mm}^2 \cdot 2,50 = 462,47 \text{ N/mm}^2$$

Berechnung der Sicherheit gegen Dauerbruch

Festigkeitsbedingung:

$$\sigma_{a\,max} \leq \sigma_{a\,zul}$$

$$\sigma_{bn} \cdot \beta_{kb} = \frac{\overset{*}{\sigma}_{AD}}{S_D}$$

$$S_D = \frac{\overset{*}{\sigma}_{AD}}{\sigma_{ba} \cdot \beta_{kb}} = \frac{462,47 \text{ N/mm}^2}{150,29 \cdot 2,28 \text{ N/mm}^2} = \mathbf{1,35} \quad \text{(nicht ausreichend, da } S_D < 2,50)$$

Lösung zu Aufgabe 13.22

a) **Berechnung der Spannung in Längsrichtung (Zugrichtung)**

$$\sigma_1 = \frac{F_V}{A} = \frac{F_V}{\dfrac{\pi}{4} \cdot d^2} = \frac{4 \cdot 100\,000 \text{ N}}{\pi \cdot (18 \text{ mm})^2} = 392{,}98 \text{ N/mm}^2$$

Konstruktion des Mohrschen Spannungskreises

Zur Konstruktion des Mohrschen Spannungskreises benötigt man die Spannungen in zwei zueinander senkrechten Schnittflächen. Bekannt sind die Spannungen in den Schnittflächen mit der x- und der y-Richtung als Normale.

Eintragen des Bildpunktes $P_x (0 \mid 0)$ und des Bildpunktes $P_y (\sigma_1 \mid 0)$ in das σ-τ-Koordinatensystem unter Beachtung der speziellen Vorzeichenregelung für Schubspannungen. Bildpunkt P_x repräsentiert die Spannungen in der Schnittebene mit der x-Achse als Normalenvektor. Bildpunkt P_y repräsentiert die Spannungen in der Schnittebene mit der y-Achse als Normalenvektor.

Da die beiden Schnittebenen einen Winkel von 90° zueinander einschließen, müssen die Bildpunkte P_x und P_y auf einem Kreisdurchmesser liegen. Die Strecke $P_x P_y$ schneidet die σ-Achse im Kreismittelpunkt M. Kreis um M durch die Bildpunkte P_x oder P_y ist der gesuchte Mohrsche Spannungskreis.

Die Bildpunkte $P_{x'}$ und $P_{y'}$, welche die Spannungen in den Schnittflächen mit der x'- bzw. y'-Richtung als Normale repräsentieren, erhält man durch Abtragen der Richtungswinkel $2{\cdot}12°$ bzw. $2{\cdot}12° + 180°$, ausgehend vom Bildpunkt P_y (gleicher Drehsinn zum Lageplan).

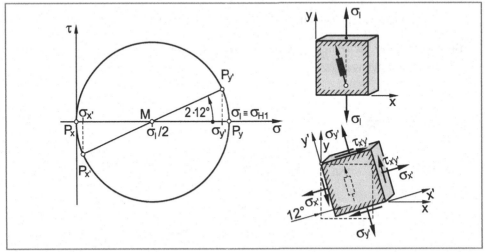

Aus dem Mohrschen Spannungskreis folgt die Normalspannungen $\sigma_{x'}$ und $\sigma_{y'}$:

$$\sigma_{y'} = \frac{\sigma_1}{2} + \frac{\sigma_1}{2} \cdot \cos 2\alpha = \frac{\sigma_1}{2} \cdot (1 + \cos 2\alpha)$$

$$= \frac{392{,}98 \text{ N/mm}^2}{2} \cdot (1 + \cos(2 \cdot 12°)) = 375{,}99 \text{ N/mm}^2$$

$$\sigma_{x'} = \frac{\sigma_1}{2} - \frac{\sigma_1}{2} \cdot \cos 2\alpha = \frac{\sigma_1}{2} \cdot (1 - \cos 2\alpha)$$

$$= \frac{392,98 \ \text{N/mm}^2}{2} \cdot (1 - \cos(2 \cdot 12°)) = 16,99 \ \text{N/mm}^2$$

Berechnung der Dehnung in y'-Richtung (Messrichtung des DMS) durch Anwendung des Hookeschen Gesetzes für den zweiachsigen Spannungszustand

$$\varepsilon_{y'} \equiv \varepsilon_{DMS} = \frac{1}{E} \cdot (\sigma_{y'} - \mu \cdot \sigma_{x'}) = \frac{375,99 \ \text{N/mm}^2 - 0,30 \cdot 16,99 \ \text{N/mm}^2}{210\,000 \ \text{N/mm}^2}$$

$$= 0,001766 = \mathbf{1,766 \ ‰}$$

Alternative Lösung mit Hilfe des Mohrschen Verformungskreises

Berechnung der Dehnung in Längs- und Querrichtung unter Wirkung von F_V

$$\varepsilon_1 \equiv \varepsilon_y = \frac{\sigma_1}{E} = \frac{392,98 \ \text{N/mm}^2}{210\,000 \ \text{N/mm}^2} = 0,00187 = 1,87 \ ‰$$

$$\varepsilon_q \equiv \varepsilon_x = -\mu \cdot \varepsilon_1 = -0,30 \cdot 0,00187 = -0,000561 = -0,561 \ ‰$$

Konstruktion des Mohrschen Verformungskreises

Zur Konstruktion des Mohrschen Verformungskreises benötigt man die Verformungen in zwei zueinander senkrechten Schnittrichtungen. Bekannt sind die Verformungen mit der x- bzw. y-Richtung als Bezugsrichtung.

Einzeichnen der entsprechenden Bildpunkte P_x (ε_q | 0) und P_y (ε_1 | 0) in das ε-$\gamma/2$-Koordinatensystem ergibt den Mohrschen Verformungskreis. Da die beiden Schnittebenen einen Winkel von 90° zueinander einschließen, liegen die Bildpunkte P_x und P_y auf einem Kreisdurchmesser, damit ist der Mohrsche Verformungskreis festgelegt (siehe Abbildung).

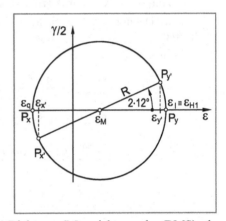

Den Bildpunkt $P_{y'}$, welcher die Verformungen in y'-Richtung (Messrichtung des DMS) als Bezugsrichtung repräsentiert, erhält man durch Abtragen des Richtungswinkels $2 \cdot 12°$, ausgehend vom Bildpunkt P_y (gleicher Drehsinn zum Lageplan).

Für den Mittelpunkt und den Radius des Mohrschen Verformungskreises erhält man:

$$\varepsilon_M = \frac{\varepsilon_1 + \varepsilon_q}{2} = \frac{1,87 \ ‰ - 0,561 \ ‰}{2} = 0,6543 \ ‰$$

$$R = \frac{\varepsilon_1 - \varepsilon_q}{2} = \frac{1,87 \ ‰ - (-0,561 \ ‰)}{2} = 1,216 \ ‰$$

Damit folgt die Dehnung in y'-Richtung (Messrichtung des DMS)

$$\varepsilon_{y'} \equiv \varepsilon_{DMS} = \varepsilon_M + R \cdot \cos 2\alpha = 0,6543 \ ‰ + 1,216 \ ‰ \cdot \cos(2 \cdot 12°) = \mathbf{1,766 \ ‰}$$

b) Berechnung der Dehnung in Messrichtung des DMS

Aus Aufgabenteil a) folgt:

$$\varepsilon_{y'} \equiv \varepsilon_{\text{DMS}} = \frac{1}{E} \cdot \left(\sigma_{y'} - \mu \cdot \sigma_{x'} \right) = \frac{1}{E} \cdot \left[\frac{\sigma_1}{2} \cdot \left(1 + \cos 2\alpha \right) - \mu \cdot \frac{\sigma_1}{2} \cdot \left(1 - \cos 2\alpha \right) \right]$$

$$= \frac{\sigma_1}{2 \cdot E} \cdot \left[\left(1 + \cos 2\alpha \right) - \mu \cdot \left(1 - \cos 2\alpha \right) \right]$$

Damit folgt für die Spannung σ_1 in Längsrichtung:

$$\sigma_1 = \frac{2 \cdot E \cdot \varepsilon_{\text{DMS}}}{\left(1 + \cos 2\alpha \right) - \mu \cdot \left(1 - \cos 2\alpha \right)} = \frac{2 \cdot 210\,000 \text{ N/mm}^2 \cdot 0,0025}{\left(1 + \cos 24° \right) - 0,30 \cdot \left(1 - \cos 24° \right)} = 556,26 \text{ N/mm}^2$$

Berechnung der Zugkraft F_{ges}

$$F_{\text{ges}} = \sigma_1 \cdot A = \sigma_1 \cdot \frac{\pi}{4} \cdot d^2 = 556,26 \text{ N/mm}^2 \cdot \frac{\pi}{4} \cdot \left(18 \text{ mm} \right)^2 = 141\,551 \text{ N}$$

Berechnung der Betriebskraft F_{B1}

$$F_{\text{B1}} = F_{\text{ges}} - F_{\text{V}} = 141\,551 \text{ N} - 100\,000 \text{ N} = \mathbf{41\,551 \text{ N}}$$

Alternative Lösung mit Hilfe des Mohrschen Verformungskreises

Für die Dehnung in Messrichtung des DMS ergibt sich aus dem vorhergehenden Aufgabenteil:

$$\varepsilon_{\text{DMS}} \equiv \varepsilon_{y'} = \varepsilon_{\text{M}} + R \cdot \cos 2\alpha$$

$$= \frac{\varepsilon_1 + \varepsilon_q}{2} + \frac{\varepsilon_1 - \varepsilon_q}{2} \cdot \cos 2\alpha$$

$$= \frac{\varepsilon_1 - \mu \cdot \varepsilon_1}{2} + \frac{\varepsilon_1 + \mu \cdot \varepsilon_1}{2} \cdot \cos 2\alpha$$

$$= \frac{\varepsilon_1 \cdot \left(1 - \mu \right) + \varepsilon_1 \cdot \left(1 + \mu \right) \cdot \cos 2\alpha}{2}$$

$$= \frac{\varepsilon_1}{2} \cdot \left[\left(1 - \mu \right) + \left(1 + \mu \right) \cdot \cos 2\alpha \right]$$

Damit folgt für die Dehnung ε_1 in Längsrichtung:

$$\varepsilon_1 = \frac{2 \cdot \varepsilon_{\text{DMS}}}{\left(1 - \mu \right) + \left(1 + \mu \right) \cdot \cos 2\alpha} = \frac{2 \cdot 0,0025}{\left(1 - 0,30 \right) + \left(1 + 0,30 \right) \cdot \cos \left(2 \cdot 12° \right)} = 0,002649$$

$$\sigma_1 = E \cdot \varepsilon_1 = 210\,000 \text{ N/mm}^2 \cdot 0,002649 = 556,26 \text{ N/mm}^2$$

c) Ermittlung der Formzahl α_k

$$\frac{D}{d} = \frac{24 \text{ mm}}{18 \text{ mm}} = 1,33$$

$$\frac{R}{d} = \frac{2,5 \text{ mm}}{18 \text{ mm}} = 0,14$$

Damit entnimmt man einem geeigneten Formzahldiagramm:

$$\alpha_{kz} = 1,62$$

Berechnung der Sicherheit gegen Fließen im Kerbgrund

Festigkeitsbedingung:

$$\sigma_{max} \le \sigma_{zul}$$

$$\sigma_n \cdot \alpha_{kz} = R_{p0,2}$$

$$\frac{F_V + F_{B1}}{A_n} \cdot \alpha_{kz} = R_{p0,2}$$

$$F_{B1} = \frac{\frac{\pi}{4} \cdot d^2 \cdot R_{p0,2}}{\alpha_{kz}} - F_V = \frac{\frac{\pi}{4} \cdot (18\ mm)^2 \cdot 1050\ N/mm^2}{1,62} - 100\,000\ N = \mathbf{64\,934\ N}$$

d) **Berechnung der Kerbwirkungszahl β_k für den Wellenabsatz**

Formzahl: $\alpha_k = 1,62$

Berechnung des bezogenen Spannungsgefälles:

$$\chi^+ = \frac{2}{R} = \frac{2}{2,5\ mm} = 0,8\ mm^{-1}$$

Ermittlung der dynamischen Stützziffer n_χ aus Bild 13.51 im Lehrbuch ($R_{p0,2} = 1050\ N/mm^2$):

$$n_\chi = 1,02$$

Berechnung der Kerbwirkungszahl β_k:

$$\beta_k = \frac{\alpha_k}{n_\chi} = \frac{1,62}{1,02} = \mathbf{1,59}$$

e) **Berechnung der Nennspannungen**

Spannungsamplitude (Nennspannung):

$$\sigma_{an} = \frac{F_a}{A_n} = \frac{\frac{F_{B2}}{2}}{\frac{\pi}{4} \cdot d^2} = \frac{\frac{50\,000\ N}{2}}{\frac{\pi}{4} \cdot (18\ mm)^2} = 98,24\ N/mm^2$$

Mittelspannung (Nennspannung und maximale Spannung):

$$\sigma_{mn} = \frac{F_m}{A_n} = \frac{F_V + \frac{F_{B2}}{2}}{\frac{\pi}{4} \cdot d^2} = \frac{100\,000\ N + \frac{50\,000\ N}{2}}{\frac{\pi}{4} \cdot (18\ mm)^2} = 491,22\ N/mm^2$$

$$\sigma_{m\,max} = \sigma_{mn} \cdot \alpha_{kz} = 491,22\ N/mm^2 \cdot 1,62 = 795,77\ N/mm^2$$

Ermittlung des Oberflächenfaktors $C_{O\sigma}$ unter der Wirkung von Normalspannungen

$$C_{O\sigma} = 0,85 \quad \text{aus Diagramm für } Rz = 6,3\ \mu m \text{ und } R_m = 1400\ N/mm^2$$

Berechnung der korrigierten Zug-Druck-Wechselfestigkeit

$$\sigma_{\text{zdW}}^* = C_{\text{O}\sigma} \cdot \sigma_{\text{zdW}} = 0{,}85 \cdot 630 \text{ N/mm}^2 = 535{,}5 \text{ N/mm}^2$$

Ermittlung der Mittelspannungsempfindlichkeit M_σ

$$M_\sigma = 0{,}00035 \cdot R_{\text{m}} - 0{,}1 = 0{,}00035 \cdot 1400 \text{ N/mm}^2 - 0{,}1 = 0{,}39$$

$$M_\sigma' = M_\sigma / 3 = 0{,}39 / 3 = 0{,}13 \text{ (nach FKM – Richtlinie)}$$

Berechnung der dauernd ertragbaren Amplitude (Mittelspannungstransformation)

$$\sigma_{\text{AD}}^* = \sigma_{\text{zdW}}^* \cdot \frac{M_\sigma' + 1}{M_\sigma + 1} - M_\sigma' \cdot \sigma_{\text{m max}} \quad \text{da} \quad \frac{\sigma_{\text{zdW}}^*}{M_\sigma + 1} < \sigma_{\text{m max}} \leq \frac{3 \cdot \sigma_{\text{zdW}}^*}{3 \cdot M_\sigma' + 1} \cdot \frac{M_\sigma' + 1}{M_\sigma + 1}$$

$$\sigma_{\text{AD}}^* = 535{,}5 \text{ N/mm}^2 \cdot \frac{0{,}13 + 1}{0{,}39 + 1} - 0{,}13 \cdot 795{,}77 \text{ N/mm}^2 = 331{,}88 \text{ N/mm}^2$$

Berechnung der Sicherheit gegen Dauerbruch

Festigkeitsbedingung:

$$\sigma_{\text{a max}} \leq \sigma_{\text{a zul}}$$

$$\sigma_{\text{an}} \cdot \beta_{\text{k}} = \frac{\sigma_{\text{AD}}^*}{S_{\text{D}}}$$

$$S_{\text{D}} = \frac{\sigma_{\text{AD}}^*}{\sigma_{\text{an}} \cdot \beta_{\text{k}}} = \frac{331{,}88 \text{ N/mm}^2}{98{,}24 \text{ N/mm}^2 \cdot 1{,}59} = \mathbf{2{,}13} \quad \text{(nicht ausreichend, da } S_{\text{D}} < 2{,}50\text{)}$$

Anmerkung: Die Sicherheit gegen Fließen beträgt $S_{\text{F}} = 1{,}1$ und ist ebenfalls nicht ausreichend.

f) **Berechnung der Nennspannungen**

$$\sigma_{\text{zn}} = \frac{F_{\text{V}} + F_{\text{B3}}}{A_{\text{n}}} = \frac{F_{\text{V}} + F_{\text{B3}}}{\frac{\pi}{4} \cdot d^2}$$

$$\tau_{\text{tn}} = \frac{M_{\text{t}}}{W_{\text{t}}} = \frac{M_{\text{t}}}{\frac{\pi}{16} \cdot d^3} = \frac{63\,000 \text{ Nmm}}{\frac{\pi}{16} \cdot (18 \text{ mm})^3} = 55{,}02 \text{ N/mm}^2$$

Ermittlung der Formzahlen α_{kz} und α_{kt}

$$\frac{D}{d} = \frac{24 \text{ mm}}{18 \text{ mm}} = 1{,}33$$

$$\frac{R}{d} = \frac{2{,}5 \text{ mm}}{18 \text{ mm}} = 0{,}14$$

Damit entnimmt man geeigneten Formzahldiagrammen:

$$\alpha_{\text{kz}} = 1{,}62 \text{ (siehe oben)}$$

$$\alpha_{\text{kt}} = 1{,}30$$

Berechnung der maximalen Spannungen

$$\sigma_{z\,max} = \sigma_{zn} \cdot \alpha_{kz} = \frac{F_V + F_{B3}}{\frac{\pi}{4} \cdot d^2} \cdot \alpha_{kz}$$

$$\tau_{t\,max} = \tau_{tn} \cdot \alpha_{kz} = 55{,}02 \text{ N/mm}^2 \cdot 1{,}30 = 71{,}52 \text{ N/mm}^2$$

Berechnung der Vergleichsspannung aus den Lastspannungen unter Anwendung der Schubspannungshypothese

$$\sigma_{VSH} = \sqrt{\sigma_{z\,max}^2 + 4 \cdot \tau_{t\,max}^2}$$

Berechnung der Betriebskraft F_{B3}

Festigkeitsbedingung:

$$\sigma_{VSH} \leq \sigma_{zul}$$

$$\sqrt{\sigma_{z\,max}^2 + 4 \cdot \tau_{t\,max}^2} = \frac{R_{p0,2}}{S_F}$$

$$\sigma_{z\,max} = \sqrt{\left(\frac{R_{p0,2}}{S_F}\right)^2 - 4 \cdot \tau_{t\,max}^2}$$

$$\sigma_{zn} \cdot \alpha_{kz} = \sqrt{\left(\frac{R_{p0,2}}{S_F}\right)^2 - 4 \cdot \tau_{t\,max}^2}$$

$$\frac{F_V + F_{B3}}{\frac{\pi}{4} \cdot d^2} \cdot \alpha_{kz} = \sqrt{\left(\frac{R_{p0,2}}{S_F}\right)^2 - 4 \cdot \tau_{t\,max}^2}$$

$$F_{B3} = \frac{\pi \cdot d^2}{4 \cdot \alpha_{kz}} \cdot \sqrt{\left(\frac{R_{p0,2}}{S_F}\right)^2 - 4 \cdot \tau_{t\,max}^2} - F_V$$

$$= \frac{\pi \cdot (18 \text{ mm})^2}{4 \cdot 1{,}62} \cdot \sqrt{\left(\frac{1050}{1{,}20}\right)^2 - 4 \cdot 71{,}52^2} \text{ N/mm}^2 - 100\,000 \text{ N} = \mathbf{35\,596 \text{ N}}$$

Lösung zu Aufgabe 13.23

a) Berechnung der Lastspannungen

$$\sigma_y = \frac{F_1}{A} = \frac{F_1}{\frac{\pi}{4} \cdot D^2} = \frac{4 \cdot 50\,000 \text{ N}}{\pi \cdot (25 \text{ mm})^2} = 101,86 \text{ N/mm}^2$$

$$\tau_t = \frac{M_{t1}}{W_t} = \frac{M_{t1}}{\frac{\pi}{16} \cdot D^3} = \frac{16 \cdot 500\,000 \text{ Nmm}}{\pi \cdot (25 \text{ mm})^3} = 162,97 \text{ N/mm}^2$$

Konstruktion des Mohrschen Spannungskreises

Eintragen des Bildpunktes P_x $(0 \mid -\tau_t)$ und des Bildpunktes P_y $(\sigma_y \mid \tau_t)$ in das σ-τ-Koordinatensystem unter Beachtung der speziellen Vorzeichenregelung für Schubspannungen.

Bildpunkt P_x repräsentiert die Spannungen in der Schnittebene mit der x-Achse als Normalenvektor (Ebene E_x).

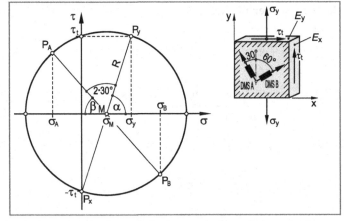

Bildpunkt P_y repräsentiert die Spannungen in der Schnittebene mit der y-Achse als Normalenvektor (Ebene E_y). Da die beiden Schnittebenen einen Winkel von 90° zueinander einschließen, müssen die Bildpunkte P_x und P_y auf einem Kreisdurchmesser liegen. Die Strecke P_xP_y schneidet die σ-Achse im Kreismittelpunkt M. Kreis um M durch die Bildpunkte P_x oder P_y ist der gesuchte Mohrsche Spannungskreis.

Berechnung von Mittelpunkt und Radius des Mohrschen Spannungskreises

$$\sigma_M = \frac{\sigma_y}{2} = \frac{101,68 \text{ N/mm}^2}{2} = 50,84 \text{ N/mm}^2$$

$$R = \sqrt{\left(\frac{\sigma_y}{2}\right)^2 + \tau_t^2} = \sqrt{50,84^2 + 162,97^2} \text{ N/mm}^2 = 170,74 \text{ N/mm}^2$$

Berechnung der Hilfswinkel α und β

$$\alpha = \arctan \frac{\tau_t}{\sigma_y / 2} = \arctan \frac{162,97 \text{ N/mm}^2}{50,84 \text{ N/mm}^2} = 72,65°$$

$$\beta = 180° - 2 \cdot 30° - \alpha = 180° - 2 \cdot 30° - 72,65° = 47,35°$$

Aus dem Mohrschen Spannungskreis folgt für die Spannungen σ_A und σ_B:

$$\sigma_A = \frac{\sigma_z}{2} - R \cdot \cos \beta = \frac{101{,}86 \text{ N/mm}^2}{2} - 170{,}74 \cdot \cos 47{,}35° = -64{,}75 \text{ N/mm}^2$$

$$\sigma_B = \frac{\sigma_z}{2} + R \cdot \cos \beta = \frac{101{,}86 \text{ N/mm}^2}{2} + 170{,}74 \cdot \cos 47{,}35° = 166{,}60 \text{ N/mm}^2$$

Berechnung der Dehnungen in A- und B-Richtung (Messrichtung der DMS) mit Hilfe des Hookeschen Gesetzes (zweiachsiger Spannungszustand)

$$\varepsilon_A \equiv \varepsilon_{\text{DMS A}} = \frac{1}{E} \cdot (\sigma_A - \mu \cdot \sigma_B) = \frac{-64{,}75 \text{ N/mm}^2 - 0{,}30 \cdot 166{,}60 \text{ N/mm}^2}{210000 \text{ N/mm}^2}$$

$$= -0{,}000546 = \mathbf{-0{,}546 \text{‰}}$$

$$\varepsilon_B \equiv \varepsilon_{\text{DMS B}} = \frac{1}{E} \cdot (\sigma_B - \mu \cdot \sigma_A) = \frac{166{,}60 \text{ N/mm}^2 - 0{,}30 \cdot (-64{,}75) \text{ N/mm}^2}{210000 \text{ N/mm}^2}$$

$$= 0{,}000885 = \mathbf{0{,}885 \text{‰}}$$

b) **Ermittlung der Formzahlen α_{kz} und α_{kt}**

$$\frac{d}{D} = \frac{5 \text{ mm}}{25 \text{ mm}} = 0{,}20$$

Damit entnimmt man geeigneten Formzahldiagrammen:

$$\alpha_{kz} = \mathbf{2{,}30}$$

$$\alpha_{kt} = \mathbf{1{,}55}$$

c) **Berechnung der Nennspannungen**

$$\sigma_{yn} = \frac{F_1}{A_n} = \frac{F_1}{\dfrac{\pi \cdot D^2}{4} - d \cdot D} = \frac{50000 \text{ N}}{\dfrac{\pi}{4} \cdot (25 \text{ mm})^2 - 25 \text{ mm} \cdot 5 \text{ mm}} = 136{,}66 \text{ N/mm}^2$$

$$\tau_{tn} = \frac{M_{t2}}{W_{tn}} = \frac{M_{t2}}{\dfrac{\pi \cdot D^3}{16} - \dfrac{d \cdot D^2}{6}}$$

Berechnung der maximalen Spannungen

$$\sigma_{y\max} = \sigma_{yn} \cdot \alpha_{kz} = 136{,}66 \text{ N/mm}^2 \cdot 2{,}30 = 314{,}32 \text{ N/mm}^2$$

$$\tau_{t\max} = \tau_{tn} \cdot \alpha_{kt} = \frac{M_{t2}}{\dfrac{\pi \cdot D^3}{16} - \dfrac{d \cdot D^2}{6}} \cdot \alpha_{kt}$$

Berechnung des zulässigen Antriebsmomentes M_{t2}

Festigkeitsbedingung:

$$\sigma_{V\,SH} \leq \sigma_{zul}$$

$$\sqrt{\sigma_{y\,max}^2 + 4 \cdot \tau_{t\,max}^2} = \frac{R_{p0,2}}{S_F}$$

$$\tau_{t\,max} = \frac{1}{2} \cdot \sqrt{\left(\frac{R_{p0,2}}{S_F}\right)^2 - \sigma_{y\,max}^2}$$

$$= \frac{1}{2} \cdot \sqrt{\left(\frac{690}{1,20}\right)^2 - 314,32^2} \ \text{N/mm}^2 = 240,74 \ \text{N/mm}^2$$

Weiterhin gilt:

$$\tau_{t\,max} = \frac{M_{t2}}{\dfrac{\pi \cdot D^3}{16} - \dfrac{d \cdot D^2}{6}} \cdot \alpha_{kt}$$

$$M_{t2} = \frac{\tau_{t\,max}}{\alpha_{kt}} \cdot \left(\frac{\pi \cdot D^3}{16} - \frac{d \cdot D^2}{6}\right)$$

$$= \frac{240,74 \ \text{N/mm}^2}{1,55} \cdot \left(\frac{\pi \cdot (25 \ \text{mm})^3}{16} - \frac{5 \ \text{mm} \cdot (25 \ \text{mm})^2}{6}\right) = 395\,616 \ \text{Nmm} = \mathbf{395,6 \ Nm}$$

d) Berechnung der Kerbwirkungszahl β_{kb}

Formzahl: $\alpha_{kb} = 2,10$ (aus geeignetem Formzahldiagramm für $d/D = 0,20$)

Berechnung des bezogenen Spannungsgefälles:

$$\chi^+ = \frac{2}{D} + \frac{8}{d} = \frac{2}{25 \ \text{mm}} + \frac{8}{5 \ \text{mm}} = 1,68 \ \text{mm}^{-1}$$

Ermittlung der dynamischen Stützziffer n_χ aus Bild 13.51 im Lehrbuch ($R_{p0,2} = 690 \ \text{N/mm}^2$):

$$n_\chi = 1,1$$

Berechnung der Kerbwirkungszahl β_k:

$$\beta_{kb} = \frac{\alpha_{kb}}{n_\chi} = \frac{2,10}{1,1} = \mathbf{1,91}$$

e) Beanspruchungs-Zeit-Verlauf

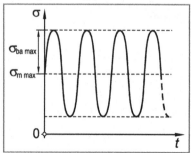

Berechnung der Spannungsamplitude (Nennspannung)

$$\sigma_{ba\,n} = \frac{M_b}{W_b} = \frac{F_2 \cdot a}{\dfrac{\pi \cdot D^3}{32} - \dfrac{d \cdot D^2}{6}}$$

$$= \frac{2500 \text{ N} \cdot 50 \text{ mm}}{\dfrac{\pi \cdot (25 \text{ mm})^3}{32} - \dfrac{5 \text{ mm} \cdot (25 \text{ mm})^2}{6}} = 123{,}38 \text{ N/mm}^2$$

Berechnung der Mittelspannung (Nennspannung und maximale Spannung)

$$\sigma_{mn} = \sigma_{yn} = 136{,}66 \text{ N/mm}^2 \quad \text{(siehe Aufgabenteil c)}$$

$$\sigma_{m\,max} \equiv \sigma_{y\,max} = 314{,}32 \text{ N/mm}^2 \quad \text{(siehe Aufgabenteil c)}$$

Ermittlung des Oberflächenfaktors $C_{O\sigma}$ unter der Wirkung von Normalspannungen

$$C_{O\sigma} = 0{,}92 \quad \text{aus Diagramm für } Rz = 4 \text{ μm und } R_m = 870 \text{ N/mm}^2$$

Berechnung der korrigierten Biegewechselfestigkeit

$$\sigma_{bW}^* = C_{O\sigma} \cdot \sigma_{bW} = 0{,}92 \cdot 430 \text{ N/mm}^2 = 395{,}60 \text{ N/mm}^2$$

Ermittlung der Mittelspannungsempfindlichkeit M_σ

$$M_\sigma = 0{,}00035 \cdot R_m - 0{,}1 = 0{,}00035 \cdot 870 \text{ N/mm}^2 - 0{,}1 = 0{,}21$$

Berechnung der dauernd ertragbaren Amplitude (Mittelspannungstransformation)

$$\sigma_{AD}^* = \sigma_{bW}^* - M_\sigma \cdot \sigma_{m\,max} \quad \text{da } \sigma_{m\,max} \leq \frac{\sigma_{bW}^*}{M_\sigma + 1}$$

$$\sigma_{AD}^* = 395{,}6 \text{ N/mm}^2 - 0{,}21 \cdot 314{,}32 \text{ N/mm}^2 = 329{,}59 \text{ N/mm}^2$$

Berechnung der Sicherheit gegen Dauerbruch

Festigkeitsbedingung:

$$\sigma_{ba\,max} \leq \sigma_{a\,zul}$$

$$\sigma_{ba\,n} \cdot \beta_{kb} = \frac{\sigma_{AD}^*}{S_D}$$

$$S_D = \frac{\sigma_{AD}^*}{\sigma_{ba\,n} \cdot \beta_{kb}} = \frac{329{,}59 \text{ N/mm}^2}{123{,}38 \text{ N/mm}^2 \cdot 1{,}91} = \mathbf{1{,}40} \quad \text{(nicht ausreichend, da } S_D < 2{,}50)$$

Lösung zu Aufgabe 13.24

a) **Berechnung der Spannungen und der Dehnungen im Querschnitt I**

Berechnung der (Zug-)Spannung:

$$\sigma_{zI} = \frac{F_1}{A_I} = \frac{F_1}{\frac{\pi}{4} \cdot d^2} = \frac{4 \cdot 50000 \text{ N}}{\pi \cdot (35 \text{ mm})^2} = \mathbf{51{,}96 \text{ N/mm}^2}$$

Berechnung der Dehnung in Längsrichtung (Hookesches Gesetz für den einachsigen Spannungszustand):

$$\varepsilon_{1I} = \frac{\sigma_{zI}}{E} = \frac{51{,}96 \text{ N/mm}^2}{210\,000 \text{ N/mm}^2} = 0{,}000248 = \mathbf{0{,}248 \text{ ‰}}$$

Berechnung der Querdehnung (Querkontraktion):

$$\varepsilon_{qI} = -\mu \cdot \varepsilon_{1I} = -0{,}30 \cdot 0{,}248 \text{ ‰} = \mathbf{-0{,}074 \text{ ‰}}$$

Berechnung der Spannungen und der Dehnungen im Querschnitt II

Berechnung der (Zug-)Spannung:

$$\sigma_{zII} = \frac{F_1}{A_{II}} = \frac{F_1}{\frac{\pi}{4} \cdot D^2} = \frac{4 \cdot 50\,000 \text{ N}}{\pi \cdot (45 \text{ mm})^2} = \mathbf{31{,}44 \text{ N/mm}^2}$$

Berechnung der Dehnung in Längsrichtung (Hookesches Gesetz für den einachsigen Spannungszustand):

$$\varepsilon_{1II} = \frac{\sigma_{z2}}{E} = \frac{31{,}44 \text{ N/mm}^2}{210\,000 \text{ N/mm}^2} = 0{,}000149 = \mathbf{0{,}149 \text{ ‰}}$$

Berechnung der Querdehnung (Querkontraktion):

$$\varepsilon_{qII} = -\mu \cdot \varepsilon_{1II} = -0{,}30 \cdot 0{,}149 \text{ ‰} = \mathbf{-0{,}045 \text{ ‰}}$$

Berechnung der Verlängerung der Welle

$$\Delta l = \Delta l_I + 2 \cdot \Delta l_{II}$$
$$= \varepsilon_{1I} \cdot (l - 2 \cdot a) + 2 \cdot \varepsilon_{1II} \cdot a$$
$$= 0{,}000248 \cdot (850 \text{ mm} - 2 \cdot 200 \text{ mm}) + 2 \cdot 0{,}000149 \cdot 200 \text{ mm} = \mathbf{0{,}171 \text{ mm}}$$

Berechnung der Sicherheit gegen Fließen im Querschnitt I

Festigkeitsbedingung:

$$\sigma_{zI} \leq \sigma_{zul} = \frac{R_e}{S_F}$$

$$S_F = \frac{R_e}{\sigma_{zI}} = \frac{340 \text{ N/mm}^2}{51{,}96 \text{ N/mm}^2} = \mathbf{6{,}54} \quad \text{(ausreichend, da } S_F \geq 1{,}20)$$

Berechnung der Sicherheit gegen Fließen im Querschnitt II
Festigkeitsbedingung:

$$\sigma_{z\,II} \le \sigma_{zul} = \frac{R_e}{S_F}$$

$$S_F = \frac{R_e}{\sigma_{z\,II}} = \frac{340 \text{ N/mm}^2}{31,44 \text{ N/mm}^2} = \mathbf{10,81} \quad \text{(ausreichend, da } S_F \ge 1,20)$$

b) **Berechnung der Biegespannung an der Stelle A-A**

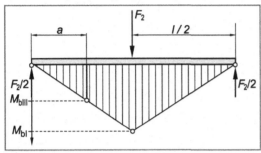

$$M_{b\,I} = \frac{F_2}{2} \cdot \frac{l}{2} = \frac{F_2 \cdot l}{4} = \frac{5000 \text{ N} \cdot 850 \text{ mm}}{4} = 1\,062\,500 \text{ Nmm}$$

$$\sigma_{b\,I} = \frac{M_{b\,I}}{W_b} = \frac{M_{b\,I}}{\dfrac{\pi}{32} \cdot d^3} = \frac{1\,062\,500 \text{ Nmm}}{\dfrac{\pi}{32} \cdot (35 \text{ mm})^3} = \mathbf{252,42 \text{ N/mm}^2}$$

Berechnung der Nennspannungen im Querschnitt III:

$$M_{b\,III} = \frac{F_2}{2} \cdot a = \frac{5\,000 \text{ N}}{2} \cdot 200 \text{ mm} = 500\,000 \text{ mm}$$

$$\sigma_{b\,III} = \frac{M_{b\,III}}{W_{bn}} = \frac{M_{b\,III}}{\dfrac{\pi}{32} \cdot d^3} = \frac{500\,000 \text{ mm}}{\dfrac{\pi}{32} \cdot (35 \text{ mm})^3} = \mathbf{118,79 \text{ N/mm}^2}$$

c) Bedingung:

$$\sigma_{b\,I} = \sigma_{b\,III\,max}$$

$$\sigma_{b\,I} = \sigma_{b\,III} \cdot \alpha_{kb}$$

$$\frac{\dfrac{F_2 \cdot l}{4}}{\dfrac{\pi}{32} \cdot d^3} = \frac{\dfrac{F_2 \cdot a}{2}}{\dfrac{\pi}{32} \cdot d^3} \cdot \alpha_{kb}$$

$$\alpha_{kb} = \frac{l}{2 \cdot a} = \frac{850 \text{ mm}}{2 \cdot 200 \text{ mm}} = 2,125$$

Berechnung des Radius R

$$\frac{D}{d} = \frac{45 \text{ mm}}{35 \text{ mm}} = 1,29$$

$$\alpha_{kb} = 2,125$$

Damit entnimmt man einem geeigneten Formzahldiagramm:

$$\frac{R}{d} = 0,04$$

$$R = 0,04 \cdot d = 0,04 \cdot 35 \text{ mm} = \textbf{1,4 mm}$$

d) **Beanspruchungs-Zeit-Verlauf**

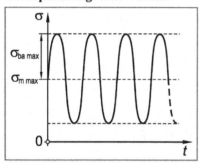

Ermittlung der Formzahl α_{kz}

$$\frac{D}{d} = 1,29$$

$$\frac{R}{d} = 0,04$$

Damit entnimmt man einem geeigneten Formzahldiagramm:

$$\alpha_{kz} = 2,45$$

Berechnung der Mittelspannung (Nennspannung und maximale Spannung)

$$\sigma_{mn} = \sigma_{zI} = 51,96 \text{ N/mm}^2$$

$$\sigma_{m\,max} = \sigma_{mn} \cdot \alpha_{kz} = 51,96 \cdot 2,45 = 127,32 \text{ N/mm}^2$$

Berechnung der Spannungsamplitude (Nennspannung)

$$\sigma_{ba\,n} = \frac{\dfrac{F_2 \cdot a}{2}}{\dfrac{\pi}{32} \cdot d^3} = \frac{16 \cdot F_2 \cdot a}{\pi \cdot d^3}$$

Bestimmung der Kerbwirkungszahl β_{kb}

Formzahl $\alpha_{kb} = 2,125$

Berechnung des bezogenen Spannungsgefälles:

$$\chi^+ = \frac{4}{D+d} + \frac{2}{R} = \frac{4}{45 \text{ mm} + 35 \text{ mm}} + \frac{2}{1,4 \text{ mm}} = 1,479 \text{ mm}^{-1}$$

Ermittlung der dynamischen Stützziffer n_χ aus Bild 13.51 im Lehrbuch ($R_e = 340$ N/mm^2)

$n_\chi = 1,25$

Berechnung der Kerbwirkungszahl β_{kb}

$$\beta_{kb} = \frac{\alpha_{kb}}{n_\chi} = \frac{2,125}{1,25} = 1,70$$

Ermittlung der Mittelspannungsempfindlichkeit M_σ

$$M_\sigma = 0,00035 \cdot R_m - 0,1 = 0,00035 \cdot 600 \text{ N/mm}^2 - 0,1 = 0,11$$

Berechnung der dauernd ertragbaren Amplitude (Mittelspannungstransformation)

$$\sigma_{AD} = \sigma_{bW} - M_\sigma \cdot \sigma_{m\,max} \quad \text{da } \sigma_{m\,max} \leq \frac{\sigma_{bW}}{M_\sigma + 1}$$

$$\sigma_{AD} = 300 \text{ N/mm}^2 - 0,11 \cdot 127,32 \text{ N/mm}^2 = 286,00 \text{ N/mm}^2$$

Berechnung der zulässigen Querkraft F_2

Festigkeitsbedingung:

$$\sigma_{a\,max} \leq \sigma_{a\,zul}$$

$$\sigma_{ba\,n} \cdot \beta_{kb} = \frac{\sigma_{AD}}{S_D}$$

$$\frac{16 \cdot F_2 \cdot a}{\pi \cdot d^3} \cdot \beta_{kb} = \frac{\sigma_{AD}}{S_D}$$

$$F_2 = \frac{\sigma_{AD}}{S_D} \cdot \frac{\pi \cdot d^3}{16 \cdot a} \cdot \frac{1}{\beta_{kb}} = \frac{286,00 \text{ N/mm}^2}{3,0} \cdot \frac{\pi \cdot (35 \text{ mm})^3}{16 \cdot 200 \text{ mm}} \cdot \frac{1}{1,70} = \mathbf{2\,360 \text{ N}}$$

Lösung zu Aufgabe 13.25

a) Berechnung der Lastspannungen

$$\sigma_x = \frac{F_{z1}}{A} = \frac{F_{z1}}{\frac{\pi}{4} \cdot d^2} = \frac{170\,000\ \text{N}}{\frac{\pi}{4} \cdot (25\ \text{mm})^2} = 346{,}32\ \text{N/mm}^2$$

$$\tau_t = \frac{M_{t1}}{W_t} = \frac{M_{t1}}{\frac{\pi}{16} \cdot d^3} = \frac{500\,000\ \text{Nmm}}{\frac{\pi}{16} \cdot (25\ \text{mm})^3} = 162{,}98\ \text{N/mm}^2$$

Berechnung der Verformungen ε_x, ε_y und γ_{xy}

Hookesches Gesetz (einachsiger Spannungszustand):

$$\varepsilon_x = \frac{\sigma_x}{E} = \frac{346{,}32\ \text{N/mm}^2}{210\,000\ \text{N/mm}^2} = 0{,}001649 = 1{,}649\ \text{‰}$$

$$\varepsilon_y = -\mu \cdot \varepsilon_x = -0{,}30 \cdot 1{,}649\ \text{‰} = -0{,}495\ \text{‰}$$

Hookesches Gesetz für Schubspannungen:

$$\gamma_{xy} = \frac{\tau_{xy}}{G} = \frac{\tau_t}{\dfrac{E}{2 \cdot (1+\mu)}} = \frac{162{,}98\ \text{N/mm}^2}{\dfrac{210\,000\ \text{N/mm}^2}{2 \cdot (1+0{,}30)}} = 0{,}002018 = 2{,}018\ \text{‰}$$

Konstruktion des Mohrschen Verformungskreises

Zur Konstruktion des Mohrschen Verformungskreises benötigt man die Verformungen in zwei zueinander senkrechten Richtungen. Bekannt sind die Verformungen mit der x- bzw. y-Richtung als Bezugsrichtung.

Einzeichnen der entsprechenden Bildpunkte P_x ($\varepsilon_x \mid 0{,}5 \cdot \gamma_{xy}$) und P_y ($\varepsilon_y \mid 0{,}5 \cdot \gamma_{yx}$) unter Berücksichtigung der Vorzeichenregelung für Schiebungen in das ε-$\gamma/2$-Koordiantensystem ergibt den Mohrschen Verformungskreis.

Da die beiden Schnittrichtungen einen Winkel von 90° zueinander einschließen, liegen die Bildpunkte P_x und P_y auf einem Kreisdurchmesser. Damit ist der Mohrsche Verformungskreis festgelegt (siehe Abbildung).

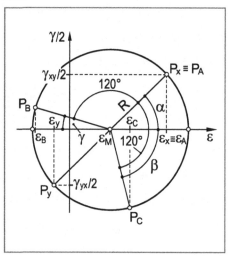

Berechnung von Mittelpunkt und Radius des Mohrschen Verformungskreises

$$\varepsilon_M = \frac{\varepsilon_x + \varepsilon_y}{2} = \frac{1{,}649\ \text{‰} + (-0{,}495\ \text{‰})}{2} = 0{,}577\ \text{‰}$$

$$R = \sqrt{\left(\frac{\varepsilon_x - \varepsilon_y}{2}\right)^2 + \left(\frac{\gamma_{xy}}{2}\right)^2} = \sqrt{\left(\frac{1{,}649\ \text{‰} - (-0{,}495\ \text{‰})}{2}\right)^2 + \left(\frac{2{,}018\ \text{‰}}{2}\right)^2} = 1{,}472\ \text{‰}$$

Berechnung des Hilfswinkels α

$$\alpha = \arctan\frac{\gamma_{xy}/2}{(\varepsilon_x - \varepsilon_y)/2} = \arctan\frac{2{,}018\,\text{‰}/2}{(1{,}649\,\text{‰} - (-0{,}495\,\text{‰}))/2} = 43{,}26°$$

Berechnung des Hilfswinkels β

$$\beta = 120° - \alpha = 120° - 43{,}26° = 76{,}74°$$

Berechnung des Hilfswinkels γ

$$\gamma = 180° - 120° - \alpha = 120° - 43{,}26° = 16{,}74°$$

Damit folgt die Dehnungen in Messrichtung der Dehnungsmessstreifen:

$$\varepsilon_A = \varepsilon_x = \mathbf{1{,}649\,‰}$$

$$\varepsilon_B = \varepsilon_M - R \cdot \cos\gamma = 0{,}577\,‰ - 1{,}472\,‰ \cdot \cos 16{,}74° = \mathbf{-0{,}833\,‰}$$

$$\varepsilon_C = \varepsilon_M + R \cdot \cos\beta = 0{,}577\,‰ + 1{,}472\,‰ \cdot \cos 76{,}74° = \mathbf{0{,}915\,‰}$$

Alternative Lösung

Für die Dehnungen in Messrichtung der Dehnungsmessstreifen gilt (Gleichung 4.32 im Lehrbuch):

$$\varepsilon_A = \frac{\varepsilon_x + \varepsilon_y}{2} + \frac{\varepsilon_x - \varepsilon_y}{2} \cdot \cos 2\alpha^* - \frac{\gamma_{xy}}{2} \cdot \sin 2\alpha^*$$

$$\varepsilon_B = \frac{\varepsilon_x + \varepsilon_y}{2} + \frac{\varepsilon_x - \varepsilon_y}{2} \cdot \cos 2\beta^* - \frac{\gamma_{xy}}{2} \cdot \sin 2\beta^*$$

$$\varepsilon_C = \frac{\varepsilon_x + \varepsilon_y}{2} + \frac{\varepsilon_x - \varepsilon_y}{2} \cdot \cos 2\gamma^* - \frac{\gamma_{xy}}{2} \cdot \sin 2\gamma^*$$

Mit $\varepsilon_x = 1{,}649\,‰$; $\varepsilon_y = -0{,}495\,‰$ und $\gamma_{xy} = 2{,}018\,‰$ sowie $\alpha^* = 0°$; $\beta^* = -120°$ und $\gamma^* = 120°$ folgt:

$$\varepsilon_A = \varepsilon_x = \mathbf{1{,}649\,‰}$$

$$\varepsilon_B = \frac{1{,}649\,‰ + (-0{,}495\,‰)}{2} + \frac{1{,}649\,‰ - (-0{,}495\,‰)}{2} \cdot \cos(2\cdot(-120°))$$

$$- \frac{2{,}018\,‰}{2} \cdot \sin(2\cdot(-120°)) = \mathbf{-0{,}833\,‰}$$

$$\varepsilon_C = \frac{1{,}649\,‰ + (-0{,}495\,‰)}{2} + \frac{1{,}649\,‰ - (-0{,}495\,‰)}{2} \cdot \cos(2\cdot 120°)$$

$$- \frac{2{,}018\,‰}{2} \cdot \sin(2\cdot 120°) = \mathbf{0{,}915\,‰}$$

b) Aus Gleichung 4.32 (siehe Lehrbuch) ergeben sich die folgenden Beziehungen:

$$\varepsilon_A = \frac{\varepsilon_x + \varepsilon_y}{2} + \frac{\varepsilon_x - \varepsilon_y}{2} \cdot \cos 2\alpha^* - \frac{\gamma_{xy}}{2} \cdot \sin 2\alpha^* \tag{1}$$

$$\varepsilon_C = \frac{\varepsilon_x + \varepsilon_y}{2} + \frac{\varepsilon_x - \varepsilon_y}{2} \cdot \cos 2\gamma^* - \frac{\gamma_{xy}}{2} \cdot \sin 2\gamma^* \tag{2}$$

Da nur eine einachsige Zugbeanspruchung in x-Richtung vorliegt, gilt für die Dehnung in y-Richtung:

$$\varepsilon_y = -\mu \cdot \varepsilon_x$$

Mit $\alpha^* = 0°$ folgt aus Gleichung 1:

$$\varepsilon_A = \varepsilon_x$$

und damit:

$$\varepsilon_x = \varepsilon_A = 1,798\ ‰$$

Mit $\gamma^* = 120°$ folgt aus Gleichung 2:

$$\varepsilon_C = \frac{\varepsilon_x - \mu \cdot \varepsilon_x}{2} + \frac{\varepsilon_x + \mu \cdot \varepsilon_x}{2} \cdot \cos 240° - \frac{\gamma_{xy}}{2} \cdot \sin 240°$$

$$= \frac{\varepsilon_x}{2} \cdot (1 - \mu) + \frac{\varepsilon_x}{2} \cdot (1 + \mu) \cdot (-0,5) - \frac{\gamma_{xy}}{2} \cdot \left(-\frac{\sqrt{3}}{2}\right)$$

$$= \varepsilon_x \cdot \frac{1 - 3 \cdot \mu}{4} + \frac{\sqrt{3}}{4} \cdot \gamma_{xy}$$

Damit folgt für γ_{xy}:

$$\gamma_{xy} = \frac{4}{\sqrt{3}} \cdot \left(\varepsilon_C - \frac{1 - 3 \cdot \mu}{4} \cdot \varepsilon_x\right) = \frac{4}{\sqrt{3}} \cdot \left(0,816\ ‰ - \frac{1 - 3 \cdot 0,30}{4} \cdot 1,798\ ‰\right) = 1,781\ ‰$$

Berechnung der Zugkraft F_{z2}

$$\sigma_{z2} = E \cdot \varepsilon_x \quad \text{(einachsiger Spannungszustand)}$$

$$F_{z2} = \frac{\pi}{4} \cdot d^2 \cdot E \cdot \varepsilon_x = \frac{\pi}{4} \cdot (25\ \text{mm})^2 \cdot 210000\ \text{N/mm}^2 \cdot 0,001798\ ‰$$

$$= 185344\ \text{N} = \mathbf{185,3\ kN}$$

Berechnung des Torsionsmomentes M_{t2}

$$\tau_t \equiv \tau_{xy} = G \cdot \gamma_{xy} = \frac{E}{2 \cdot (1 + \mu)} \cdot \gamma_{xy}$$

$$M_{t2} = \tau_t \cdot W_t = \frac{E}{2 \cdot (1 + \mu)} \cdot \gamma_{xy} \cdot \frac{\pi}{16} \cdot d^3$$

$$= \frac{210000\ \text{N/mm}^2}{2 \cdot (1 + 0,30)} \cdot 0,001781\ ‰ \cdot \frac{\pi}{16} \cdot (25\ \text{mm})^3 = 441243\ \text{Nmm} = \mathbf{441,2\ Nm}$$

Da $\gamma_{xy} = 1,781\ ‰ > 0$ wird der ursprünglich rechte Winkel zwischen der x- und der y- Achse vergrößert. Dies kann nur durch ein Torsionsmoment erfolgen, mit Drehsinn entsprechend der Abbildung in Aufgabe 13.25.

c) Ermittlung der Formzahlen

$$\frac{D}{d} = \frac{30 \text{ mm}}{25 \text{ mm}} = 1,2$$

$$\frac{R}{d} = \frac{5 \text{ mm}}{25 \text{ mm}} = 0,2$$

Damit entnimmt man geeigneten Formzahldiagrammen:

$$\alpha_{kz} = 1,45$$
$$\alpha_{kt} = 1,18$$

Ermittlung der Nennspannungen

$$\sigma_{xn} = \frac{F_{z2}}{A} = \frac{4 \cdot F_{z2}}{\pi \cdot d^2} = \frac{4 \cdot 185344 \text{ N}}{\pi \cdot (25 \text{ mm})^2} = 377,58 \text{ N/mm}^2$$

$$\tau_{tn} = \frac{M_{t2}}{W_t} = \frac{16 \cdot M_{t2}}{\pi \cdot d^3} = \frac{16 \cdot 441243 \text{ N}}{\pi \cdot (25 \text{ mm})^3} = 143,82 \text{ N/mm}^2$$

Berechnung der maximalen Spannungen

$$\sigma_{x \max} = \sigma_{xn} \cdot \alpha_{kz} = 377,58 \text{ N/mm}^2 \cdot 1,45 = 547,49 \text{ N/mm}^2$$

$$\tau_{t \max} = \tau_{tn} \cdot \alpha_{kt} = 143,82 \text{ N/mm}^2 \cdot 1,18 = 169,71 \text{ N/mm}^2$$

Berechnung der Sicherheit gegen Fließen

Die Vergleichsspannung nach der Schubspannungshypothese (SH) kann unmittelbar aus den Lastspannungen (Zugbeanspruchung mit überlagerter Torsion) errechnet werden:

$$\sigma_{VSH} = \sqrt{\sigma_{x \max}^2 + 4 \cdot \tau_{t \max}^2}$$

Festigkeitsbedingung:

$$\sigma_{VSH} \leq \frac{R_{p0,2}}{S_F}$$

$$\sqrt{\sigma_{x \max}^2 + 4 \cdot \tau_{t \max}^2} = \frac{R_{p0,2}}{S_F}$$

$$S_F = \frac{R_{p0,2}}{\sqrt{\sigma_{x \max}^2 + 4 \cdot \tau_{t \max}^2}}$$

$$S_F = \frac{1180 \text{ N/mm}^2}{\sqrt{547,49^2 + 4 \cdot 169,71^2} \text{ N/mm}^2} = \mathbf{1,83} \quad (\text{ausreichend, da } S_F > 1,20)$$

d) Berechnung der Spannungsamplitude (Nennspannung)

$$\sigma_{an} = E \cdot \varepsilon_a = E \cdot \frac{\varepsilon_O - \varepsilon_U}{2} = 210\,000 \text{ N/mm}^2 \cdot \frac{0,002 - 0,0015}{2} = 52,5 \text{ N/mm}^2$$

Berechnung der Mittelspannung (Nennspannung und maximale Spannung)

$$\sigma_{mn} = E \cdot \varepsilon_m = E \cdot \frac{\varepsilon_O + \varepsilon_U}{2} = 210\,000 \text{ N/mm}^2 \cdot \frac{0,002 + 0,0015}{2} = 367,5 \text{ N/mm}^2$$

$$\sigma_{m\,max} = \sigma_{mn} \cdot \alpha_{kz} = 367,5 \text{ N/mm}^2 \cdot 1,45 = 532,88 \text{ N/mm}^2$$

Bestimmung der Kerbwirkungszahl β_{kz}

Formzahl $\alpha_{kz} = 1,45$

Berechnung des bezogenes Spannungsgefälles:

$$\chi^+ = \frac{2}{R} = \frac{2}{5\,mm} = 0,4 \text{ mm}^{-1}$$

Ermittlung der dynamischen Stützziffer n_χ aus Bild 13.51 im Lehrbuch ($R_m = 1520 \text{ N/mm}^2$):

$n_\chi = 1,01$

Kerbwirkungszahl β_{kz}

$$\beta_{kz} = \frac{\alpha_{kz}}{n_\chi} = \frac{1,45}{1,01} = 1,44$$

Ermittlung des Oberflächenfaktors $C_{O\sigma}$ unter der Wirkung von Normalspannungen

$$C_{O\sigma} = 0,85 \quad \text{aus Diagramm für } Rz = 6,3 \text{ µm und } R_m = 1520 \text{ N/mm}^2$$

Berechnung der korrigierten Zug-Druck-Wechselfestigkeit

$$\sigma_{zdW}^* = C_{O\sigma} \cdot \sigma_{zdW} = 0,85 \cdot 690 \text{ N/mm}^2 = 586,5 \text{ N/mm}^2$$

Ermittlung der Mittelspannungsempfindlichkeit M_σ

$$M_\sigma = 0,00035 \cdot R_m - 0,1 = 0,00035 \cdot 1520 \text{ N/mm}^2 - 0,1 = 0,432$$

$$M_\sigma' = M_\sigma / 3 = 0,144 \quad \text{(nach FKM – Richtlinie)}$$

Berechnung der dauernd ertragbaren Amplitude (Mittelspannungstransformation)

$$\sigma_{AD}^* = \sigma_{zdW}^* \cdot \frac{M_\sigma' + 1}{M_\sigma + 1} - M_\sigma' \cdot \sigma_{m\,max} \quad \text{da } \frac{\sigma_{zdW}^*}{M_\sigma + 1} < \sigma_{m\,max} \leq \frac{3 \cdot \sigma_{zdW}^*}{3 \cdot M_\sigma' + 1} \cdot \frac{M_\sigma' + 1}{M_\sigma + 1}$$

$$\sigma_{AD}^* = 586,5 \text{ N/mm}^2 \cdot \frac{0,144 + 1}{0,432 + 1} - 0,144 \cdot 532,88 \text{ N/mm}^2 = 391,81 \text{ N/mm}^2$$

Berechnung der Sicherheit gegen Dauerbruch

Festigkeitsbedingung:

$$\sigma_{a\,max} \leq \sigma_{a\,zul}$$

$$\sigma_{an} \cdot \beta_{kz} = \frac{\sigma_{AD}^*}{S_D}$$

$$S_D = \frac{\sigma_{AD}^*}{\sigma_{an} \cdot \beta_{kz}} = \frac{391,81 \text{ N/mm}^2}{52,5 \text{ N/mm}^2 \cdot 1,44} = \textbf{5,18} \quad \text{(ausreichend, da } S_D > 3,0 \text{)}$$

Lösung zu Aufgabe 13.26

a) **Berechnung des Biegemomentes an der Kerbstelle I**

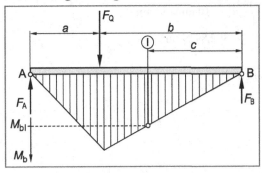

Ermittlung der Lagerkraft F_B:

$$F_B \cdot (a+b) = F_Q \cdot a$$

$$F_B = F_Q \cdot \frac{a}{a+b} = 15\,000\,\text{N} \cdot \frac{150\,\text{mm}}{450\,\text{mm}} = 5\,000\,\text{N}$$

Damit folgt für das Biegemoment an der Kerbstelle I:

$$M_{bI} = F_B \cdot c = 5\,000\,\text{N} \cdot 200\,\text{mm} = 1\,000\,000\,\text{Nmm}$$

Ermittlung der Formzahlen α_{kz} und α_{kb}

$$\frac{d}{D} = \frac{10\,\text{mm}}{50\,\text{mm}} = 0,2$$

Aus geeigneten Formzahldiagrammen entnimmt man:

$$\alpha_{kz} = 2,3$$

$$\alpha_{kb} = 2,1$$

Berechnung der Biegenennspannung sowie der maximalen Biegespannung

$$\sigma_{bn} = \frac{M_{bI}}{W_{bn}} = \frac{M_{bI}}{\dfrac{\pi \cdot D^3}{32} - \dfrac{d \cdot D^2}{6}}$$

$$= \frac{1\,000\,000\,\text{Nmm}}{\dfrac{\pi \cdot (50\,\text{mm})^3}{32} - \dfrac{10\,\text{mm} \cdot (50\,\text{mm})^2}{6}} = 123,38\,\text{N/mm}^2$$

$$\sigma_{b\,max} = \sigma_{bn} \cdot \alpha_{kb} = 123,38\,\text{N/mm}^2 \cdot 2,1 = 259,09\,\text{N/mm}^2$$

Berechnung der Zugnennspannung sowie der maximalen Zugspannung

$$\sigma_{zn} = \frac{F_H}{A_n} = \frac{F_H}{\dfrac{\pi \cdot D^2}{4} - d \cdot D} = \frac{250000\,\text{N}}{\dfrac{\pi \cdot (50\,\text{mm})^2}{4} - 10\,\text{mm} \cdot 50\,\text{mm}} = 170{,}82\ \text{N/mm}$$

$$\sigma_{z\,max} = \sigma_{mn} \cdot \alpha_{kz} = 170{,}82\ \text{N/mm} \cdot 2{,}3 = 392{,}89\ \text{N/mm}$$

Berechnung der Sicherheit gegen Fließen

Festigkeitsbedingung (Fließen):

$$\sigma_{o\,max} \leq \sigma_{zul}$$

$$\sigma_{b\,max} + \sigma_{z\,max} = \frac{R_{p0,2}}{S_F}$$

$$S_F = \frac{R_{p0,2}}{\sigma_{b\,max} + \sigma_{m\,max}}$$

$$= \frac{820\ \text{N/mm}^2}{259{,}09\ \text{N/mm}^2 + 392{,}89\ \text{N/mm}^2} = \mathbf{1{,}26} \quad (\text{ausreichend, da } S_F > 1{,}20)$$

b) **Bestimmung der Kerbwirkungszahl β_{kb}**

Maximale Mittelspannung:

$$\sigma_{m\,max} = \sigma_{z\,max} = 392{,}89\ \text{N/mm}^2$$

Nennspannungsamplitude

$$\sigma_{ban} = \sigma_{bn} = 123{,}38\ \text{N/mm}^2$$

Formzahl: $\alpha_{kb} = 2{,}1$

Berechnung des bezogenen Spannungsgefälles:

$$\chi^+ = \frac{2}{D} + \frac{8}{d} = \frac{2}{50\ \text{mm}} + \frac{8}{10\ \text{mm}} = 0{,}84\ \text{mm}^{-1}$$

Ermittlung der dynamischen Stützziffer n_χ aus Bild 13.51 im Lehrbuch ($R_{p0,2} = 820$ N/mm^2)

$$n_\chi = 1{,}05$$

Berechnung der Kerbwirkungszahl β_{kb}

$$\beta_{kb} = \frac{\alpha_{kb}}{n_\chi} = \frac{2{,}1}{1{,}05} = 2{,}0$$

Ermittlung des Oberflächenfaktors $C_{O\sigma}$ unter der Wirkung von Normalspannungen

$$C_{O\sigma} = 0{,}83 \quad \text{aus Diagramm für } Rz = 12{,}5\ \mu\text{m} \text{ und } R_m = 1050\ \text{N/mm}^2$$

Berechnung der korrigierten Biegewechselfestigkeit

$$\sigma_{bW}^* = C_{O\sigma} \cdot \sigma_{bW} = 0{,}83 \cdot 520\ \text{N/mm}^2 = 431{,}6\ \text{N/mm}^2$$

Ermittlung der Mittelspannungsempfindlichkeit M_σ

$$M_\sigma = 0,00035 \cdot R_m - 0,1 = 0,00035 \cdot 1050 \text{ N/mm}^2 - 0,1 = 0,27$$

$$M'_\sigma = M_\sigma / 3 = 0,09 \quad \text{(nach FKM – Richtlinie)}$$

Berechnung der dauernd ertragbaren Amplitude (Mittelspannungstransformation)

$$\overset{*}{\sigma}_{AD} = \overset{*}{\sigma}_{bW} \cdot \frac{M'_\sigma + 1}{M_\sigma + 1} - M'_\sigma \cdot \sigma_{m\,max} \quad \text{da} \quad \frac{\overset{*}{\sigma}_{bW}}{M_\sigma + 1} < \sigma_{m\,max} \leq \frac{3 \cdot \overset{*}{\sigma}_{bW}}{3 \cdot M'_\sigma + 1} \cdot \frac{M'_\sigma + 1}{M_\sigma + 1}$$

$$\overset{*}{\sigma}_{AD} = 431,6 \text{ N/mm}^2 \cdot \frac{0,09 + 1}{0,27 + 1} - 0,09 \cdot 392,89 \text{ N/mm}^2 = 335,07 \text{ N/mm}^2$$

Berechnung der Sicherheit gegen Dauerbruch

Festigkeitsbedingung:

$$\sigma_{a\,max} \leq \sigma_{a\,zul}$$

$$\sigma_{ba\,n} \cdot \beta_{kb} = \frac{\overset{*}{\sigma}_{AD}}{S_D}$$

$$S_D = \frac{\overset{*}{\sigma}_{AD}}{\sigma_{ba\,n} \cdot \beta_{kb}} = \frac{335,07 \text{ N/mm}^2}{123,38 \text{ N/mm}^2 \cdot 2,0} = \mathbf{1,36} \quad \text{(nicht ausreichend, da } S_D < 2,50\text{)}$$

c) Bedingung für Fließbeginn

$$\sigma_{max} \leq R_{p0,2}$$

$$\sigma_{b\,max} + \sigma_{z\,max} = R_{p0,2}$$

$$\sigma_{bn} \cdot \alpha_{kb} + \sigma_{z\,max} = R_{p0,2}$$

$$\sigma_{bn} = \frac{R_{p0,2} - \sigma_{z\,max}}{\alpha_{kb}} = \frac{820 \text{ N/mm}^2 - 392,89 \text{ N/mm}^2}{2,1} = 203,38 \text{ N/mm}^2$$

Damit folgt für das Biegemoment an der Kerbstelle:

$$M_{bI} = \sigma_{bn} \cdot W_{bn} = \sigma_{bn} \cdot \left(\frac{\pi \cdot D^3}{32} - \frac{d \cdot D^2}{6} \right)$$

$$= 203,38 \text{ N/mm}^2 \cdot \left(\frac{\pi \cdot (50 \text{ mm})^3}{32} - \frac{10 \text{ mm} \cdot (50 \text{ mm})^2}{6} \right) = 1648\,459 \text{ Nmm}$$

Damit folgt für die Lagerkraft F_B:

$$F_B = \frac{M_{bI}}{c} = \frac{1648\,459 \text{ Nmm}}{200 \text{ mm}} = 8242,3 \text{ N}$$

Hieraus ergibt sich die Querkraft F_{Q1} zu:

$$F_{Q1} = F_B \cdot \frac{a+b}{a} = 8\,242,3 \text{ N} \cdot \frac{450 \text{ mm}}{150 \text{ mm}} = 24\,727 \text{ N} = \mathbf{24,7 \text{ kN}}$$

d) **Bedingung für Fließbeginn**

$$\sigma_{max} \leq R_{p0,2}$$

$$\sigma_{b\,max} + \sigma_{z\,max} = R_{p0,2}$$

$$\sigma_{bn} \cdot \alpha_{kb} + \sigma_{zn} \cdot \alpha_{kz} = R_{p0,2}$$

$$\sigma_{zn} = \frac{R_{p0,2} - \sigma_{bn} \cdot \alpha_{kb}}{\alpha_{kz}} = \frac{820 \text{ N/mm}^2 - 123,38 \text{ N/mm}^2 \cdot 2,1}{2,3} = 243,87 \text{ N/mm}^2$$

Damit folgt für die Zugkraft F_{H1}:

$$F_{H1} = \sigma_{zn} \cdot A_n = \sigma_{zn} \cdot \left(\frac{\pi \cdot D^2}{4} - d \cdot D \right)$$

$$= 243,87 \text{ N/mm}^2 \cdot \left(\frac{\pi \cdot (50 \text{ mm})^2}{4} - 50 \text{ mm} \cdot 10 \text{ mm} \right) = 356\,906 \text{ N} = \mathbf{356,9 \text{ kN}}$$